应用型本科院校"十三五"规划教材/计算机类

主　编　金巨波
副主编　刘志凯　邢　婷
主　审　葛　雷

大学计算机基础教程

Fundamental Courses of Colledge Computer

哈爾濱工業大學出版社

内容提要

本书包括计算机基础知识、Windows 7 操作系统及应用 、Office 2010 办公软件应用及 Internet 网络应用等内容。

本书将计算机基础知识与基本应用有机结合，力求做到基础知识全面、实践操作清晰、实践性强、例题丰富。

本书可作为应用型本科院校非计算机专业计算机基础课程教材，也可作为计算机基础入门教材。

图书在版编目(CIP)数据

大学计算机基础教程/金巨波主编. —哈尔滨：
哈尔滨工业大学出版社，2018.8(2020.9 重印)
应用型本科院校“十三五”规划教材
ISBN 978 -7 -5603 -7373 -7

Ⅰ.①大… Ⅱ.①金… Ⅲ.①电子计算机 - 高等学校 - 教材 Ⅳ.①T93

中国版本图书馆 CIP 数据核字(2018)第 095605 号

策划编辑 杜 燕
责任编辑 刘 瑶 关 鑫
出版发行 哈尔滨工业大学出版社
社 址 哈尔滨市南岗区复华四道街 10 号 邮编 150006
传 真 0451 -86414749
网 址 http://hitpress. hit. edu. cn
印 刷 哈尔滨久利印刷有限公司
开 本 787mm×1092mm 1/16 印张 24 字数 563 千字
版 次 2018 年 8 月第 1 版 2020 年 9 月第 3 次印刷
书 号 ISBN 978 -7 -5603 -7373 -7
定 价 47.80 元

序

哈尔滨工业大学出版社策划的《应用型本科院校“十三五”规划教材》即将付梓，诚可贺也。

该系列教材卷帙浩繁，凡百余种，涉及众多学科门类，定位准确，内容新颖，体系完整，实用性强，突出实践能力培养。不仅便于教师教学和学生学习，而且满足就业市场对应用型人才的迫切需求。

应用型本科院校的人才培养目标是面对现代社会生产、建设、管理、服务等一线岗位，培养能直接从事实际工作、解决具体问题、维持工作有效运行的高等应用型人才。应用型本科与研究型本科和高职高专院校在人才培养上有着明显的区别，其培养的人才特征是：①就业导向与社会需求高度吻合；②扎实的理论基础和过硬的实践能力紧密结合；③具备良好的人文素质和科学技术素质；④富于面对职业应用的创新精神。因此，应用型本科院校只有着力培养“进入角色快、业务水平高、动手能力强、综合素质好”的人才，才能在激烈的就业市场竞争中站稳脚跟。

目前国内应用型本科院校所采用的教材往往只是对理论性较强的本科院校教材的简单删减，针对性、应用性不够突出，因材施教的目的难以达到。因此亟须既有一定的理论深度又注重实践能力培养的系列教材，以满足应用型本科院校教学目标、培养方向和办学特色的需要。

哈尔滨工业大学出版社出版的《应用型本科院校“十三五”规划教材》，在选题设计思路上认真贯彻教育部关于培养适应地方、区域经济和社会发展需要的“本科应用型高级专门人才”精神，根据前黑龙江省委书记吉炳轩同志提出的关于加强应用型本科院校建设的意见，在应用型本科试点院校成功经验总结的基础上，特邀请黑龙江省9所知名的应用型本科院校的专家、学者联合编写。

本系列教材突出与办学定位、教学目标的一致性和适应性，既严格遵照学科体系的知识构成和教材编写的一般规律，又针对应用型本科人才培养目标及与之相适应的教学特点，精心设计写作体例，科学安排知识内容，围绕应用讲授理论，做到“基础知识够用、实践技能实用、专业理论管用”。同时注意适当融入新理论、新技术、新工艺、新成果，并且制作了与本书配套的 PPT 多媒体教学课件，形成立体化教材，供教师参考使用。

《应用型本科院校“十三五”规划教材》的编辑出版，是适应“科教兴国”战略对复合型、应用型人才的需求，是推动相对滞后的应用型本科院校教材建设的一种有益尝试，在应用型创新人才培养方面是一件具有开创意义的工作，为应用型人才的培养提供了及时、可靠、坚实的保证。

希望本系列教材在使用过程中，通过编者、作者和读者的共同努力，厚积薄发、推陈出新、细上加细、精益求精，不断丰富、不断完善、不断创新，力争成为同类教材中的精品。

前　言

“大学计算机基础教程”作为高等院校非计算机专业学生的一门必修课程，以传授学生计算机基础知识及技能、计算机网络知识为目的，为后续计算机和专业相关课程的课程学习奠定基础。

本书将计算机基础知识与基本应用有机结合，力求做到基础知识全面、实践操作清晰、实践性强、例题丰富。书中介绍了计算机基础知识、操作系统、Office 2010 办公软件应用及 Internet 基础与应用等内容。全书共 6 章，第 1 章介绍了计算机基础知识、计算机发展史及当前发展状况；第 2 章介绍了 Windows 7 操作系统及应用；第 3、4、5 章分别对 Word 2010 文字处理软件、Excel 2010 电子表格处理软件及 PowerPoint 2010 演示文稿制作软件的使用做详细介绍；第 6 章介绍了 Internet 网络与应用。

本书由金巨波（黑龙江财经学院）任主编并负责全书的统稿和修改，由刘志凯（黑龙江财经学院）、邢婷（黑龙江财经学院）任副主编。其中，第 1 章、第 3 章由邢婷编写，第 2 章、第 5 章由金巨波编写，第 4 章、第 6 章由刘志凯编写。全书由葛雷教授（黑龙江财经学院）担任主审。本书在编写过程中得到了黑龙江财经学院的领导和财经信息工程系的教师的大力支持，在此一并表示诚挚的谢意。

限于编者的能力和水平，本书难免存在疏漏或不足之处，恳请读者批评指正。

编者

2018 年 6 月

目　　录

第1章 计算机系统概述

随着计算机技术、多媒体技术和通信技术的迅猛发展,特别是计算机互联网的全面普及,全球信息化已成为人类发展的大趋势,计算机的应用已经渗透到各个领域,成为人们工作、生活和学习不可或缺的重要组成部分。掌握计算机基础知识,提高实际操作能力,是21世纪对人才的基本要求。

1.1 计算机的发展与应用

电子计算机,俗称“计算机”,是一种电子化的信息处理工具。人们也经常用“计算机”来指代电子计算机。计算机是由一系列电子元件组成的设备,主要进行数值计算和信息处理。它不但可以进行加、减、乘、除等算数运算,而且可以进行与、或、非等逻辑运算。计算机技术是信息处理技术的核心技术。

计算机(Computer)是一种能够输入信息、存储信息,并按照人们事先编制好的程序对信息进行加工处理,最后输出人们所需要的结果的自动高速执行的电子设备。

1.1.1 计算机的产生

自从人类文明形成,人类就不断地追求先进的计算工具,计算作为人类从社会生活、生产中总结出的一门知识,经历了漫长的从简单到复杂、从低级到高级的发展。

19世纪初,法国的J.雅卡尔用穿孔卡片来控制纺织机。受此启发,英国的C.巴贝奇于1822年制造了差分机,在1834年又设计了分析机。他曾设想根据穿孔卡上的指令进行任何数学运算的可能性,并设想了现代计算机所具有的大多数其他特性,可惜由于机械技术等原因没有最后实现。世界计算机先驱中的第一位女性爱达在帮助巴贝奇研究分析机时,曾建议用二进制数代替原来的十进制数。

19世纪末,美国的H.霍列瑞斯发明了电动穿孔卡片计算机,使数据处理机械化。他将该计算机用于人口调查,获得了极大成功。此外,他还开办了制表公司,后被CTR公司收购,以后发展成为制造电子计算机的垄断企业——国际商业机器公司,简称IBM。

1936年,图灵发表了一篇开创性的论文,提出了一种抽象的计算模型“图灵机”的设想,论证了通用计算机产生的可能性。

德国的 K. 楚泽在 1941 年、美国的 H. H. 艾肯在 1944 年分别采用继电器造出“自动程控计算机”。巴贝奇分析机中原定由蒸汽驱动的齿轮被继电器取代，基本上实现了 100 多年前巴贝奇的理想。

第二次世界大战期间，由于军事上的迫切需要，美国军方要求宾夕法尼亚大学研制一台能进行更大量、更复杂、更快速和更精确计算的计算机。目前，国内公认的世界上第一台电子计算机 ENIAC（Electronic Numerical Integrator And Computer，电子数字积分仪与计算机）于 1945 年底在美国宾夕法尼亚大学竣工，于 1946 年 2 月正式投入使用，如图 1－1 所示。ENIAC 的主要元件采用的是电子管，共使用了 1 500 个继电器、18 000 多个电子管，占地 170 平方米，重达 30 多吨，耗电 150 kW，造价 48 万美元。这台计算机每秒能完成 5 000 次加法运算或 400 次乘法运算，比当时最快的计算工具快 300 倍，是继电器计算机的 1 000 倍、手工计算的 20 万倍。它使科学家们从复杂的计算中解脱出来，它的诞生标志着人类进入了一个崭新的信息革命时代。

ENIAC 诞生后，数学家冯·诺依曼提出了重大的改进理论，主要有两点：一是电子计算机应该以二进制为运算基础；二是电子计算机应采用“存储程序”方式工作，并且进一步明确指出了整个计算机的结构应由 5 个部分组成，即运算器、控制器、存储器、输入装置和输出装置。这些理论的提出解决了计算机运算自动化的问题和速度配合问题，对后来计算机的发展起到了决定性的作用。直至今天，绝大部分的计算机还是采用冯·诺依曼方式工作。

图 1－1　ENIAC 计算机图片

1.1.2　计算机的发展

从第一台计算机诞生至今的 70 多年里，计算机的主要元件经过了电子管、晶体管、集成电路和超大规模集成电路 4 个阶段的发展，其体积越来越小，功能越来越强，价格越来越低，应用越来越广泛，目前计算机正朝着智能化方向发展。

1. 第 1 代计算机

1946 ~ 1958 年,电子管计算机时代。

主要特点:主要电子元件为真空电子管,以汞延迟线、磁芯等为主存,以纸带、卡片、磁鼓、磁带等为辅存,因此体积庞大、造价高、耗电量大、存储空间小、可靠性差且寿命短。没有系统软件,编制程序只能采用机器语言和汇编语言,不便于使用。计算机的运算速度低,每秒只能运算几千至几万次,主要用来进行军事和科研中的科学计算。

2. 第 2 代计算机

1959 ~ 1965 年,晶体管计算机时代。

主要特点:主要电子元件为晶体管,以磁芯为主存,以磁带、磁带库和磁盘等为辅存,因此较电子管计算机体积减少了许多、造价低、功耗小、存储空间加大、可靠性高、寿命长且输入和输出方式有所改进。开始出现用于科学计算的 FORTRAN 和用于商业事务处理的 COBOL 等高级程序设计语言及批处理系统,编制程序和操作方便了许多。软件业诞生,出现了程序员等新的职业。计算机的运算速度提高到每秒几百万次,通用性也有所增强,应用领域扩展到数据处理和过程控制中。

3. 第 3 代计算机

1966 ~ 1970 年,集成电路计算机时代。

主要特点:主要电子元件为中、小规模集成电路,以半导体存储器为主存,以磁带、磁带库和磁盘等为辅存,体积进一步减小,造价更低、功耗更小、存储空间更大、可靠性更高、寿命更长且外部设备(以下简称“外设”)也有所增加;出现了 BASIC 和 PASCAL 等更多的高级语言,操作系统和编译系统得到进一步完善,且出现了结构化的程序设计方法,使编制程序和操作更方便了。计算机的运算速度提高到每秒近千万次,功能进一步增强,应用领域全面扩展到工商业和科学界。

4. 第 4 代计算机

1971 年至今,大、超大规模集成电路计算机时代。

主要特点:主要电子元件为大、超大规模集成电路,以集成度很高的半导体存储器为主存,以磁盘和光盘等为辅存,因此体积越来越小,造价越来越低,功耗越来越小,存储空间越来越大,寿命越来越长且外设越来越多;出现了更多的高级程序语言,系统软件和应用软件发展迅速,编制程序和操作更加方便;运算速度达每秒上亿次至百万亿次,功能越来越丰富。随着计算机网络的空前发展,计算机的应用领域扩展到人类社会生活的各个领域。

5. 第 5 代计算机

进入 20 世纪 90 年代以后,随着科学技术的高速发展,以及计算机的新工艺、新技术和新功能不断推陈出新,计算机的应用范围更广泛、功能更强大。计算机发展至今已经开始进入第 5 代,可以模仿人的思维活动,具有推理、思维、学习及声音与图像的识别能力等。第 5 代计算机将随着人工智能技术的发展,具备类似于人的某些智慧,其应用范围和对人类生活的影响是难以想象的。

1.1.3　计算机的分类

计算机的种类繁多,分类方法也多种多样,可以按处理的对象、用途、规模、工作模式和字长等进行分类,见表1-1。

表1-1 计算机的分类

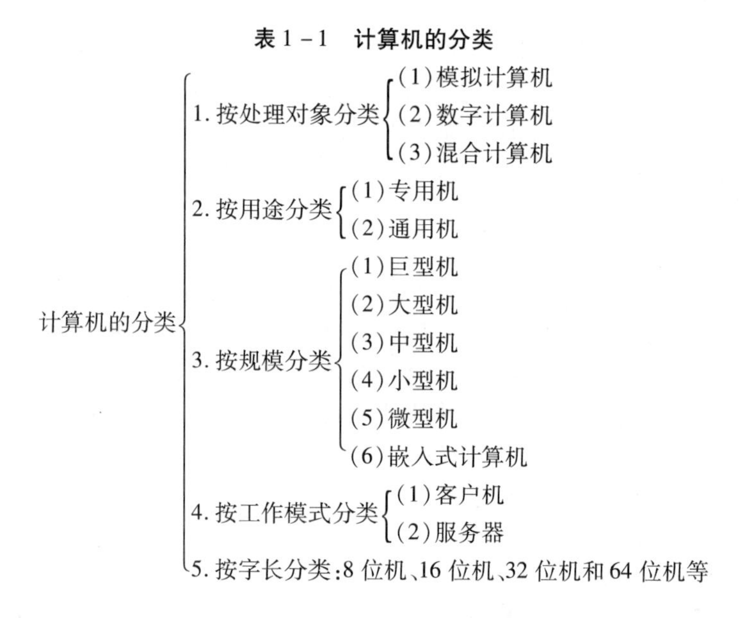

1. 按处理对象分类

根据计算机处理数据的表示方法可将计算机分为模拟计算机、数字计算机和混合计算机3大类。

(1)模拟计算机。

模拟计算机又称“模拟式电子计算机”,问世较早,是一种以连续变化的电流或电压来表示被处理数据的电子计算机,即各个主要部件的输入和输出都是连续变化着的电压、电流等物理量。其优点是速度快,适用于解高阶微分方程或自动控制系统中的模拟计算;缺点是处理问题的精度差、电路结构复杂、抗外界干扰能力极差和通用性差,目前已很少见。

(2)数字计算机。

数字计算机是目前电子计算机行业中的主流,其处理的数据是断续的电信号,即用“离散”的电位高低来表示数据。在数字计算机中,程序和数据都用“0”和“1”两个数字组成的二进制编码来表示,通过算术逻辑部件对这些数据进行算术运算和逻辑运算。这种处理方式上的差异使得它的组成结构和性能优于模拟式电子计算机。其运算精度高、存储量大、通用性强,适合于科学计算、信息处理、自动控制、办公自动化和人工智能等方面的应用。

(3)混合计算机。

混合计算机兼有模拟计算机和数字计算机的优点,既能处理模拟物理量,又能处理数字信息。混合计算机一般由模拟计算机、数字计算机和混合接口3部分组成,其中模拟计算机部分承担快速计算的工作,数字计算机部分则承担高精度运算和数据处理的工作。其优点是运算速度快、计算精度高、逻辑运算能力强、存储能力强和仿真能力强,主要应用于航空航天、导弹系统等实时性的复杂系统中。这类计算机往往结构复杂,设计困难，价格昂贵。

2. 按用途分类

按计算机的用途可将计算机分为专用机和通用机两类。

(1)专用机。

专用计算机是针对一个或一类特定的问题而设计的计算机。它的硬件和软件根据解决某问题的需要而专门设计。专用机具有能有效、高速和可靠地解决某问题的特性，但适应性差，一般应用于过程控制。例如，导弹、火箭、飞机和车载导航专用机等。

(2)通用机。

通用机适应能力强、应用范围广，是为解决各种类型的问题而设计的计算机。它具有一定的性能，可连接多种外设，也可安装多种系统软件和应用软件，功能齐全，通用性强。一般的计算机多属此类。

3. 按规模分类

按计算机的规模可将计算机分为巨型机、大型机、中型机、小型机、微型机和嵌入式计算机。

(1)巨型机。

巨型机又称“超级计算机”，它是所有计算机类型中运算速度最高、存储容量最大、功能最强、价格最贵的一类计算机，其浮点运算速度已达每秒万亿次，主要用在国家高科技领域和国防尖端技术中，如天气预报、航天航空飞行器设计和原子能研究等。

巨型机代表了一个国家的科学技术发展水平。美国、日本是生产巨型机的主要国家，俄罗斯及英国、法国、德国次之。我国在1983年、1992年、1997年分别推出了“银河Ⅰ”“银河Ⅱ”和“银河Ⅲ”，进入了生产巨型机的行列。2004年6月21日，据美国能源部劳伦斯·伯克利国家实验室当日公布的最新全球超级计算机500强名单，“曙光4000A”以每秒11万亿次的峰值速度位列全球第10位，这是中国高性能计算产品首次跻身世界超级计算机10强。高性能计算机的研制成功使中国成为继美国、日本之后第3个能制造和应用十万亿次商用高性能计算机的国家。

(2)大型机。

大型机即大型主机，又称“大型计算机”或“主干机”，速度没有巨型机那样快，通常由许多中央处理器协同工作，有超大的内存、海量的存储器，使用专用的操作系统和应用软件。大型主机一般应用在网络环境中，是信息系统的核心，承担主服务器的功能，比如提供FTP服务、邮件服务和WWW服务等。

(3)中型机。

其速度没有大型机快，功能类似大型机，价格比大型机便宜。

(4)小型机。

小型机是指运行原理类似于微型机和服务器，但体系结构、性能和用途又与它们截然不同的一种高性能计算机。与大、中型机相比较，小型机具有规模小、结构简单、设计周期短、价格便宜、便于维修和使用方便等特点。不同品牌的小型机架构大不相同，其中还有各制造厂自己的专利技术，有的还采用小型机专用处理器，因此，小型机是封闭专用的计算机系统。小型机主要应用在科学计算、信息处理、银行和制造业等领域。

(5)微型机。

微型机简称“微机”“微计算机”或“PC(Personal Computer)机”,指由大规模集成电路组成的、以微处理器为核心的、体积较小的电子计算机。微型机比小型机体积更小、价格更低、使用更方便。微型机问世虽晚,却发展得非常迅速且应用非常广泛。由微型机配以相应的外设及足够的软件构成的系统叫作微型计算机系统,就是我们通常说的“计算机”。

另外,有一类高档微机称为“工作站”。这类计算机通常具备强大的显示输出系统、存储系统和较强的处理图形与图像的能力、数据运算能力,一般应用于计算机辅助设计及制造 CAD/CAM、动画设计、GIS 地理信息系统、平面图像处理和模拟仿真等商业和军事领域。需要说明的是,在网络系统中也有“工作站”的概念,泛指客户机。

(6)嵌入式计算机。

嵌入式系统是指集软件和硬件为一体,以计算机技术为基础,以特定应用为中心,其软、硬件可删减,符合某应用系统对功能、可靠性、体积、成本、功耗等综合性严格要求的专用计算机系统。嵌入式计算机具有软件代码小、响应速度快和高度自动化等特点,特别适用于要求实时和多任务的体系。嵌入式计算机在应用数量上远远超过了各种计算机。一台计算机的内、外部设备中就包含了多个嵌入式微处理器,如声卡、显卡、显示器、键盘、鼠标、硬盘、Modem、网卡、打印机、扫描仪和 USB 集线器等均是由嵌入式微处理器控制的。

嵌入式系统几乎存在于生活中的所有电器设备中,如掌上 PDA、MP3、MP4、手机、移动计算设备、数字电视、电视机顶盒、汽车、多媒体、电子广告牌、微波炉、电饭煲、数码相机、冰箱、家庭自动化系统、电梯、空调、安全系统、POS 机、蜂窝式电话、ATM 机、智能仪表和医疗仪器等。

4. 按工作模式分类

按工作模式可将计算机分为客户机和服务器。

(1)客户机。

客户机又称“工作站”,指连入网络的用户计算机,PC 机即可胜任。客户机可以使用服务器提供的各种资源和服务,且仅为使用该客户机的用户提供服务,是连接用户和网络的接口。

(2)服务器。

服务器是指对其他计算机提供各种服务的高性能的计算机,是整个网络的核心。它为客户机提供文件服务、打印服务、通信服务、数据库服务、应用服务和电子邮件服务等。服务器也可由微机来充当,只是运算速度要比高性能的服务器慢。比如,一台 PC 机在网络上为其他计算机提供 FTP 服务,那么它就是一台服务器,当然,运算速度要比高性能的服务器慢。

目前,高性能的微型机已达到几十年前巨型机的运算速度,使得它与工作站、小型机、中型机乃至大型机之间的界限已越来越不明显。大、中和小型机逐渐趋向于融合到服务器中,有演变为不同档次的服务器的趋势。

5. 按字长分类

字长即计算机一次所能传输和处理的二进制位数。按字长可将计算机分为8位机、16位机、32位机和64位机等。

1.1.4　计算机的特点

计算机凭借传统信息处理工具所不具备的特点，如运算速度快、计算精度高、具有逻辑判断能力、“记忆”能力强、高度自动化等，深入到社会生活的各个方面，应用领域越来越广泛。

1. 运算速度快

计算机的一个突出特点是具有相当快的运算速度，计算机的运算速度已由早期的每秒几千次发展到现在的每秒几万亿次，这是人工计算无法比拟的。计算机的出现极大地提高了工作效率，有许多计算量大的工作需人工计算几年才能完成，而用计算机“瞬间”即可轻而易举地完成。

2. 计算精度高

尖端科学研究和工程设计往往需要高精度的计算。计算机具有一般的计算工具无法比拟的高精度，计算精度可达到十几位、几十位有效数字，也可以根据需要达到任意的精度，比如可以精确到小数点以后上亿位甚至更高。

3. 具有逻辑判断能力

计算机除了能够完成基本的加、减、乘、除等算术运算外，还具有进行与、或、非和异或等逻辑运算的能力。因此，计算机具备逻辑判断能力，能够处理逻辑推理等问题，这是传统的计算工具所不具备的功能。

4. “记忆”能力强，存储容量大

计算机的存储系统可以存储大量数据，这使计算机具有了“记忆”能力，并且这种“记忆”能力仍在不断增强。目前的计算机存储容量越来越大，存储时间也越来越长，这也是传统的计算工具无法比拟的。

5. 高度自动化

计算机的工作方式是先将程序和数据存放在存储器中，工作时自动依次从存储器中取出指令、分析指令并执行指令，一步一步地进行下去，无须人工干预，这一特点是其他计算工具所不具备的。

1.1.5　计算机的应用

目前，计算机的主要应用领域有科学计算、信息处理、过程控制、网络与通信、计算机辅助领域、多媒体、虚拟现实和人工智能等。

1. 科学计算

科学计算即数值计算，是指依据算法和计算机功能上的等价性，应用计算机处理科学与工程中所遇到的数学计算。世界上第一台计算机就是为此而设计的。在现代科学研究和工程技术中，经常会遇到一些有算法但运算复杂的数学计算问题，这些问题用一般的计算工具来解决需要相当长的时间，而用计算机来处理却很方便。比如天气预报，如果利用人工计算则可能导致结果失去时效性，而利用计算机则可以较准确地预测几天、几周甚至几个月的天气情况。

2. 信息处理

科学计算主要是计算数值数据，数值数据被赋予一定的意义，就变成了非数值数据，即信息。信息处理也称“数据处理”，指利用计算机对大量数据进行采集、存储、整理、统计、分析、检索、加工和传输，这些数据可以是数字、文字、图形、声音或视频。信息处理往往算法相对简单而处理的数据量较大，其目的是管理大量的、杂乱无章的甚至难以理解的数据，并根据一些算法利用这些数据得出人们需要的信息，应用领域如银行帐务管理、股票交易管理、企业进销存管理、人事档案管理、图书资料检索、情报检索、飞机订票、列车查询和企业资源计划等。信息处理已成为计算机应用的一个主要领域。

3. 过程控制

过程控制又称“实时控制”，是指利用计算机及时地采集和检测数据，并按某种标准状态或最佳值进行自动控制。过程控制广泛应用于航天、军事、社会科学、农业、冶金、石油、化工、水电、纺织、机械、医药、现代管理和工业生产中，可以将人们从复杂和危险的环境中解脱出来，可以代替人们进行繁杂的和重复的劳动，从而改善劳动条件、减轻劳动强度、提高生产率、提高质量、节省劳动力、节省原材料、节省能源和降低成本。

4. 网络与通信

计算机网络是计算机技术和通信技术结合的产物，它把全球大多数国家联系在一起。信息通信是计算机网络最基本的功能之一，我们可以利用信息高速公路传递信息。资源共享是网络的核心，它包括数据共享、软件共享和硬件共享。分布式处理是网络提供的基本功能之一，它包括分布式输入、分布式计算和分布式输出。计算机网络在网络通信、信息检索、电子商务、过程控制、辅助决策、远程医疗、远程教育、数字图书馆、电视会议、视频点播及娱乐等方面都具有广阔的应用前景。

5. 计算机辅助领域

计算机辅助设计（CAD）是指用计算机辅助人们进行各类产品设计，从而减轻设计人员的劳动强度、缩短设计周期和提高质量。随着计算机性能的提高、价格的降低、计算机辅助设计软件的发展和图形设备的发展，计算机辅助设计技术已广泛应用于软件开发、土木建筑、服装、汽车、船舶、机械、电子、电气、地质和计算机艺术等领域。

计算机辅助制造（CAM）是指用计算机辅助人们进行生产管理、过程控制和产品加工等操作，从而改善工作人员的工作条件、提高生产自动化水平、提高加工速度、缩短生产周期、提高劳动生产率、提高产品质量和降低生产成本。计算机辅助制造已广泛应用于飞机、汽车、机械、家用电器和电子产品等行业。

计算机集成制造系统（CIMS）是计算机辅助设计系统、计算机辅助制造系统和管理信息系统相结合的产物，有集成化、计算机化、网络化、信息化和智能化等优点。它可以提高劳动生产力、优化产业结构、提高员工素质、提高企业竞争力、节约资源和促进技术进步，从而为企业和社会带来更多的效益。

计算机辅助技术应用的领域还有很多，如计算机辅助教学（CAI）、计算机辅助计算（CAC）、计算机辅助测试（CAT）、计算机辅助分析（CAA）、计算机辅助工程（CAE）、计算机辅助工艺过程设计(CAPP)、计算机辅助研究(CAR)、计算机辅助订货(CAO)和计算机辅助翻译(CAT)等。

6. 多媒体

多媒体(Multimedia)是指两种以上媒体的综合,包括文本、图形、图像、动画、音频和视频等多种形式。多媒体技术是利用计算机综合处理各种信息媒体,并能进行人机交互的一种信息技术。多媒体技术的发展使计算机更实用化,使计算机由科研院所、办公室和实验室中的专用工具变成了信息社会的普通工具,广泛应用于工业生产管理、军事指挥与训练、股票债券、金融交易、信息咨询、建筑设计、学校教育、商业广告、旅游、医疗、艺术、家庭生活和影视娱乐等领域。

7. 虚拟现实

虚拟现实(Virtual Reality)又称"灵境",是利用计算机模拟现实世界,产生一个具有三维图像和声音的逼真的虚拟世界。用户通过使用交互设备,可获得视觉、听觉、触觉和嗅觉等感觉。近年来,虚拟现实技术已逐渐应用于城市规划、道路桥梁、建筑设计、室内设计、工业仿真、军事模拟、航天航空、文物古迹、地理信息系统、医学生物、商业、教育、游戏和影视娱乐等领域。

8. 人工智能

人工智能(Artificial Intelligence,AI)是计算机科学的一个重要的且处于研究最前沿的分支,它研究智能的实质,并企图生产出一种能像人一样进行感知、判断、理解、学习、问题求解等思考活动的智能机器。

人工智能是自然科学和社会科学交叉的一门边沿学科,涉及计算机科学、数学、信息论、控制论、心理学、仿生学、不定性论、哲学和认知科学等诸多学科。该领域的研究包括机器人、语音识别、图像识别、自然语言处理和专家系统等。实际应用有智能控制、机器人、语言和图像理解、遗传编程、机器视觉、指纹识别、人脸识别、视网膜识别、虹膜识别、掌纹识别、专家系统、医疗诊断、智能搜索、定理证明、博弈和自动程序设计等。

1.1.6　计算机文件

计算机文件(或称文件、计算机档案、档案),是存储在某种长期储存设备上的一段数据流。所谓"长期储存设备"一般指磁盘、光盘、磁带等。其特点是所存信息可以长期、多次使用,不会因为断电而消失。

为了便于管理和控制文件而将文件分成若干种类型。由于不同系统对文件的管理方式不同,因而它们对文件的分类方法也有很大差异。为了方便系统和用户了解文件的类型,在许多操作系统中都把文件类型作为扩展名缀在文件名的后面,在文件名和扩展名之间用"."号隔开。下面是常用的几种文件分类方法。

1. 根据文件的性质和用途分类

(1)系统文件:由系统软件构成的文件。大多数的系统文件只允许用户调用,但不允许用户去读,更不允许修改;有的系统文件不直接对用户开放。

(2)用户文件:由用户的源代码、目标文件、可执行文件或数据等所构成的文件。用户将这些文件委托给系统保管。

(3)库文件:由标准子例程及常用的例程等所构成的文件。这类文件允许用户调用,但不允许修改。

2. 按数据形式分类

(1)源文件:由源程序和数据构成的文件。通常由终端或输入设备输入的源程序和数据所形成的文件都属于源文件。它通常由 ASCII 码或汉字组成。

(2)目标文件:把源程序经过相应语言的编译程序编译过,但尚未经过链接程序链接的目标代码所构成的文件。它属于二进制文件。通常,目标文件所使用的后缀名是“. obj”。

(3)可执行文件:指把编译后所产生的目标代码再经过链接程序链接后所形成的文件。

3. 根据系统管理员或用户所规定的存取控制属性分类

(1)只执行文件:只允许被核准的用户调用执行,不允许读,更不允许写。

(2)只读文件:只允许文件主及被核准的用户去读,但不允许写。

(3)读写文件:允许文件主和被核准的用户去读或写的文件。

4. 根据文件的组织形式和系统对其的处理方式分类

(1)普通文件:由 ASCII 码或二进制码组成的字符文件。一般用户建立的源程序文件、数据文件、目标代码文件及操作系统自身代码文件、库文件、实用程序文件等都是普通文件,它们通常存储在外存储设备上。

(2)目录文件:由文件目录组成,用来管理和实现文件系统功能的系统文件,通过目录文件可以对其他文件的信息进行检索。由于目录文件也是由字符序列构成的,因此对其可进行与普通文件一样的各种文件操作。

1.2 计算机热点技术

1.2.1 中间件技术

中间件(Middleware)是处于操作系统和应用程序之间的软件,也有人认为它应该属于操作系统的一部分。人们在使用中间件时,往往是一组中间件集成在一起构成一个平台(包括开发平台和运行平台),但在这组中间件中必须要有一个通信中间件,即中间件=平台+通信,这个定义也限定了只有用于分布式系统中才能称为中间件,同时还可以把它与支撑软件和实用软件区分开来。具体地说,中间件屏蔽了底层操作系统的复杂性,使程序开发人员面对一个简单而统一的开发环境,减少程序设计的复杂性,将注意力集中在自己的业务上,不必再为程序在不同系统软件上的移植而重复工作,从而大大减少了技术上的负担。中间件带给应用系统的,不只是开发的简便、开发周期的缩短,也减少了系统的维护、运行和管理的工作量,还减少了计算机总体费用的投入。

但中间件具有如下特点:

(1)满足大量应用的需要。

(2)运行于多种硬件和操作系统(OS)平台。

(3)支持分布计算,提供跨网络、硬件和OS平台的透明性的应用或服务的交互。

(4)支持标准的协议。

(5)支持标准的接口。

1.2.2　普适计算

普适计算(Pervasive Computing或Ubiquitous Computing)又称普存计算、普及计算。这一概念强调和环境融为一体的计算,而计算机本身则从人们的视线里消失。在普适计算模式下,人们能够在任何时间、任何地点以任何方式进行信息的获取与处理。科学家表示,普适计算的核心思想是小型、便宜、网络化的处理设备广泛分布在日常生活的各个场所,计算设备将不只依赖命令行、图形界面进行人机交互,而更依赖"自然"的交互方式,计算设备的尺寸将缩小到毫米级甚至纳米级。在普适计算的环境中,无线传感器网络将广泛普及,在环保、交通等领域发挥作用;人体传感器网络会大大促进健康监控及人机交互等的发展。各种新型交互技术(如触觉显示、OLED等)将使交互更容易、更方便。

普适计算的目的是建立一个充满计算和通信能力的环境,同时使这个环境与人们逐渐地融合在一起。在这个融合空间中,人们可以随时随地、透明地获得数字化服务。在普适计算环境下,整个世界是一个网络的世界,数不清的为不同目的服务的计算和通信设备都连接在网络中,在不同的服务环境中自由移动。

普适计算的含义十分广泛,所涉及的技术包括移动通信技术、小型计算设备制造技术、小型计算设备上的操作系统技术及软件技术等。间断连接与轻量计算(即计算资源相对有限)是普适计算最重要的两个特征。普适计算的软件技术就是要实现在这种环境下的事务和数据处理。在信息时代,普适计算可以降低设备使用的复杂程度,使人们的生活更轻松、更有效率。实际上,普适计算是网络计算的自然延伸,它使得不仅个人计算机,而且其他小巧的智能设备也可以连接到网络中,从而方便人们即时地获得信息并采取行动。目前,IBM已将普适计算确定为电子商务之后的又一重大发展战略,并开始了端到端解决方案的技术研发。IBM认为,实现普适计算的基本条件是计算设备越来越小,方便人们随时随地携带和使用。在计算设备无时不在、无所不在的条件下,普适计算才有可能实现。

1.2.3　网格计算

网格计算即分布式计算,是一门计算机科学。它研究如何把一个需要非常巨大的计算能力才能解决的问题分成许多小的部分,然后把这些部分分配给许多计算机进行处理,最后把这些计算结果综合起来得到最终结果。举例来说,利用世界各地成千上万志愿者的计算机的闲置计算能力,通过因特网,用户可以分析来自外太空的电信号,寻找隐蔽的黑洞,并探索可能存在的外星智慧生命;用户可以寻找超过1 000万位数字的梅森质数;用户也可以寻找并发现对抗艾滋病毒更为有效的药物。分布式计算用于完成需要惊人的计算量的庞大项目。

分布式计算是利用互联网上计算机的CPU的闲置处理能力来解决大型计算问题的一种计算科学。比起其他算法,分布式计算具有以下几个优点:

(1)稀有资源可以共享。

(2)通过分布式计算可以在多台计算机上平衡计算负载。

(3)可以把程序放在最适合运行它的计算机上。

其中,共享稀有资源和平衡负载是计算机分布式计算的核心思想之一。

实际上,网格计算就是分布式计算的一种。如果说某项工作是分布式的,那么,参与这项工作的一定不只是一台计算机,而是一个计算机网络,显然这种"蚂蚁搬山"的方式具有很强的数据处理能力。

1.2.4 云计算

云计算(Cloud Computing)是基于互联网的相关服务的增加、使用和交付模式,通常涉及通过互联网来提供动态易扩展且经常是虚拟化的资源。"云"是网络、互联网的一种比喻说法。过去在图中往往用云来表示电信网,后来也用来表示互联网和底层基础设施的抽象。因此,云计算甚至可以让用户体验每秒10万亿次的运算能力,这么强大的计算能力可以模拟核爆炸、预测气候变化和市场发展趋势。用户通过计算机、笔记本、手机等方式接入数据中心,按自己的需求进行运算。

云计算是使计算分布在大量的分布式计算机上,而非本地计算机或远程服务器中,企业数据中心的运行将与互联网更相似。这使得企业能够将资源切换到需要的应用上,根据需求访问计算机和存储系统,如同从古老的单台发电机模式转向了电厂集中供电的模式。它意味着计算能力也可以作为一种商品进行流通,就像煤气、水、电一样,取用方便,费用低廉。最大的不同在于,它是通过互联网进行传输的。

被普遍接受的云计算具有很多特点,包括超大规模、虚拟化、高可靠性、高可扩展性、按需服务、极其廉价、潜在的危险性等。

从技术上看,大数据与云计算的关系就像一枚硬币的正反面一样密不可分。大数据必然无法用单台的计算机进行处理,必须采用分布式计算架构。它的特色在于对海量数据的挖掘,但它必须依托云计算的分布式处理、分布式数据库、云存储和虚拟化技术。

1.2.5 物联网

物联网是新一代信息技术的重要组成部分,也是信息化时代的重要发展阶段。其英文名称是"Internet of things(IoT)"。物联网最初在1999年被提出,即通过射频识别(RFID、RFID+互联网)、红外感应器、全球定位系统、激光扫描器、气体感应器等信息传感设备,按约定的协议,把任何物品与互联网连接起来,进行信息交换和通信,以实现智能化识别、定位、跟踪、监控和管理的一种网络。简而言之,物联网就是"物物相连的互联网"。

中国物联网校企联盟将物联网定义为当下几乎所有技术与计算机、互联网技术的结合,实现物体与物体之间的环境及状态信息的实时共享和智能化的收集、传递、处理、执行。从广义上讲,当下涉及信息技术的应用都可以纳入物联网的范畴。国际电信联盟(ITU)发布的《ITU互联网报告2005:物联网》,对物联网做了如下定义:通过二维码识读设备、射频识别(RFID)装置、红外感应器、全球定位系统和激光扫描器等信息传感设备,按约定的协议,把任何物品与互联网相连接,进行信息交换和通信,以实现智能化识别、定位、跟踪、监控和管理的一种网络。物联网的提出为国家智慧城市建设奠定了基础，实现了智慧城市的互联互通、协同共享。

物联网在实际应用上的发展需要各行各业的参与，并且需要国家政府的主导及相关法规政策的扶持。物联网的发展具有规模性、广泛参与性、管理性、技术性、物的属性等特征，其中，技术是最关键的问题。物联网技术是一项综合性的技术，是一项系统，国内还没有哪家公司可以全面负责物联网整个系统的规划和建设，理论上的研究已经在各行各业展开，而实际应用还仅局限于行业内部。关于物联网的规划和设计及研发的关键在于 RFID、传感器、嵌入式软件及传输数据计算等领域的研究。

物联网用途广泛，遍及智能交通、环境保护、政府工作、公共安全、平安家居、智能消防、工业监测、环境监测、路灯照明管控、景观照明管控、楼宇照明管控、广场照明管控、老人护理、个人健康、花卉栽培、水系监测、食品溯源、敌情侦查和情报搜集等多个领域。

1.2.6　大数据

大数据(Big Data)，指无法在一定时间范围内用常规软件工具进行捕捉、管理和处理的数据集合，是需要新处理模式才能具有更强的决策力、洞察发现力和流程优化能力的海量、高增长率和多样化的信息资产。从技术上看，大数据必然无法用单台计算机进行处理，必须采用分布式架构。分布式架构的特色在于对海量数据进行分布式数据挖掘。但它必须依托云计算的分布式处理、分布式数据库和云存储、虚拟化技术。

大数据需要特殊的技术来有效地处理大量的容忍经过时间内的数据。适用于大数据的技术，包括大规模并行处理(MPP)数据库、数据挖掘、分布式文件系统、分布式数据库、云计算平台、互联网和可扩展的存储系统。

数据最小的基本单位是 bit，按由小到大的顺序给出所有单位：bit、Byte、KB、MB、GB、TB、PB、EB、ZB、YB、BB、NB、DB。

当今社会是一个高速发展的社会，科技发达，信息流通快，人们之间的交流越来越密切，生活也越来越方便，大数据就是这个高科技时代的产物。阿里巴巴集团创始人马云在演讲中提到，未来的时代将不是 IT 时代，而是 DT 的时代，DT 就是“Data Technology”，即数据科技，这说明大数据对于阿里巴巴集团来说举足轻重。有人把数据比喻为蕴藏能量的煤矿。煤炭按照性质有焦煤、无烟煤、肥煤、贫煤等分类，而露天煤矿、深山煤矿的挖掘成本又不一样。与此类似，大数据并不在“大”，而在于“有用”，价值含量、挖掘成本比数量更为重要。对于很多行业而言，如何利用这些大规模数据是赢得竞争的关键。

1.3　信息在计算机内部的表示与存储

为了更好地学习和使用计算机，并为学习计算机网络等课程打好基础，学习计算机的数据表示方式、数制转换和信息编码是很有必要的。

在计算机中，程序、数值数据和非数值数据都是以二进制编码的形式存储的，即用“0”和“1”组成的序列表示。计算机之所以能识别数字、文字、图形、声音和动画的二进制编码，是因为它们采用的编码规则不一样。

1.3.1 数制

数制又称“计数制”，是人们用符号和规则来计数的科学方法。在日常生活中，人们在算术计算上通常采用十进制计数法，如使用个、十、百、千和万等为计数单位；在计时上通常采用七进制、十二进制和六十进制等，如每星期7天、每年12个月和每分钟60秒等；在角度计量上通常采用六十进制、三百六十进制和弧度制等，如1度60分和1圆周360度等。当然，还有许多各种各样的计数制。

不论哪种计数制，其使用的符号和规则都有一定的规律和特点，都有各自的数码、基数和位权。数码是指采用的符号，基数是指数码的个数，位权表示某位具有的“权力”。如十进制的数码有0、1、2、3、4、5、6、7、8、9等，基数是10，个位的位权是一，十位的位权是十，百位的位权是百，采用“逢十进一”和“借一当十”的运算规则。

与学习和使用计算机有关的计数制有二进制、八进制、十进制和十六进制，这几种计数制的数码、基数、位权、规则和英文表示见表1-2。

表1-2 与学习和使用计算机有关的几种计数制

进制	数码	基数	位权	规则	英文标识
二进制	0,1	2	2^i	逢二进一	B
八进制	0~7	8	8^i	逢八进一	O
十进制	0~9	10	10^i	逢十进一	D
十六进制	0~9,A,B,C,D,E,F	16	16^i	逢十六进一	H

为了区分不同计数制的数，常用以下几种方法表示：

(1)括号外面加数字下标。

(2)英文标识下标。

(3)数字后面加相应的英文字母标识。

例如，十进制数的220可以表示为$(220)_{10}$或$(220)_D$或220D。二进制数的1010可以表示为$(1010)_2$或$(1010)_B$或1010B。

1.3.2 数制转换

1. *R* 进制数转换成十进制数

在十进制中，345.67可以表示为

$$3\times10^2+4\times10^1+5\times10^0+6\times10^{-1}+7\times10^{-2}=345.67$$

其中10^2就是百位的权，10^1就是十位的权，10^0就是个位的权。可以看出，某位的位权恰好是基数的某次幂。因此，可以将任何一种计数制表示的数写成跟其位权有关的多项式之和，则一个R进制数N可以表示为

$$N=a_i\times R^i+\cdots+a_1\times R^1+a_0\times R^0+a_{-1}\times R^{-1}+\cdots+a_{-j}\times R^{-j}$$

其中，a_i是数码；R是R进制的基数；R^i是a_i所在位的位权。这种方法称为“按权展开”。

例如：

$$(1010.11)_B = 1\times2^3 + 0\times2^2 + 1\times2^1 + 0\times2^0 + 1\times2^{-1} + 1\times2^{-2} = (10.75)_D$$

$$(123.4)_O = 1\times8^2 + 2\times8^1 + 3\times8^0 + 4\times8^{-1} = (83.5)_D$$

$$(2E.9A)_H = 2\times16^1 + 14\times16^0 + 9\times16^{-1} + 10\times16^{-2} = (46.601)_D$$

2. 十进制数转换成 *R* 进制数

将十进制数转换成 R 进制数，其整数部分可采用除以 R 取余数的方法，其小数部分可采用乘以 R 取整数的方法，然后把整数部分和小数部分相加即可。如果用乘以 R 取整的方法出现取不尽的情况，则可以根据要求进行保留小数，通常采取“低含高入”的方法，对于二进制来说就是“0 舍 1 入”。下面以十进制转二进制为例说明此方法。

例如，将 $(124.375)_D$ 转换成二进制数：

(1) 整数部分。

除数	商		余数		
2	124				
2	62	……	0	a_0	低位
2	31	……	0	a_1	↓
2	15	……	1	a_2	↓
2	7	……	1	a_3	↓
2	3	……	1	a_4	↓
2	1	……	1	a_5	↓
	0	……	1	a_6	高位

因此，$(124)_D = (1111100)_B$。

(2) 小数部分。

运算		整数		
0.375 × 2 = 0.750	……	0	a_{-1}	高位
0.75 × 2 = 1.50	……	1	a_{-2}	↑
0.5 × 2 = 1.0	……	1	a_{-3}	低位

因此，$(0.375)_D = (0.011)_B$，而 $(124.375)_D = (1111100.011)_B$。

3. 二进制数转换成八进制数和十六进制数

由于 $2^3 = 8^1$，$2^4 = 16^1$，因此二进制转换成八进制和十六进制比较简单。

将二进制数转换成八进制数，只要将二进制数以小数为界，分别向左右两边按 3 位分组，不足 3 位用 0 补足，然后计算出每组的数值即可。

十进制与二进制、八进制和十六进制的对应关系见表 1 – 3。

表 1-3　十进制与二进制、八进制和十六进制的对应关系

十进制数	二进制数	八进制数	十六进制数
0	0000	0	0
1	0001	1	1
2	0010	2	2
3	0011	3	3
4	0100	4	4
5	0101	5	5
6	0110	6	6
7	0111	7	7
8	1000	10	8
9	1001	11	9
10	1010	12	A
11	1011	13	B
12	1100	14	C
13	1101	15	D
14	1110	16	E
15	1111	17	F

例如,将$(1111100.011)_B$转换成八进制数的方法如下:

```
001   111   100   .   011   二进制数
 ↓     ↓     ↓         ↓       ↓
 1     7     4    .    3    八进制数
```

将二进制数转换成十六进制数,只要将二进制数以小数点为界,分别向左右两边按 4 位分组,不足 4 位用 0 补足,然后计算出每组的数值即可。

例如,将$(1111100.011)_B$转换成十六进制数的方法如下:

```
0111   1100   .   0110   二进制数
 ↓      ↓          ↓        ↓
 7      C     .    6     十六进制数
```

4. 八进制数和十六进制数转换成二进制数

将八进制数转换成二进制数,只要将八进制数的每一位分别用 3 位二进制表示,然后再去掉打头的 0 即可。

例如,将$(345.67)_O$转换成二进制数的方法如下:

3	4	5	.	6	7	八进制数
↓	↓	↓		↓	↓	↓
011	100	101	.	110	111	
11	100	101	.	110	111	二进制数

将十六进制数转换成二进制数,只要将十六进制数的每一位分别用 4 位二进制表示,然后再去掉打头的零即可。

例如,将$(345.67)_H$转换成二进制数的方法如下:

3	4	5	.	6	7	十六进制数
↓	↓	↓		↓	↓	↓
0011	0100	0101	.	0110	0111	
11	0100	0101	.	0110	0111	二进制数

5. 八进制和十六进制的相互转换

将八进制数转换成十六进制数,可先将八进制数转换成二进制数或者十进制数,然后再转换成十六进制数。

将十六进制数转换成八进制数,可先将十六进制数转换成二进制数或者十进制数,然后再转换成八进制数。

1.3.3　计算机中的编码

1. 数值数据的表示

(1)机器数和真值。

在计算机中,通常用“0”表示正,用“1”表示负,用这种方法表示的数称为机器数。所谓真值就是数真正的值,称数的值为真值是为了同机器数相区别。

(2)定点数和浮点数。

在计算机中一般用 8 位、16 位和 32 位等二进制码表示数据。计算机中表示数的方法一般有定点表示法和浮点表示法。定点表示法是指在计算机中小数点不占用二进制位,规定在固定的地方。这种小数点固定的数称为定点数。定点数又分为定点整数和定点小数。

2. 西文字符编码

目前,国际上普遍采用美国国家信息交换标准字符码(American Standard Code for Information Interchange,ASCII)表示英文字符、标点符号、数字和一些控制字符。ASCII 码的每个字符由 7 位二进制编码组成,通常用一个字节表示,它包括 128 个元素,见表 1 – 4。有了 ASCII 码,我们就可以直接通过键盘把英文字符输入到计算机中。

表 1-4　7 位 ASCII 码表

低 4 位	高 3 位 $a_6a_5a_4$							
$a_3a_2a_1a_0$	000	001	010	011	100	101	110	111
0000	NUL	DLE	SP	0	@	P	`	p
0001	SOH	DC1	!	1	A	Q	a	q
0010	STX	DC2	“	2	B	R	b	r
0011	ETX	DC3	#	3	C	S	c	s
0100	EOT	DC4	MYM	4	D	T	d	t
0101	ENQ	NAK	%	5	E	U	e	u
0110	ACK	SYN	&	6	F	V	f	v
0111	BEL	ETB	′	7	G	W	g	w
1000	BS	CAN	(	8	H	X	h	x
1001	HT	EM	)	9	I	Y	i	y
1010	LF	SUB	*	:	J	Z	j	z
1011	VT	ESC	+	;	K	[	k	{
1100	FF	FS	,	<	L	\	l	|
1101	CR	GS	-	=	M	]	m	}
1110	SO	RS	.	>	N	^	n	~
1111	SI	US	/	?	O	_	o	DEL

3. 中文字符编码

为了能把中文字符通过英文标准键盘输入到计算机中，就必须为汉字设计输入编码。为了在计算机中处理和存储中文字符，就必须为中文字符设计交换码和内码。为了显示输出中文字符，就必须为中文字符设计输出字形码。

(1)输入码。

输入码即输入编码。现在通常使用的输入编码有拼音码、字形码和混合编码。

(2)交换码和机内码。

交换码即国标码。我国于 1980 年制定了用于中文字符处理的国家标准 GB/T 2312—1980。

机内码又称“内码”，是用于在计算机中处理、存储和传输中文字符的代码。中文字符数量较多，常用两个字节表示。为了与 ASCII 码相区别，中文字符编码的两个字节的最高位都为“1”，而 ASCII 码的最高位为“0”。

(3)输出字形码。

输出字形码是表示汉字字形的字模编码，通常用点阵等方式表示，属于图形编码，存储在字模库中。

4. 其他信息在计算机中的表示

(1)位图。

位图又称为“点阵图像”,是像素的点的集合。这些点通过不同顺序的排列和颜色差异就可以构成图形。用 Windows 操作系统的画图程序就可以绘制位图。当把位图放大时,就可以看到像素点被放大成无数个小方块儿。这时再从远处看,图像又是连续的。位图被存储在以“bmp”为扩展名的文件中,这个文件通常包括位图的高、宽、色彩格式、分辨率、颜色数和大小等信息。

(2)音频。

音频一般指频率在 20 ~ 20 000 Hz 的声音信号,一般包括波形声音、语音和音乐等。常见的音频存储格式有 wav、MIDI、mp3、rm 和 wma 等。

(3)视频。

视频(Video)指连续变化的影像。常见的视频存储格式有 mpeg、avi、rm、mov、asf、wmv、DivX 和 rmvb 等。

1.4　计算机的系统组成

一个完整的计算机系统是计算机硬件系统和计算机软件系统的有机结合。计算机硬件系统是指看得见、摸得着的构成计算机的所有实体设备的集合。计算机软件系统是指为计算机的运行、管理和使用而编制的程序的集合。

表 1－5　计算机的系统组成

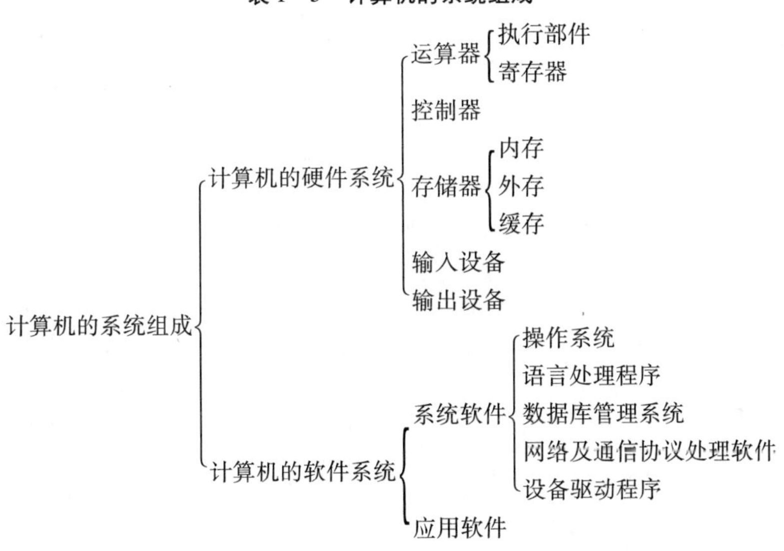

1.4.1　冯·诺依曼原理

美籍匈牙利数学家冯·诺依曼在 1945 年提出了关于计算机组成和工作方式的设

想。迄今为止,尽管现代计算机制造技术已有极大发展,但是就其系统结构而言,大多数计算机仍然遵循他的设计思想,这样的计算机称为冯·诺依曼型计算机。

冯·诺依曼设计思想可以概括为以下3点:

(1)采用存储程序控制方式。将事先编制好的程序存储在存储器中,然后启动计算机工作,运行程序后的计算机无需操作人员干预,能自动逐条取出指令、分析指令和执行指令,直到程序结束或关机,即由程序来控制计算机自动运行。

(2)计算机内部采用二进制的形式表示指令和数据。根据电子元件双稳工作的特点,在电子计算机中采用二进制,且采用二进制将大大简化计算机的逻辑线路。

(3)计算机硬件系统分为运算器、控制器、存储器、输入设备和输出设备5大部分。

冯·诺依曼设计思想标志着自动运算的实现,为计算机的设计提供了基本原则并树立了一座里程碑。

1.4.2 计算机硬件系统

冯·诺依曼提出的计算机"存储程序"的思想决定了计算机硬件系统由5大部分组成:运算器、控制器、存储器、输入设备和输出设备。

1. 运算器

运算器(Arithmetic Unit)是计算机中进行各种算术运算和逻辑运算的部件,由执行部件、寄存器和控制电路3部分组成。

(1)执行部件。

执行部件是运算器的核心,称为算术逻辑单元(Arithmetic and Logic Unit,ALU)。由于它能进行加、减、乘、除等算术运算和与、或、非、异或等逻辑运算,而这正是运算器的功能,因此经常有人用ALU代表运算器。

(2)寄存器。

运算器中的寄存器是用来寄存被处理的数据、中间结果和最终结果的,主要有累加寄存器、数据缓冲寄存器和状态条件寄存器。

(3)控制电路。

控制ALU进行哪种运算。

2. 控制器

控制器(Controller)是指挥和协调运算器及整个计算机所有部件完成各种操作的部件,是计算机指令的发出部件。控制器主要由程序计数器、指令寄存器、指令译码器、时序产生器和操作控制器等组成。控制器就是通过这些部分,从内存取出某程序的第一条指令,并指出下一条指令在内存中的位置,对取出的指令进行译码分析,产生控制信号,准备执行下一条指令,直至程序结束。

计算机中最重要的部分就是由控制器和运算器组成的中央处理器(Central Processing Unit,CPU)。

3. 存储器

存储器是计算机的记忆部件,用来存放程序和数据等计算机的全部信息。根据控制器发出的读、写和地址等信号对某地址存储空间进行读取或写入操作。按存储器的读写功能分为随机读写存储器(Random-Access Memory,RAM)和只读存储器(Read-Only Memory,ROM)。RAM 指既能读出又能写入的存储器,ROM 指一般情况下只能读出不能写入的存储器。写入 ROM 中的程序称为固化的软件,即固件。

计算机的存储系统由高速缓存(CACHE)、内存储器(内存,也称主存)和外存储器(外存,也称辅存)3 级构成。

(1)外存。

外存指用来存放暂时不运行的程序和数据的存储器,一般采用磁性存储介质或光存储介质,可通过输入/输出接口连接到计算机上。外存的优点是成本低、容量大和存储时间长;缺点是存取速度慢,且 CPU 不能直接执行存放在外存中的程序,需将想要运行的程序调入内存才能运行。

常见的外存有硬盘、软盘、光盘和优盘等。

(2)内存。

内存指用来存放正在运行的程序和数据的存储器,一般采用半导体存储介质。内存的优点是速度比外存快,CPU 能直接执行存放在内存中的程序;缺点是成本高,且断电时所存储的信息将消失。

由 CPU 和内存构成的处理系统称为冯·诺依曼型计算机的主机。

(3)高速缓存

由于 CPU 的速度越来越快,内存的速度无法跟上 CPU 的速度,因此形成了“瓶颈”,从而影响了计算机的工作效率,如果在 CPU 与内存之间增加几级与 CPU 速度匹配的高速缓存,可以提高计算机的工作效率。

在 CPU 中就集成了高速缓存,用于存放当前运行程序中最活跃的部分。其优点是速度快;缺点是成本高、容量小。

4. 输入设备

输入设备是指向计算机输入程序和数据等信息的设备,包括键盘、鼠标、摄像头、扫描仪、光笔、语音输入器和手写输入板等。

5. 输出设备

输出设备指计算机向外输出中间过程和处理结果等信息的设备,包括显示器、投影仪、打印机、绘图仪和语音输出设备等。

有些设备既是输入设备又是输出设备,如触摸屏、打印扫描一体机和通信设备等。

输入设备、输出设备和外存都属于外部设备,简称外设。

1.4.3 计算机软件系统

只有硬件系统的计算机称为“裸机”,想要它完成某些功能,就必须为它安装必要的软件。软件(Software)泛指程序和文档的集合。一般将软件划分为系统软件和应用软件,系统软件和应用软件构成了计算机的软件系统。

1. 系统软件

系统软件是指协调管理计算机软件和硬件资源,为用户提供友好的交互界面,并支持应用软件开发和运行的软件。它主要包括操作系统、语言处理程序、数据库管理系统、网络及通信协议处理软件和设备驱动程序等。

(1)操作系统。

操作系统(Operating System,OS)是负责分配管理计算机软件和硬件的资源,控制程序运行,提供人机交互界面的一大组程序的集合,是典型的系统软件。它的功能主要有进程管理、存储管理、作业管理、设备管理和文件管理等。常见的操作系统有 DOS、Windows、Mac OS、Linux 和 Unix 等。

制造计算机硬件系统的厂家众多,生产的设备也是品种繁多,为了有效地管理和控制这些设备,人们在硬件的基础上加载了一层操作系统,用它通过设备的驱动程序来跟计算机硬件打交道,使人机有了一个友好的交互窗口。可以说操作系统是计算机硬件的管理员,是用户的服务员。

(2)语言处理程序。

计算机语言一般分为机器语言、汇编语言和高级语言等。

计算机只能识别和执行机器语言。机器语言是一种由二进制码"0"和"1"组成的语言。不同型号的计算机的机器语言也不一样。由机器语言编写的程序称为机器语言程序,它是由"0"和"1"组成的数字序列,很难理解和记忆,且检查和调试都比较困难。

由于机器语言不好记忆和输入,人们通过助记符的方式把机器语言抽象成汇编语言。汇编语言是符号化了的机器语言。用汇编语言写的程序叫汇编语言源程序,计算机无法执行,必须将汇编语言源程序翻译成机器语言程序才能由计算机执行,这个翻译的过程称为汇编,完成翻译的计算机软件称为汇编程序。

机器语言和汇编语言是低级语言,都是面向计算机的。高级语言是面向用户的。比如 C、C++、VB、VC、Java、C#和各种脚本语言等。用高级语言书写的程序称为源程序,需要以解释方式或编译方式执行。解释方式是指由解释程序解释一句高级语言后立即执行该语句。编译方式是指将源程序通过编译程序翻译成机器语言形式的目标程序后再执行。

汇编程序、解释程序和编译程序等都属于语言处理程序。

(3)数据库管理系统。

数据库管理系统(Database Management System,DBMS)是位于用户与操作系统之间的一层操纵和管理数据库的大型软件,用户对数据库的建立、使用和维护都是在 DBMS 管理下进行的,应用程序只有通过 DBMS 才能对数据库进行查询、读取和写入等操作。

常见的数据库管理程序有 Oracle、SQL Server、MySQL、DB2 和 Visual FoxPro 等。

(4)网络及通信协议处理软件。

网络通信协议是指网络上通信设备之间的通信规则。在将计算机连入网络时,必须安装正确的网络协议,这样才能保证各通信设备和计算机之间能正常通信。常用的网络协议有 TCP/IP 协议、UDP 协议、HTTP 协议和 FTP 协议等。

(5)设备驱动程序。

设备驱动程序简称"驱动程序",是一种可以使计算机和设备正常通信的特殊程序。可以把它理解为是给操作系统看的"说明书",有了它,操作系统才能认识、使用和控制相应的设备。要想使用某个设备,就必须正确地安装该设备的驱动程序。不同厂家、不同产品和不同型号的设备的驱动程序一般都不一样。

2. 应用软件

应用软件是指为用户解决各类问题而制作的软件。它拓宽了计算机的应用领域，使计算机更加实用化。比如，Microsoft Office 就是用于信息化办公的软件，它加快了计算机在信息化办公领域应用的步伐。应用软件种类繁多，如压缩软件、信息化办公软件、图像处理软件、影像编辑软件、游戏软件、防杀病毒软件、网络监控系统、财务软件和备份软件等。

1.5　计算机的工作原理

1.5.1　计算机指令系统

迄今为止，尽管计算机多次更新换代，但其基本工作原理仍是存储程序控制，即事先把指挥计算机如何进行操作的程序存入存储器中，运行时只需给出程序的首地址，计算机就会自动逐条取出指令、分析指令和执行指令，通过完成程序规定的所有操作来实现程序的功能。

1. 指令及其格式

指令就是命令，是能被计算机识别并执行的二进制编码，它规定了计算机该进行哪些具体操作。一条指令通常由操作码和地址码两部分构成。操作码指出计算机应进行什么操作，如果该操作需要对象，则由地址码指出该对象所在的存储单元地址。要想计算机完成某一功能，一般需要很多条指令的配合来实现，因此一台计算机要有很多条功能各异的指令，如算术运算指令、逻辑运算指令、数据传送指令、输入和输出指令等。一台计算机所有能执行的指令的集合称为这台机器的指令系统。不同类型的计算机的指令系统也各不相同。

计算机是通过执行指令来处理各种数据的。一条指令实际上包括两种信息即操作码和地址码。操作码（Operation Code，OP）用来表示该指令所要完成的操作（如加、减、乘、除、数据传送等），其长度取决于指令系统中的指令条数。地址码用来描述该指令的操作对象，它或者直接给出操作数，或者指出操作数的存储器地址或寄存器地址（即寄存器名）。

计算机的指令格式与机器的字长、存储器的容量及指令的功能都有很大的关系。如何合理、科学地设计指令系统中的指令格式，使指令既能给出足够的信息，又使其长度尽可能地与机器的字长相匹配，以节省存储空间，缩短取指时间，提高机器的性能，这是指令格式设计中的一个重要问题。

2. 指令的分类与功能

计算机指令系统一般有下列几类指令：

（1）数据处理指令。

对数据进行运算和变换。例如，加、减、乘、除等算术运算指令；与、或、非等逻辑运算指令；移位指令、比较指令等。

（2）数据传送指令。

将数据在存储器之间、寄存器之间，以及存储器与寄存器之间进行数据传送。例如，取数指令将存储器某一存储单元中的数据读入寄存器;存数指令将寄存器中的数据写入某一存储单元。

(3)程序控制指令。

控制程序中指令的执行顺序。例如,条件转移指令、无条件转移指令、转子程序指令等。

(4)输入/输出指令。

包括各种外围设备的读、写指令等。有的计算机将输入/输出指令包含在数据传送指令类中。

(5)状态管理指令。

包括如实现存储保护、中断处理等功能的管理指令。

1.5.2 计算机的基本工作原理

计算机工作过程中主要有两种信息流:数据信息和指令控制信息。数据信息指的是原始数据、中间结果、结果数据等,这些信息从存储器读入运算器进行运算,所得的计算结果再存入存储器或传送到输出设备。指令控制信息是由控制器对指令进行分析、解释后向各部件发出的控制命令,指挥各部件协调地工作。计算机的工作过程就是执行指令的过程,这一切都在控制器的指挥下进行。

下面结合图1-2简要说明计算机的基本工作原理。计算机的工作过程如下:

(1)由输入设备输入程序和数据到内存中,如果想要长期保存则需保存到外存中。

(2)运行程序时,将程序和数据从外存调入内存。

(3)从内存中取出程序的第一条指令送往控制器。

(4)通过控制器分析指令的要求,然后根据指令的要求从内存中取出数据送到运算器进行运算。

(5)将运算的结果送至内存,如需输出再由内存送至输出设备。

(6)从内存中取出下一条指令送往控制器。

(7)重复(4)、(5)和(6),直到程序结束。

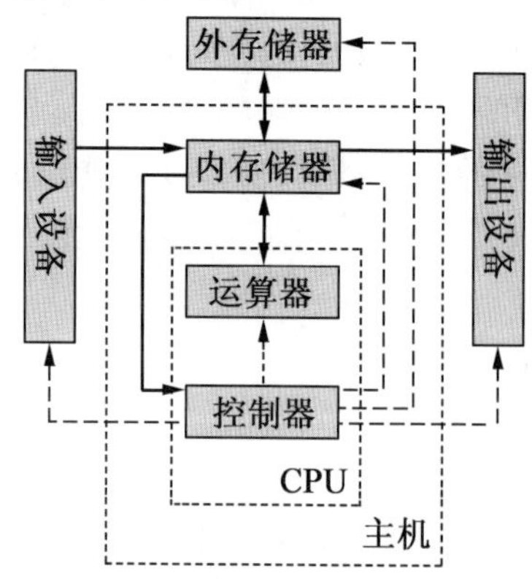

图1-2 计算机工作过程

1.6 计算机的主要技术指标及性能评价

1.6.1 计算机的主要技术指标

衡量计算机性能的常用指标有运算速度、基本字长、内存指标和外存指标等。

1. 运算速度

由于计算机执行不同的运算所需的时间不同，只能用等效速度或平均速度来衡量。一般用计算机每秒所能执行的指令条数或所能进行多少次基本运算来体现运算速度，单位是MIPS(每秒百万条指令数)。

2. 字长

字长指CPU一次所能处理的二进制位数。字长为8位的计算机称8位机，字长为16位的计算机称为16位机，字长为32位的计算机称为32位机，字长为64位的计算机称为64位机。字长越长，计算机的处理能力就越强。

3. 主频

主频即CPU的时钟频率，是CPU内核(整数和浮点数运算器)电路的实际运行频率。一般称为CPU运算时的工作频率，简称主频。主频越高，单位时间内完成的指令数也越多。

4. 内存容量

内存是CPU可以直接访问的存储器，正在执行的程序和数据都在内存中，内存大则可以运行比较大的程序，如果内存过小则有些大程序就不能运行，因此计算机的处理能力在一定程度上取决于内存的容量。内存的读写速度也是越快越好。

5. 外存指标

影响计算机性能的外存主要是硬盘，硬盘的容量越大，存储的程序和数据就越多，即读写可以安装更多的功能各异的系统软件、应用软件、影视娱乐资源和游戏等。硬盘的转数越高越好，即读写速度越快越好。

一台计算机性能的高低，不是由某个单项指标决定的，而是由计算机的综合情况决定的。购买计算机时一般在满足功能需求的基础上追求更高的性价比。性价比是指性能和价格的比值。

1.6.2 计算机的性能评价

对计算机的性能进行评价，除上述的主要技术指标外，还应考虑如下几个方面：

1. 系统的兼容性

系统的兼容性一般包括硬件的兼容、数据和文件的兼容、系统程序和应用程序的兼容、硬件和软件的兼容等。对用户来说，兼容性越好，则越便于硬件和软件的维护和使用；对机器而言，更有利于机器的普及和推广。

2. 系统的可靠性

计算机系统正常工作的能力要求计算机系统首先是可靠的，或者一旦计算机系统发生故障，它应该具有容错的能力，又或者系统出错后能迅速恢复。通俗地讲，即计算机系统最好不要出错,或者少出错,或者出错后能够及时恢复工作状态。计算机的可靠性包括硬件的可靠性和软件的可靠性。

3. 外设配置

计算机所配置的外设的性能高低也会对整个计算机系统的性能有所影响。例如,显示器有高、中、低分辨率,若使用分辨率较低的显示器,将难以准确显示高质量的图片;硬盘存储量的大小不同,选用低容量的硬盘,则系统就无法满足大信息量的存储需求。

4. 软件配置

计算机系统方便用户使用的用户感知度,这是用户选购计算机系统时会考虑的重要指标,通常是对软件系统来说的。比如,在 Windows 和 Unix 之间,一般用户倾向于使用 Windows 系统,只有专业人士或对安全性要求高的用户会使用 Unix 系统。

5. 性价比

性能一般指计算机的综合性能,包括硬件、软件等各方面;价格指购买整个计算机系统的价格,包括硬件和软件的价格。购买时应该从性能、价格两方面来考虑。性价比越高越好。

此外,在评价计算机的性能时,还要兼顾其多媒体处理能力、网络功能、功耗和对环境的要求,以及部件的可升级扩充能力等因素。

实验:PC 硬件系统组装

一、实验目的

1. 了解微型计算机的硬件构成。
2. 了解每种硬件设备的作用及配置。
3. 了解并掌握 PC 机硬件系统的组装方法。

二、实验内容

1. 认识计算机硬件。
2. 组装一台计算机。

实验要求

1. 冷启动计算机一次。
2. 热启动计算机一次。
3. 关闭计算机。

三、实验步骤

任务 1　认识计算机硬件

个人计算机(PC 机)一般由主机、显示器、键盘、鼠标和音响等组成,有的还配置了打印机、扫描仪和传真机等外部设备。微型计算机由主机和外设两部分组成。常见的台式计算机的外观如图1－3所示。

1. 主机

PC机的主机箱内部各部件结构如图1－4所示,包括CPU、主板、内存、外存、显卡、声卡和网卡等部分。

图1－3　台式计算机

图1－4　机箱内部结构

(1)CPU:目前主流产品的CPU如图1－5所示。

(2)主板:如图1－6所示。

图1－5　CPU

图1－6　主板

(3)内存:如图1－7所示。

(4)外存:包括软盘、硬盘、光盘、U盘、移动硬盘、各种存储卡等。

(5)显卡:如图1－8所示。

图1－7　内存

图1－8　显卡

(6)声卡:图 1-9 所示。

(7)网卡:如图 1-10 所示。

图 1-9 声卡

图 1-10 网卡

2. 外设

可分为输入设备和输出设备。

(1)输入设备:键盘、鼠标、扫描仪、麦克风等。

(2)输出设备:显示器、打印机、传真机、音响等。

任务 2 计算机组装方法及技巧

1. 装机前的准备

(1)制订装机方案,购买计算机配件。

(2)准备计算机软件:系统安装盘和驱动程序等。

(3)准备组装工具:必须准备一支适用的十字螺丝刀。此外,还可以准备尖嘴钳、镊子、万用表、一字螺丝刀等工具。

(4)装机前的注意事项:防静电;禁止带电操作;轻拿轻放所有部件;用螺丝刀紧固螺丝时,应做到适可而止。

2. 组装计算机硬件的一般步骤

(1)在主机箱上安装好电源。

主机电源一般安装在主机箱的上端或前端的预留位置,在将计算机配件安装到机箱中时,为了安装方便,一般应当先安装电源。将电源放置到机箱内的预留位置后,用螺丝刀拧紧螺丝,将电源固定在主机机箱内,如图 1-11 所示。

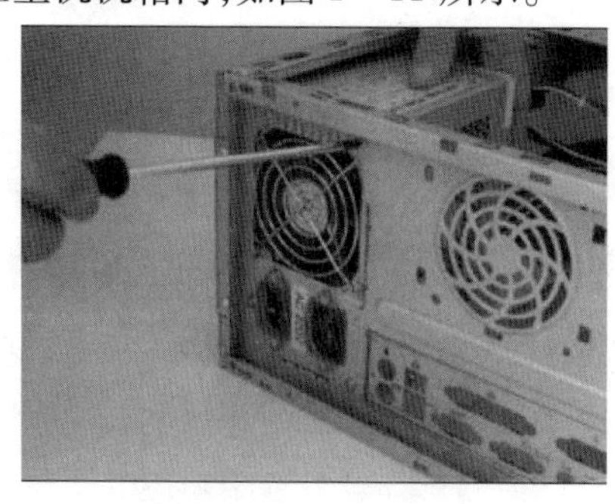

图 1-11 安装电源

(2)在主机板上安装CPU。

第一步,安装CPU。将主板上CPU插座的小手柄拉起,拿起CPU,使其缺口标记正对插座上的缺口标记,然后轻轻放入CPU。为了安装方便,CPU插座上都有缺口标记[在图1-12(a)中圈出位置],安装CPU时,需将CPU和CPU插座中的缺口标记对齐才能将CPU压入插座中。压下小手柄,将CPU牢牢地固定住[图1-12(b)]。

(a)

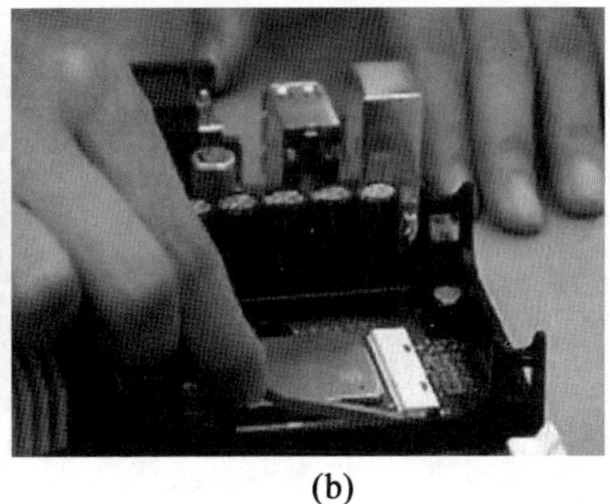
(b)

图1-12 安装CPU

第二步,安装CPU风扇。将导热硅胶均匀地涂在CPU核心上面,然后把风扇放在CPU上并将风扇固定在插座上。在插座的周围有一个风扇的支架,不同的风扇采取的固定方式不同。如图1-13(a)所示,CPU风扇是通过两条有弹性的铁架固定在插座上的。之后要将CPU风扇电源插入主板上CPU风扇的电源插口中。

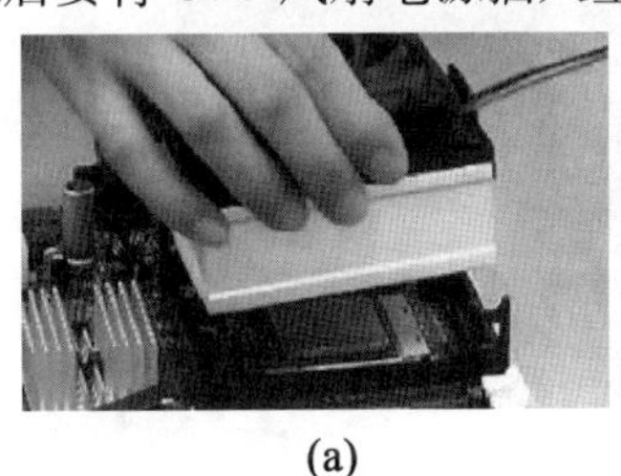
(a)

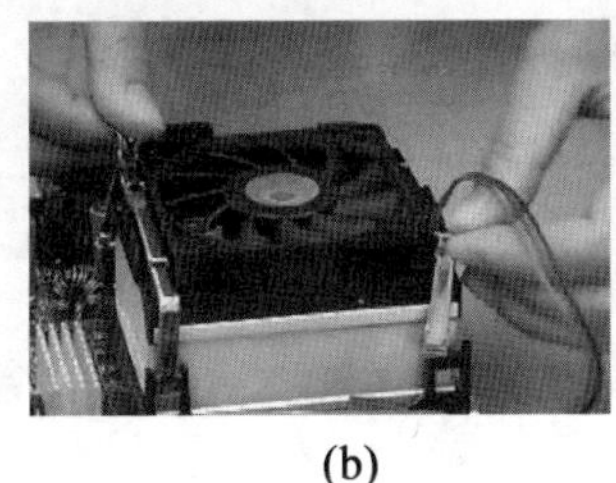
(b)

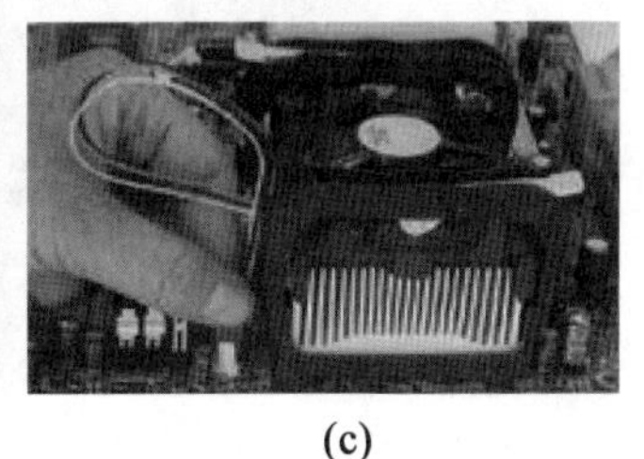
(c)

图1-13 安装CPU风扇

(3)安装内存条。

拔开内存插槽两边的卡槽,对照内存"金手指"的缺口与插槽上的突起确认内存条的插入方向。将内存条垂直放入插座,双手拇指平均施力,将内存条压入插槽中,此时两边的卡槽会自动向内卡住内存条。当内存条确实安插到底后,卡槽卡入内存条上的卡勾定位,如图1-14所示。

图1-14 安装内存条

(4)把主板固定到主机箱内。

将机箱水平放置,观察主板上的螺丝固定孔,在机箱底板上找到对应位置处的预留孔,将机箱附带的铜柱安装到这些预留孔上。这些铜柱不但有固定主板的作用,而且还有接地的功能。将主板放入机箱内,拧紧螺丝将主板固定在机箱内,如图1－15(a)所示。连接主板电源线,如图1－15(b)所示。将电源插头插入主板电源插座中,如图1－15(c)所示。

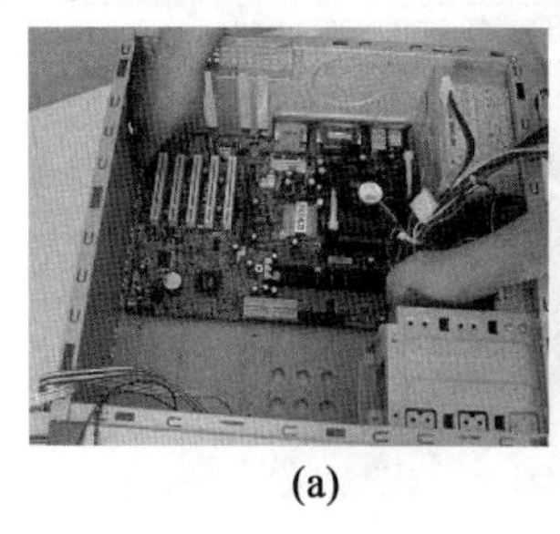
(a)
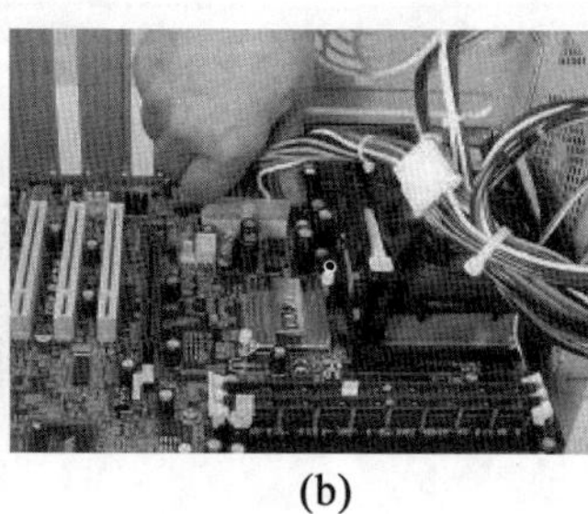
(b)
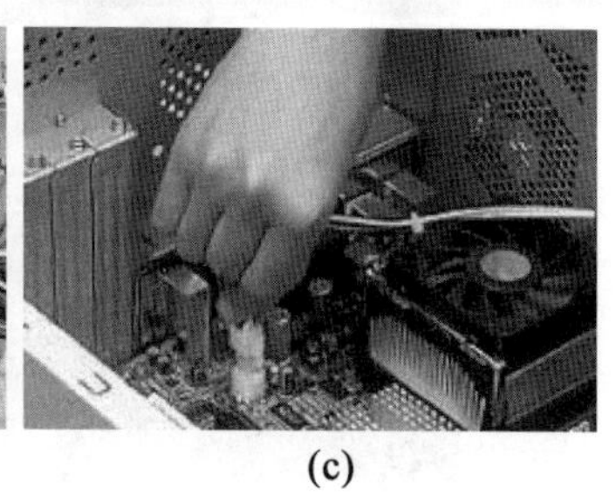
(c)

图1－15　安装主板

(5)安装硬盘。

如图1－16所示安装好硬盘。

光盘驱动器的安装方法类似于硬盘的安装,用户可根据需要选择性地安装光盘驱动器。

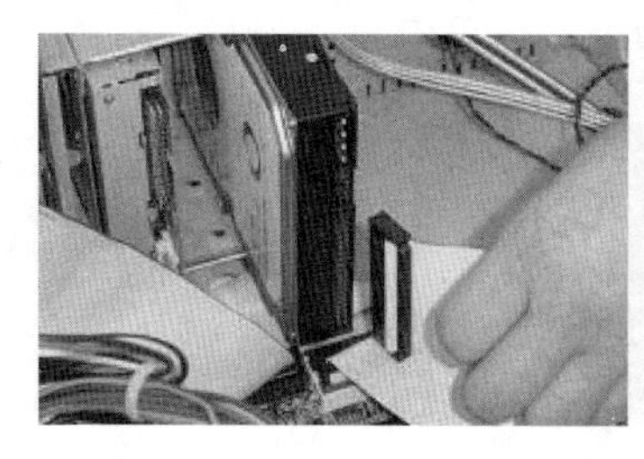

图1－16　安装硬盘

(6)安装接口卡。

计算机上常见的接口卡有AGP、PCI与ISA 3种,目前显卡多为AGP卡,网卡、声卡、调制解调器为PCI卡,ISA卡已经很少用了。

计算机中的3种接口卡除了使用的插槽不同外,安装方法大致相同。根据接口卡的种类确定主板上的安装插槽。用螺丝刀将与插槽相对应的机箱插槽挡板拆掉。使接口卡挡板对准刚拆掉的机箱挡板处,将接口卡“金手指”对准主板插槽并用力将接口卡插入插槽内。插入接口卡时,一定要平均施力(以免损坏主板并保证顺利插入),保证接口卡与插槽紧密接触。显卡是AGP接口的,插装显卡时注意先按下插槽后面的小卡子,然后将显卡插在AGP插槽里,一直插到底,再把插槽后面的小卡子扳起来,固定好显示卡,如图1－17所示。

图1－17　安装接口卡

（7）连接主板与机箱面板引出线。

机箱面板引出线是由机箱前面板引出的开关和指示灯的连接线，包括电源开关、复位开关、电源开关指示灯、硬盘指示灯、扬声器等的连接线。

计算机主板上有专门的插座（一般为2排10行），用于连接机箱面板引出线，不同主板具有不同的命名方式，用户应根据主板说明书上的说明将机箱面板引出线插入到主板上相应的插座中，如图1－18所示。

图1－18　安装连线

（8）连接键盘、鼠标、显示器、电源等。

①连接鼠标、键盘。

现在连接鼠标、键盘的接口大多是USB接口。如果鼠标、键盘的信号线插头为串口和PS/2口，应将其分别连接在主机的9针串行口和PS/2接口上。

②连接显示器。

连接线共2根，其中一根应插在显示器尾部的电源插孔上并用于连接电源，另一根应分别插在显示器尾部和机箱后侧显示器电源插孔，用于连接显示器和机箱。

③连接主机电源。

机箱后侧主机电源接口上有两只插座，一只是3孔显示器电源插座，另一只是3针电源输入插座。连接主机电源时将电源线的一端插头插入主机3针电源输入插座，再将另一端插入电源插座。

完成上述步骤后，在通电开机之前应仔细检查一遍，排除各种连接的疏漏。如果通电后，计算机可以正常启动，就可以根据需要安装操作系统和常用的各种软件了。

第 2 章

Windows 7 操作系统及应用

计算机的工作离不开操作系统，一台刚刚组装起来的计算机，在没有安装任何软件的情况下是不能运行与工作的，此时的计算机称为“裸机”。要想让计算机正常运行起来，必须安装操作系统与应用软件。

操作系统是必须配置的最基本的软件，它统一管理着计算机的硬件资源和软件资源，控制计算机的各个部件进行协调工作，同时它也是人与计算机进行交流的桥梁。

2.1 操作系统概述

计算机系统是由硬件与软件组成的一个相当复杂的系统，有着丰富的软件和硬件资源，为了合理地管理这些资源，并使各种资源得到充分的利用，必须有一组专门的系统软件对各种资源进行管理，这个系统软件就是操作系统(Operating System)，简称 OS。

2.1.1 操作系统的定义

操作系统是直接控制和管理计算机系统资源(硬件资源、软件资源和数据资源)，并为用户充分使用这些资源提供交互操作界面的程序集合，是直接运行在“裸机”上的最基本的软件系统，任何其他软件都必须在操作系统的支持下才能运行。

操作系统是系统软件的核心，也是计算机系统的“总调度”。计算机各部件之间相互配合、协调一致地工作，都是在操作系统的统一指挥下才得以实现的。

计算机硬件、操作系统、应用软件及用户程序或数据之间的层次关系如图 2－1 所示，核心是计算机硬件，最外层是用户程序或数据，操作系统是桥梁。用户与计算机之间的交流，没有操作系统是无法完成的，用户、软件与计算机硬件之间的关系如图 2－2 所示。

2.1.2 操作系统的作用与功能

从用户的角度看，操作系统的作用主要有 3 个：一是提供用户与计算机之间的交互操作界面；二是提高系统资源的利用率，通过对计算机软件、硬件资源进行合理的调度与分配，改善资源的共享和利用状况，最大限度地发挥计算机系统的工作效率；三是为用户提供软件开发和运行的环境。

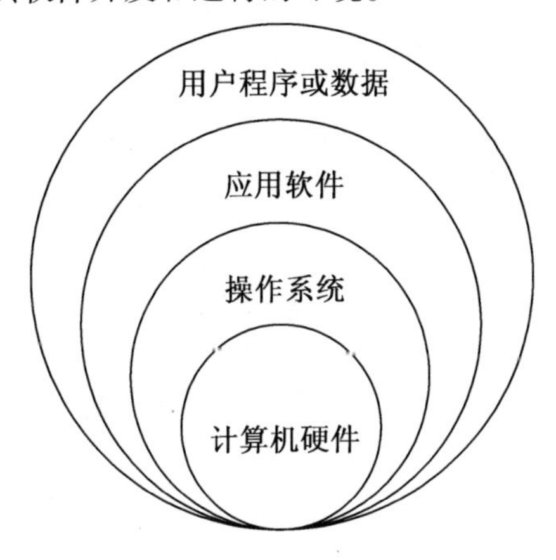

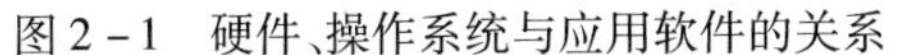

图 2－1　硬件、操作系统与应用软件的关系

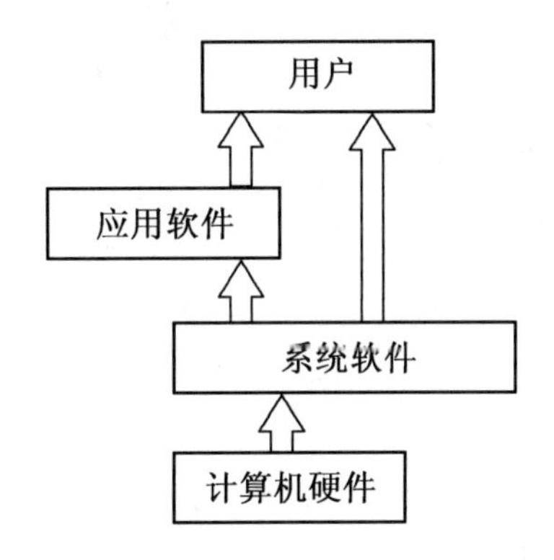

图 2－2　用户、软件与计算机硬件的关系

操作系统主要用于管理硬件与软件资源，从资源管理的角度看，操作系统主要有 5 大功能：处理器管理、设备管理、存储管理、作业管理和文件管理。

1. 处理器管理

处理器（CPU）管理又称进程管理，主要是对 CPU 的控制与管理。CPU 是计算机系统的核心部件，是最宝贵的资源，它的利用率的高低将直接影响计算机的效率。当有一个或多个用户提交作业请求时，操作系统将协调各作业之间的运行，使 CPU 资源得到充分利用。

2. 设备管理

计算机系统中有各种各样的外部设备，设备管理是计算机外部设备与用户之间的接口，其功能是对设备资源进行统一管理，自动处理内存和设备间的数据传递，从而减轻用户为这些设备设计输入/输出程序的负担。

3. 存储管理

存储管理是对内存的分配与管理，只有当程序和数据调入内存中，CPU 才能直接访问和执行。计算机内存中有成千上万个存储单元，何处存放哪个程序，何处存放哪个数据，都需要由操作系统来统一管理，以达到合理利用内存空间的目的，并且保证程序的运行和数据的访问相对独立和安全。

4. 作业管理

在操作系统中，用户请求计算机完成一项完整的工作任务称为一个作业。作业管理解决的是允许谁来使用计算机和怎样使用计算机的问题。作业管理的功能表现为作业控制和作业调度。当有多个用户同时要求使用计算机时，允许哪些作业进入，不允许哪些作业进入，以及如何执行作用等都属于作业管理的范畴。

5. 文件管理

文件是存储在一定介质上、具有某种逻辑结构的信息集合，它可以是程序，也可以是用户数据。当使用文件时，需要从外存储器中调入内存，计算机才能执行。操作系统的文件管理功能就是对这些文件的组织、存取、删除、保护等进行管理，以便用户能方便、安全地访问文件。

2.1.3 操作系统的分类

操作系统是计算机所有软件的核心,是计算机与用户的接口,负责管理所有计算机资源,协调和控制计算机的运行。操作系统的种类繁多,很难用单一的标准进行统一分类。下面以不同的角度对操作系统进行分类。

(1)根据操作系统的使用环境和对作业处理的方式,可将操作系统分为批处理操作系统(如 DOS)、分时操作系统(如 Linux)及实时操作系统(如 RTOS)。

(2)根据操作系统所支持的用户数目,可将操作系统分为单用户操作系统(如 MS-DOS、Windows)、多用户操作系统(如 Unix、Linux)

(3)根据操作系统的应用领域,可将操作系统分为桌面操作系统、服务器操作系统及嵌入式操作系统。

(4)根据操作系统的源码开放程度,可将操作系统分为开源操作系统(如 Linux、FreeBSD) 和闭源操作系统(如 Mac OS X、Windows)。

(5)根据操作系统同时管理作业的数目,可以将操作系统分为单任务操作系统和多任务操作系统。

(6)根据操作系统用户界面的形式,可将操作系统分为字符界面操作系统(如 Unix、DOS)和图形界面操作系统(如 Windows、Mac OS X)。

随着计算机技术的发展,操作系统的发展也日新月异,由最初的 DOS 操作系统、Windows 3. x、Windows 95、Windows 98、Windows XP、Windows 7……一直到今天的 Windows 10 操作系统,操作系统的功能也越来越强大。除此以外,还有 Linux、Unix、OS/2、Netware 等操作系统。作为个人计算机而言,主流操作系统仍然以 Windows 系统为主。下面介绍几种常见的 Windows 系统版本。

1. Windows XP 操作系统

以前,Windows 操作系统分为 2 个系列:一是单机操作系统 Windows 9x 系列;二是网络操作系统 Window NT 系列。

Windows XP 是微软公司于 2001 年年底推出的新一代视窗操作系统,它既支持 Windows 9x 系列,也支持 Windows NT 系列,其中 XP 是 Experience 的缩写,即“体验”的意思。Microsoft 公司希望这款操作系统能够在全新的技术和功能的引导下,给广大用户带来全新的操作系统体验。Windows XP 的经典桌面是“蓝天白云”,如图 2-3 所示。

图 2-3 Windows XP 的经典桌面

Windows XP 采用的是 Windows NT/2000 的核心技术,具有运行可靠、稳定且速度快的特点,这为计算机的安全、正常、高效地运行提供了保障。它不但使用更加成熟的核心技术,而且外观设计也焕然一新,桌面风格清新明快、优雅大方,给人以良好的视觉享受。

2. Windows Vista 操作系统

该操作系统是 Microsoft 公司在 2007 年 1 月发布的一款操作系统,与前一版本相比,它增加了上百种新功能。其中,比较个性化的功能被称为 Windows Aero 的全新界面风格、加强后的搜寻功能、新的多媒体创作工具,以及重新设计的网络、音频、输出和显示子系统。图 2-4 所示为 Windows Vista 的桌面。

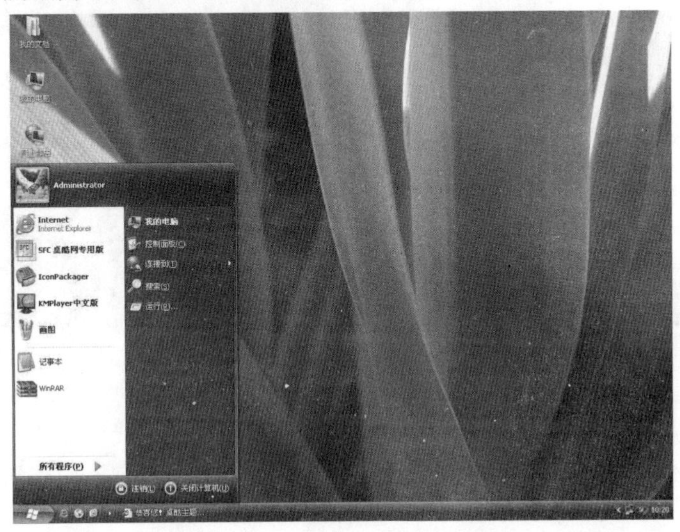

图 2-4 Windows Vista 的桌面

Windows Vista 实际就是 Windows NT 6.0,与 Windows XP 相比,它在界面、安全性和软件驱动性上有了很大的改进。Windows Vista 第一次在操作系统中引入了“Life Immersion”概念,即在操作系统中集成了许多人性化的因素,使操作系统尽最大可能贴近用户,了解用户的感受,从而方便用户的使用,

3. Windows 7 操作系统

Windows 7 为 Windows Vista 的继任者,其核心版本号是 Windows NT 6.1,它是由 Microsoft 公司开发的具有革命性变化的操作系统。该系统旨在让人们日常的计算机操作更加简单和快捷,为人们提供高效易行的工作环境。图 2-5 所示为 Windows 7 的桌面。

Windows 7 与 Windows Vista 及 Windows XP 相比有较多优势,如其在设计方面更加模块化。总体来说,Windows 7 相对于 Windows 以前的版本更加先进。与以前的版本相比,Windows 7 具有以下优点:

(1)更易用。

Windows 7 做了许多方便用户的设计,如快速最大化、窗口半屏显示、跳转列表、系统故障快速修复等,这些新功能令 Windows 7 成为较易用的操作系统。

(2)更快速。

Windows 7 大幅缩减了 Windows 的启动时间。根据实际测试,在 2008 年的中、低端配置的计算机中运行 Windows 7，系统加载时间一般不超过 20 秒，这与 Window Vista 的 40 余秒相比，是一个很大的进步。

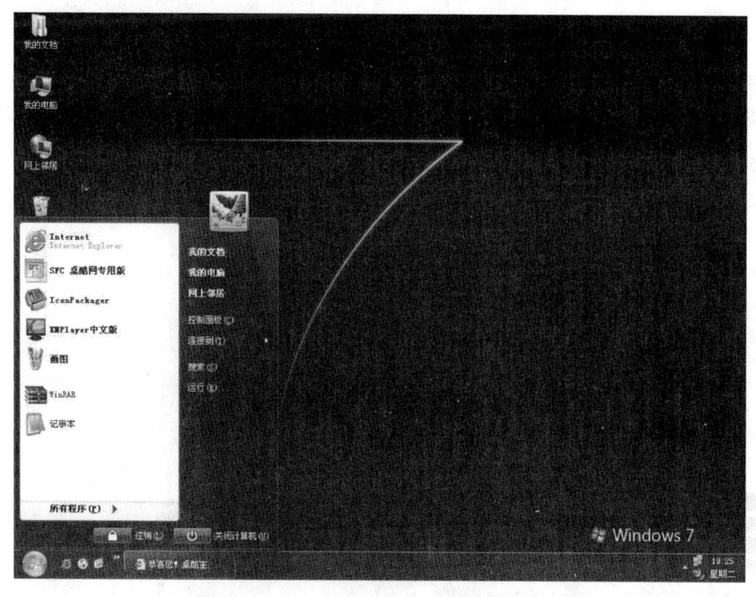

图 2－5　Windows 7 的桌面

（3）更简单。

Windows 7 让搜索和使用信息更加简单，包括本地、网络和互联网搜索功能。

（4）更安全。

Windows 7 改进了基于角色的计算方案和用户账户管理，改进了安全功能的合法性，并把数据保护和管理扩展到外围设备，同时，也开启了企业级的数据保护和权限许可。

（5）更好的连接。

Windows 7 进一步增强了移动工作能力，无论何时何地，任何设备都能访问数据和应用程序。无线连接、管理和安全功能得到进一步扩展，性能与功能及新兴的移动硬件得到优化，拓展了多设备同步、管理和数据保护功能。

2.2　Windows 7 的基本操作

计算机中安装了 Windows 7 操作系统以后，只要接通电源，按下机箱的"Power"按钮，稍等片刻便可以进入 Windows 7 中文版工作环境。

如果是第一次登录 Windows 7 系统，将会看到一个非常简洁的桌面，只有一个回收站图标，如图 2－6 所示。这样的桌面看起来很整洁干净，但使用起来并不方便，所以我们希望把经常使用的图标放到桌面上。这时可以在桌面的空白处单击鼠标右键，从弹出的快捷菜单中选择"个性化"命令，在打开的窗口左侧单击"更改桌面图标" 选项，在弹出的"桌面图标设置"对话框中选择自己经常使用的图标，如图 2－7 所示，单击 确定 按钮，这样，经常使用的图标就出现在桌面上了，这些图标称为桌面元素。

图 2－6　首次登录 Windows 7 的桌面

图 2－7　“桌面图标设置”对话框

2.2.1　认识桌面图标

当安装了应用程序以后，Windows 桌面上的图标就会多起来，总体上分为系统图标与快捷方式图标。不同的计算机，桌面上的图标可能是不同的，但是系统图标都是相同的，下面对系统图标的作用进行介绍，见表 2－1。

表 2－1　系统图标的作用

图标	作　用
Administrator	“Administrator”类似于以前的“我的文档”，但是功能更丰富，它是一个用户的账户，通过它可以查看或管理个人文档，如文档、图片、音乐、视频、下载的文件等
计算机	任何一台计算机上都有“计算机”图标，双击它可以打开“计算机”窗口，从而查看并管理相关的计算机资源，如各磁盘的文件、文件夹及控制面板等
网络	如果计算机已经接入了局域网，双击该图标，在打开的窗口中可以看到网络中的可用资源，包括所能访问的服务器
回收站	回收站用于暂时存放被删除的文件。在真正删除文件之前，可以用于恢复被删除的文件。如果用户由于误操作不慎删除了某些文件，可以将它及时地恢复回来
Internet Explorer	安装了 IE 浏览器以后就会出现该图标。双击“Internet Explorer”图标可以启动 IE 浏览器，通过它可以访问 Internet 资源，并且可以设置浏览器的相关参数

除了上面介绍的系统图标以外，在桌面上还有一些图标的左下角有一个箭头，这一类图标，称为快捷方式图标。不同计算机桌面上的快捷方式图标是不同的。快捷方式图标记录了它所指向的对象路径，可以说它是一个指针，直接指向相应的对象。

2.2.2 “开始”菜单与任务栏

桌面最下方的矩形条称为“任务栏”，它是桌面的重要组成部分，用于显示正在运行的应用程序或打开的窗口。任务栏的左侧是一个圆形按钮，称为“开始”按钮，单击它将弹出“开始”菜单，如图 2 - 8 所示。

1.“开始”菜单

“开始”菜单是用户执行任务的一个标准入口和重要通道，通过它可以打开文档、启动应用程序、关闭系统、搜索文件等。单击“开始”按钮或者按下键盘中的 Win 键，可以打开“开始”菜单，如图 2 - 8 所示。

(1)“开始”菜单的 4 个基本部分。

①左边的大窗格是显示计算机上程序的一个短列表，这个短列表中的内容会随着时间的推移有所变化，其中使用比较频繁的程序将出现在这个列表中。

②左边窗格下方的“所有程序”比较特殊，单击它会改变左边窗格的内容，显示计算机中安装的所有程序，同时“所有程序”变成“返回”，如图 2 - 9 所示。

③左边窗格的最底部是搜索框，通过输入搜索项可以在计算机中查找安装的程序或所需要的文件。

④右边窗格提供了对常用文件夹、文件、设置和功能的访问，还可以注销 Windows 或关闭计算机。

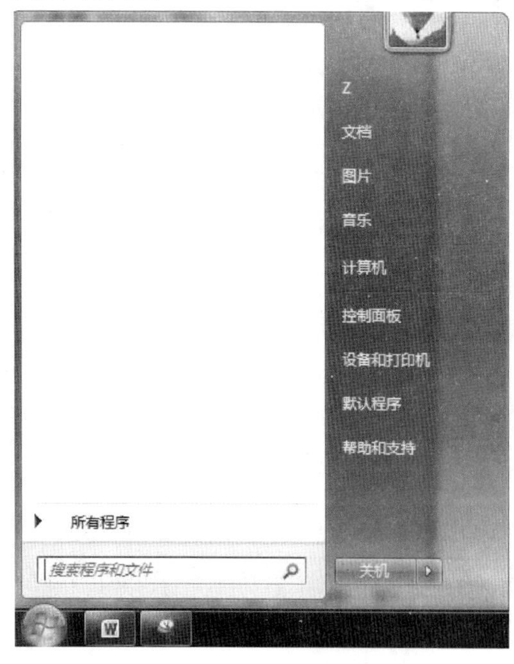

图 2 - 8 “开始”菜单

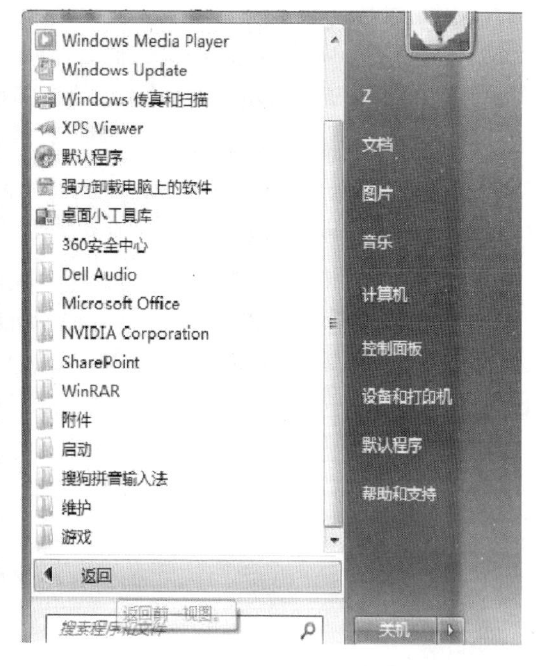

图 2 - 9 单击“所有程序”后的菜单

(2)“开始”菜单的具体功能。

“开始”菜单通常用于启动或打开某项内容，是打开计算机程序、文件或设置的门户，具体功能描述如下：

①启动程序：通过“开始”菜单中的“所有程序”命令，可以启动安装在计算机中的所有应用程序。

②打开窗口：通过“开始”菜单可以打开常用的工作窗口，如“计算机”“文档”和“图片”等。

③搜索功能：通过“开始”菜单中的搜索框，可对计算机中的文件、文件夹或应用程序进行搜索。

④管理计算机：通过“开始”菜单中的控制面板等可以对计算机进行设置与维护，如个性化设置、备份、整理碎片等。

⑤关机功能：计算机关机必须通过“开始”菜单进行操作，另外，还可以进行重新启动、睡眠、注销等操作。

⑥帮助信息：通过“开始”菜单中的“帮助和支持”可以获取相关的帮助信息。

2. 任务栏

顾名思义，任务栏就是用于执行或显示任务的“专栏”，它是一个矩形条，左侧是“快速启动栏”，中间是任务栏的主体部分，右侧是“系统区域”，如图 2－10 所示。

图 2－10　任务栏

(1)任务栏最左侧是快速启动栏，其中有若干应用程序图标，单击某程序图标可以快速启动相应的程序。如果要将一个经常使用的应用程序图标添加到快速启动栏中，可以在桌面上拖动快捷方式图标到快速启动栏上，当出现一条“竖直的线”时释放鼠标即可。

(2)任务栏的中间是主体部分，显示了正在执行的任务。不打开窗口或程序时，它是一个蓝色条。如果打开了窗口或程序，任务栏的主体部分将出现一个个按钮，分别代表已打开的不同窗口或程序，单击这些按钮，可以在打开的窗口之间切换。

(3)任务栏的最右侧是“系统区域”，这里显示了系统时间、声音控制图标、网络连接状态图标等。另外，一些应用程序最小化以后，其图标也会出现在这个位置。

2.2.3　桌面图标的管理

桌面上的图标并不是固定不变的，可以进行添加、删除、设置大图标显示等，下面主要介绍桌面图标的基本管理，如图标的排列、任务栏的设置等。

1. 排列桌面图标

当桌面上的图标太多时，往往会产生凌乱的感觉，这时需要对它进行重新排列，但是在 Windows 7 中“排列图标”的命令被放置在两个命令中。下面先介绍“排序方式”命令。

(1)在桌面上的空白位置处单击鼠标右键。

(2)在弹出的快捷菜单中指向“排序方式”命令，则弹出下一级子菜单，如图 2－11 所示。

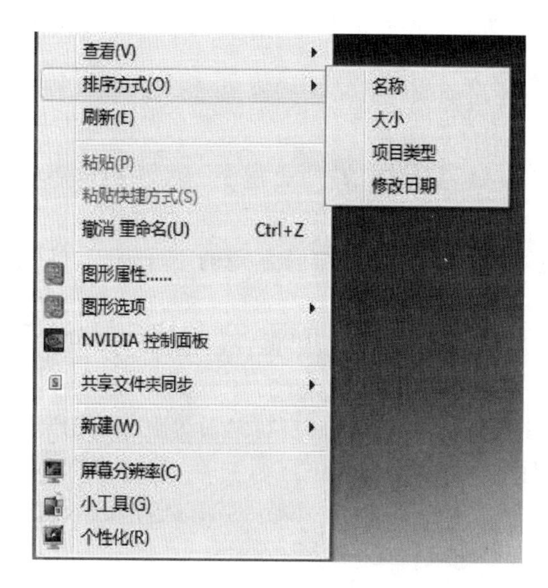

图 2-11 “排序方式”子菜单

(3)在子菜单中选择相应的命令,可以按照所选的方式重新排列图标。一共有 4 种排列方式:

①“名称”:选择该命令,将按桌面图标名称的字母顺序排列图标。

②“大小”:选择该命令,将按文件大小顺序排列图标。如果图标是某个程序的快捷方式图标,则文件大小指的是快捷方式文件的大小。

③“项目类型”:选择该命令,将按桌面图标的类型顺序排列图标。例如,桌面上有多个 Photoshop 图标,则它们将排列在一起。

④“修改日期”:选择该命令,将按快捷方式图标最后的修改时间排列图标。

2. 查看桌面图标

桌面图标的大小是可以改变的,并且可以控制显示与隐藏。在“查看”命令的子菜单中提供了 3 组命令,最上方的 3 个命令用于更改桌面图标的大小,中间的 2 个命令用于控制图标的排列。

(1)在桌面的空白位置处单击鼠标右键。

(2)在弹出的快捷菜单中指向“查看”命令,则弹出下一级子菜单,如图 2-12 所示。

(3)根据需要选择相应的子菜单命令即可。

①“大图标”“中等图标”和“小图标”:选择这几个命令,可以更改桌面图标的大小。

②“自动排列图标”:选择该命令,图标将自动从左向右以列的形式排列。

③“将图标与网格对齐”:屏幕上有不可视的网格,选择该命令,可以将图标固定在指定的网格位置上,使图标相互对齐。

④“显示桌面图标”:选择该命令,桌面上将显示图标,否则看不到桌面图标。

3. 调整任务栏的大小

默认情况下,任务栏是被锁定的,即不可以随意调整任务栏。但是,取消任务的锁定之后,用户可以对任务栏进行适当的调整,例如,可以改变任务栏的高度,具体操作步骤如下:

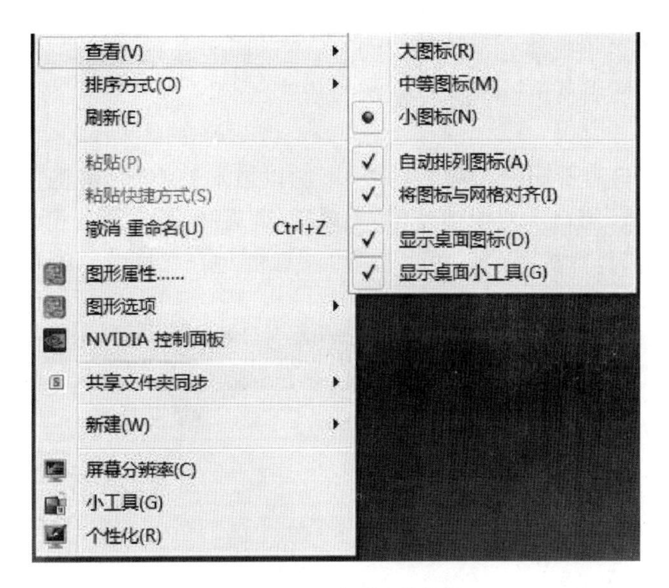

图 2－12　“查看”子菜单

(1)在任务栏的空白位置处单击鼠标右键，在弹出的快捷菜单中选择“锁定任务栏”命令，取消锁定状态，如图 2－13 所示。

(2)将光标指向任务栏的上方，当光标变为↕形状时向上拖动鼠标，可以拉高任务栏，如图 2－14 所示。

(3)如果任务栏过高，可以再次将光标指向任务栏的上方，当光标变为↕形状时向下拖动鼠标，可以将任务栏压低，如图 2－15 所示。

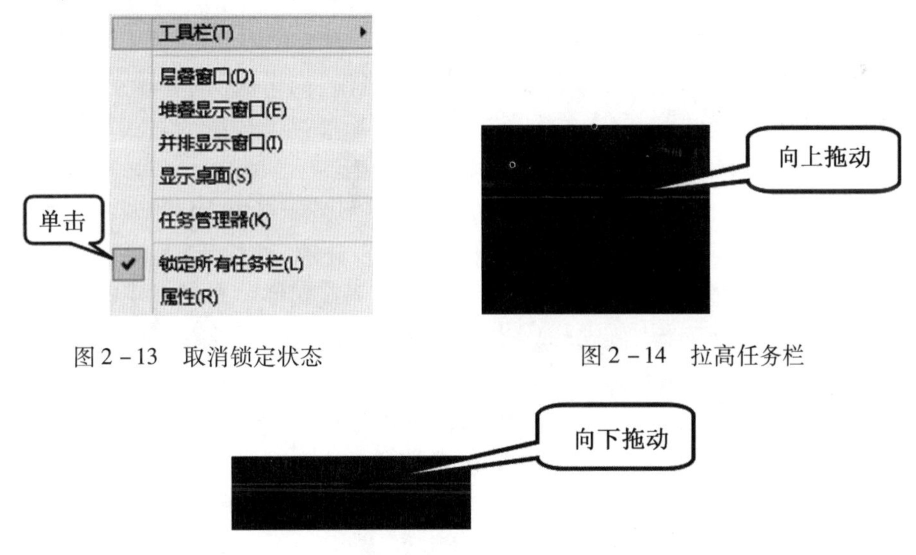

图 2－13　取消锁定状态　　　　图 2－14　拉高任务栏

图 2－15　压低任务栏

2.2.4　窗口的操作

Windows 即“窗口”，Windows 操作系统就是以窗口的形式来管理计算机资源的，窗口作为 Windows 的重要组成部分,构成了用户与 Windows 之间的桥梁。因此,认识并掌握窗口的基本操作是使用 Windows 操作系统的基础。

1. 窗口的组成

不同程序的窗口有不同的布局和功能,下面以最常见的“计算机”窗口为例,介绍其组成部分。“计算机”窗口主要由地址栏、菜单栏、列表区、信息栏及窗口边框组成。

在桌面上双击“计算机”图标,可以打开“计算机”窗口,图 2 – 16 所示是一个典型的 Windows 7 窗口,包含构成窗口的各部分。

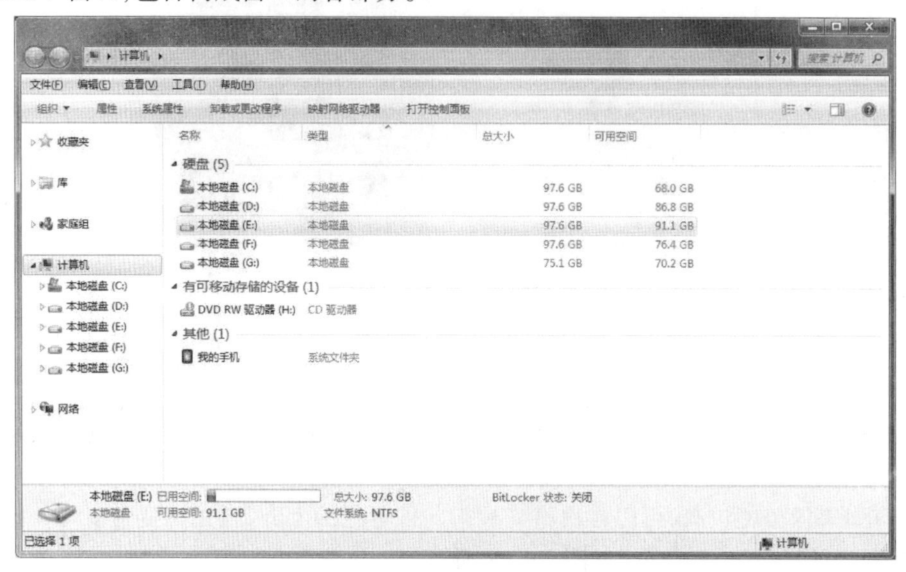

图 2 – 16 “计算机”窗口

(1)地址栏:用于显示当前所处的路径,采用了叫作“面包屑”的导航功能,如果要复制当前地址,只要在地址栏空白处单击鼠标,即可让地址栏以传统的方式显示。地址栏左侧为“前进”按钮和“后退”按钮,右侧为“刷新”按钮。

(2)搜索框:用于搜索计算机和网络中的信息,并不是所有的窗口都有搜索框。搜索框的上方为控制按钮,分别是“最小化”按钮、“最大化/还原”按钮及“关闭”按钮。

(3)菜单栏:位于地址栏的下方,通常由“组织”“系统属性”“卸载与更改程序”“映射网络驱动器”“打开控制面板”组成,每一个菜单项均包含了一系列的菜单命令,单击菜单命令可以执行相应的操作或任务。

(4)列表区:左侧的列表区将整个计算机资源划分为 4 大类:收藏夹、库、计算机和网络,可以让我们更好地组织、管理及应用资源,使操作更高效。例如,在收藏夹下“最近访问的位置”中可以查看最近打开过的文件和系统功能,方便我们再次使用。

(5)工作区:这是窗口最主要的部分,用来显示窗口的内容,我们就是通过这里操作计算机的,如查找、移动、复制文件等。

(6)信息栏:位于窗口的底部,用来显示该窗口的状态。例如,选择某个磁盘时,信息栏中将显示该磁盘的已用空间和可用空间等信息。

(7)窗口边框:即窗口的边界,它是用来改变窗口大小的主要工具。

2. **最小化、最大化/还原与关闭窗口**

在每个窗口的右上角都有 3 个窗口控制按钮,其中,单击"最小化"按钮▭,如图 2－17 所示,窗口将化为一个按钮停放在任务栏上;单击"最大化"按钮▣,如图 2－18 所示,可以使窗口充满整个 Windows 桌面,处于最大化状态,这时"最大化"按钮变成了"还原"按钮▣;单击"还原"按钮▣,如图 2－19 所示,窗口又恢复到原来的大小。

图 2－17　单击"最小化"按钮

图 2－18　单击"最大化"按钮

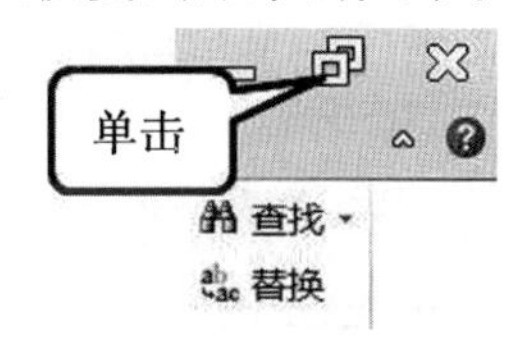

图 2－19　单击"还原"按钮

当需要关闭窗口时,直接单击标题栏右侧的"关闭"按钮 X 即可。另外,单击菜单中的"文件"→"关闭"命令,也可以关闭窗口。

3. **移动窗口**

移动窗口就是改变窗口在屏幕上的位置,方法非常简单,将光标移到地址上方的空白处,按住鼠标左键并拖动窗口到目标位置处,释放鼠标左键即完成窗口的移动。

另外,还可以使用键盘移动窗口,方法是按住 Alt 键的同时敲击空格键,这时将打开控制菜单,再按下 M 键(即 Move 的第一个字母),然后按动键盘上的方向键移动窗口,当窗口到达目标位置后按下回车键即可。

4. **调整窗口大小**

当窗口处于非最大化状态时,可以改变窗口的大小。将光标移到窗口边框上或右下角,当光标变成双向箭头时按住鼠标左键并拖动鼠标,就可以改变窗口的大小,如图 2－20 所示。

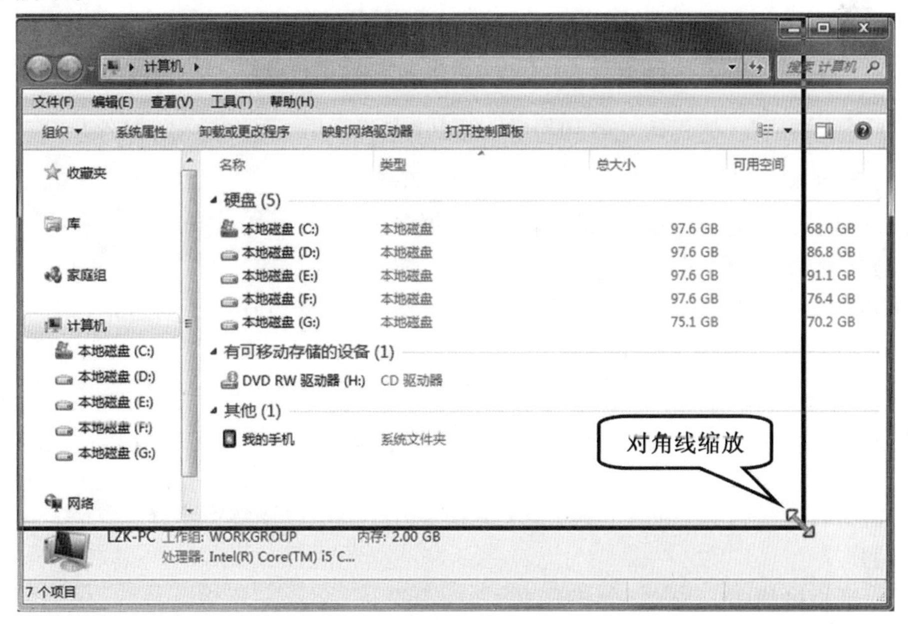

图 2－20

2.2.5 认识对话框

在 Windows 操作系统中,对话框是一个非常重要的概念,它是用户更改参数设置与提交信息的特殊窗口,在进行程序操作、系统设置、文件编辑时都会用到对话框。

1. 对话框与窗口的区别

一般情况下,对话框中包括标题栏、要求用户输入信息或设置的选项、命令按钮,如图 2-21 所示。

初学者一定要将对话框与窗口区分开,这是两个完全不同的概念,它们虽然有很多相同之处,但是区别也是明显的,主要表现在以下几个方面。

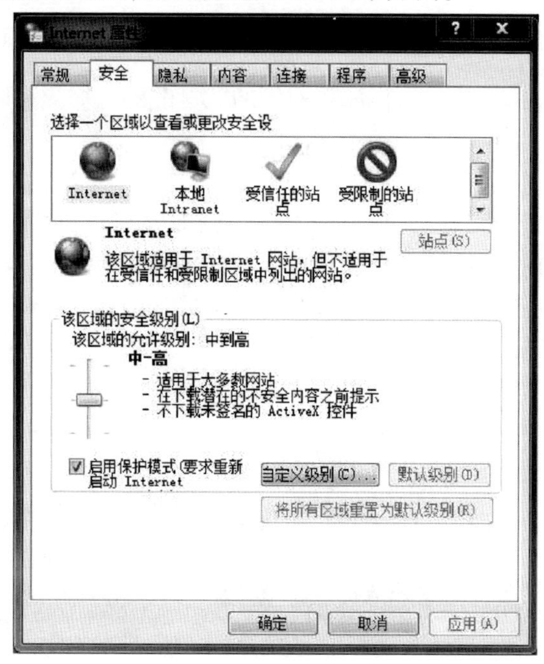

图 2-21 对话框的组成

(1)作用不同。

窗口用于操作文件,而对话框用于设置参数。

(2)概念的外延不同。

从某种意义上来说,窗口包含对话框,也就是说,在窗口环境下通过执行某些命令,可以打开对话框;反之则不可以。

(3)外观不同。

窗口没有“确定”或“取消”按钮,而对话框都有这两个按钮。

(4)操作不同。

对窗口可以进行“最小化”“最大化/还原”操作,也可以调整大小,而对话框一般是固定大小的。

2. 对话框的组成

构成对话框的组件比较多,但是,并不是每一个对话框都必须包含这些组件。常见的组件有选项卡、复选框、文本框、下拉列表、列表、数值框与滑块等，下面逐一介绍各个组件。

(1)选项卡。

选项卡也叫标签，当一个对话框中的内容比较多时，往往会以选项卡的形式进行分类，在不同的选项卡中提供相应的选项。一般地，选项卡都位于标题栏的下方，单击选项卡名称就可以在不同的选项卡之间切换，如图 2-22 所示。

(2)单选按钮。

单选按钮是一组相互排斥的选项，在一组单选按钮中，任何时刻都只能选择其中的一个，被选中的单选按钮内有一圆点，未被选中的单选按钮内无圆点，它的特点是“多选一”，如图 2-23 所示。

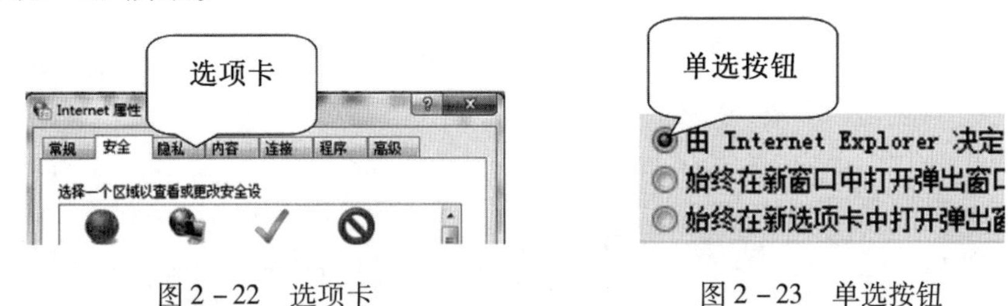

图 2-22　选项卡　　　　图 2-23　单选按钮

(3)复选框。

复选框之间没有约束关系，在一组复选框中，可以同时选中一个或多个复选框。它是一个小方框，被选中的复选框中有一个对勾，未被选中的复选框中没有对钩，它的特点是“多选多”，如图 2-24 所示。

(4)文本框。

文本框是一个矩形方框，它的作用是允许用户输入文本内容，如图 2-25 所示。

图 2-24　复选框　　　　图 2-25　文本框

(5)下拉列表。

下拉列表是一个矩形框，显示当前的选定项，但是其右侧有一个小三角形按钮，单击它可以打开下拉列表，其中有很多可供选择的选项，如图 2-26 所示。如果选项太多，不能一次显示出来，将出现滚动条。

(6)列表。

与下拉列表不同，列表直接列出所有选项供用户选择，如果选项较多，列表的右侧会出现滚动条，如图 2-27 所示。通常情况下，一个列表只能选择一个选项，选中的选项以深色显示。

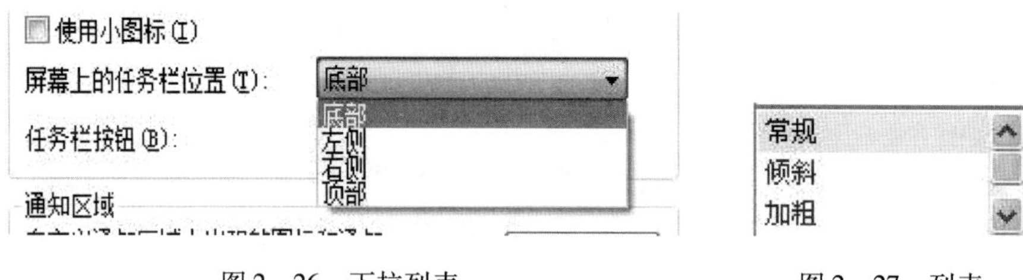

图 2-26　下拉列表　　　　图 2-27　列表

(7)数值框。

数值框实际上是由文本框和增减按钮构成的,既可以直接输入数值,也可以通过单击增减按钮的上、下箭头改变数值,如图 2-28 所示。

(8)滑块。

滑块在对话框中出现的概率不大,它由标尺和滑块共同组成,拖动滑块可以改变数值或等级,如图 2-29 所示。

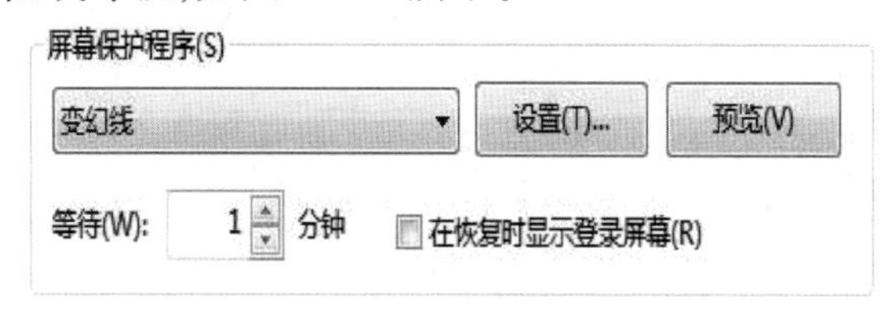

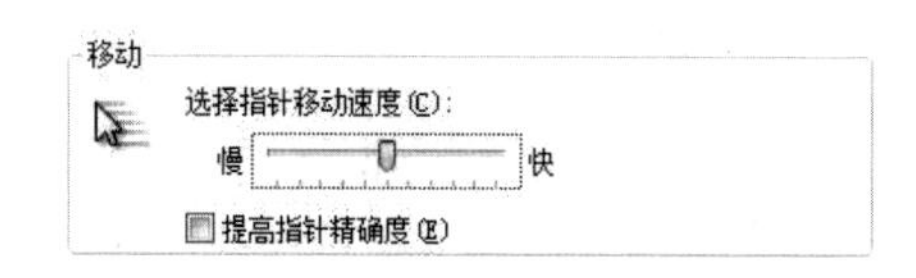

图 2-28　数值框　　　　图 2-29　滑块

2.2.6　菜单

Windows 操作系统中的“菜单”是指一组操作命令的集合,它是用来实现人机交互的主要形式,通过菜单命令,用户可以向计算机下达各种命令。在前面我们介绍过“开始”菜单,实际上 Windows 7 中有 4 种类型的菜单,分别是“开始”菜单、标准菜单、快捷菜单与控制菜单。

1.“开始”菜单

前面我们已经对“开始”菜单进行了详细介绍,它是 Windows 操作系统特有的菜单,主要用于启动应用程序、获取帮助和支持、关闭计算机等操作。

2. 标准菜单

标准菜单是指菜单栏上的下拉菜单,它往往位于窗口标题栏的下方,集合了当前程序的特定命令。程序不同,其对应的菜单也不同。单击菜单栏的菜单名称,可以打开一个下拉式菜单,其中包括了许多菜单命令,可用于相关操作。图 2-30 所示是“计算机”窗口的标准菜单。

3. 快捷菜单

在 Windows 操作环境下,任何情况下单击鼠标右键,都会弹出一个菜单,这个菜单称为“快捷菜单”。

快捷菜单是智能化的,它包含了一些用来操作该对象的快捷命令。在不同对象的图标上单击鼠标右键,弹出的快捷菜单中的命令是不同的,图 2-31 所示是在桌面上单击鼠标右键时出现的快捷菜单。

4. 控制菜单

在任何一个窗口地址栏的上方单击鼠标右键都可以弹出一个菜单，这个菜单称为“控制菜单”，其中包括移动、大小、最大化、最小化、还原和关闭等命令，如图 2－32 所示。

在使用键盘操作 Window 7 时，控制菜单非常有用。

另外，在窗口的地址栏上单击鼠标右键，也可以弹出一个菜单。该菜单中的命令是对地址的相关操作，如图 2－33 所示。

图 2－30　标准菜单

图 2－31　在桌面上单击右键时的快捷菜单

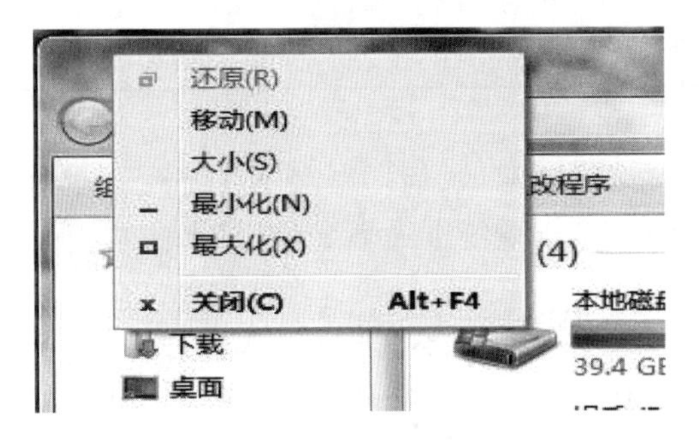

图 2－32　控制菜单

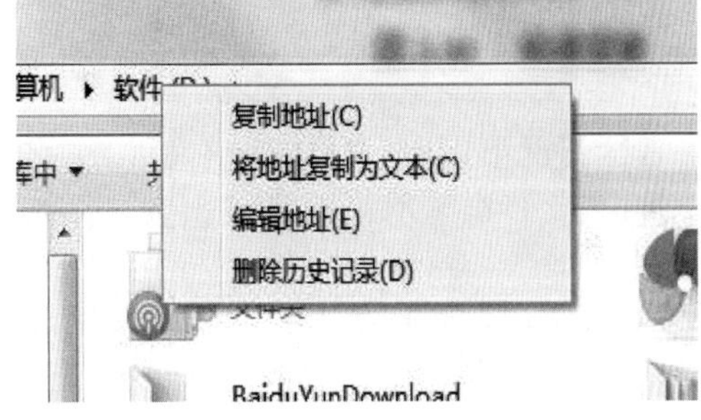

图 2－33　在窗口的地址栏上单击右键时的菜单

2.3　文件管理与磁盘维护

如果把一台计算机比作一个房间，那么文件就相当于房间中的物品。随着时间的推移，物品会越来越多，如果不善于管理，房间就会凌乱不堪。同样，计算机也是如此，当文件越来越多时，如果管理不善，就会造成工作效率降低，甚至影响计算机的运行速度。所以，一定要学会管理自己的计算机。

2.3.1　文件与文件夹

“文件”与“文件夹”是 Windows 操作系统中的两个概念，首先要理解它们，这样才有

利于管理计算机。

1. 文件

文件是指存储在计算机中的一组相关数据的集合。这里可以理解为计算机中出现的所有数据都可以称为文件,如程序、文档、图片、动画、电影等。

文件分为系统文件和用户文件,一般情况下,用户不能修改系统文件的内容,但可以根据需要创建或修改用户文件。

为了区分不同的文件,每个文件都有唯一的标识,称为文件名。文件名由名称和扩展名两部分组成,两者之间用分隔符“.”分开,即“名称.扩展名”,如“课程表.doc”,其中“课程表”为名称,由用户定义,代表了一个文件的实体;而“.doc”为扩展名,由计算机系统自动创建,代表了一种文件类型。常见文件的扩展名如表2-2所示。

表2-2 常见文件及其扩展名

文件类型	扩展名	文件类型	扩展名
命令文件	.com	批处理文件	.bat
可执行文件	.exe	Flash 动画文件	.swf
文本文件	.txt	C 语言源文件	.c
Word 文档文件	.docx	视频文件	.avi
工作簿文件	.xlsx	位图文件	.bmp
数据库文件	.dat	压缩文件	.rar
网页文件	.html	备份文件	.bak

一般情况下,一个文件(用户文件)的名称可以任意修改,但扩展名不可修改。在命名文件时,文件名要尽可能精炼达意。在 Windows 操作系统下命名文件时,要注意以下几点。

(1)Windows 7 支持长文件名,最长可达256个有效字符,不区分大小写。

(2)文件名称中可以有多个分隔符“.”,以最后一个作为扩展名的分隔符。

(3)文件名称中,除开头以外的任何位置都可以有空格。

(4)文件名称的有效字符包括汉字、数字、英文字母及各种特殊符号等,但文件名中不允许有“/、?、\、*、"、<、>”等。

2. 文件夹

文件夹是用来组织和管理磁盘文件的一种数据结构,一个文件夹中可以包含若干个文件和子文件夹,也可以包含打印机、字体及回收站中的内容等资源。

文件夹的命名与文件的命名规则相同,但是文件夹通常没有扩展名,起名字最好是易于记忆、便于组织管理的名称,这样有利于查找文件。

对文件夹进行操作时,如果没有指明文件夹,则所操作的文件夹称为当前文件夹。当前文件夹是系统默认的操作对象。

3. 文件的路径

由于文件夹与文件、文件夹与文件夹之间是包含与被包含的关系,这样一层一层地包含下去,就形成了一个树状的结构。我们把这种结构称为“文件夹树”,这是一种非常形象的叫法,其中“树根”就是计算机中的磁盘,“树枝”就是各级子文件夹,而“树叶”就是文件,如图2-34所示。

从“树根”出发到任何一个“树叶”有且仅有一条通道,这条通道就是路径。路径用于指定文件夹树中的位置。例如,对于计算机中的“文件3”,我们应该指出它位于哪一个磁盘驱动器下,哪个文件夹下,甚至哪一个子文件夹下,以此类推,一直到指向最终包含该文件的文件夹,这一系列的驱动器号和文件夹名就构成了文件的路径。

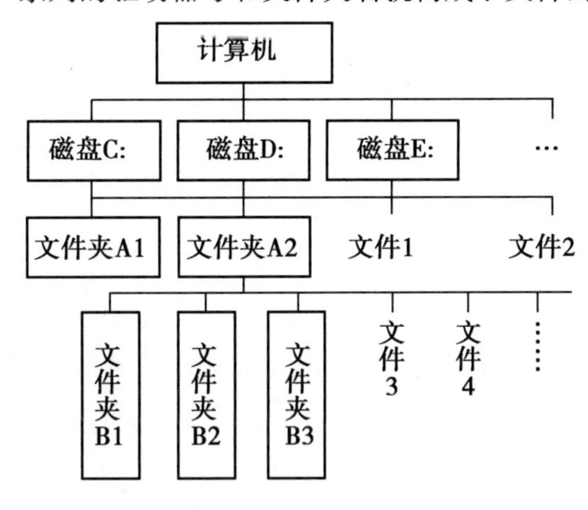

图2-34 文件夹树的结构

计算机中的路径以反斜杠“\”表示,例如,有一个名称为“photo. jpg”的文件,位于C盘中“图像”文件夹下的“照片”子文件夹中,那么它的路径就可以写为“C:\图像\照片\photo. jpg”。

2.3.2 文件与文件夹的管理

随着计算机使用时间的推移,文件会越来越多,其中既有系统自动产生的,也有用户创建的,因此,必须有效地管理好这些文件。对文件的管理主要包括新建、删除、移动、复制、重命名等。通过这些操作,对文件进行有选择地取舍和有秩序地存放。

1.新建文件夹

文件夹的作用就是存放文件,可以对文件进行分类管理。在Windows操作系统下,用户可以根据需要自由地创建文件夹,具体操作方法如下:

(1)打开“计算机”窗口。

(2)在列表区窗格中选择要在其中创建新文件夹的磁盘或文件夹。

(3)单击菜单栏中的“文件”→“新建”→“文件夹”命令,即可在指定位置创建一个新的文件夹。

(4)创建了新的文件夹后,可以直接输入文件夹名称,按下回车键或在名称以外的位置处单击鼠标,即可确认文件夹的名称。

2.重命名文件与文件夹

管理文件与文件夹时,应该根据其内容进行命名,这样可以通过名称判断文件的内

容。如果需要更改已有文件或文件夹的名称,可以按照如下步骤进行操作:

(1)选择要更改名称的文件或文件夹。

(2)使用下列方法之一激活文件或文件夹的名称。

①单击文件或文件夹的名称。

②单击菜单栏中的“文件”→“重命名”命令。

③在文件或文件夹名称上单击鼠标右键,从弹出的快捷菜单中选择“重命名”命令。

④按下 F12 键。

(3)输入新的名称,然后按下回车键确认。输入新名称时,扩展名不要随意更改,否则会影响文件的类型,导致打不开文件。

3. 选择文件与文件夹

对文件与文件夹进行操作前必须选择要操作的对象。如果要选择某个文件或文件夹,只需用鼠标在“计算机”窗口中单击该对象即可将其选择。

(1)选择多个相邻的文件或文件夹。

要选择多个相邻的文件或文件夹,有两种方法可以实现。最简单的方法是直接使用鼠标进行框选,这时被鼠标框选的文件或文件夹将同时被选择,如图 2-35 所示。

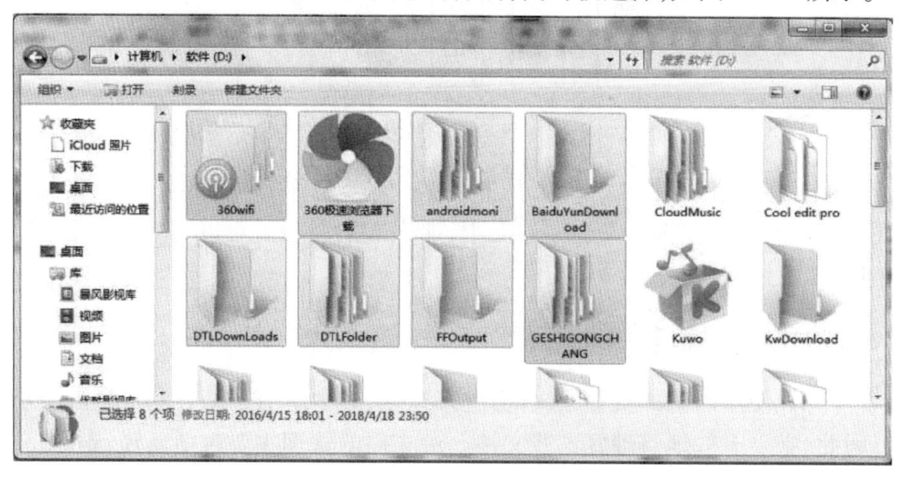

图 2-35 框选文件或文件夹

另外,单击要选择的第一个文件或文件夹,然后按住 Shift 键并单击要选择的最后一个文件或文件夹,这时两者之间的所有文件或文件夹均被选中。

(2)选择多个不相邻的文件或文件夹。

如果要选择多个不相邻的文件或文件夹,首先单击要选择的第一个文件或文件夹,然后按住 Ctrl 键并分别单击其他要选择的文件或文件夹即可,如图 2-36 所示。

如果不小心多选了某个文件,可以在按住 Ctrl 键的同时继续单击该文件,则可取消选择。

(3)选择全部文件与文件夹。

如果要在某个文件夹下选择全部的文件与子文件夹,可以单击菜单栏中的“编辑”→“全选”命令,或者按下 Ctrl + A 键。

4. 复制和移动文件或文件夹

在实际应用中，有时用户需要将某个文件或文件夹复制或移动到其他地方以便使用，这时就需要用到复制或移动操作。复制或移动的操作基本相同，只不过两者完成的任务不同。复制是创建一个文件或文件夹的副本，原来的文件或文件夹仍存在；移动就是将文件或文件夹从原来的位置移走，放到一个新位置。

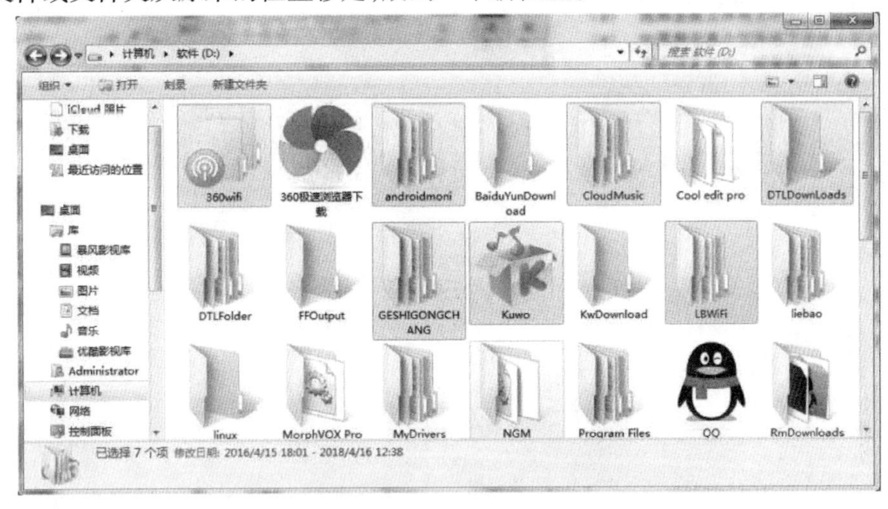

图 2－36　选择多个不相邻的文件或文件夹

（1）方法一：使用拖动的方法。

如果要使用鼠标拖动的方法复制或移动文件或文件夹，可以按照下述步骤操作：

①选择要复制或移动的文件或文件夹。

②将光标指向所选的文件或文件夹，如果要复制，则在按住 Ctrl 键的同时向目标文件夹拖动鼠标，这时光标右下角出现一个“ + ”号和复制提示，如图 2－37 所示。

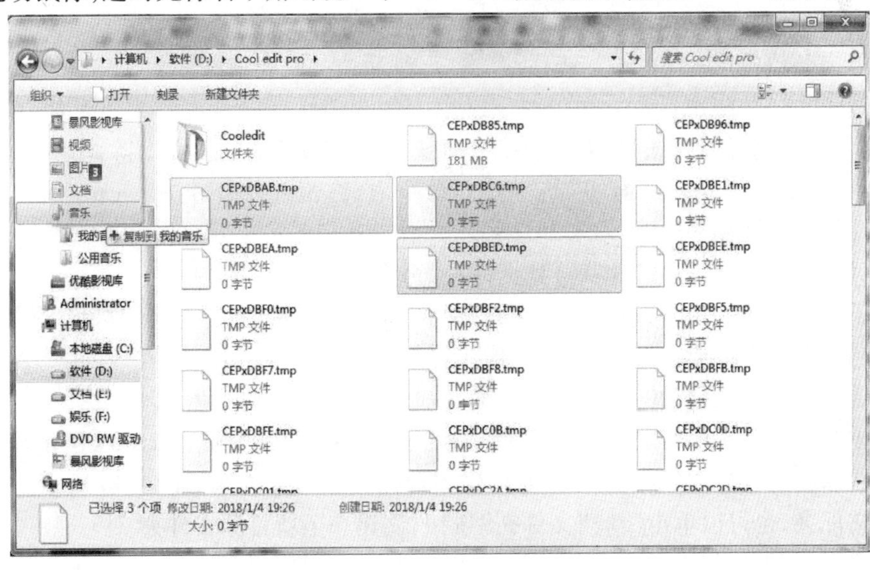

图 2－37　复制提示

③如果要移动,则直接按住鼠标左键向目标文件夹拖动鼠标,当光标移动到目标文件夹右侧时,光标右下角会出现移动提示,如图 2－38 所示。如果目标文件夹与移动的文件或文件夹不在同一个磁盘上,需要按住 Shift 键后再拖动鼠标。

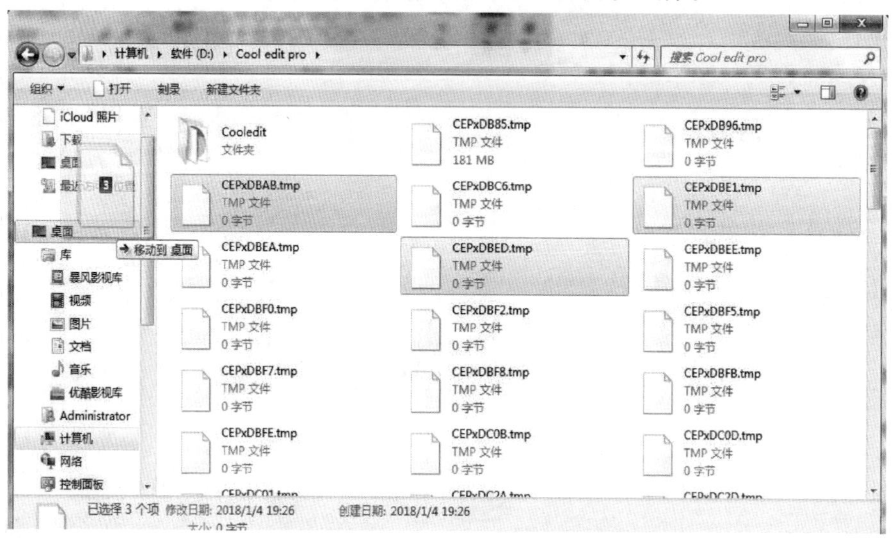

图 2－38　移动提示

④释放鼠标即可完成文件或文件夹的复制或移动操作。

(2)方法二:使用“复制(剪切)”与“粘贴”命令。

如果要使用菜单命令复制或移动文件或文件夹,可以按照下述步骤操作:

①选择要复制或移动的文件或文件夹。

②单击菜单栏中的“编辑”→“复制(剪切)”命令,将所选的内容发送至 Windows 剪贴板中。

③选择目标文件夹。

④单击菜单栏中的“编辑”→“粘贴”命令,则所选的内容将被复制或移动到目标文件夹中。

使用菜单命令复制(或移动)文件或文件夹是最容易理解的操作。除此之外,也可以在快捷菜单中执行“复制”“剪切”与“粘贴”命令,当然还可以通过按下 Ctrl + C(X)键和 Ctrl + V 键完成操作。

(3)方法三:使用“复制(移动)到文件夹”命令。

除了前面介绍的两种方法之外,用户还可以利用“编辑”→“复制(移动)到文件夹”命令复制或移动文件或文件夹,具体操作步骤如下:

①选择要复制或移动的文件或文件夹。

②单击菜单栏中的“编辑”→“复制(移动)到文件夹”命令,如图 2－39 所示。

③在弹出的“复制(移动)项目”对话框中选择目标文件夹,如图 2－40 所示。如果没有目标文件夹,也可以单击“新建文件夹”按钮,创建一个新目标文件夹。

④单击“复制”按钮或“移动”按钮,在弹出的“正在复制(移动)”消息框中显示复制(移动)的进程与剩余时间,该消息框消失后即完成复制或移动操作。

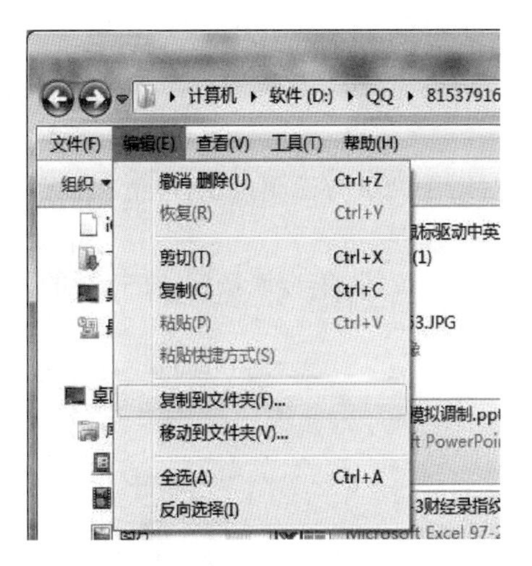

图 2－39　执行“复制到文件夹”命令

图 2－40　选择目标文件夹

5. 删除文件与文件夹

经过长时间的工作，计算机中总会出现一些无用的文件。这样的文件过多就会占据大量的磁盘空间，影响计算机的运行速度。因此，对于一些不再需要的文件或文件夹，应该将它们从磁盘中删除，以节省磁盘空间，提高计算机的运行速度。

删除文件或文件夹的操作步骤如下：

（1）选择要删除的文件或文件夹。

（2）按下 Delete 键或单击菜单栏中的“文件”→“删除”命令，则弹出“删除文件”对话框，如图 2－41 所示。

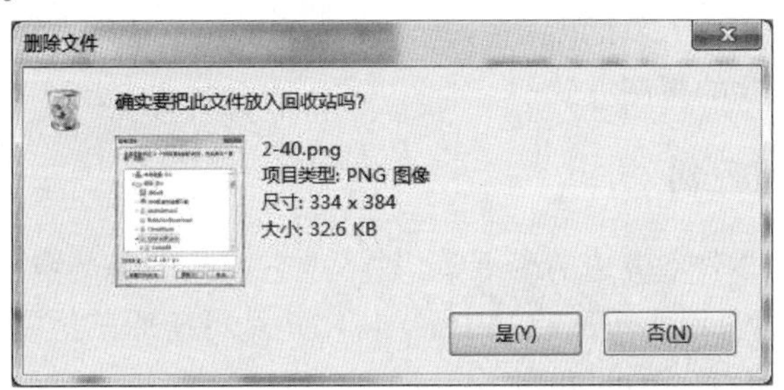

图 2－41　“删除文件”对话框

（3）单击“是”按钮将文件删除到回收站中。如果删除的是文件夹，则它所包含的子文件夹和文件将一并被删除。

值得注意的是，从 U 盘、可移动硬盘、网络服务器中删除的内容将直接被删除，回收站不接收这些文件。另外，当删除的内容超过回收站的容量或回收站已满时，这些文件将直接被永久性删除。

6. 文件与文件夹的视图方式

文件和文件夹的视图方式是指在“计算机”窗口中显示文件和文件夹图标的方式。Windows 7 操作系统提供了“超大图标”“大图标”“列表”和“平铺”等多种视图方式。更改默认的视图方式的操作如下：

(1)打开“计算机”窗口。

(2)单击“查看”菜单,在打开的菜单中有一组操作视图方式的命令,选择相应的命令可以在各视图之间切换,如图 2-42 所示。

除了上面介绍的基本方法以外,还可以通过以下两种方法更改文件和文件夹的视图方式。

(1)在“计算机”窗口中有一个“更改您的视图”按钮,单击该按钮,在打开的列表中可以选择不同的试图方式,如图 2-43 所示。

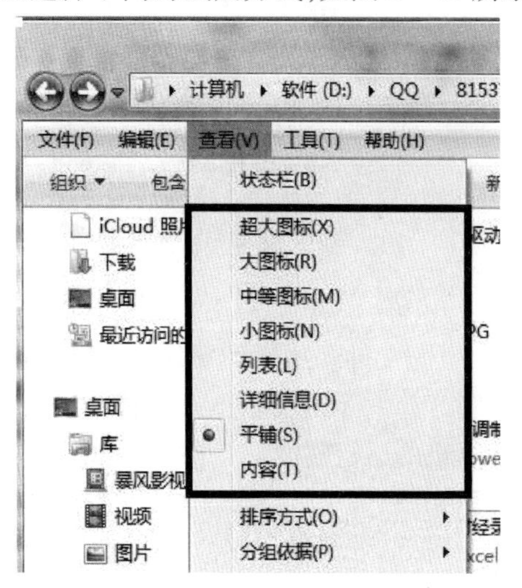

图 2-42 “查看”菜单

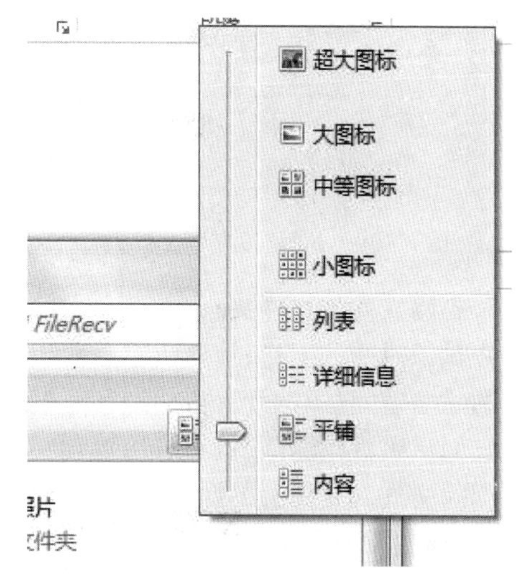

图 2-43 选择不同的视图方式

(2)在窗口的工作区中单击鼠标右键,在弹出的快捷菜单中选择“查看”命令,在其子菜单中也可以选择需要的视图方式。

2.3.3 使用回收站

回收站可以看作办公室旁边的废纸篓,只不过它回收的是硬盘驱动器上的文件。只要没有清空回收站,就可以查看回收站中的内容,并且可还原。但是一旦清空了回收站,其中的内容将永久性消失,不可以还原了。

1. 还原被删除的文件

如果要将已删除的文件或文件夹还原,可以按如下步骤操作:

(1)双击桌面上的“回收站”图标,打开“回收站”窗口,该窗口中显示了回收站内的所有内容。

(2)如果要全部还原,则不需要做任何选择,直接单击菜单栏下方的“还原所有项目”按钮即可,如图 2-44 所示。

(3)如果要还原一个或几个文件,则在“回收站”窗口中选择要还原的文件,然后单击菜单栏下方的“还原选定的项目”按钮,如图 2-45 所示。

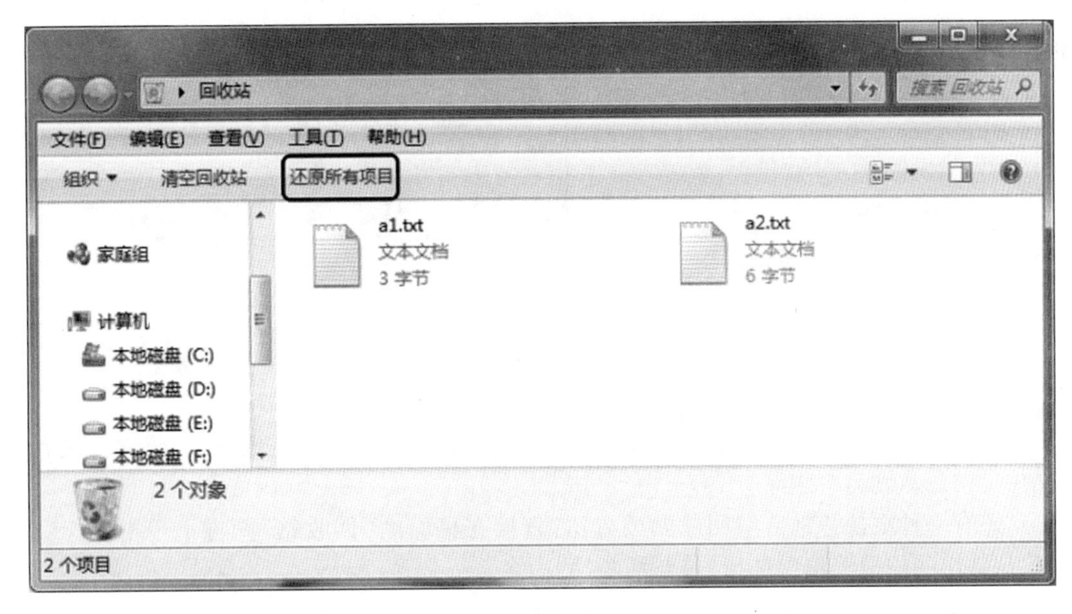

图 2－44　还原所有项目

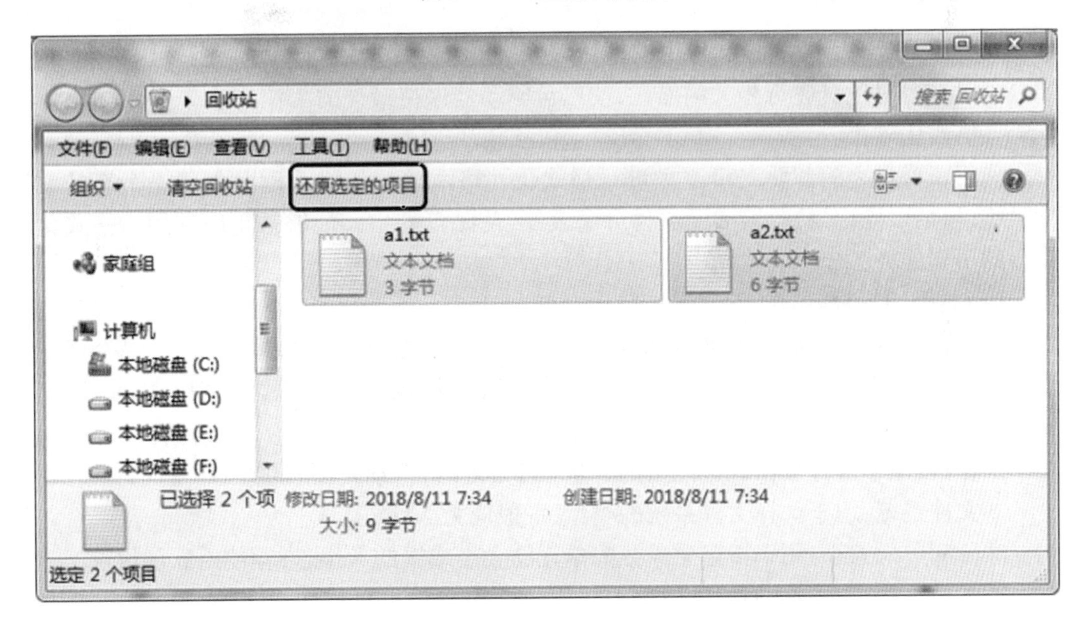

图 2－45　还原选定的文件

2. 清空回收站

当用户确信回收站中的某些或全部信息已经无用，就可以将这些信息彻底删除。如果要清空整个回收站，可以按如下步骤操作：

(1) 双击桌面上的“回收站”图标，打开“回收站”窗口。

(2) 单击菜单栏中的“文件”→“清空回收站”命令，或者单击菜单栏下方的“清空回收站”按钮，如图 2－46 所示。

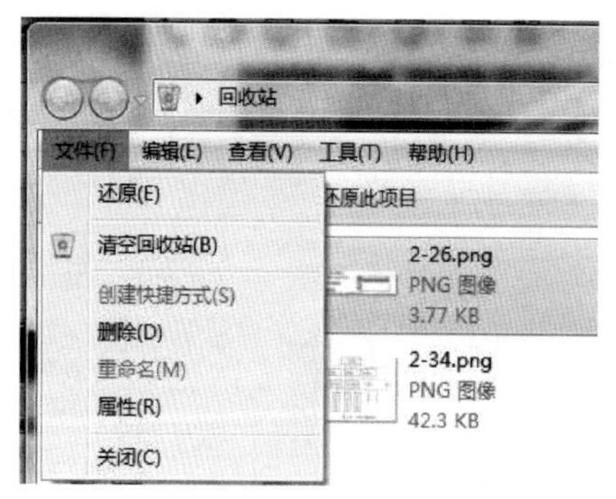

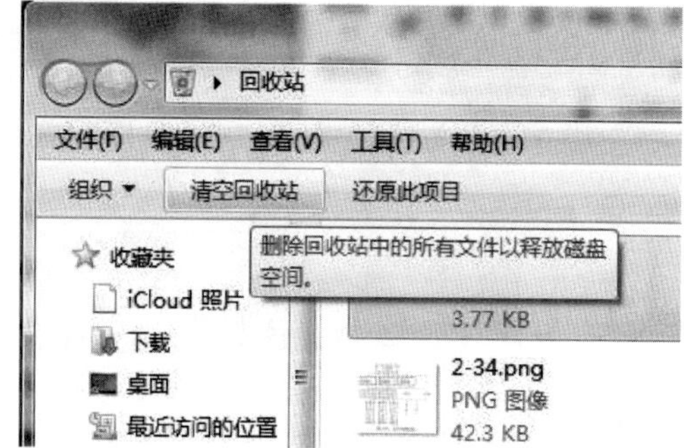

图 2－46　清空回收站的操作

这时弹出一个提示信息框，要求用户进行确认，确认后即可清空回收站，将文件或者文件夹彻底从硬盘中删除。

还有一种更快速地清空回收站的方法：直接在桌面的“回收站”图标上单击鼠标右键，从弹出的快捷菜单中选择“清空回收站”命令。

2.3.4　磁盘维护

Windows 提供了很多简单易用的系统工具，这使得管理磁盘不再是一件困难的事。用户可以随时对磁盘进行相关的操作，使磁盘驱动器保持最佳的工作状态。

1. 格式化磁盘

使用新磁盘之前都要先对磁盘进行格式化。格式化操作将为磁盘创建一个新的文件系统，包括引导记录、分区表及文件分配表等，使磁盘的空间能够被重新利用。格式化磁盘的步骤如下：

（1）打开“计算机”窗口。

（2）在要格式化的磁盘上单击鼠标右键，从弹出的快捷菜单中选择“格式化”命令或者单击菜单栏中的“文件”→“格式化”命令，此时将弹出“格式化”对话框，如图 2－47 所示。

（3）在对话框中设置格式化磁盘的相关选项。

①容量：用于选择要格式化磁盘的容量，Windows 将自动判断容量。

②文件系统：用于选择文件系统的类型，一般应为 NTFS 格式。

③分配单元大小：用于指定磁盘分配单元的大小或簇的大小，推荐使用默认设置。

④卷标：用于输入卷的名称，以便今后识别。卷标最多可以包含 11 个字符（包括空格）。

⑤格式化选项：用于选择格式化磁盘的方式。

（4）单击“开始”按钮，则开始格式化磁盘。当下方的进度条达到 100% 时，表示格式化操作完成，如图 2－48 所示。

（5）单击“确定”按钮，然后关闭“格式化”对话框即可。

格式化操作是破坏性的，所以格式化磁盘之前，一定要对重要资料进行备份，没有十足的把握不要轻易格式化磁盘，特别是计算机中的硬盘。

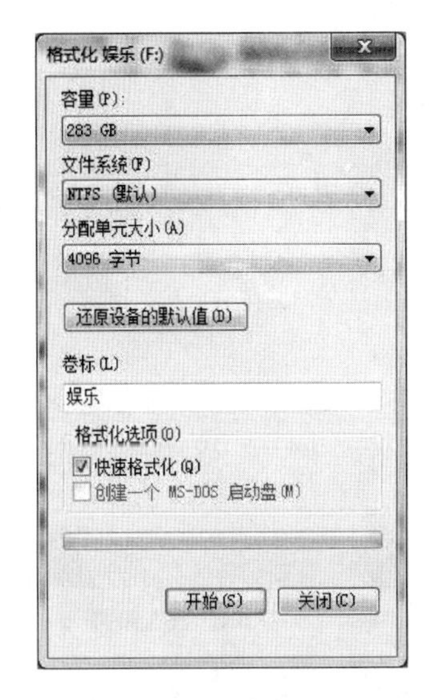

图 2－47　“格式化”对话框

图 2－48　完成格式化操作

2. 磁盘清理

Windows 在使用特定的文件时，会将这些文件保留在临时文件夹中。例如，浏览网页的时候会下载很多临时文件，有些程序非法退出时也会产生临时文件，时间久了，磁盘空间就会被过度消耗。如果要释放磁盘空间，逐一去删除这些文件显然是不现实的，而磁盘清理程序可以有效解决这一问题。

磁盘清理程序可以帮助用户释放磁盘上的空间，该程序首选搜索驱动器，然后列出临时文件、Internet 缓存文件和可以完全删除的、不需要的文件。具体使用方法如下：

(1)打开“开始”菜单，执行其中的“所有程序”→“附件”→“系统工具”→“磁盘清理”命令，弹出“磁盘清理：驱动器选择”对话框，如图 2－49 所示。

(2)在“驱动器”下拉列表中选择要清理的磁盘驱动器，然后单击“确定”按钮，这时弹出“磁盘清理”提示框，提示正在计算所选磁盘上能够释放多少空间，如图 2－50 所示。

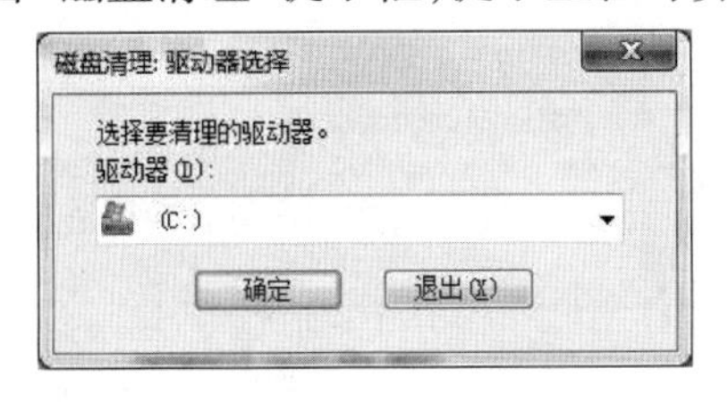

图 2－49　“驱动器选择”对话框

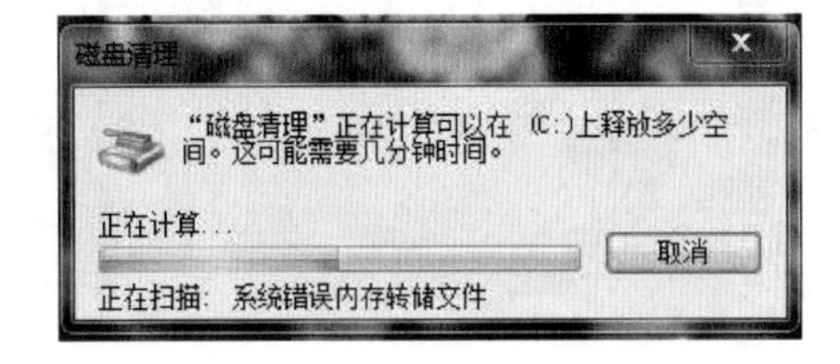

图 2－50　“磁盘清理”提示框

(3)计算完成后，则弹出“ × 的磁盘清理”对话框，告诉用户所选磁盘的计算结果，如图 2－51 所示。

(4)在 “要删除的文件”列表中勾选要删除的文件 ，然后单击“确定”按钮，即可对所选驱动器进行清理，如图 2－52 所示。

3. 查看磁盘属性

有时我们需要查看磁盘的容量与剩余空间，甚至需要改变磁盘驱动器的名称。这时可以通过磁盘的“属性”对话框完成。具体操作步骤如下：

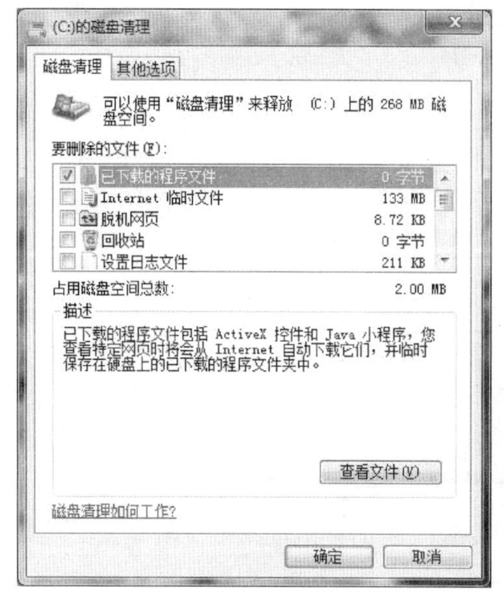

图 2-51 “×的磁盘清理”对话框

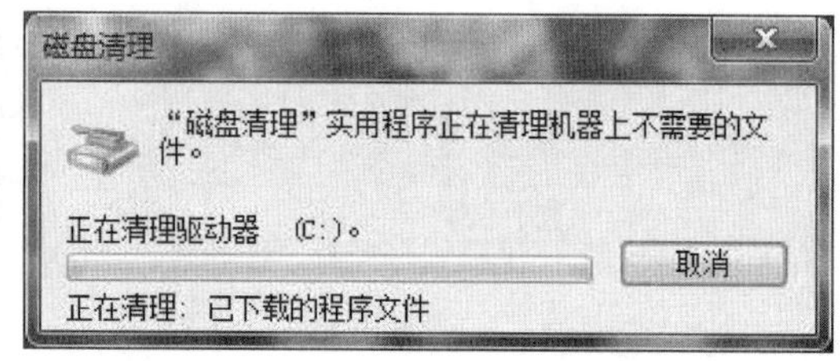

图 2-52 磁盘清理过程

(1)打开“计算机”窗口。

(2)在要查看磁盘属性的驱动器图标上单击鼠标右键，从弹出的快捷菜单中选择“属性”命令，则弹出“属性”对话框，如图 2-53 所示。

(3)通过该对话框可以了解磁盘的总容量、空间的使用情况、采用的文件系统等基本属性，也可以重新命名磁盘驱动器，或者单击“磁盘清理”按钮对磁盘进行清理。

(4)切换到“工具”选项卡，还可以对该磁盘进行查错、碎片整理、备份等操作，如图 2-54 所示。

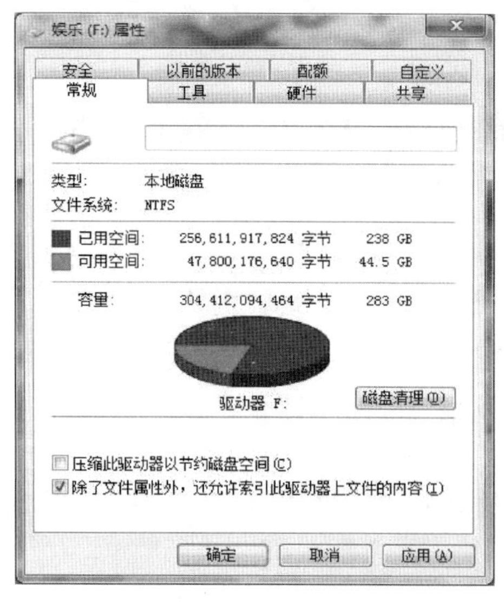

图 2-53 “属性”对话框

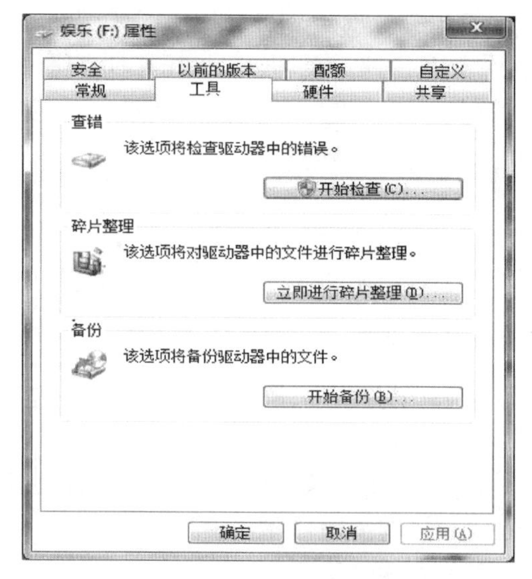

图 2-54 “工具”选项卡

4. 磁盘查错

当使用计算机一段时间后，由于频繁地向硬盘上安装程序、删除程序、存入文件、删除文件等，可能会产生一些逻辑错误，这些逻辑错误会影响用户的正常使用，如报告磁盘空间不正确、数据无法正常读取等，利用 Windows 7 的磁盘查错功能可以有效地解决上述问题。具体操作方法如下：

(1) 打开"计算机"窗口，在需要查错的磁盘上单击鼠标右键，从弹出的快捷菜单中选择"属性"命令。

(2) 在打开的"属性"对话框中切换到"工具"选项卡，单击"开始检查"按钮。

(3) 在弹出的"检查磁盘"对话框中有两个选项，其中，"自动修复文件系统错误"选项主要是针对系统文件进行保护性修复，此处可以忽略，只需选中下方的"扫描并尝试恢复坏扇区"选项即可，然后单击"开始"按钮，如图 2－55 所示。

(4) 磁盘管理程序开始检查磁盘，这个过程不需要操作，等待一会儿后将出现磁盘检查结果，如果有错误则加以修复；如果没有错误，单击"关闭"按钮即可，如图 2－56 所示。

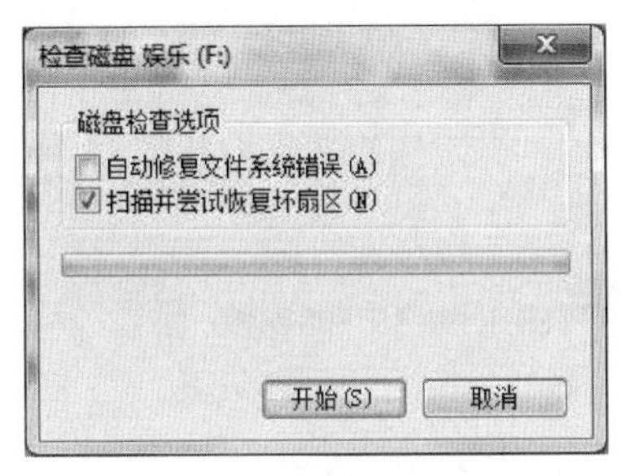

图 2－55　设置检查选项

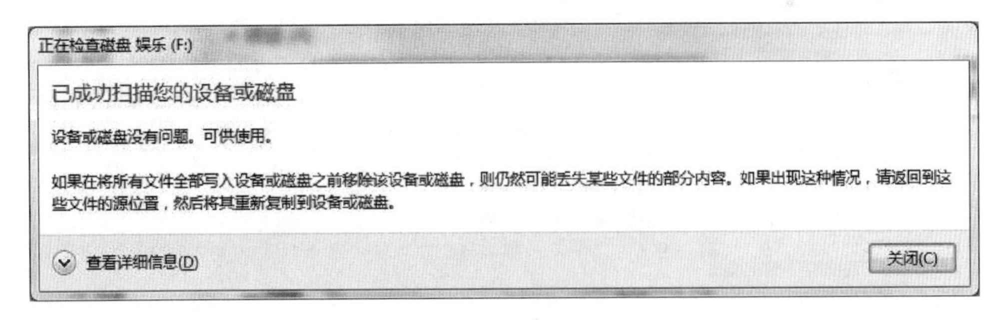

图 2－56　检查结果

磁盘检查程序实际上是磁盘的初级维护工具，建议用户定期(如每一个月或两个月)检查磁盘。另外，如果觉得磁盘有问题，也要先运行磁盘检查程序进行检查。

5. 磁盘碎片整理

在使用计算机的过程中，由于经常对文件或文件夹进行移动、复制和删除等操作，在磁盘上会形成一些物理位置不连续的磁盘空间，即磁盘碎片。由于这样的文件不连续，因此会影响文件的存取速度。使用 Windows 7 系统提供的"磁盘碎片整理程序"，可以重新安排文件在磁盘中的存储位置，合并可用空间，从而提高程序的运行速度。整理磁盘

碎片的具体操作步骤如下：

(1)打开“开始”菜单，执行其中的“所有程序”→“附件”→“系统工具”→“磁盘碎片整理程序”命令，打开“磁盘碎片整理程序”对话框，如图 2－57 所示。

(2)在对话框下方的列表中选择要整理碎片的磁盘，单击“分析磁盘”按钮，这时系统将对所选磁盘进行分析，并给出碎片的百分比，如图 2－58 所示。

(3)用户可以根据分析结果决定是否进行碎片整理，如要对 D 盘进行碎片整理，则选择 D 盘后单击“磁盘碎片整理”按钮，系统开始整理碎片，如图 2－59 所示。

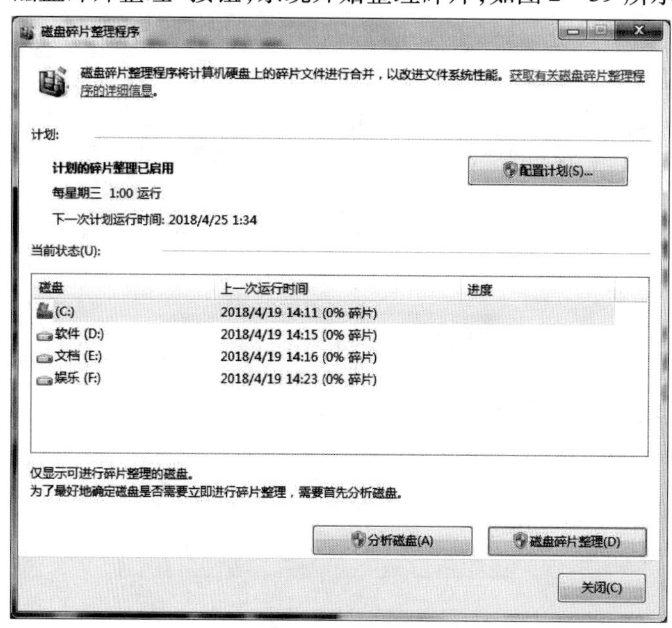

图 2－57 “磁盘碎片整理程序”对话框

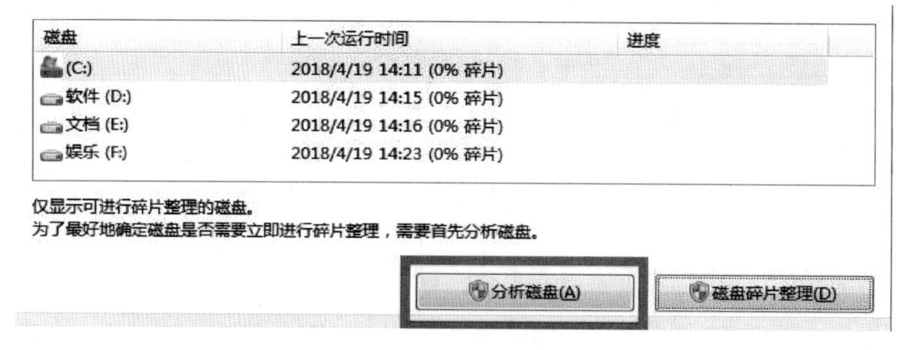

图 2－58 “磁盘碎片整理程序”的分析建议

当前状态(U):

磁盘	上一次运行时间	进度
(C:)	2018/4/19 14:11 (0% 碎片)	
软件 (D:)	正在运行...	已分析 7%
文档 (E:)	2018/4/19 14:16 (0% 碎片)	
娱乐 (F:)	2018/4/19 14:23 (0% 碎片)	

仅显示可进行碎片整理的磁盘。
为了最好地确定磁盘是否需要立即进行碎片整理，需要首先分析磁盘。

停止操作(O)

图 2－59　磁盘碎片的整理过程

2.4　Windows 7 系统环境设置

每次打开计算机都有相同的桌面,时间长了就会产生审美疲劳。为了让每个人的计算机都各具特色,Windows 7 操作系统允许用户设置系统环境,如设置桌面主题、外观、屏幕保护、系统时间与日期等,通过更改这些选项,可以让计算机更好地为用户服务,更加突出计算机的个性化。

2.4.1　更改桌面主题或背景

计算机桌面背景实际上是一张可更改的图片,用户可以把系统自带的图片设置为桌面背景,也可以选择自己制作的图片或照片作为桌面背景。

更改桌面背景的操作步骤如下:

(1)在桌面的空白处单击鼠标右键,从弹出的快捷菜单中选择“个性化”命令,打开“个性化”窗口。

(2)在“个性化”窗口中可以直接单击系统预置的主题(如“建筑”“人物”等),如图 2－60 所示。主题由预先定义的一组图标、字体、颜色、鼠标指针、声音、背景图片、屏幕保护程序等窗口元素组合而成,它是一种预设的桌面外观方案。

(3)如果要更改桌面背景,则在“个性化”窗口的下方单击“桌面背景”文字链接,在弹出的“桌面背景”对话框中可以直接选择系统中的图片,也可以单击“图片位置”右侧的 浏览(B)... 按钮来选择所需的图片(如照片、绘画作品等),如图 2－61 所示。

(4)当选择了图片作为背景时,在对话框下方的“图片位置”下拉列表中可以设置图片的显示方式,分别为“填充”“适应”“拉伸”“平铺”和“居中”,用户可以根据需要进行选择。

(5)如果用户不想使用图片,而是希望桌面背景是纯色的,可以在“图片位置”下拉列表中选择“纯色”,然后在下方的列表中选择一种预置的颜色即可,如图 2－62 所示。

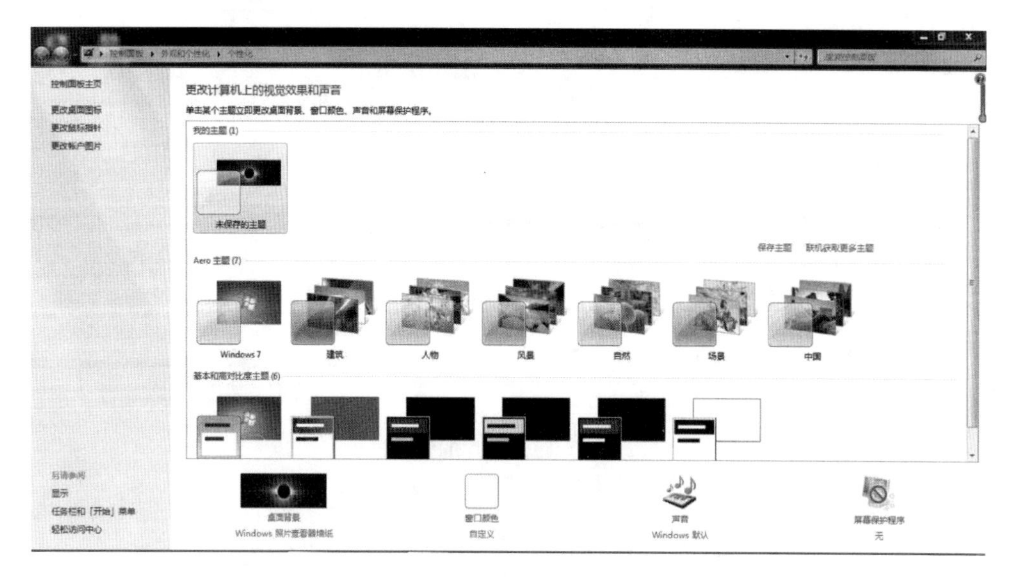

图 2－60 “个性化”窗口

图 2－61 “桌面背景”对话框

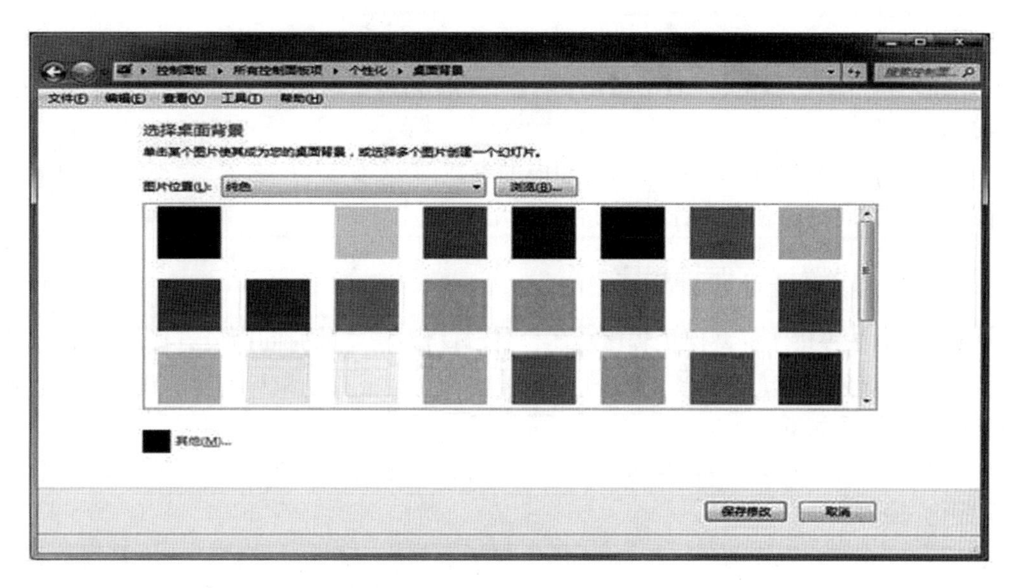

图 2－62　选择纯色作为背景桌面

（6）单击 保存修改 按钮，更改主题或背景。

2.4.2　设置窗口的颜色和外观

Windows 7 操作系统在窗口外观和效果样式的设置上有了很多改进，视觉效果更美观，并且允许用户对窗口的颜色、透明度等进行更改，具体操作步骤如下：

（1）在桌面的空白处单击鼠标右键，从弹出的快捷菜单中选择“个性化”命令，打开“个性化”窗口。

（2）在“个性化”窗口的下方单击“窗口颜色”文字链接，在弹出的“窗口颜色和外观”对话框中可以直接选择系统预置的颜色，这些颜色影响窗口边框、“开始”菜单和任务栏的颜色，并且可以设置颜色浓度、色调、饱和度和亮度，如图 2－63 所示。

图 2－63　“窗口颜色和外观”对话框

（3）如果要进行更加详细的设置，可以单击窗口左下角的“高级外观设置”文字链接，在弹出的“窗口颜色和外观”对话框的“项目”下拉列表中选择要修改颜色的项目，如图 2－64 所示。

（4）选择了要修改的项目后，修改相应的参数即可，如颜色、字体、大小等，不同项目的参数也不相同。修改完成后，依次进行确认即可。

2.4.3 设置屏幕保护程序

Windows 7 提供了屏幕保护程序功能，当计算机在指定的时间内没有任何操作时，屏幕保护程序就会运行。要重新工作时，只需要按任意键或移动鼠标即可。设置屏幕保护程序的操作步骤如下：

（1）在桌面的空白处单击鼠标右键，从弹出的快捷菜单中选择“个性化”命令，打开“个性化”窗口。

（2）在“个性化”窗口的下方单击“屏幕保护程序”文字链接，则弹出“屏幕保护程序设置”对话框，在“屏幕保护程序”下拉列表中可以选择要使用的屏幕保护程序，在“等待”选项中可以设置等待时间，就是启动屏幕保护的等待时间，如图 2－65 所示。

显示器工作时，电子枪不停地逐行发射电子束，荧光屏上有图像的地方就显示一个亮点。如果长时间让屏幕显示一个静止的画面，那些亮点的地方容易老化。为了不让计算机屏幕长时间显示一个画面，所以要设置屏幕保护。

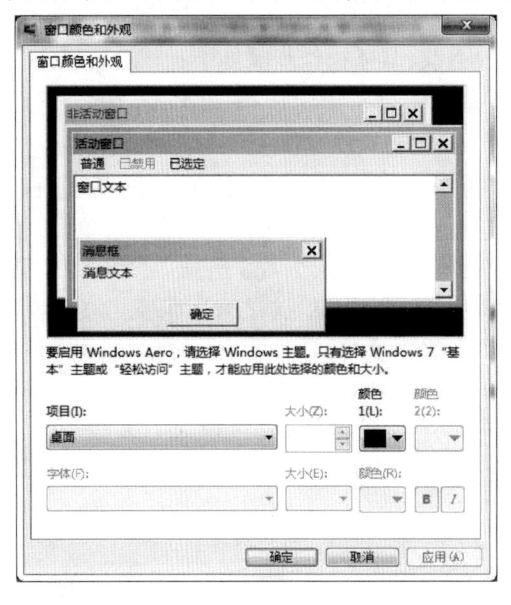

图 2－64 “窗口颜色和外观”对话框

图 2－65 “屏幕保护程序设置”对话框

（3）如果要设置更丰富的参数，可以单击 设置(T)... 按钮。例如，选择“三维文字”屏幕保护，单击 设置(T)... 按钮将打开“三维文字设置”对话框，在该对话框中可以对屏幕保护程序进行更多选项的设置，如图 2－66 所示。

（4）依次点击 确定 按钮，完成屏幕保护程序的设置。当计算机画面静止达到指定的时间时就会启动屏幕保护程序。

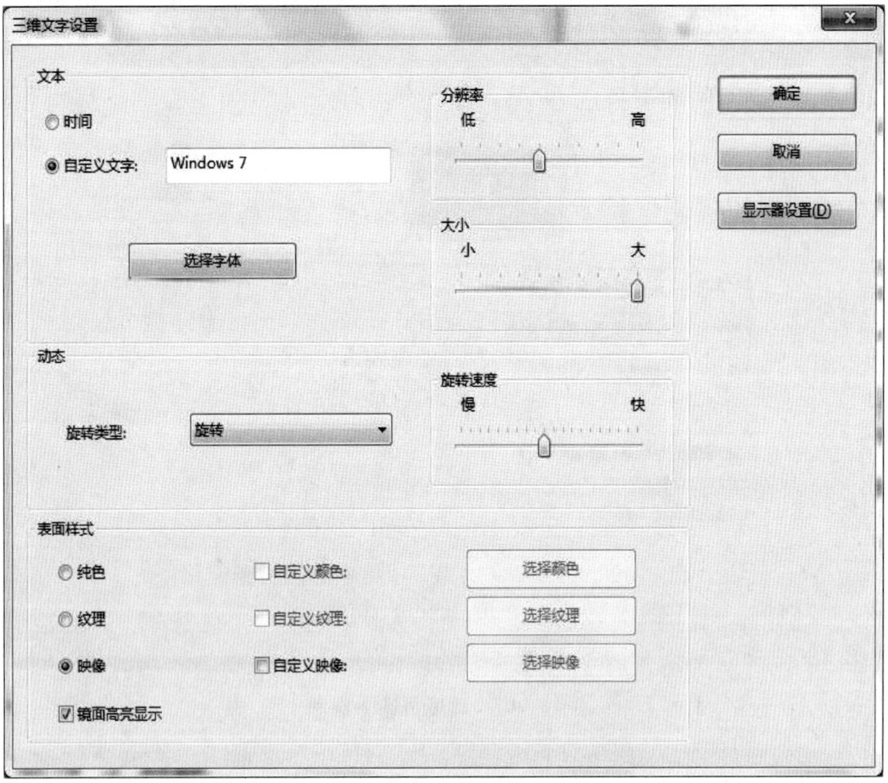

图 2－66　“三维文字设置”对话框

2.4.4　更改显示器的分辨率

显示器的分辨率影响着屏幕的可利用空间。分辨率越大，工作空间越大，显示的内容越多。更改显示器分辨率的操作步骤如下：

(1)在桌面上的空白处单击鼠标右键，从弹出的快捷菜单中选择“屏幕分辨率”命令，打开“屏幕分辨率”对话框。

(2)打开“分辨率”下拉列表，拖动滑块即可改变屏幕分辨率，如图 2－67 所示。

(3)单击 确定 按钮，即完成显示器分辨率的设置。

2.4.5　添加或删除应用程序

安装 Windows 系统时，为了节约计算机空间，很多组件没有安装。需要使用的时候，可以通过控制面板进行添加或删除程序。具体操作步骤如下：

(1)在桌面上单击“开始”→“控制面板”命令，打开控制面板，如图 2－68 所示。控制面板有 3 种查看方式，分别是类别、大图标、小图标，用户可以根据个人习惯选择不同的显示方式。

图 2－67　改变屏幕分辨率

图 2－68　“控制面板”窗口

（2）在“类别”查看方式下单击“程序”下方的“卸载程序”文字链接，则打开了“程序和功能”窗口，如图 2－69 所示。

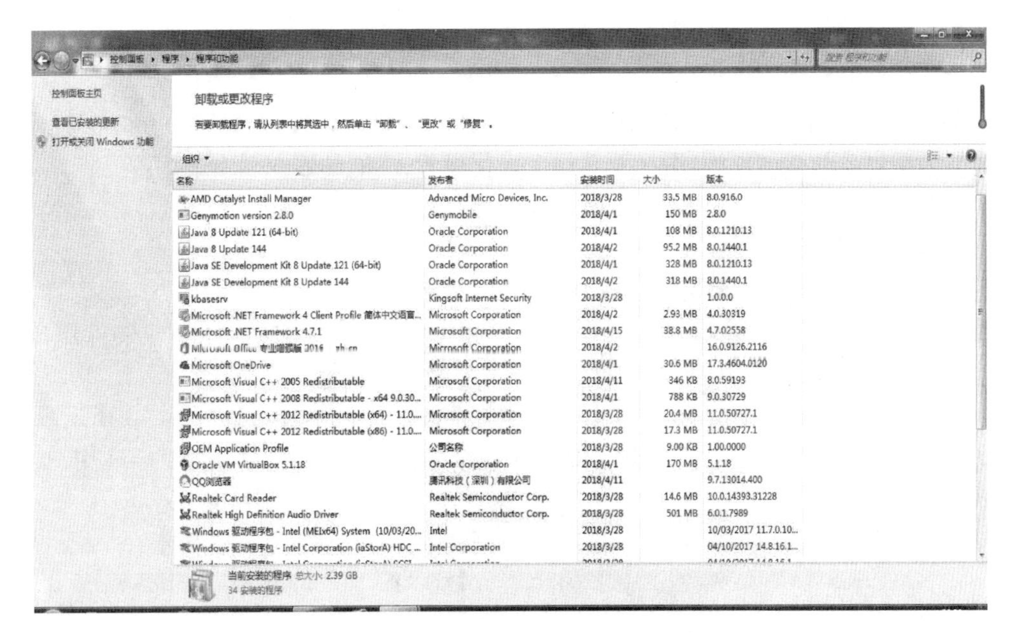

图 2－69 “程序或更改程序”窗口

(3)在窗口左侧单击“打开或关闭 Windows 功能”文字链接,则弹出“Windows 功能”对话框。如果要删除程序则取消该项的选择;如果要添加程序则勾选该项,如图 2－70 所示。

(4)单击 确定 按钮,则程序开始更新,更新完毕后自动关闭“Windows 功能”对话框,如图 2－71 所示。

图 2－70 “Windows 功能”对话框

图 2－71 更新程序的进程

2.4.6 用户管理

Windows 7 支持多个用户使用计算机，每个用户都可以设置自己的账户和密码，并在系统中保持自己的桌面外观、图标及其他个性化设置，不同的账户互不干扰。

1. 创建账户

创建账户的操作如下：

（1）在“开始”菜单中单击“控制面板”，打开控制面板。

（2）在“类别”查看方式下单击“用户账户和家庭安全”下方的“添加或删除用户账户”文字链接，如图 2－72 所示，则弹出“管理账户”窗口。

（3）在“管理账户”窗口的下方单击“创建一个账户”文字链接，如图 2－73 所示。

（4）在弹出的“创建新账户”窗口中输入一个新的账户名称，并选择“标准用户”类型，如图 2－74 所示。

（5）然后单击 创建帐户 按钮，则可以创建一个新的帐户，如图 2－75 所示。

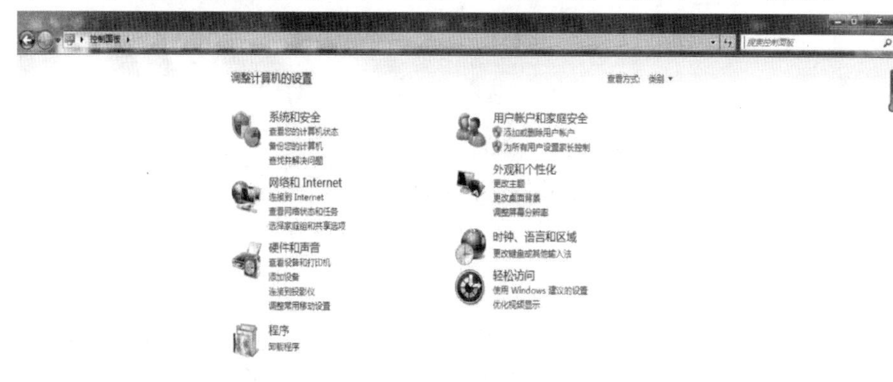

图 2－72　添加或删除用户账户

图 2－73　创建一个新账户

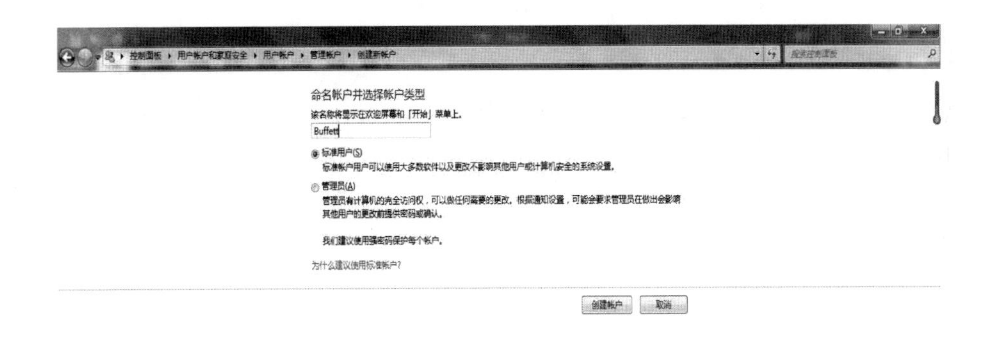

图 2－74　命名账户并选择账户类型

图 2－75　创建的新帐户

2. 更改用户账户

创建了新的账户后，可以更改该账户的相关信息，如账户密码、图片、名称等。例如，我们要为“Buffett”账户设置密码，可以按如下步骤操作：

(1) 在“开始”菜单中单击“控制面板”，打开控制面板。

(2) 在“类别”查看方式下单击“用户账户和家庭安全”下方的“添加或删除用户账户”文字链接。

(3) 在弹出的“管理账户”窗口中单击“Buffett”用户图标，则弹出“更改账户”窗口，如图 2－76 所示。

(4) 单击“创建密码”文字链接，则进入“为 Buffett 账户创建一个密码”窗口，输入密码时需要确认一次，每次输入时必须以相同的大小写方式输入，如图 2－77 所示。

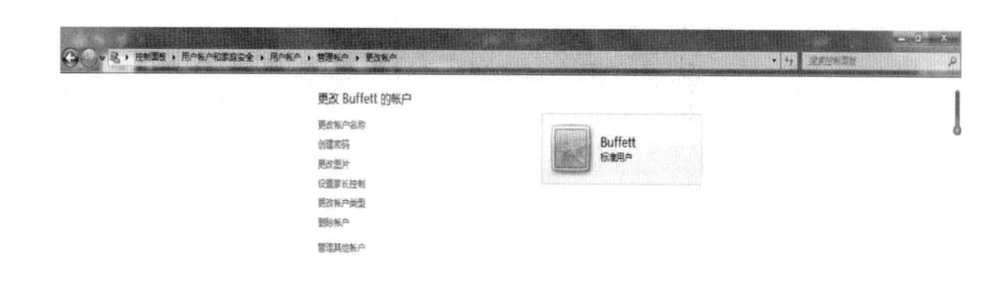

图 2－76　“更改账户”窗口

图 2－77　创建密码

(5)单击 创建密码 按钮,则为该账户创建了密码,并重新返回上一窗口,如图 2－78 所示。这时可以继续设置其他选项,如果想结束操作,关闭窗口即可。

单击“更改账户名称”文字链接,可以对账户进行重新命名。

单击“创建密码”文字链接,可以为账户创建登录密码,创建密码以后,该选项将变成“更改密码”,同时会出现“删除密码”。

单击“更改图片”文字链接,可以重新为账户选择图片。

单击“设置家长控制”文字链接,可以帮助家长限制孩子打游戏以及使用计算机的时间等。

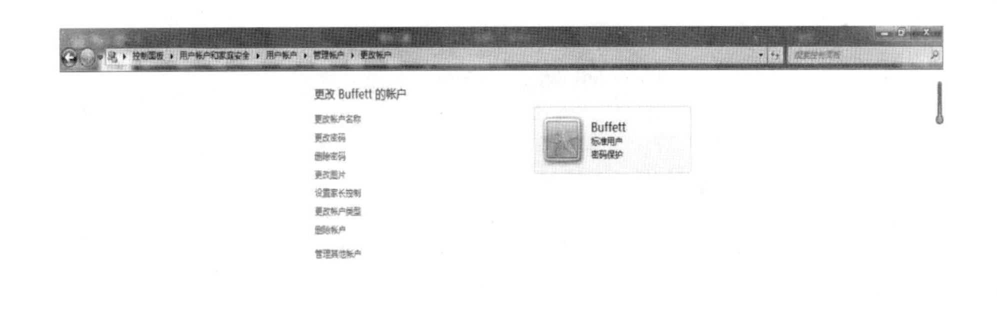

图 2－78　更改后的账户

单击“更改账号类型”文字链接，可以重新指定账户类型，将其改为管理员或标准用户。

单击“删除账户”文字链接，可以删除该账户。

2.5　Windows 7 实用应用软件

Windows 7 操作系统有一个强大的附件功能，其中包括许多实用的小程序，可以帮助我们解决一些工作、学习与生活中遇到的问题。例如，可以处理简单的文本文件，可以利用计算器处理工作中的数据，可以播放电影、录制声音等。下面介绍几个有代表性的小程序，希望大家能掌握它们的基本使用方法。

2.5.1　计算器

Windows 7 中的计算器提供了 4 个种类：标准型、科学型、程序员和统计信息。使用标准型计算器可以做一些简单的加减运算；使用科学型计算器可以做一些高级的函数运算；使用程序员型的计算器可以在不同进制之间转换；使用统计信息型的计算器可以做一些统计计算。

在桌面上单击“开始”→“所有程序”→“附件”→“计算器”命令，可以打开计算器，默认情况下打开的是标准型计算器，它与我们生活中的计算器具有不同的外观，如图 2－79 所示。

如果要进行其他专业运算，则需要更多的功能，这时可以打开“查看”菜单，如图 2－80 所示，从中选择相应的命令即可切换计算器类型，如选择“统计信息”命令则切换为统计信息型计算器，如图 2－81 所示。

图 2－79　标准型计算器

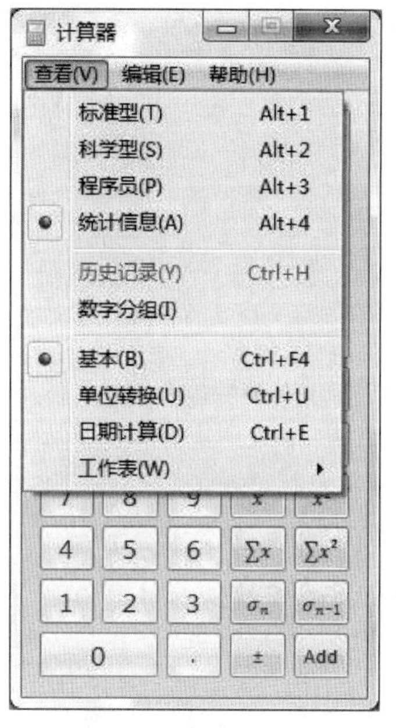

图 2－80　“查看”菜单

图 2－81　统计信息计算器

Windows 7 中的计算器功能大大增强，绝不仅限于简单的计算，除了 4 种基本的计算器类型外，在标准型模式下，还可以进行“单位转换”命令，功率、角度、面积、能量、时间、速率、体积等常用物理量的单位换算一应俱全，如图 2－82 所示。

图 2－82　单位转换功能

除此之外，计算器还提供了 4 种工作表功能，比如“抵押”“汽车租赁”“油耗”等，功能非常强大，如图 2－83 所示。

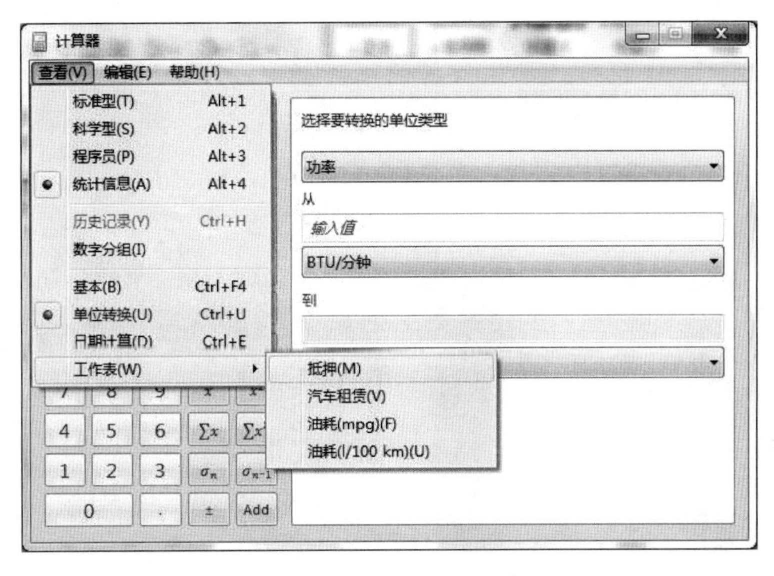

图 2－83　抵押还款的计算

2.5.2　信笺

Windows 7 系统附件中自带的便笺功能，便于用户在使用计算机的过程中随时记录备忘信息。

在桌面上单击“开始”→“所有程序”→“附件”→“便笺”命令，此时在桌面的右上角位置将会出现一个黄色的便笺纸，在便笺中可以输入内容，如图 2－84 所示。

如果觉得便笺纸太小，可以将光标放置在便笺纸的边缘上然后拖动鼠标，就可以改变其大小，如图 2－85 所示。

图 2－84　在便笺中输入内容　　图 2－85　改变便笺纸的大小

默认情况下，便笺纸的颜色是黄色，如果要改为其他颜色，可以在便笺纸的编辑区上单击鼠标右键，在弹出的快捷菜单中选择相应的颜色，如图 2－86 所示。如果要删除便笺可以单击便笺纸右上角的“×”按钮，在弹出的提示框中确认操作即可，如图 2－87 所示。

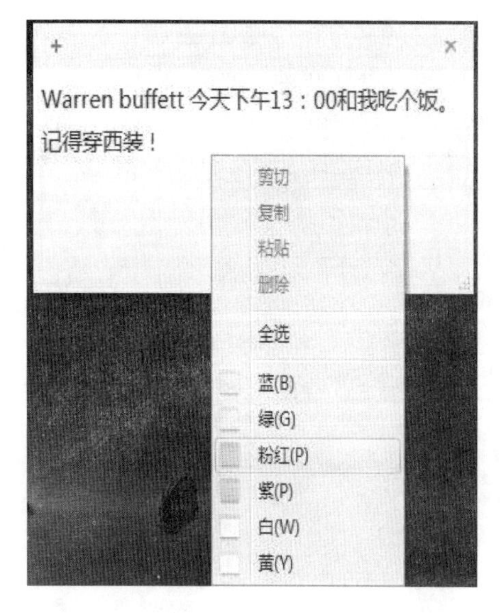

图 2-86　选择便笺纸的颜色

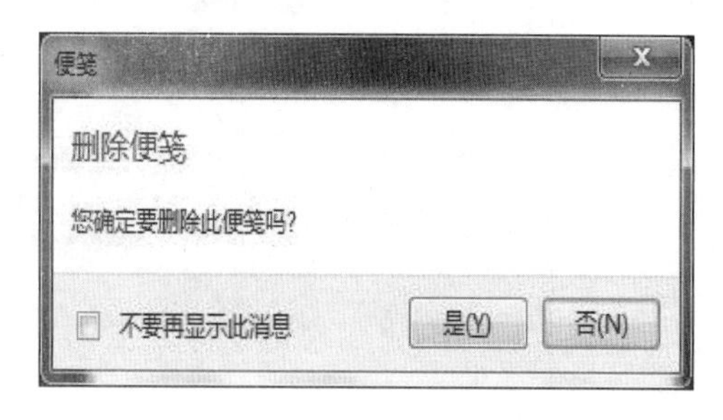

图 2-87　删除便笺提示框

2.5.3　截图工具

截图工具是 Windows 7 中自带的一款用于截取屏幕图像的工具，使用它能够将屏幕中显示的内容截取为图片，并保存为文件或复制到其他程序中。

在桌面上单击“开始”→“所有程序”→“附件”→“截图工具”命令，启动截图工具以后，整个屏幕变成半透明的状态，它提供了 4 种截图方式，单击“新建”按钮右侧的三角箭头，在打开的下拉列表中可以看到这 4 种方式，如图 2-88 所示。

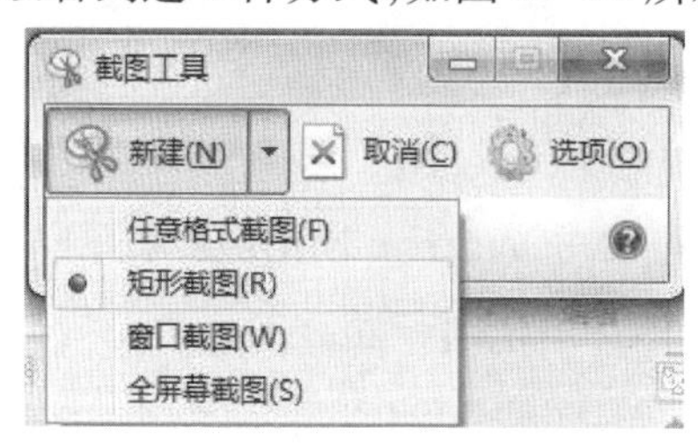

图 2-88　4 种截图方式

(1)“任意格式截图”：选择该方式，在屏幕中按下鼠标左键并拖动，可以将屏幕上任意形状和大小的区域截取为图片。

(2)“矩形截图”：这是程序默认的截图方式。选择该方式，在屏幕中按下鼠标左键并拖动，可以将屏幕中的任意矩形区域截取为图片。

(3)“窗口截图”：选择该方式，在屏幕中单击某个窗口，可将该窗口截取为完整的图片。

(4)“全屏幕截图”：选择该方式，可以将整个屏幕中的图像截取为一张图片。

使用任何一种方式截图以后，会弹出“截图工具”窗口，如图 2-89 所示，在工具栏中有一些简单的图像编辑按钮，用于对截图进行编辑如复制、保存、绘制标记等。

图 2－89　“截图工具”窗口

2.5.4　录音机

Windows 7 自带了“录音机”应用程序，使用它可以录制自己的声音或喜欢的音乐，还可以混合、编辑和播放声音，也可以将音乐链接或插入到另一个文档中。

在桌面上单击“开始”→“所有程序”→“附件”→“录音机”命令，打开“录音机”窗口，如图 2－90 所示。

要使用录音机程序录制声音，应确保计算机上装有声卡和扬声器，还要有麦克风或其他音频输入设备。单击 开始录制(S) 按钮即可开始录制声音，这时对着麦克风录音即可。录音完毕后，单击 停止录制(S) 按钮，这时弹出“另存为”对话框，在此可以保存录制的声音。

图 2－90　“录音机”窗口

2.5.5　媒体播放器

Windows Media Player 是系统自带的一款多功能媒体播放器，可以播放 CD、mp3、WAV 和 MIDI 等格式的音频文件，也可以播放 avi、wmv、VCD/DVD 光盘和 mpeg 等格式的视频文件。在桌面上单击“开始”→“所有程序”→“Windows Media Player”命令，可以打开“Windows Media Player”的工作界面，如图 2－91 所示。

按下 Alt 键或在标题栏下方单击鼠标右键，可以打开一个菜单，从中选择“文件”→“打开”命令。这时将弹出“打开”对话框，如图 2－92 所示，从中选择要播放的音频或视频文件即可。

当播放音频或视频时，Windows Media Player 播放器窗口的下方有一排播放控制按钮，如图 2－93 所示，用于控制音频或视频文件的播放，当光标指向这些按钮时，就会出

现相应的提示信息。

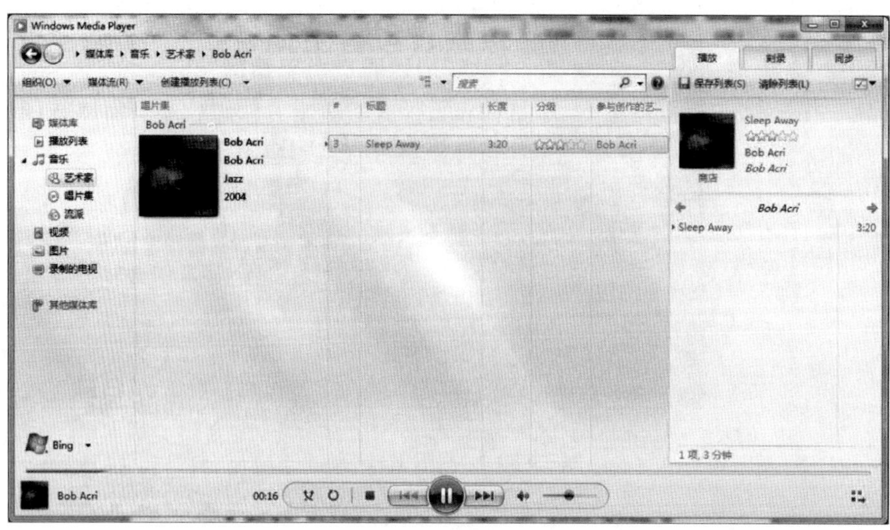

图 2－91 “Windows Media Player”的工作界面

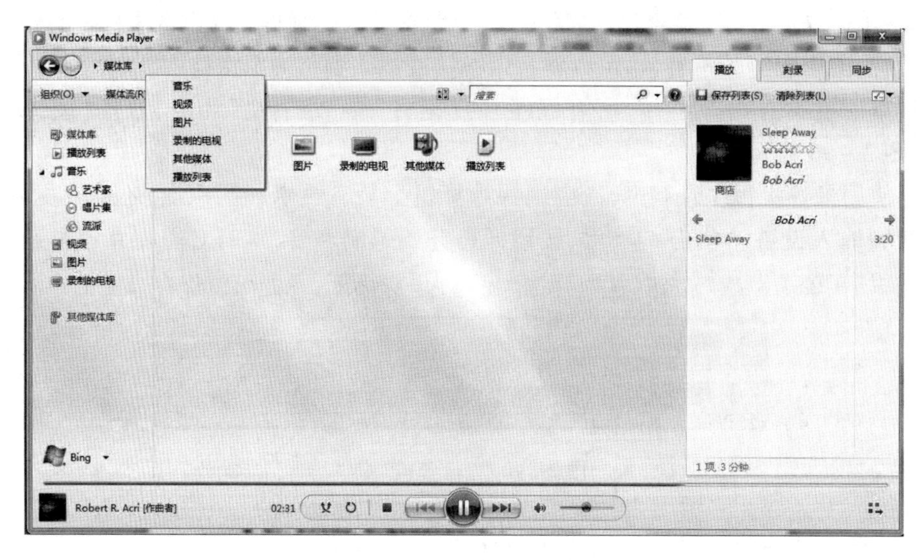

图 2－92 执行“打开”命令

图 2－93 播放控制按钮

这些按钮的功能如下：

(1)进度条 :位于控制按钮的上方,进度滑块代表了播放进程,也可以拖动它控制播放进度。

(2)无序播放 :单击该按钮可以使播放列表的文件无序播放。

(3)重复 :单击该按钮,则播放列表中的文件将重复播放。

(4)停止■:单击该按钮,停止播放视频或音频文件。

(5)播放▶/暂停⏸:单击该按钮可以播放或暂停文件。当播放文件时,该按钮变为暂停按钮,单击它时暂停播放。

(6)后退⏮:单击该按钮可以后退到播放列表中的上一个文件。

(7)前进⏭:单击该按钮可以前进到播放列表中的下一个文件。

(8)静音🔊:单击该按钮,可以在关闭声音和打开声音两种状态间切换。

(9)音量——●——:通过拖动音量滑块,可以调节正在播放的视频或音频文件的音量。

2.5.6　写字板

写字板是 Windows 系统自带的一个文档处理程序,利用它可以在文档中输入和编辑文本,插入图片、声音和视频等,还可以对文档进行设置格式和打印等操作。写字板其实就是一个小型的 Word 软件,功能比 Word 软件少一些,适用于一些普通的文字工作。

1. 写字板的组成

在桌面上单击"开始"→"所有程序"→"附件"→"写字板"命令,打开"写字板"窗口,如图 2－94 所示。"写字板"窗口由写字板按钮、标题栏、功能区、标尺、文档编辑区和状态栏组成。

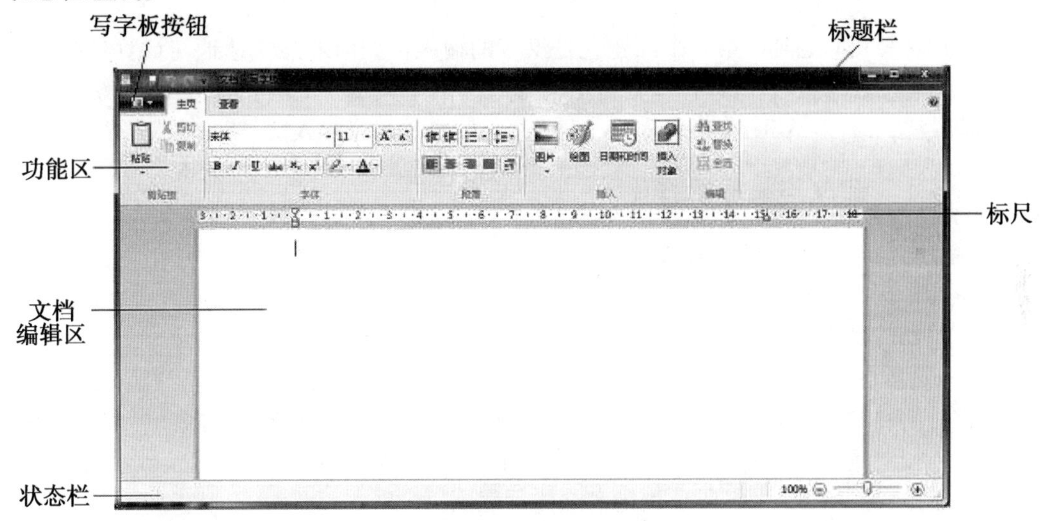

图 2－94　"写字板"窗口

(1)写字板按钮:通过"写字板按钮"可以新建、打开、保存、打印文档或退出写字板。

(2)标题栏:位于窗口的最顶端,左侧是快速访问工具,中间是标题,右侧是控制按钮。

(3)功能区:全新的功能区使写字板更加简单易用,其选项均已展开显示,而不是隐藏在菜单中。它集中了最常用的工具,以便用户更加直观地访问它们,从而减少菜单查找操作。

(4)标尺:用于控制段落的缩进。

(5)文档编辑区:用于输入文字或插入图片,完成编辑与排版工作。

(6)状态栏:显示当前文档的状态参数。

启动写字板程序以后，系统会自动创建一个文档，这时直接输入文字即可。写字板的操作与后面要介绍的 Word 2010 基本一样，只是功能少一些，这里不再详述。

2. 写字板处理的文档类型

默认情况下，写字板处理的文档为 RTF 文档，另外还有纯文本文档、Office Open XML 文档、Open Document 文档等。

(1) RTF 文档：这种类型的文档可以包含格式信息，如不同的字体、字符格式、制表符格式等。

(2) 文本文档：是指不含任何格式信息的文档，在这种类型的文档中，不能设置字符格式和段落格式，只能简单地输入文字。

(3) Office Open XML 文档：从 Office 2007 开始，Office Open XMIL 文件格式已经成为 Office 默认的文件格式，它改善了文件和数据管理、数据恢复及与行业系统的互操作性。

(4) Open Document 文档：是一种基于 XML 规范的开放文档格式。

(5) Unicode 文本文档：包含世界所有撰写系统的文本，如包含罗马文、希腊文、中文、平假文和片假文等。

2.6 使用中文输入法

使用计算机时遇到的第一个问题就是汉字的输入。如何才能快速地与计算机进行交流？除了要加强练习之外，选择一种合适的输入法是至关重要的。Windows 7 系统内置了很多输入法，如智能 ABC、全拼输入法、双拼输入法、微软拼音输入法、郑码输入法等。

2.6.1 键盘与鼠标的操作

键盘与鼠标是重要的输入设备，输入文字当然离不开键盘与鼠标，因此熟练使用键盘与鼠标是提高工作效率的基础与前提。

1. 键盘的操作

(1) 键盘的基本结构。

常见的计算机键盘有 101 键、102 键和 104 键之分，但是各种键盘的键位分布是大同小异的。按照键位的排列可以将键盘分为 3 个区域：字符键区、功能键区及数字键区（也称数字小键盘）。图 2 - 95 所示为键盘结构示意图。

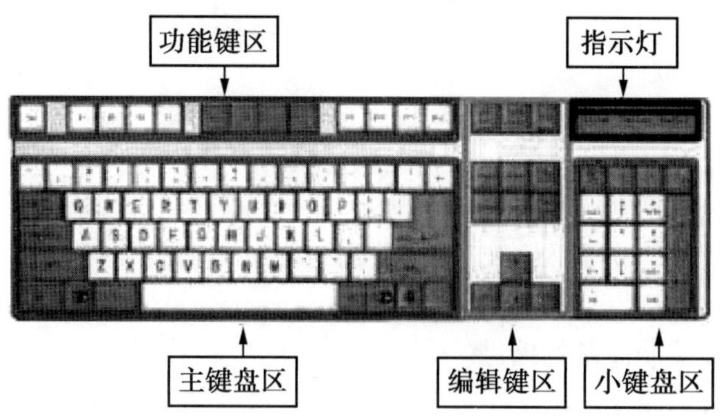

图 2 - 95 键盘结构示意图

①字符键区。由于键盘的前身是英文打字机，键盘排列方式已经标准化。因此，计算机的键盘最初就全盘采用了英文打字机的键位排列方式。该功能区主要用于输入字符或数据信息。

②功能键区。在键盘的最上面一排，主要包括 F1 ~ F12 这 12 个功能键，用户可以根据自己的需求来定义它们的功能，以减少重复击键的次数。

③数字键区。又称小键盘区，安排在整个键盘的右部，它为专门从事数字录入的工作人员提供了方便。

(2)计算机键盘中几种常用键位的功能。

①Enter 键：回车键。将数据或命令送入计算机时即按回车键。

②Space 键：空格键。空格键用于输入空格并向右移动光标，它是键盘中最长的键，由于使用频繁，所以它的形状和位置使左右手都很方便控制。

③Shift 键：上档键。由于整个键盘上有 30 个双字符键（即每个键面上标有两个字符），并且英文字母还分大小写，因此通过上档键可以转换。

④Ctrl 键：控制键。该键一般不单独使用，通常和其他键组合使用，如 Ctrl + S 表示保存。

⑤Esc 键：退出键。退出键用于退出当前操作。

⑥Alt 键：换挡键。换挡键与其他键组合成特殊功能键。

⑦Tab 键：制表定位键。一般按下此键可使光标移动 8 个字符的距离。

⑧光标移动键：用箭头↑、↓、←、→分别表示上、下、左、右移动光标。

⑨屏幕翻页键：PgUp(PageUp)向上翻一页；PgDn(PageDown)向下翻一页。

⑩Print Screen 键：打印屏幕键。打印屏幕键用于把当前屏幕显示的内容复制到剪贴板中或打印出来。

(3)键盘的使用。

了解了键盘的基本结构与功能后，接下来应该掌握如何使用键盘。使用键盘的关键是掌握正确的指法，掌握了正确的指法，养成了良好的习惯，才能真正地提高键盘输入速度，体会到计算机的高效率。

①十指要分工明确，各司其职。双手各指严格按照明确的分工轻放在键盘上，大拇指自然弯曲地放于空格键处，用大拇指击空格键。双手十指的分工如图 2 - 96 所示。

（左手）　　　　　　（右手）

小指　无名指　中指　食指　　食指　中指　无名指　小指

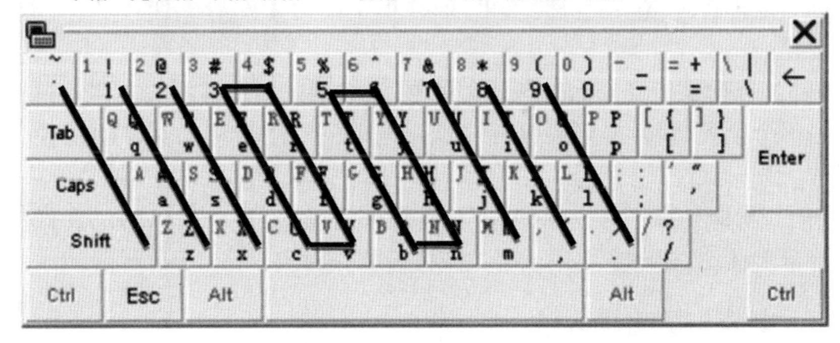

图 2 - 96　十指的分工

②平时手指稍弯曲拱起,指尖稍倾斜或垂直轻放在键位中央。

③要轻击键而不是按键。击键要短促、轻快、有弹性、节奏均匀。任一手指击键后,只要时间允许都应返回基本键位,不可停留在已击键位上。

④用拇指侧面击空格键,右手小指击回车键。

2. 鼠标的操作

鼠标作为计算机必备的输入设备,主要用于在 Windows 环境中取代键盘的光标移动键,使移动光标更加方便、准确。正确握鼠标的方法是用右手自然地握住鼠标,拇指放在鼠标的左侧,无名指和小指放在鼠标的右侧,轻轻夹持着鼠标,食指和中指分别放在鼠标的左、右两个按键上。操作时食指控制左键与滚轮,中指控制右键;移动鼠标时,手掌根部不动,依靠腕力轻移鼠标,如图 2 – 97 所示。

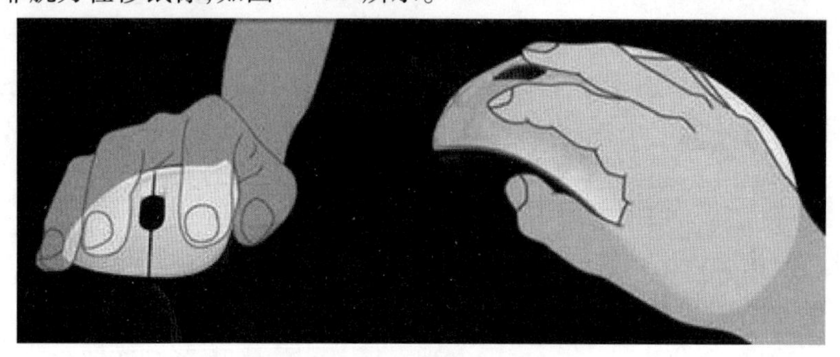

图 2 – 97　正确握鼠标的姿势

鼠标的操作方式主要有以下几种:

(1)单击。单击是指快速地按下并释放鼠标左键。如果不做特殊说明,单击就是指按下鼠标的左键。单击是最为常用的操作方法,主要用于选择一个文件、执行一个命令、按下一个工具按钮等。

(2)双击。双击是指连续两次快速地按下并释放鼠标左键。注意,双击的间隔不要过长,如果双击间隔时间过长,则系统会认为是两次单击,这是两种截然不同的操作。双击主要用于打开一个窗口、启动一个软件,或者打开一个文件。

(3)右击。右击(也叫单击右键或右单击)是指快速地按下并释放鼠标右键。在 Windows 操作系统中,右击的主要作用是打开快捷菜单,执行其中的相关命令。在任何时候单击鼠标右键都将弹出一个快捷菜单,该菜单中的命令随着工作环境、右击位置的不同而发生变化。

(4)拖动。拖动是指将光标指向某个对象后,按下鼠标左键不放并移动鼠标,将该对象移动到另一个位置,然后再释放鼠标左键。拖动主要用于移动对象的位置、选择多个对象等操作。

(5)指向。指向是指不对鼠标的左、右键做任何操作,移动鼠标的位置,这时可以看到光标在屏幕上移动,指向主要用于寻找或接近操作对象。

2.6.2　安装与删除输入法

安装了 Windows 7 以后,系统会自动安装微软拼音、智能 ABC、全拼和郑码等中文输入法,用户也可以根据需要添加与删除输入法。

1. 内置输入法的添加与删除

内置输入法是指 Windows 7 系统自带的输入法。对于这类输入法,我们可以按照如下方法添加与删除。

(1)在任务栏右侧的输入法指示器上单击鼠标右键,从弹出的快捷菜单中选择“设置”命令,则弹出“文本服务和输入语言”对话框,如图 2－98 所示。

(2)单击 添加(D)... 按钮,则弹出“添加输入语言”对话框,选择要添加的输入法,如图 2－99 所示。

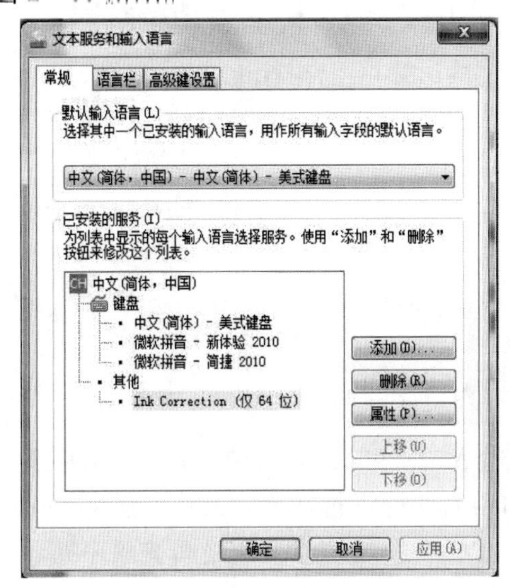

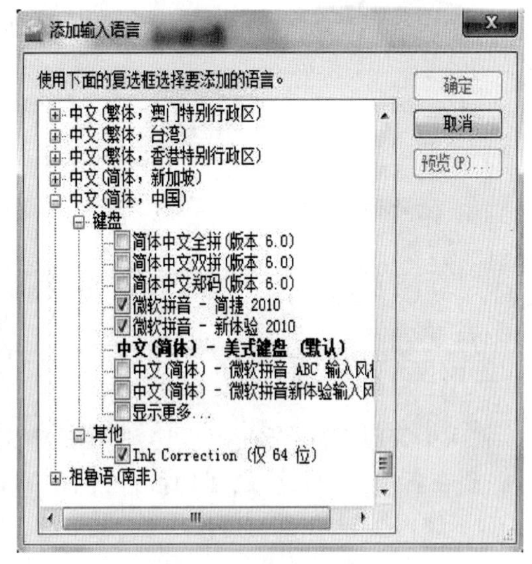

图 2－98　“文本服务和输入语言”对话框　　　　图 2－99　“添加输入语言”对话框

(3)单击 确定 按钮,则添加了新的输入法,如图 2－100 所示。

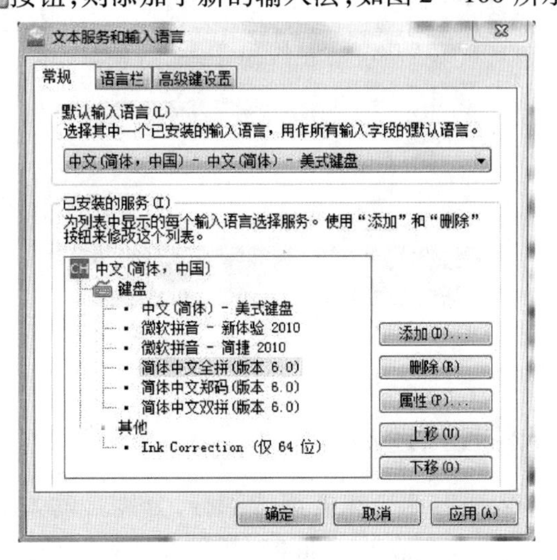

图 2－100　添加新的输入法

(4)如果要删除输入法,则在“已安装的服务”列表中选择要删除的输入法,单击

删除(R)按钮即可。

(5)单击确定按钮,确认添加或删除操作。

2. 外部输入法的安装

外部输入法是指非 Windows 系统自带的输入法,如"极点五笔字型"输入法。这类输入法的安装方法与应用程序类似。找到输入法的安装程序,双击它进行安装即可,如图 2-101 所示。

图 2-101 极点五笔字型的安装程序

2.6.3 选择输入法

输入中文时首先要选择自己会使用的中文输入法。Windows 系统内置了很多中文输入法,要在各中文输入法之间切换,可以按 Shift + Ctrl 键进行切换。操作方法是先按住 Ctrl 键不放再按 Shift 键。每按一次 Shift 键,会在已经安装的输入法之间按顺序循环切换。

另外,选择输入法的常规方法是单击任务栏右侧的输入法指示器,可以打开一个输入法列表,如图 2-102 所示,在输入法列表中单击要使用的输入法即可。

图 2-102 输入法列表

2.6.4 中文输入法使用通则

通常情况下,中文输入法有 3 个重要组成部分,分别是输入法状态条、外码输入窗口、候选窗口。下面以"王码五笔输入法 86 版"为例介绍各部分的作用。

1. 输入法状态条

当我们选择了中文输入法时,如选择了"王码五笔输入法",会显示一个输入法状态条,如图 2－103 所示。

"全角/半角切换"按钮
"中/英文切换"按钮
"软键盘"开关按钮
"中/英文标点切换"按钮
输入法名称

图 2－103　输入法状态条

(1)"中/英文切换"按钮。

单击该按钮,可以在当前的汉字输入法与英文输入法之间进行切换。除此之外,还有一种快速切换中、英文输入法的方法,即按 Ctrl + Space 键。

(2)输入法名称。

这里显示了输入法的名称。

(3)"全角/半角切换"按钮。

单击该按钮,可以在全角和半角方式之间进行切换。全角方式时,输入的数字、英文等均占两个字节,即一个汉字的宽度;半角方式时,输入的数字、英文等均占一个字节,即半个汉字的宽度。

除此之外,按 Shift + Space 键,可以快速地在全角、半角之间进行切换。

(4)"中/英文标点切换"按钮。

单击该按钮,可以在中文标点与英文标点之间进行切换。如果该按钮显示空心标点,表示对应中文标点;如果该按钮显示实心标点,表示对应英文标点。

除此之外,还有一种快速切换中、英文标点的方法,即按 Ctrl + .(句点)键。

(5)"软键盘"开关按钮。

单击该按钮,可以打开或关闭软键盘。默认情况下打开的是标准 PC 键盘。当需要输入一些特殊字符时,可以在软键盘开关按钮上单击鼠标右键,这时会出现一个快捷菜单,如图 2－104 所示,选择其中的命令可以打开相应的软键盘,用于输入一些特殊字符。

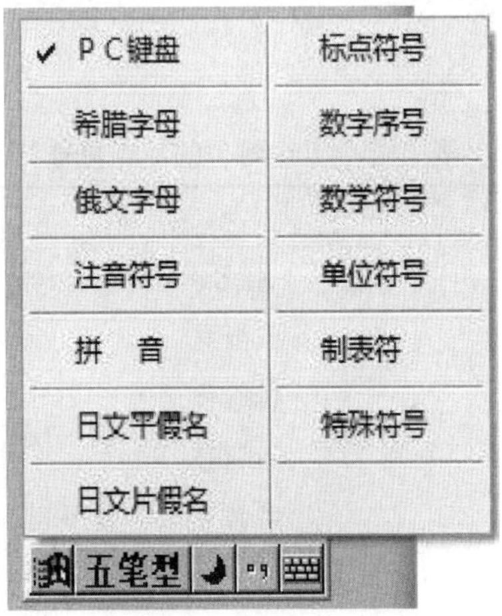

图 2－104　快捷菜单

需要注意的是,中文输入法不同,其输入法状态条的外观也不同。即使是相同的中文输入法,其版本也影响着输入法状态条的外观,但是基本功能是类似的。

2. 外码输入窗口与候选窗口

外码输入窗口用于接收键盘输入的信息,只有在输入过程中才会出现外码输入窗口。而候选窗口是指供用户选择文字的窗口,该窗口只在有重码或联想情况下才出现,而且其外观形式因输入法的不同而不同,如图 2-105 所示是“王码五笔输入法”的外码输入窗口与候选窗口。

在候选窗口中单击所需要的文字,或者按下文字前方数字对应的数字键,可以将文字输入到当前文档中。如果候选窗口中没有所需要的文字,可以按“+”键向后翻页或按“-”键向前翻页,直到找到所需要的文字为止。

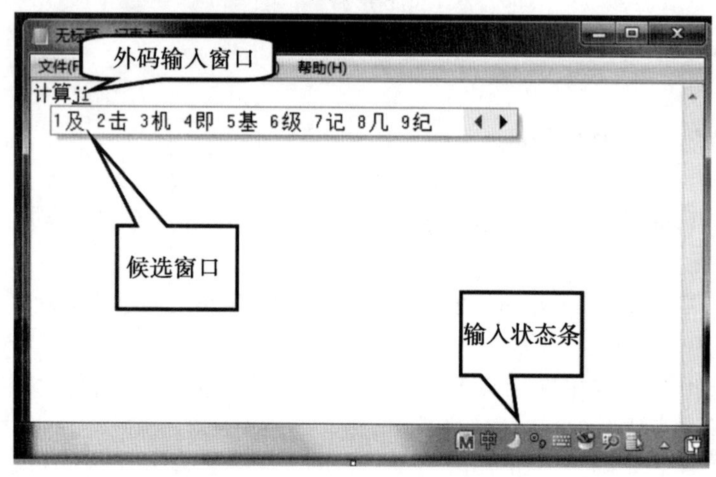

图 2-105 外码输入窗口与候选窗口

2.6.5 几个特殊的标点符号

在中文输入法状态下,有几个特殊的标点符号需要初学者掌握,避免在输入文字时找不到这些标点,见表 2-3。

表 2-3 几个特殊的标点符号

标点	名称	对应的键
、	顿号	\
——	破折号	Shift + -
……	省略号	Shift + ^
·	间隔号	Shift + @
《》	书名号	Shift + < >

实验 1:Windows 7 的基本操作

一、实验目的

1. 熟悉 Windows 7 的工作桌面。
2. 掌握 Windows 7 的桌面元素的操作。
3. 掌握窗口的基本操作。

二、实验内容

1. 对桌面元素进行各种设置。
2. 对任务栏进行更改与恢复。
3. 对“计算机”窗口进行各种操作。

三、实验要求

1. 对桌面元素进行设置与排列。
(1)改变桌面图标的大小。
(2)改变桌面图标的位置,然后以不同的方式排列图标。
(3)创建一个快捷方式图标。
2. 对任务栏进行更改与设置。
(1)改变任务栏的宽度。
(2)改变任务栏的位置。
(3)隐藏任务栏。
3. 对窗口进行各种操作。
(1)打开、最小化、最大化、还原、关闭窗口。
(2)改变窗口的大小。
(3)对多个窗口进行移动、切换、排列。

四、实验步骤

Windows 7 的基本操作如下:

(1)启动计算机,进入 Windows 7 桌面,观察桌面元素。

(2)在桌面的空白位置处单击鼠标右键,在弹出的快捷菜单中选择“查看”→“大图标”命令,观察桌面元素的变化。

(3)重复刚才的操作,在快捷菜单中选择“查看”→“中等图标”命令,再次观察桌面元素的变化。

(4)继续重复刚才的操作,在快捷菜单中选择“查看”→“小图标”命令,观察桌面元素的变化。

(5)在桌面的空白处单击鼠标右键,在弹出的快捷菜单中选择“查看”→“自动排列图标”命令，取消该命令前面的“对钩”符号。

(6)将光标指向任意一个桌面图标，按住鼠标左键拖动鼠标就可以改变图标在桌面上的位置。

(7)在桌面的空白处单击鼠标右键，在快捷菜单中选择“查看”→“自动排列图标”命令，使图标整齐如初地排列。

(8)在桌面的空白处单击鼠标右键，在弹出的快捷菜单中选择“排序方式”命令，然后在子菜单中分别选择“名称”“大小”“项目类型”和“修改日期”命令，观察图标的排列情况。

(9)在桌面的空白处单击鼠标右键，在弹出的快捷菜单中选择“新建”→“快捷方式”命令，在弹出的“创建快捷方式”对话框中单击“浏览(R)...”按钮，指定一个目标文件，然后通过单击“下一步(N)”按钮，就可以完成快捷方式的创建，如图 2－106 所示。这时桌面上将出现一个快捷方式图标。

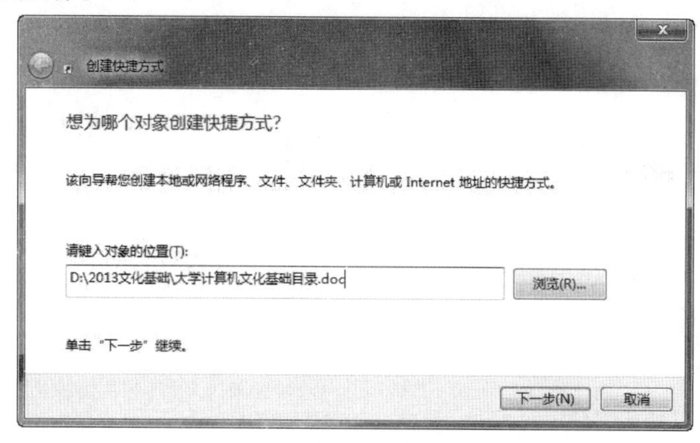

图 2－106 “创建快捷方式”对话框

(10)在任务栏的空白位置处单击鼠标右键，在弹出的快捷菜单中选择“锁定任务栏”命令，取消锁定状态。

(11)将光标移至任务栏的上边缘，当光标变为“↕”形状时向上拖动鼠标，可以拉高任务栏；如果任务栏过高，可以向下压低任务栏。

(12)将光标指向任务栏的空白处，按住鼠标左键将其向窗口右侧拖动，当看到出现一个虚框时释放鼠标，则任务栏将被调整到桌面的右侧。用同样的方法，可以将任务栏调整到桌面的其他位置。

(13)在任务栏的空白位置处单击鼠标右键，在弹出的快捷菜单中选择“属性”命令，打开“任务栏和「开始」菜单属性”对话框，选择“自动隐藏任务栏”选项，然后确定，则任务栏是隐藏的，当光标滑向任务栏的位置时任务栏才出现。

(14)在桌面上双击“计算机”图标，打开“计算机”窗口，分别单击右上角的“最小化”按钮、“最大化”按钮、“还原”按钮，观察窗口的变化。

(15)单击右上角的“关闭”按钮，然后再重新打开“计算机”窗口。

(16)将光标移到窗口边框上或右下角处，当光标变成双向箭头时按住鼠标左键拖动鼠标,观察窗口大小的变化。

(17)将光标指向窗口地址栏上方的空白处,按住鼠标左键并拖动鼠标,观察窗口的变化。

(18)在桌面上双击“回收站”图标,打开“回收站”窗口。

(19)观察任务栏可以看到“计算机”和“回收站”两个按钮,分别单击这两个按钮,观察窗口的变化。

(20)在任务栏的空白位置单击鼠标右键,在弹出的快捷菜单中分别选择“层叠窗口”“堆叠显示窗口”和“并排显示窗口”命令,观察窗口的排列情况。

实验 2:文件与文件夹的管理

一、实验目的

1. 熟练掌握 Windows 7 的文件及文件夹管理。
2. 掌握 Windows 7 中“计算机”窗口的使用方法。

二、实验内容

完成文件与文件夹的创建、复制、移动、删除等管理操作。

文件与文件夹的创建、移动、复制、删除等管理操作。

三、实验要求

(1)在桌面上建立一个名称为“计算机 1”的文件夹,然后将“计算机 1”文件夹复制 2 次,分别命名为“计算机 2”和“计算机 3”,并将“计算机 2”文件夹移动到“计算机 1”文件夹中,将“计算机 3”文件夹复制到“计算机 1”文件夹中,最后将桌面上的“计算机 3”文件夹删除。

(2)在 D 盘上建立一个名称为“资料”的文件夹,然后在“写字板”中输入“计算机考试”字样,将文件以“练习”为名称保存到刚才创建的“资料”文件夹中,然后删除“资料”文件夹。

(3)打开“回收站”窗口,还原“资料”文件夹,然后清空回收站。

(4)打开 C 盘,改变文件与文件夹的视图方式

四、实验步骤

文件与文件夹的各种管理操作步骤如下:

(1)启动 Windows 7 操作系统。

(2)在桌面的空白位置处单击鼠标右键,在弹出的快捷菜单中选择“新建”→“文件夹”命令,则桌面上出现“新建文件夹”图标。

(3)这时文件夹名称处于激活状态,输入“计算机 1”并按下回车键,则在桌面上新建了一个名称为“计算机 1”的文件夹。

（4）将光标指向“计算机1”文件夹并单击鼠标选中该文件夹，按下Ctrl+C键进行复制，然后再按下Ctrl+V键粘贴，则桌面上出现一个“计算机1副本”文件夹。

（5）选中“计算机1副本”文件夹并单击该文件夹的名称，则文件夹名称被激活，重新输入“计算机2”并按下回车键。

（6）按住Ctrl键的同时使用鼠标拖动“计算机2”文件夹，这样可以快速复制出一个文件夹，然后用同样的方法将其重新命名为“计算机3”。

（7）将光标指向“计算机2”文件夹，按住鼠标左键并拖动鼠标，将“计算机2”文件夹拖动到“计算机1”文件夹上释放鼠标，则将“计算机2”文件夹移动到“计算机1”文件夹中。

（8）选中“计算机3”文件夹，按下Ctrl+C键进行复制，然后双击“计算机1”文件夹，打开该文件夹的窗口，再按下Ctrl+V键粘贴，则将“计算机3”文件夹复制到“计算机1”文件夹中。

（9）关闭“计算机1”文件夹窗口，选择桌面上的“计算机3”文件夹，按下Delete键将其删除。

（10）在桌面上双击“计算机”图标，打开“计算机”窗口，在窗口左侧的列表区中切换到D盘。

（11）在“计算机”窗口的菜单栏中单击“文件”→“新建”→“文件夹”命令，创建一个文件夹。

（12）参照前面的操作，将文件夹命名为“资料”。

（13）在桌面上单击“开始”按钮，然后依次单击“所有程序”→“附件”→“写字板”命令，打开“写字板”窗口。

（14）在“写字板”窗口中输入“计算机考试”等信息，也可以随意输入一些内容，如图2－107所示。

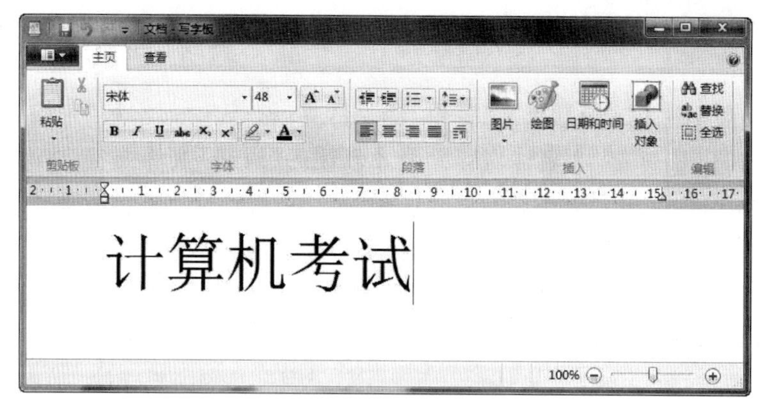

图2－107　输入的文字

（15）单击“写字板”按钮打开一个菜单，选择其中的“保存”命令，打开“另存为”对话框，在左侧的列表区中选择“D:\资料”文件夹，在“文件名”中输入“练习”，如图2－108所示。

（16）单击“保存”按钮，即可将文件保存到指定的文件夹中。

（17）在“计算机”窗口中切换到 D 盘，选择“资料”文件夹，按下 Delete 键将其删除，这时连同文件夹中的“练习”文件也一并删除了。

（18）在桌面上双击“回收站”图标，打开“回收站”窗口，在这里可以看到前面删除的两个文件夹。

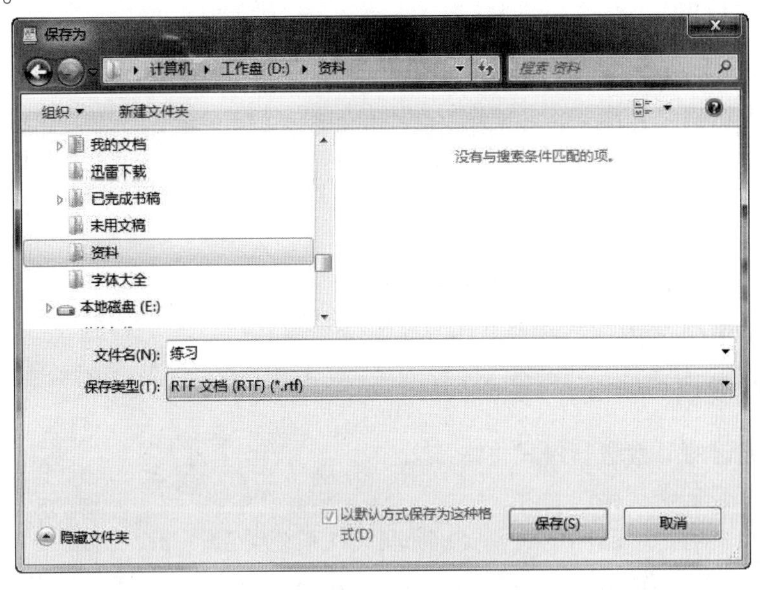

图 2 – 108　“保存为”对话框

（19）在“回收站”窗口选择“资料”文件夹，单击菜单栏下方的“还原此项目”按钮，如图 2 – 109 所示，则“资料”文件夹还原到 D 盘的位置。也可以单击菜单栏中的“文件”→“还原”命令，同样可以还原文件夹。

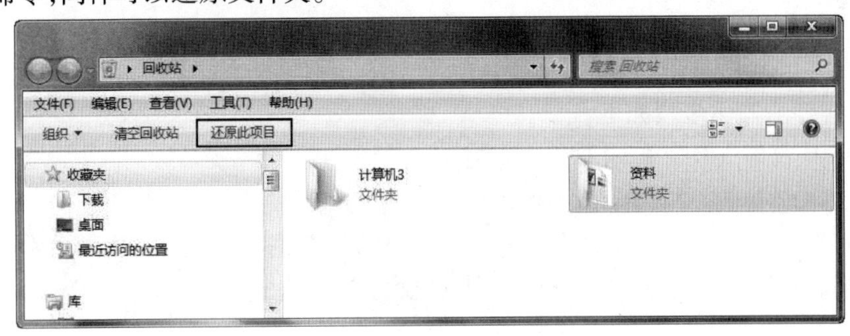

图 2 – 109　还原文件夹

（20）在“回收站”窗口中单击菜单栏下方的“清空回收站”按钮，或者单击菜单栏中的“文件”→“清空回收站”命令，则文件被彻底删除。

（21）重新打开“计算机”窗口，在窗口左侧的列表区中切换到 C 盘。单击“查看”菜单，在打开的菜单中分别选择“超大图标”“大图标”“中等图标”“小图标”“列表”“详细信息”“平铺”和“内容”命令，观察文件与文件夹图标的变化。

实验 3:磁盘的管理

一、实验目的

1. 掌握 Windows 7 磁盘管理。
2. 熟练掌握磁盘管理工具的使用。

二、实验内容

1. 对磁盘进行格式化。
2. 查看磁盘的常规属性。
3. 磁盘的清理、碎片整理练习。

三、实验要求

1. 使用自己的 U 盘进行格式化练习。
2. 查看 C 盘的常规属性。
(1)写出磁盘大小、已用空间、剩余空间、文件系统类型。
(2)将 C 盘重新命名为“系统盘”。
3. 对 E 盘进行基本的维护操作。
(1)对 E 盘进行查错处理。
(2)清理 E 盘的多余文件。
(3)对 E 盘进行碎片整理。

四、实验步骤

磁盘管理的操作步骤如下:

(1)将 U 盘插入计算机的 USB 接口中。

(2)在桌面上双击“计算机”图标,打开“计算机”窗口。

(3)在“计算机”窗口左侧的列表区中选择 U 盘,单击鼠标右键,从弹出的快捷菜单中选择“格式化”命令(或者单击菜单栏中的“文件”→“格式化”命令)。

(4)在弹出的“格式化”对话框中可以设置相关选项,如图 2-110 所示。通常情况下只修改“文件系统”为 FAT32 或 NTFS,其他选项不需要设置。

(5)单击“开始”按钮则开始格式化 U 盘。当下方的进度条达到 100% 时,表示完成格式化操作,如图 2-111 所示。

(6)格式化完毕后关闭“格式化”对话框即可。

(7)在“计算机”窗口左侧的列表区中选择 C 盘,单击鼠标右键,从弹出的快捷菜单中选择“属性”命令。

(8)在弹出的“属性”对话框中查看 C 盘的总容量、空间的使用情况、文件系统等基本属性。如图 2-112 所示,通过观察可以看到:C 盘的文件系统为 NTFS 格式,总容量约为 60 GB,已用空间 31.1 GB,可用空间 27.4 GB(注意,这个数值并不是精确数据)。

(9)在“常规”选项卡的文本框中输入“系统盘”,然后单击“确定”按钮。

(10)参照前面的方法,打开 E 盘的“属性”对话框,切换到“工具”选项卡,单击“开始检查”按钮,如图 2-113 所示。

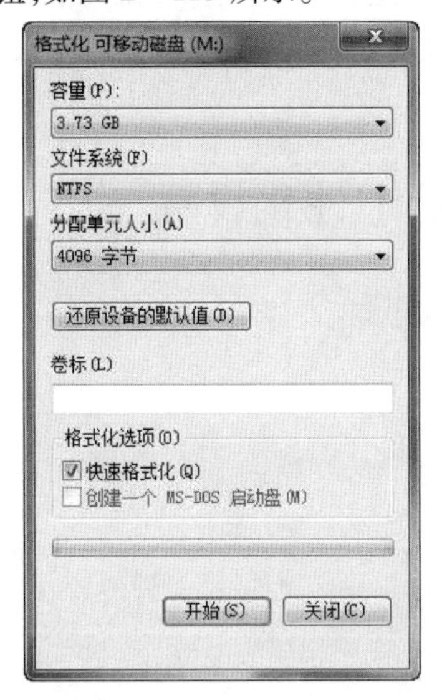

图 2-110　“格式化”对话框

图 2-111　完成格式化操作

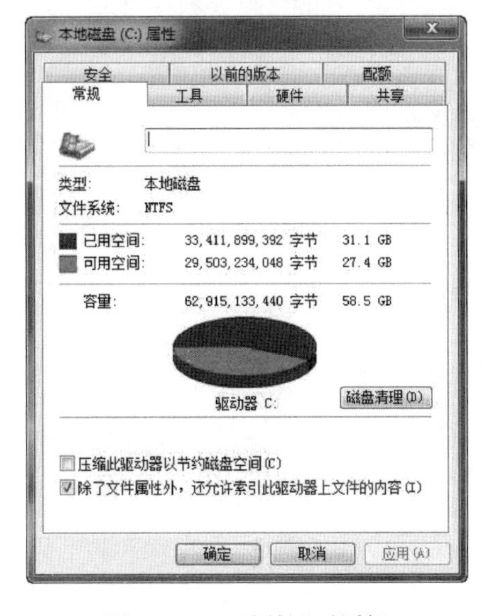

图 2-112　“属性”对话框

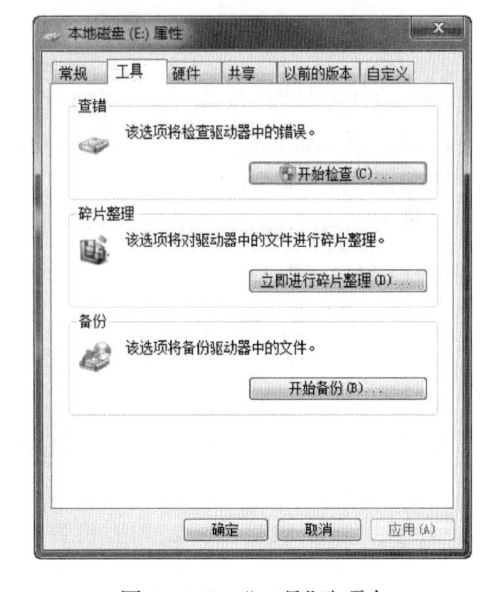

图 2-113　“工具”选项卡

(11)这时将弹出“磁盘检查”对话框,在该对话框中单击“开始”按钮即可对 E 盘进行检查并报告检查结果。

(12)打开“开始”菜单,执行其中的“所有程序”→“附件”→“系统工具”→“磁盘清理”命令,弹出“磁盘清理:驱动器选择”对话框。

(13)在“驱动器”下拉列表中选择 E 盘,然后单击“确定”按钮,则弹出“(E:)的磁盘

清理”对话框，这时单击“确定”按钮即可对E盘进行清理。

（14）打开“开始”菜单，执行其中的“所有程序”→“附件”→“系统工具”→“磁盘碎片整理程序”命令，打开“磁盘碎片整理程序”对话框。

（15）在对话框下方的列表中选择要整理碎片的磁盘，这里选择E盘，然后单击“磁盘碎片整理”按钮，系统开始整理碎片。根据磁盘碎片的严重程度不同，整理的时间不尽相同。

实验4：对计算机进行个性化设置

一、实验目的

1. 掌握桌面的个性化设置方法。
2. 学会“控制面板”的使用。

二、实验内容

1. 对显示器分辨率、桌面进行个性化设置。
2. 修改系统时间和日期。
3. 添加与删除程序。

三、实验要求

1. 显示器的个性化设置。

（1）设置显示器的分辨率为1 024×768像素。

（2）隐藏“计算机”和“回收站”图标。

（3）设置桌面主题为“建筑”。

（4）使用自己的照片（或任意图片）作为桌面。

2. 设置系统时间与日期。

（1）修改系统日期为2013年6月12日，时间为12:00。

（2）附加一个时钟，设置为“夏威夷”时间。

（3）设置计算机时间与Internet时间同步。

3. 添加与删除程序。

（1）删除“空当接龙”游戏，然后再重新添加。

（2）删除“ACDSee”看图软件。

四、实验步骤

对计算机进行个性化设置的操作如下：

（1）启动Windows 7操作系统。

（2）在桌面上的空白处单击鼠标右键，从弹出的快捷菜单中选择“屏幕分辨率”命令，打开“屏幕分辨率”对话框。

(3)打开“分辨率”下拉列表,拖动滑块即可改变屏幕分辨率,将滑块拖动到 1 024 × 768 像素。

(4)单击“确定”按钮即完成显示器分辨率的设置。

(5)在桌面的空白位置处单击鼠标右键,在弹出的快捷菜单中选择“个性化”命令,打开“个性化”窗口。

(6)在“个性化”窗口的左侧单击“更改桌面图标”文字链接,则弹出“桌面图标设置”对话框。

(7)在“桌面图标设置”对话框中取消勾选“计算机”和“回收站”选项,如图 2 – 114 所示,然后单击“确定”按钮,隐藏了桌面上的“计算机”和“回收站”图标。

(8)在“个性化”窗口中单击“建筑”主题,如图 2 – 115 所示,为屏幕设置个性化主题。

图 2 – 114　“桌面图标设置”对话框

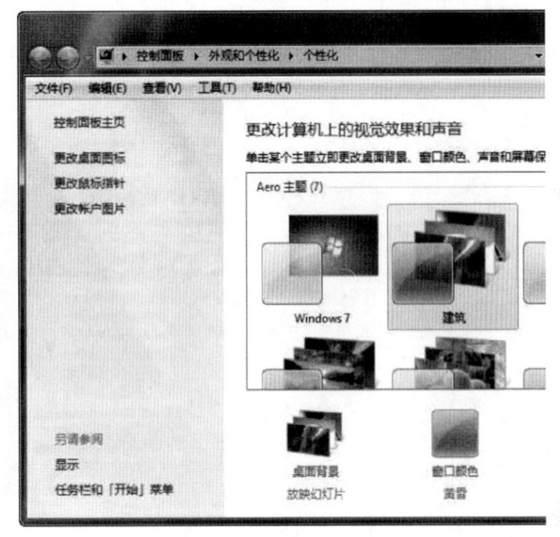

图 2 – 115　选择个性化主题

(9)在“个性化”窗口的下方单击“桌面背景”文字链接,在弹出的“桌面背景”对话框中可以直接选择系统中的图片,也可以单击“图片位置”右侧的 浏览(B)... 按钮,选择所需要的图片,这样就可以将自己的照片或绘画作品等设置为桌面。

(10)在桌面上双击“控制面板”图标,或者在“开始”菜单中单击“控制面板”命令,打开“控制面板”窗口。

(11)在“控制面板”窗口中单击“时钟、语言和区域”选项,则进入到一下级选项,然后单击“设置时间和日期”文字链接,如图 2 – 116 所示。

(12)在打开的“日期和时间”对话框中单击 更改日期和时间(D)... 按钮,则弹出“日期和时间设置”对话框,在这里可以修改日期和时间,将系统日期修改为 2013 年 6 月 12 日,时间为 12:00,如图 2 – 117 所示,然后确认并返回“日期和时间”对话框。

(13)切换到“附加时钟”选项卡,勾选“显示此时钟”选项,然后在“选择时区”下拉列表中选择“(UTC – 10:00)夏威夷”选项,在“输入显示名称”文本框中输入“夏威夷时间”,如图 2 – 118 所示。

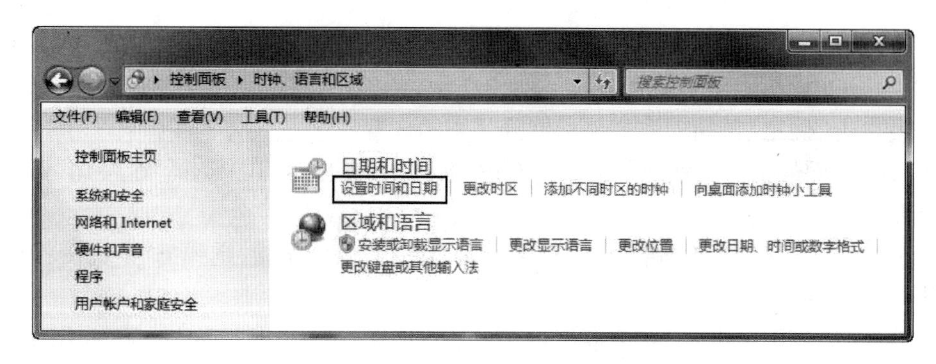

图 2-116　单击"设置时间和日期"文字链接

图 2-117　设置日期和时间

图 2-118　设置夏威夷时间

(14)单击"确定"按钮,完成系统时间的修改,这时在任务栏右侧的时间指示器上可以看到新的日期与时间。单击时间指示器,在打开的面板中将出现两个时钟,其中右侧的就是刚才附加的时钟,如图 2-119 所示。

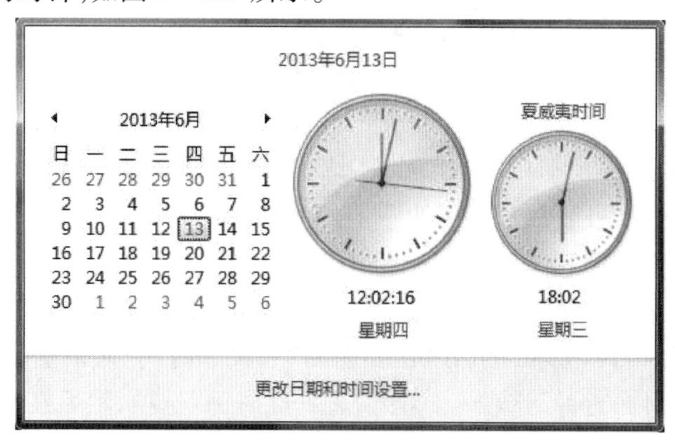

图 2-119　附加的时钟

(15)在“控制面板”窗口中单击“程序”选项下方的“卸载程序”文字链接,打开“程序和功能”窗口。

(16)在窗口左侧单击“打开或关闭 Windows 功能”文字链接,则弹出“Windows 功能”对话框,取消选择“空当接龙”,如图 2-120 所示。

(17)单击“确定”按钮,程序自动更新,删除“空当接龙”游戏,如图 2-121 所示。

图 2-120 “Windows 功能”对话框

图 2-121 更新程序的进程

(18)重复(16)的操作,在“Windows 功能”对话框中重新选择“空当接龙”,然后单击“确定”按钮。

(19)在控制面板的“程序和功能”窗口的程序列表中选择“ACDSee 5.0”,单击列表上方的“卸载/更改”按钮,弹出一个提示框,如图 2-122 所示,单击“是”按钮即可删除选择的程序。

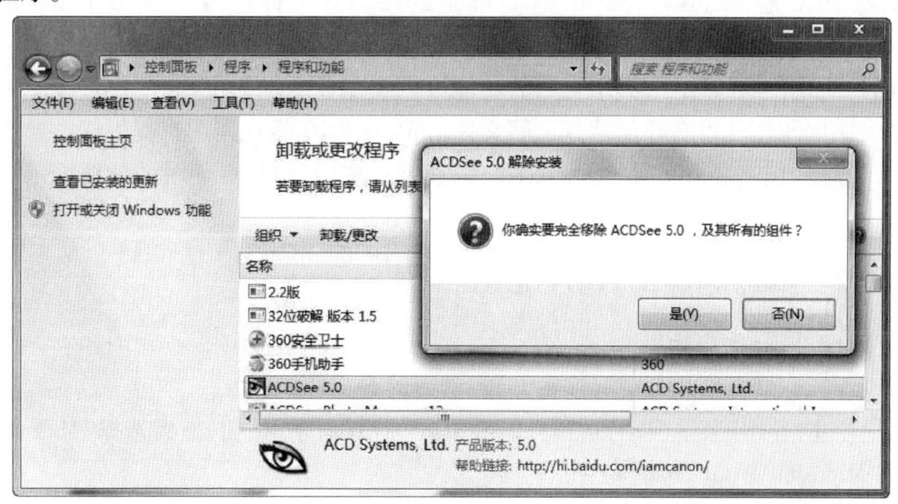

图 2-122 弹出的提示框

第3章 Word 2010 文字处理软件

从前面章节可知,计算机开机后,加载的第一个软件是操作系统,它负责管理与协调计算机各部分的资源,接下来就可以在操作系统上执行各种应用软件,使计算机展现不同的功能。随着微型计算机性能的提高和 Internet 网络的迅速发展,应用软件丰富多彩,本章及接下来的两章中将主要介绍办公软件的功能及应用方法,详细介绍 Office 2010 中的常用组件:Word 2010、Excel 2010、PowerPoint 2010。

3.1 Word 2010 操作简介

3.1.1 Word 2010 简介

Office 办公软件从诞生到现在已经经历了很多版本,从早期的 Office 97、Office 2000、Office XP、Office 2003、Office 2007,到现在较为流行使用的 Office 2010、Office 2013 等,它的每一次升级都在功能性和易用性上有很大提高。

Word 2010 是 Microsoft 公司开发的 Office 2010 办公组件之一,它是基于 Windows 开发的新一代办公信息化、自动化的套装软件包。Word 2010 提供了世界上出色的文档处理功能,与之前的版本相比,其增强后的功能可创建专业水准的文档,用户可以更加轻松地与他人协同工作并可在任何地点访问文件。Word 2010 旨在向用户提供优秀的文档格式设置工具,利用它还可更轻松、高效地组织和编写文档,用户能随时随地地记录自己的灵感。

3.1.2 Word 2010 的启动与退出

1. Word 2010 的启动

启动 Word 2010 应用程序有多种方法,常用的有:

(1)通过"开始"菜单启动:选择开始菜单的"所有程序"按钮,然后选择"Microsoft Office"→"Microsoft Word 2010"命令。

(2)通过 Word 文档启动:双击一篇已存在的 Word 文档。

(3)通过快捷方式启动:如果用户在桌面上为 Word 2010 建立了快捷方式图标,双击快捷方式图标便可启动 Word 2010。

2. Word 2010 的退出

退出 Word 2010 与退出其他应用程序类似，常用的方法有：

（1）选择“文件”选项卡下的“退出”命令。

（2）单击 Word 2010 应用程序窗口右上角的按钮。

（3）单击标题栏上的图标，在弹出的系统菜单下选择“关闭”命令。

（4）双击标题栏上的图标。

（5）按快捷键 Alt + F4。

3.1.3　Word 2010 的窗口组成

启动 Word 2010 应用程序后，屏幕上就会打开 Word 应用程序窗口，如图 3－1 所示。Word 窗口由标题栏、快速访问工具栏、功能选项卡、功能区、编辑区、状态栏、视图栏等组成。

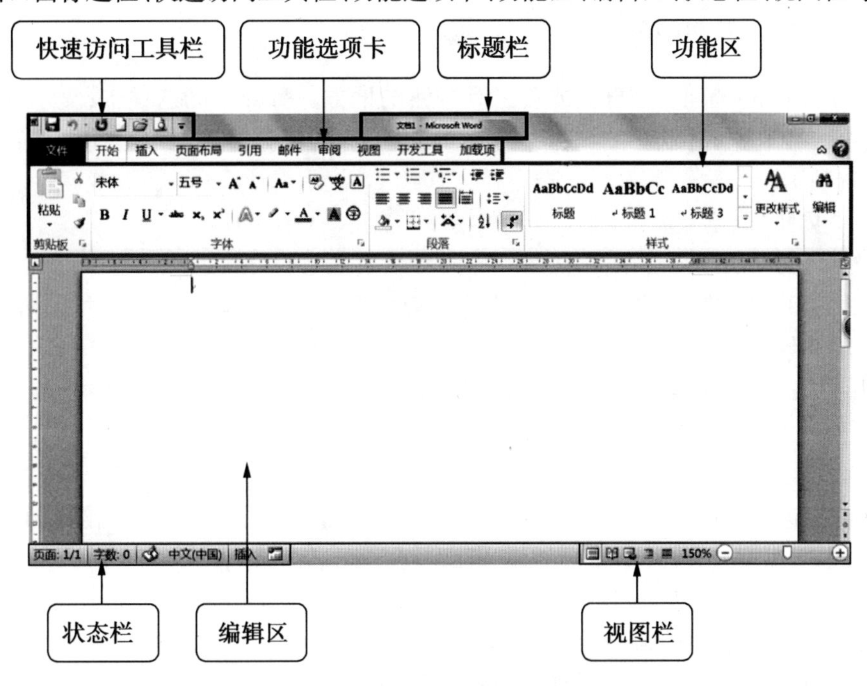

图 3－1　Word 2010 窗口的组成

（1）标题栏。

标题栏位于屏幕窗口的顶部，显示正在编辑的文档名和应用程序名；标题栏的右边有 3 个命令按钮，从左至右依次为“最小化”按钮、“最大化/还原”按钮和“关闭”按钮。

（2）快速访问工具栏。

默认情况下，快速访问工具栏中提供了工作中使用频率最高的四个按钮：“保存”“撤销”“恢复”“新建”。可以通过“自定义快速访问工具栏”按钮设置自己需要的按钮。

（3）功能选项卡和功能区。

Word 2010 中包含了“文件”“开始”“插入”“页面布局”“引用”“邮件”“审阅”“视

图”“开发工具”“加载项”10 个功能选项卡，每个功能选项卡下实现的功能以按钮的形式显示在对应的功能区中，单击功能区中的按钮即可完成进行的功能操作。

(4)编辑区。

启动 Word 后，窗口中的空白区域就是 Word 的编辑区，编辑区是输入和编辑文本的区域。编辑区中有个不断闪烁的黑色竖线称为光标或插入点，光标所在的位置就是插入对象的位置。

(5)状态栏。

状态栏位于 Word 窗口底部，用于显示 Word 文档当前的编辑状态，如页面、字数等信息。

(6)视图栏。

单击视图栏中的视图切换按钮，可以选择文档的视图方式，显示比例调节工具 100% 用于调节文档页面的显示比例。

3.1.4 Word 2010 的选项卡

Word 2010 的选项卡是分类放置工具按钮的地方。打开不同选项卡，显示的工具按钮也会不一样。Word 2010 中默认会显示 8 个选项卡，也会根据用户当前操作智能地显示其他选项卡。

(1)“文件”选项卡。

“文件”选项卡以传统的下拉菜单形式提供对 Word 文档的“新建”“打开”“保存”“打印”“关闭”等操作，并提供“选项”命令方便用户对 Word 的工作环境进行设置。

(2)“开始”选项卡。

“开始”选项卡包括 5 个任务组：“剪贴板”“字体”“段落”“样式”“编辑”，主要用于对字体、段落及样式的格式设置或应用等。

(3)“插入”选项卡。

“插入”选项卡包括 7 个任务组：“页”“表格”“插图”“链接”“页眉和页脚”“文本”“符号”，主要用于对表格、图片、页眉和页脚、文本框、符号等对象的插入。

(4)“页面布局”选项卡。

“页面布局”选项卡包括 6 个任务组：“主题”“页面设置”“稿纸”“页面背景”“段落”“排列”，主要用于设置页边距、分栏、分隔符、水印、页面边框、段落间距、对齐方式等。

(5)“引用”选项卡。

“引用”选项卡包括 6 个任务组：“目录”“脚注”“引文与书目”“题注”“索引”“引文目录”，主要用于进行自动生成目录和添加脚注、尾注、题注等操作。

(6)“邮件”选项卡。

“邮件”选项卡包括 5 个任务组：“创建”“开始邮件合并”“编写和插入域”“预览结果”“完成”，主要用于进行创建信封、实现邮件合并等操作。

(7)“审阅”选项卡。

“审阅”选项卡包括 8 个任务组：“校对”“语言”“中文简繁转换”“批注”“修订”“更改”“比较”“保护”，主要用于实现拼写和语法检查、字数统计、编辑批注等操作。

(8)“视图”选项卡。

“视图”选项卡包括 5 个任务组:“文档视图”“显示”“显示比例”“窗口”“宏”,主要用于进行视图方式的选择、显示标尺、网格线、显示比例、录制宏等操作。

3.2　Word 2010 基本操作

3.2.1　新建文档

认识 Word 2010 的窗口界面后,就可以进行基本的文档操作了。新建文档是进行其他各种操作的基础。启动 Word 2010 时,系统会自动新建一个名为“文档 1”的空白文档,可以直接在编辑区中输入文字等内容。如果还需要新的空白文档,可以继续新建,Word 会自动以“文档 2”“文档 3”等命名文件。

除此之外,还可以使用以下几种方法来创建空白文档:

(1)选择“文件”选项中的“新建”命令,打开任务窗格,单击其中的“空白文档”选项,即可创建新的空白文档。如图 3－2 所示。

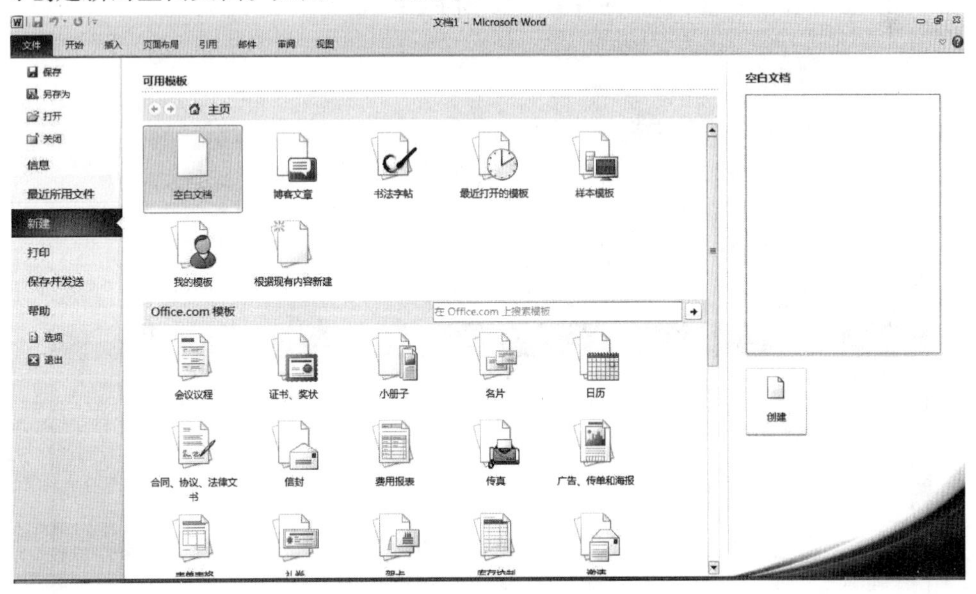

图 3－2　用菜单命令新建空白文档

(2)用快速访问工具栏新建空白文档。单击“快速访问”工具栏上“新建”按钮,创建一个空白文档,如图 3－3 所示。

图 3－3　用工具栏新建空白文档

(3)用 Ctrl + N 组合键,也可以新建一个空白文档。

3.2.2　打开文档

1. 通过"打开"命令打开文档

(1)选择下列的一种方法,打开"打开"对话框,如图 3－4 所示。

①在"文件"选项卡中选择"打开"命令。

②单击"快速访问"工具栏上的"打开"按钮。

③按 Ctrl + O 组合键。

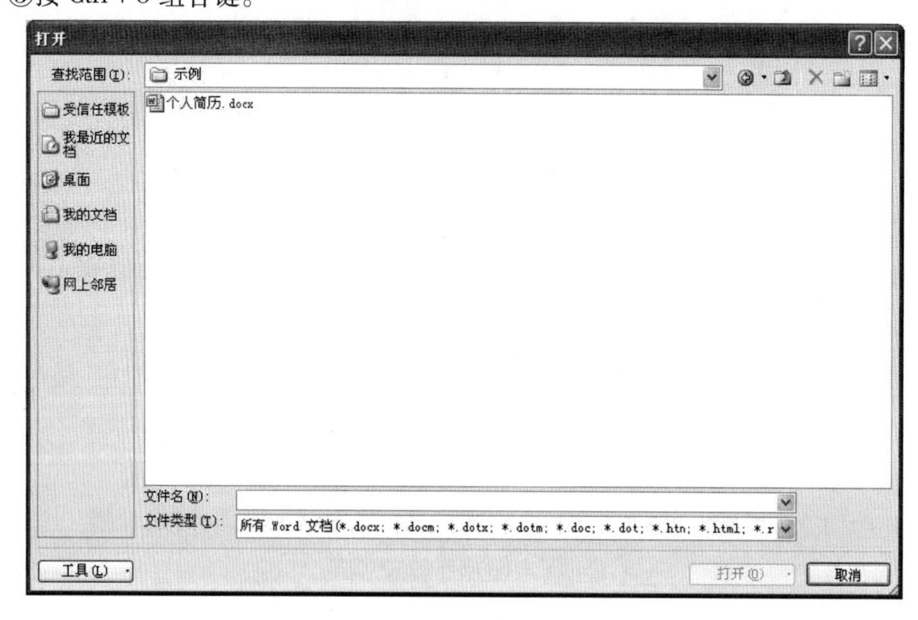

图 3－4

(2)在“打开”对话框中,在“查找范围”下拉列表框中选择要打开的文档所在的位置。

(3)在列表框中选择要打开的文档,或直接在“文件名”文本框中输入需要打开文档的正确路径及文件名,单击“打开”按钮即可打开所需文件。

2. 在“资源管理器”或“计算机”中打开文档

在“资源管理器”或“计算机”中选择文档存放的位置,找到要打开的文档后,双击该文档的图标即可直接打开。

3.2.3　视图方式

在 Word 2010 中提供了多种视图模式供用户选择,包括“页面视图”“阅读版式视图”“Web 版式视图”“大纲视图”和“草稿视图”5 种视图模式。用户可以在“视图”选项卡中选择需要的文档视图模式,也可以在 Word 2010 文档窗口的右下方单击视图按钮选择相应的视图模式。

1. 页面视图

页面视图可以显示 Word 2010 文档的打印结果外观,主要包括页眉、页脚、图形对象、分栏设置、页面边距等元素,是最接近打印结果的页面视图。

2. 阅读版式视图

阅读版式视图以图书的分栏样式显示 Word 2010 文档,“文件”按钮、功能区等窗口元素被隐藏起来。在阅读版式视图中,用户还可以单击“工具”按钮选择各种阅读工具。

3. Web 版式视图

Web 版式视图以网页的形式显示 Word 2010 文档,Web 版式视图适用于发送电子邮件和创建网页。

4. 大纲视图

大纲视图主要用于设置 Word 2010 文档和显示标题的层级结构,可以方便地折叠和展开各种层级的文档。大纲视图广泛用于 Word 2010 长文档的快速浏览和设置中。

5. 草稿视图

草稿视图取消了页面边距、分栏、页眉、页脚和图片等元素,仅显示标题和正文,是最节省计算机系统硬件资源的视图方式。当然,现在的计算机系统的硬件配置都比较高,基本上不存在由于硬件配置偏低而使 Word 2010 运行遇到障碍的问题。

3.2.4　页面设置

对于一篇文档,在开始排版之前应该先设置它的版面大小、纸张尺寸、页眉和页脚,以及页码和格式等内容。只有准确、规范地设置这些内容,才能使文档更漂亮、更整洁,同时这也是为打印做准备。如果用户设置的纸张尺寸与打印机中的纸张尺寸不相符,那么就不能顺利地完成打印。如果版面大小设置得不合适,文档就不能按需要输出。

1. 设置纸张、方向和页边距

选择“页面布局”菜单中的“页面设置”组,单击⌜↘打开“页面设置”对话框,该对话框提供了“页边距”“纸型”“版式”和“文档网格”4 个选项卡。如图 3－5 所示为选中了“纸张”选项卡时的画面。“纸张大小”下拉列表中可以设置纸张的类型即纸张的大小,系统默认设置为A4纸，在下拉列表中还有A3、A5、B4、B5、16开、32开等。如果要自行设置纸张的大小，还可以通过在“宽度”和“高度”微调文本框中输入数值来设置。

在图3-6所示的“纸张方向”区域中可以确定纸张的打印方向，如“横向”或“纵向”，系统默认为“纵向”。页边距是页面四周的空白区域。设置页边距包括调整上、下、左、右边的距离，页边距太窄会影响文档的修订，而太宽又影响美观且浪费纸张。一般情况下，如果使用A4纸，可以使用Word提供的默认值；也可以根据需要自行设置相应的页边距，只需在图3-6所示的“页边距”选项卡中，在上、下、左、右4个微调框中输入相应的数值即可。如果打印后的文档需要装订成册，还可以设置装订线的位置。还可在要装订的文档边缘添加额外的空间，以保证不会因装订而遮住文字。

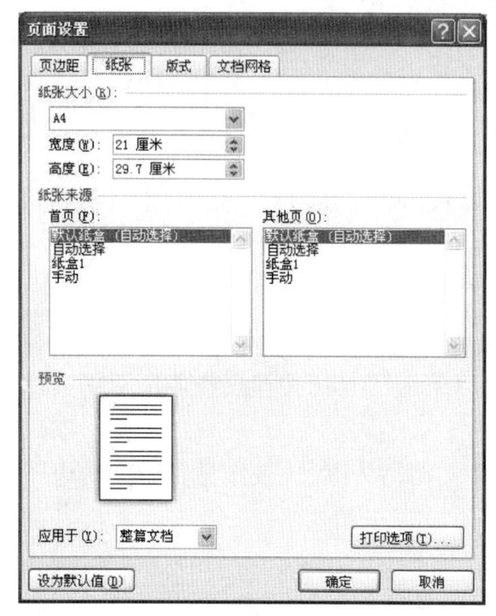

图3-5 “页面设置”对话框的“纸张”选项卡

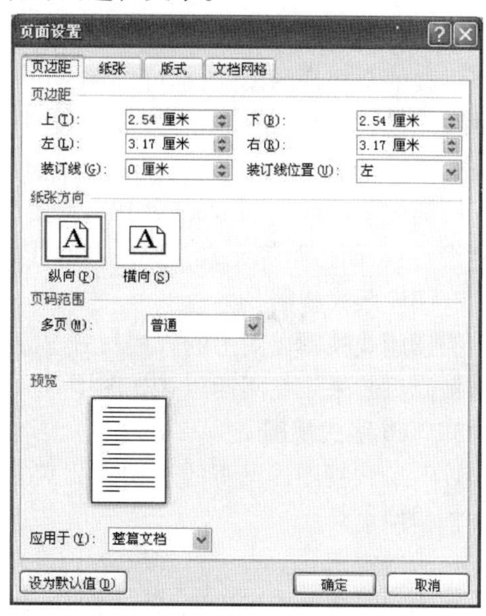

图3-6 “页面设置”对话框的“页边距”选项卡

3.2.5 文档编辑

1. 文档的录入

在文档中输入文本，首先应该选择一种适合自己的输入法，然后就可以输入文本、标点符号和特殊符号等了。

(1)输入文本。

在输入文本的过程中，文字从左到右排列，当一行内容到达最右端的边界时，Word 2010会自动换行，光标跳转到下一行的开始位置。完成整段文字的输入并需要换行另起段落时，可以按Enter键，这时会产生一个段落标记。

如果出现输入错误，可以使用Backspace键和Delete键删除错误的字符。Backspace键和Delete的区别在于：单击Backspace键删除插入点左边的字符，单击Delete键删除插入点右边的字符。

输入的状态包括插入和改写两种状态。在插入状态下，可以在文字之间插入内容；在改写状态下，输入的内容将覆盖光标后边的内容。插入和改写状态的切换可以通过键盘上的 Insert 键实现，也可以通过双击状态栏上的“改写”指示器 改写 完成。

(2)输入标点符号。

单击输入法状态条中的“中/英文标点切换”按钮，显示按扭时表示处于“中文标点输入”状态，显示按钮时表示处于“英文标点输入”状态；也可以按“Ctrl＋句号”组合键进行转换。

(3)输入符号。

输入符号时可以在“插入”选项卡中选择“符号”命令，如果没有需要的符号，可点击“其他符号”命令打开“符号”对话框，如图3－7所示，选择所需符号，单击“插入”即可。

图3－7　“符号”对话框

2. 选中文本内容

对文档进行编辑操作时，必须要先选择编辑的对象，然后才能执行具体的操作。对象被选定后会以反白加亮状态显示。所选的范围既可以是整篇文档，也可以是一个字符。所选的对象不仅可以是文字，还可以是表格、图片和图形等。

(1)使用鼠标选取文本。

选定对象时可以采取鼠标选定的方法，这种方法是最常用的方法。使用鼠标可以轻松地改变插入点的位置，然后拖动选取、单击选取或双击选取文本。

(2)使用键盘选取文本。

使用键盘上的快捷键同样可选取文本。

①Shift＋方向键：选取光标上、下、左或右方向的字符。

②Shift＋Home/End：选取光标位置至行首或行尾。

③Shift＋ PageUp/PageDown：选取光标位置至上一屏或下一屏之间的文本。

④Ctrl＋A：全选。

(3)鼠标与键盘结合选取文本。

鼠标与功能键结合，选择方式更灵活。例如，按住 Shift 键再拖动鼠标可选择连续的大块文本。按住 Ctrl 键再拖动鼠标可选择不连续的多块文本。按住 Alt 键再拖动鼠标可

选择矩形区域的文本。

3. 文本内容的复制、移动和删除

(1)文本内容的复制。

文本内容的复制是指将选定的对象在一个或多个位置复制出来,原始对象不改变。首先选定要复制的文本内容,进行“复制”操作,然后选择目标位置再进行“粘贴”即可。

例如,以“顾客意见反馈”文档为例,完成复制操作。

①打开文档“顾客意见反馈”,将插入点定位在文本“您对本商品的质量是否满意:”之后,然后拖动鼠标选取文本“□满意 □一般 □不满意”,如图 3-8(a)所示。

②选择“开始”选项卡中的“复制”按钮或按 Ctrl + C。

③把插入点定位在文本“您对本商场的服务是否满意:”后,选择“开始”选项卡中的“粘贴”按钮或按 Ctrl + V,就可以将所选取的文本复制到该处,如图 3-8(b)所示。

④将插入点定位在文本“对本店的建议:”之后,拖动鼠标选取后面的直线部分,如图 3-8(c)所示。然后单击右键,从弹出的快捷菜单中选择“复制”命令。

⑤把插入点定位在文本“对本店的意见:”之后,然后单击右键,从弹出的快捷菜单中选择“粘贴”命令,将所选取的内容复制到该处。如图 3-8(d)所示。

顾客意见反馈

亲爱的顾客朋友们:

感谢您来到本商店购买商品,希望我们的服务会让您满意。如果您愿意填写以下信息,我们将会及时接受建议和意见,改进商场的服务,感谢您对本商场的大力支持!

购买物品名称:

购买者姓名: 性别: 职业:

您对本商品的质量是否满意:□满意 □一般 □不满意

您对本商场的服务是否满意:

对本店的建议:

对本店的意见:

您的其他要求:

(a)选取文本

顾客意见反馈

亲爱的顾客朋友们:

感谢您来到本商店购买商品,希望我们的服务会让您满意。如果您愿意填写以下信息,我们将会及时接受建议和意见,改进商场的服务,感谢您对本商场的大力支持!

购买物品名称:

购买者姓名: 性别: 职业:

您对本商品的质量是否满意:□满意 □一般 □不满意

您对本商场的服务是否满意:□满意 □一般 □不满意

对本店的建议:

对本店的意见:

您的其他要求:

(b)结果

顾客意见反馈

亲爱的顾客朋友们:

感谢您来到本商店购买商品,希望我们的服务会让您满意。如果您愿意填写以下信息,我们将会及时接受建议和意见,改进商场的服务,感谢您对本商场的大力支持!

购买物品名称:

购买者姓名: 性别: 职业:

您对本商品的质量是否满意:□满意 □一般 □不满意

您对本商场的服务是否满意:□满意 □一般 □不满意

对本店的建议:

对本店的意见:

您的其他要求:

(c)选取文本

顾客意见反馈

亲爱的顾客朋友们:

感谢您来到本商店购买商品,希望我们的服务会让您满意。如果您愿意填写以下信息,我们将会及时接受建议和意见,改进商场的服务,感谢您对本商场的大力支持!

购买物品名称:

购买者姓名: 性别: 职业:

您对本商品的质量是否满意:□满意 □一般 □不满意

您对本商场的服务是否满意:□满意 □一般 □不满意

对本店的建议:

对本店的意见:

您的其他要求:

(d)结果

图 3-8 选取文本和复制文本的结果

(2)文本内容的移动。

文本的移动是指将选定的文档内容从一个位置移到另一个位置。移动文本的操作与复制文本的操作类似,唯一的区别在于移动文本后,原位置的文本消失;而复制文本后,原位置的文本仍然存在。首先选定要移动的文本内容,进行“剪切”操作,然后选择目标位置再进行“粘贴”即可。

例如,以“顾客意见反馈”文档为例,完成移动操作。

①打开文档“顾客意见反馈”,将插入点定位在文本“……质量是否满意:□满意　□一般”之后,然后拖动鼠标选取“□不满意”,如图 3 -9(a)所示。

②选择“开始”选项卡中的“剪切”按钮或 Ctrl + X 组合键。

③把插入点定位在文本“您对本商品的质量是否满意:”后,选择“开始”选项卡中的“粘贴”命令或 Ctrl + V 组合键,就可以将所选取的文本移动到该处,如图 3 -9(b)所示。

④将插入点定位在文本“……服务是否满意:□满意　□一般”之后,然后拖动鼠标选取“□不满意”,如图 3 -9(c)所示。然后单击右键,从弹出的快捷菜单中选择“剪切”命令。

⑤把插入点定位在文本“您对本商场的服务是否满意:”之后,然后单击右键,从弹出的快捷菜单中选择“粘贴”命令,将所选取的内容移动到该处,如图 3 -9(d)所示。

顾客意见反馈

亲爱的顾客朋友们:

感谢您来到本商店购买商品,希望我们的服务会让您满意。如果您愿意填写以下信息,我们将会及时接受建议和意见,改进商场的服务,感谢您对本商场的大力支持!

购买物品名称:

购买者姓名:　　性别:　　职业:

您对本商品的质量是否满意:□满意　□一般　不满意

您对本商场的服务是否满意:□满意　□一般　□不满意

对本店的建议:

对本店的意见:

您的其他要求:

(a)选取文本

顾客意见反馈

亲爱的顾客朋友们:

感谢您来到本商店购买商品,希望我们的服务会让您满意。如果您愿意填写以下信息,我们将会及时接受建议和意见,改进商场的服务,感谢您对本商场的大力支持!

购买物品名称:

购买者姓名:　　性别:　　职业:

您对本商品的质量是否满意:□不满意□满意　□一般

您对本商场的服务是否满意:□满意　□一般　□不满意

对本店的建议:

对本店的意见:

您的其他要求:

(b)结果

顾客意见反馈

亲爱的顾客朋友们:

感谢您来到本商店购买商品,希望我们的服务会让您满意。如果您愿意填写以下信息,我们将会及时接受建议和意见,改进商场的服务,感谢您对本商场的大力支持!

购买物品名称:

购买者姓名:　　性别:　　职业:

您对本商品的质量是否满意:□不满意□满意　□一般

您对本商场的服务是否满意:□满意　□一般　□不满意

对本店的建议:

对本店的意见:

您的其他要求:

(c)选取文本

顾客意见反馈

亲爱的顾客朋友们:

感谢您来到本商店购买商品,希望我们的服务会让您满意。如果您愿意填写以下信息,我们将会及时接受建议和意见,改进商场的服务,感谢您对本商场的大力支持!

购买物品名称:

购买者姓名:　　性别:　　职业:

您对本商品的质量是否满意:□不满意　满意　□一般

您对本商场的服务是否满意:□不满意　满意　□一般

对本店的建议:

对本店的意见:

您的其他要求:

(d)结果

图 3 -9　选取文本和移动文本的结果

(3)文本内容的删除。

删除文本是指将不再需要的文本或错误的文本删除。首先选定要删除的文本内容,单击 Backspace 键或 Delete 键删除文本即可。还可以选用“剪切”命令来完成删除操作。

4. 撤销和恢复

在编辑文档的过程中常出现误操作的现象,或者说是操作过程中需要返回到上一步操作结果时,就可以用到撤销和恢复功能。需要撤销时可以单击“快速访问”工具栏中的“撤销”按钮来执行撤销操作,单击“撤销”按钮右边的下三角按钮,可以打开能够进行撤销操作的下拉列表,在这个列表中所有操作都是以操作时间从近到远的顺序列出的。

重复清除即恢复功能,可以看作是撤销功能的逆操作,它可以恢复被撤销的操作,将文档内容恢复到执行“撤销”命令之前的状态。

5. 查找和替换

查找和替换是指在文档中查找某一个特定内容,或在查找到特定内容后将其替换为其他内容。当文档中文本内容比较多时,可以说是一项非常困难的工作。Word 2010 具有强大的查找和替换功能,用户既可以查找和替换文本、段落标记之类的特定项,也可以查找和替换单词的各种形式,而且可以使用通配符来简化查找。

(1)查找。

在 Word 2010 中,不仅可以查找文档中的普通文本,还可以对特殊格式的文本、符号等进行查找。单击“开始”选项卡中的“查找”命令,打开如图 3 – 10 所示的“导航”窗格。在“搜索文档”文本框内键入要查找的文字,单击进行查找,下面会列出文中出现的要查找文字的位置。

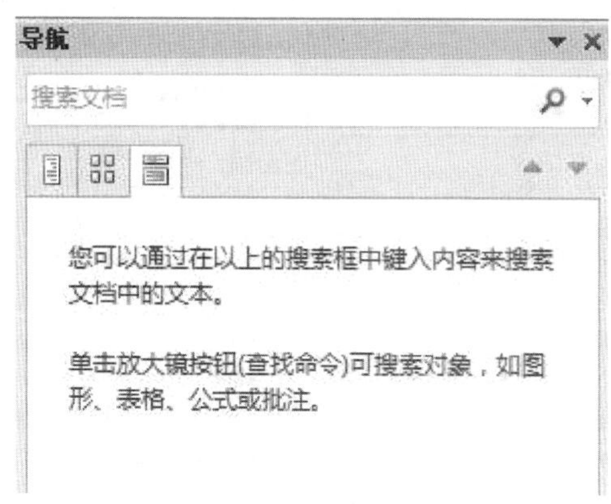

图 3 – 10　“导航”窗格

单击按钮右侧的小三角,选择列表中的“高级查找”命令,可展开对话框来设置文档的高级查找选项,如图 3 – 11 所示。在展开的“查找和替换”对话框中,用户可以进行各个选项的设置,完成不同条件的搜索。

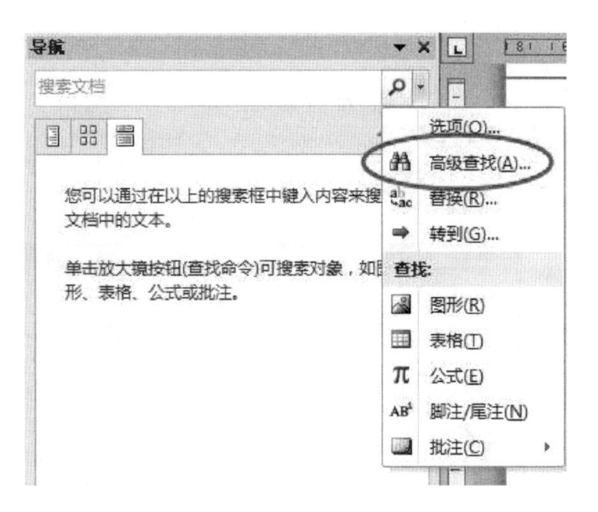

图 3 - 11　设置高级查找选项

(2)替换。

在查找到文档中特定的内容后,还可以对其进行统一替换。替换以查找为前提,可以实现用一段文本替换文档中指定文本的功能。单击“开始”选项卡中的“替换”命令,打开如图 3 - 12 所示的“查找和替换”对话框,在“替换”选项卡中的“查找内容”框内输入要搜索的文字,在“替换为”框内输入替换文字,可以选择“更多”设置其他所需选项。还可以设置格式完成替换格式操作。

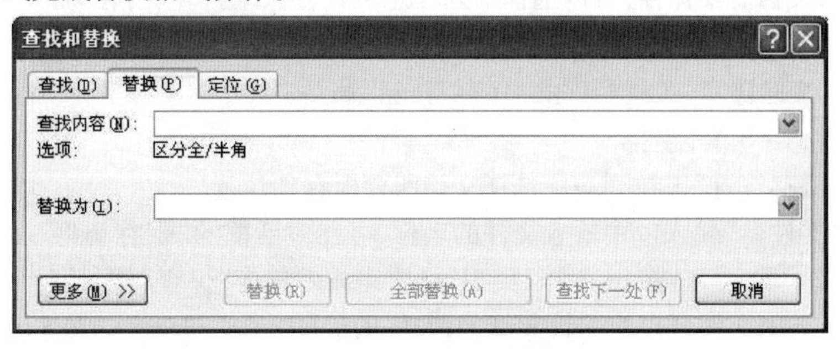

图 3 - 12　“替换”选项卡

例如,将文件“航空客运订票系统”中的“航空”两个汉字替换成“航海”。

①打开文件“航空客运订票系统”,选择“开始”选项卡中的“替换”命令,打开“查找与替换”对话框,如图 3 - 13 所示。

②在“查找内容”后面的文本框中输入要查找的内容“航空”。

③在“替换为”后面的文本框中输入要替换为的内容“航海”。

④单击“替换”按钮即可看到替换的结果。如果需要将文中所有的“航空”都替换成“航海”,可以单击“全部替换”按钮。

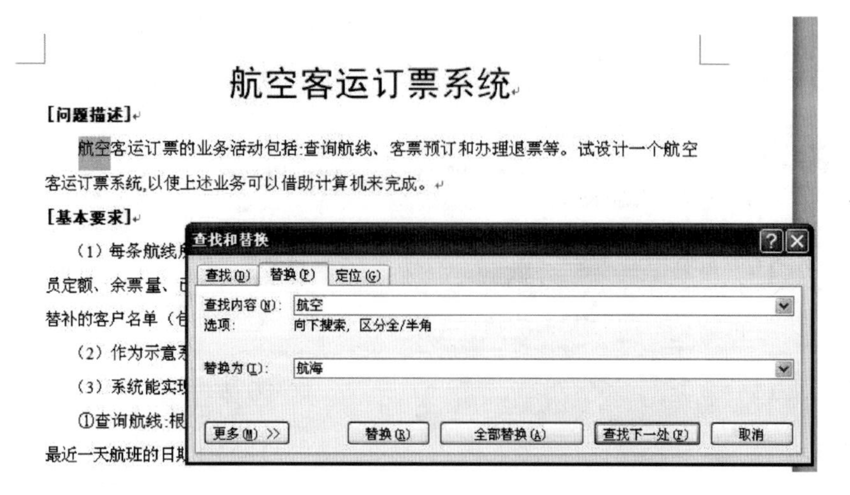

图 3-13　替换

3.2.6　保存文档

在使用 Word 2010 编辑文档的过程中要注意随时保存文档,以免出现因意外导致文档内容丢失的情况。只有正确地保存文档才能使工作结果得以保存在磁盘上。

1. 保存新文档

(1)如果文档需要保存,可以选择下列任意一种方法来打开“另存为”对话框。

①选择“文件”选项卡中的“保存”命令;

②单击“快速访问”工具栏中的“保存”按钮;

③使用 Ctrl + S 组合键。

(2)在“保存位置”下拉列表中选择文档所要保存的位置。

(3)在“文件名”输入框中输入文件的名称,可在对话框的“保存类型”上选择不同的文件保存类型。默认为“Word 文档”类型,设置完成后单击“保存”按钮即可。

Word 2010 的文件可以使用长文件名,文件的扩展名为“. docx”。文件名可以使用一些描述性的文字用于提示该文件的内容。例如,可以给文件起这样的名称“航空客运订票系统. docx”“会议通知. docx”。

文件名中可以有空格、大写字母、小写字母、数字和下划线等字符,但不可以包含以下字符:“/(斜线)”“\(反斜线)”“ >(大于号)”“ <(小于号)”“ *(星号)”“"(引号)”“?(问号)”“|(竖线)”“:(冒号)”。如果出现不可以包含的字符,Word 2010 就会报错,不允许将文件保存。

2. 保存已有的文档

如果修改了已有的文档后需要保存时,可以分为下面两种情况处理:

(1)文档保存后,覆盖文档原来的内容。这种情况就是不需要改变已有文档的文件名、文件位置及文件类型,可以直接保存。

(2)文档保存后,生成文档副本。这种情况就是,把原文档作为另一个文档来保存,而原文档内容保持不变。需要选择“文件”菜单中的“另存为”命令,在打开的“另存为”

对话框中设置文档的文件名、文件位置及文件类型，必须保证要设置的文件名、文件位置及文件类型和原文档至少有一点是不相同的，设置后单击“保存”按钮即可。

3.2.7　打印预览与打印

文档要打印之前，应先预览一下文档的打印效果。选择“文件”选项卡中的“打印”命令或单击“快速访问”工具栏中的“打印预览”按钮，使用“Ctrl + F2”组合键都可以打开如图 3 – 14 所示的打印窗口，左侧是打印选项区域，右侧是打印预览区域。用户可以通过调整右下角的显示比例滑块来按照比例预览文档。

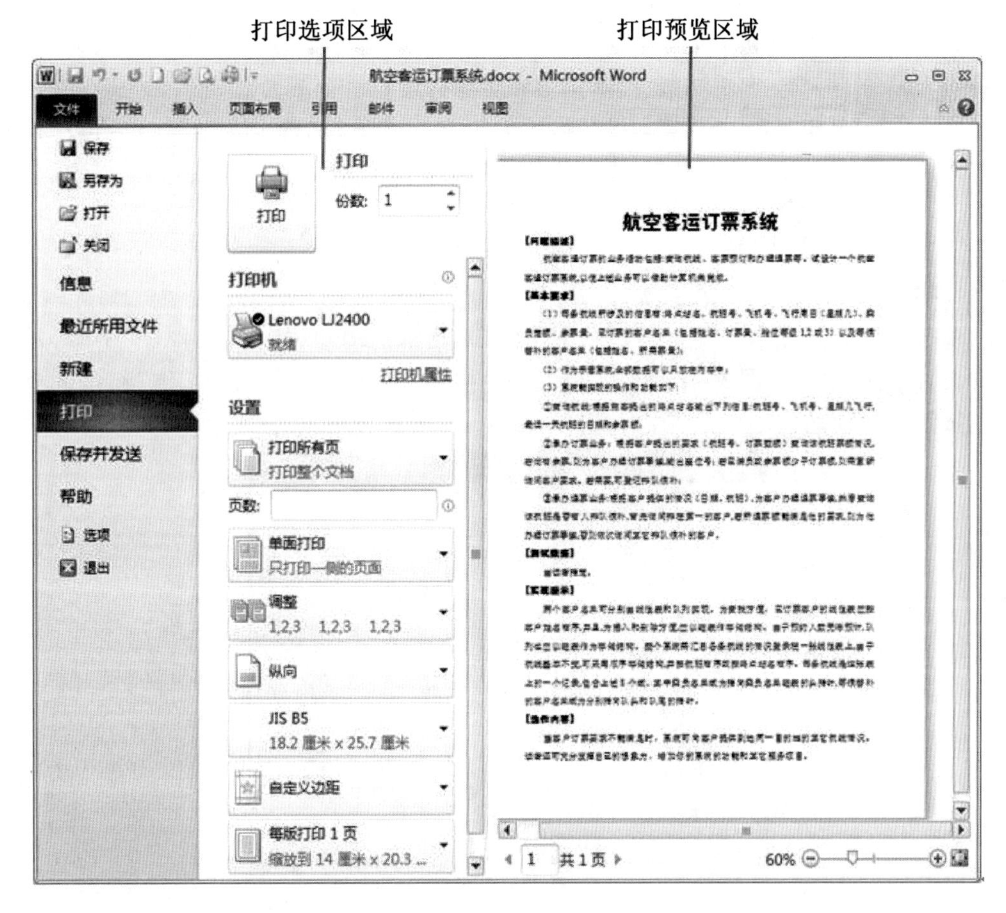

图 3 – 14　打印窗口

打印时可以在打印选项区域中完成设置，确认正确无误后再打印输出，以减少不必要的浪费。

(1) 打印机：从打印机列表中选择不同的打印机。使用“打印机属性”按钮可设置打印机选项。

(2) 页面范围：选择所要打印的文档的范围。要指定页面范围，可以按规则输入信息，如“5 – 7”表示从第 5 页到第 7 页，共 3 页；“5，7”表示第 5 页和第 7 页，共 2 页。

(3) 副本份数：输入需要打印的份数及是否需要“逐份打印”。

(4)打印内容:在该下拉列表框中选择要打印的内容。

(5)打印:选择打印全部文档,或打印奇数页或偶数页。

(6)缩放:设置每页的版数及纸张大小缩放的情况,版数越多或缩放比例越小,打印出来的文本就越小。

(7)单击窗口中的打印按钮,立即打印文档。

3.3 Word 2010 文档排版

录入文档信息后,接下来就要对文本信息进行版式的编排,也称为"文档排版"。文档排版大致分为3类:字符排版、段落排版和页面排版。

注意:在 Word 2010 中对文本进行格式编辑之前必须先"选定文本",然后再进行操作。用户可以使用键盘选定文本,也可以使用鼠标快速选中文本。

3.3.1 字符排版

1. 字体

单击"开始"选项卡的"字体"组右下角的"对话框启动器"按钮,打开"字体"对话框并设置字体格式,如图3-15所示;也可以直接在"开始"选项卡的"字体"组中选择相应的按钮进行设置。

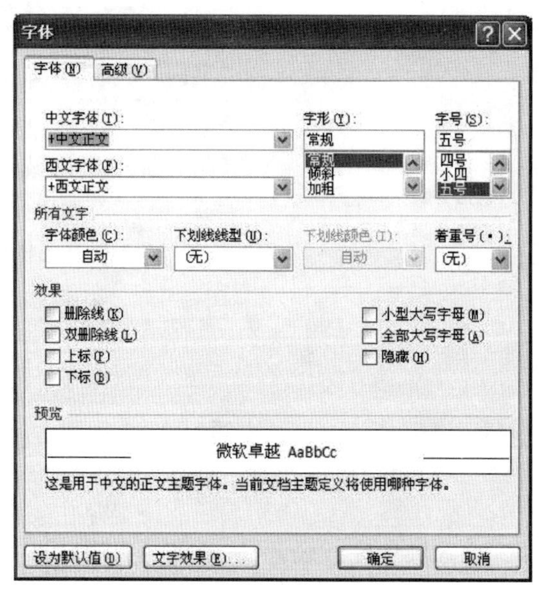

图3-15 字体对话框

2. 中文版式

中文版式是 Word 2010 提供的具有中国语言特色的特殊排版方式,如拼音指南、合并字符、带圈字符、纵横混排和双行合一等,用户可以通过"开始"选项卡下的"字体"或"段落"组中的相应按钮来设置。

(1)拼音指南。

使用拼音指南可为选择的文本标注上拼音。选择需要设置拼音指南的文本后,在“开始”选项卡的“字体”组中单击拼音指南按钮,打开如图 3－16 所示的“拼音指南”对话框。在该对话框中进行相应的设置,完成后单击“确定”按钮。

图 3－16 “拼音指南”对话框

(2)带圈字符。

作为中文字符形式的带圈字符是为了突出和强调某些文字而设置的。选择需要设置带圈字符的文本,在“开始”选项卡的“字体”组中单击㊕,打开如图 3－17 所示的“带圈字符”对话框。在该对话框中选择需要的圈号和相应的样式,单击“确定”按钮完成设置,如图 3－18 所示,文本设置为带圈字符的效果。

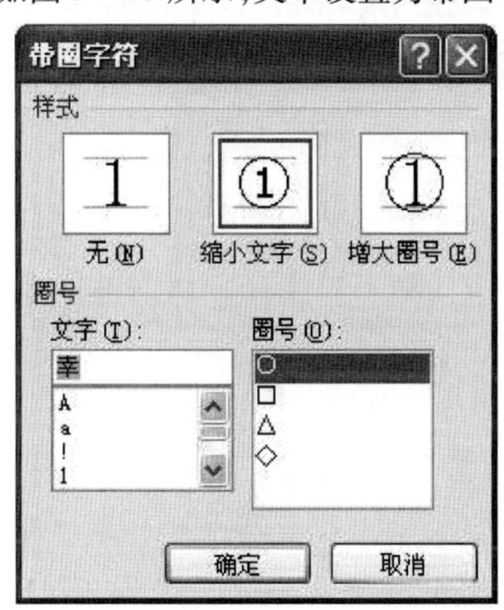

图 3－17 “带圈字符”对话框

幸福意味着自我满足

自我满足,自己就是一切,这就是幸福最主要的品质。我们无须过多重复亚里士多德的名言:“幸福意味着自我满足。”在商福特那措词巧妙的话语中也出现过同样的思想:“幸福决非轻易获得的东西,在别处不可能找到,唯有在我们身上才能发现。”

当一个人确信自己不能依靠其他任何人时,生活的重负和不利的处境、危险和烦恼就不仅难以计数,还不可避免。

追逐名利,饮酒狂欢,生活奢侈,所有这些都是通往幸福之路的最大障碍。它们会改变我们的生活,使我们享受到种种乐趣、欢快和愉悦,但它们同样也是导致期望和幻想的过程,而不断变幻的谎言将成为其不可避免的附属物。

图 3－18 带圈字符

(3)纵横混排。

纵横混排,顾名思义就是将文档以纵排和横排的方式排在一起。选择需要进行纵横混排的文本,在“开始”选项卡的“段落”组中单击“中文版式”按钮,会打开如图 3－19 所示

示的子菜单；再选择“纵横混排”命令打开“纵横混排”对话框，如图 3－20 所示。可以设置纵横混排的效果，完成后单击“确定”按钮即可看到如图 3－21 所示的效果。

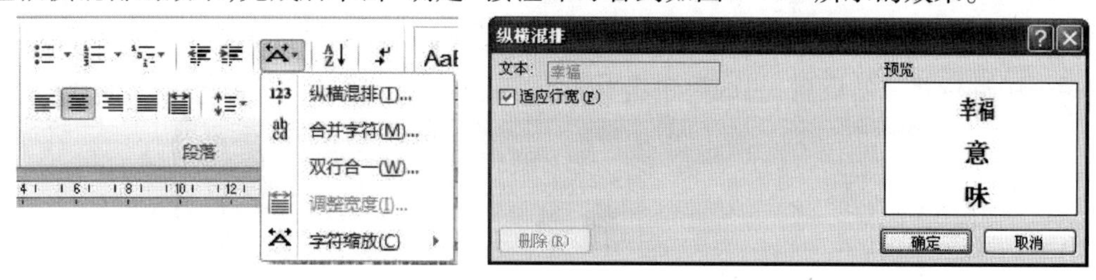

纵横混排(T)...
合并字符(M)...
双行合一(W)...
调整宽度(I)...
字符缩放(C)
段落

图 3－19　“中文版式”子菜单

纵横混排
文本：幸福
适应行宽(F)
预览
幸福
意
味
删除(R)
确定
取消

图 3－20　“纵横混排”对话框

幸福意味着自我满足
自给自足，自己就是一切，这就是幸福最主要的品质。我们无须过多重复亚里士多德的名言：“幸福意味着自我满足。”在商福特那措词巧妙的话语中也出现过同样的思想：“幸福决非轻易获得的东西，在别处不可能找到，只有在我们身上才能发现。”

图 3－21　纵横混排

(4)合并字符。

合并字符的功能是将多个字符以两行的形式显式在一行中的特殊效果。选择需要合并字符的文本，在“开始”选项卡的“段落”组中单击“中文版式”按钮，会打开如图 3－19 所示的子菜单；再选择“合并字符”命令，打开如图 3－22 所示的“合并字符”对话框。设置文字的字体和字号等，完成后单击“确定”按钮。如图 3－23 所示为合并字符后的效果。

合并字符
文字(最多六个)(T)：自我满足
字体(F)：宋体
字号(S)：8 磅
预览
自我
满足
删除(R)
确定
取消

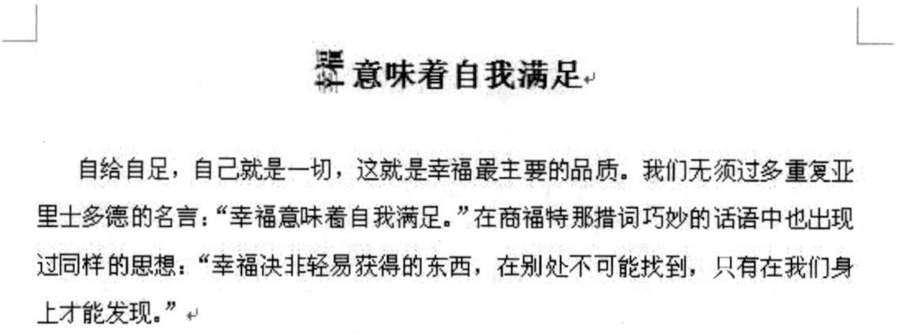

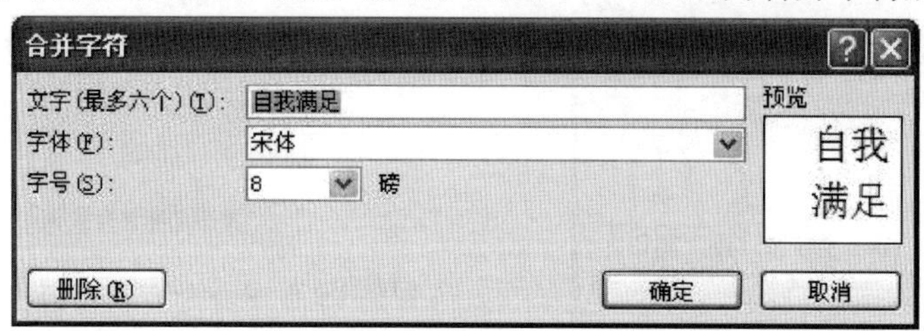

图 3－22　“合并字符”对话框

幸福意味着自我满足
自给自足，自己就是一切，这就是幸福最主要的品质。我们无须过多重复亚里士多德的名言：“幸福意味着自我满足。”在商福特那措词巧妙的话语中也出现过同样的思想：“幸福决非轻易获得的东西，在别处不可能找到，只有在我们身上才能发现。”

图 3－23　合并字符

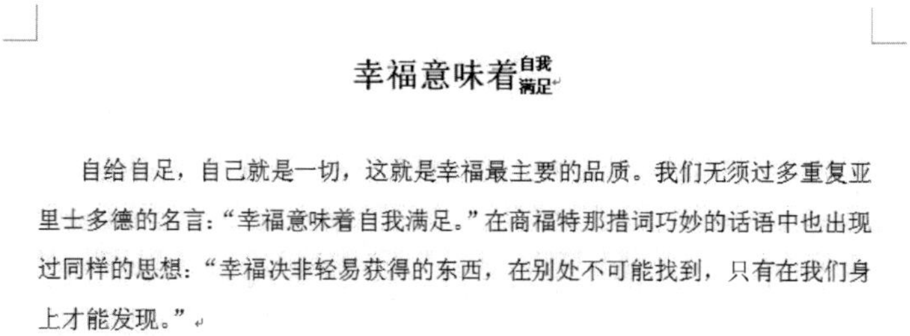

(5)双行合一。

双行合一是将两行文字显示在同一行中,与合并字符的功能相似,只不过不受字符个数的限制。选择需要进行双行合一的文本,在“开始”选项卡的“段落”组中单击“中文版式”按钮,会打开如图 3－19 所示的子菜单;再选择“双行合一”命令,打开如图 3－24 所示的“双行合一”对话框。在该对话框中可以确定是否显示括号和括号样式,并预览效果。完成后单击“确定”按钮。

双行合一
文字(T):
幸福意味着自我满足
带括号(E):
括号样式(B):
预览
幸福意味着
删除(R)
确定
取消

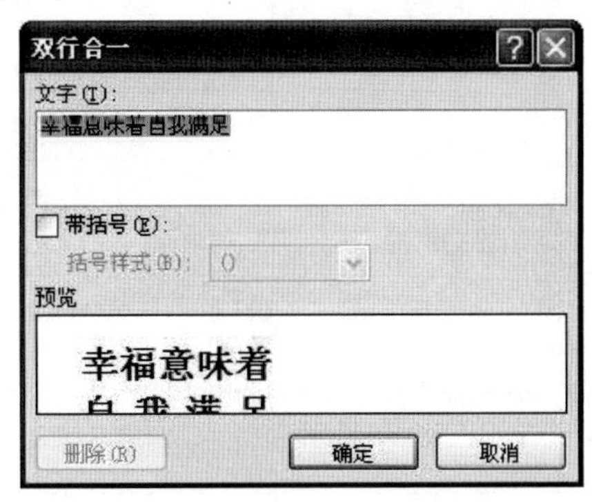

图 3－24　“双行合一”对话框

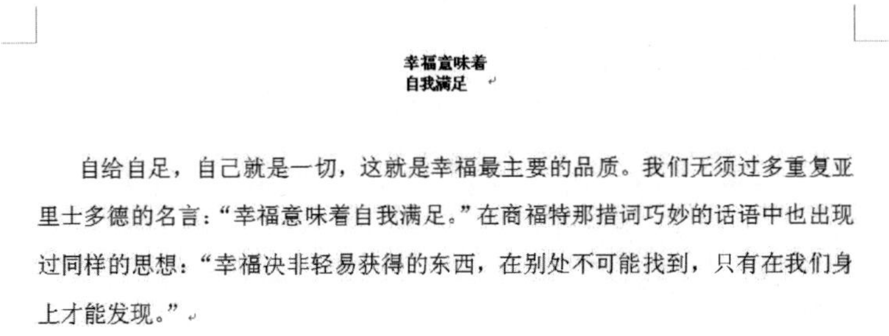

幸福意味着
自我满足
自给自足，自己就是一切，这就是幸福最主要的品质。我们无须过多重复亚里士多德的名言：“幸福意味着自我满足。”在商福特那措词巧妙的话语中也出现过同样的思想：“幸福决非轻易获得的东西，在别处不可能找到，只有在我们身上才能发现。”

图 3－25　双行合一

6. 复制格式

在一篇文档中常常会反复用到同一种格式的文本或段落。可使用“开始”选项卡中的“格式刷”按钮来快速复制格式。

使用格式刷复制格式时,应先选择已设置好格式的文本或段落,单击“格式刷”按钮,使光标变成“刷子”形状,用光标选择需使用该格式的文本或段落即可。若双击“格式刷”按钮,可连续进行多次格式复制,完成后单击此按钮退出格式复制操作。

3.3.2　段落排版

在 Word 2010 中,段落是指以段落标记作为结束符的文字、图形或其他对象的集合。段落标记不仅表示一个段落的结束,还包含了本段的排版格式。如果删除了段落标记,该段的内容将成为其后段落的一部分,并采用下一段文本的格式。

1. 段落对齐方式、缩进、段间距与行距

将光标定位于段落中的任意位置,单击“开始”选项卡的“段落”组右下角的“对话框启动器”按钮,如图 3－26 打开“段落”对话框设置段落格式,可以设置对齐方式、缩进位置、段前和段后间距、行距等;也可以直接在“段落”组中选择相应的按钮进行设置。

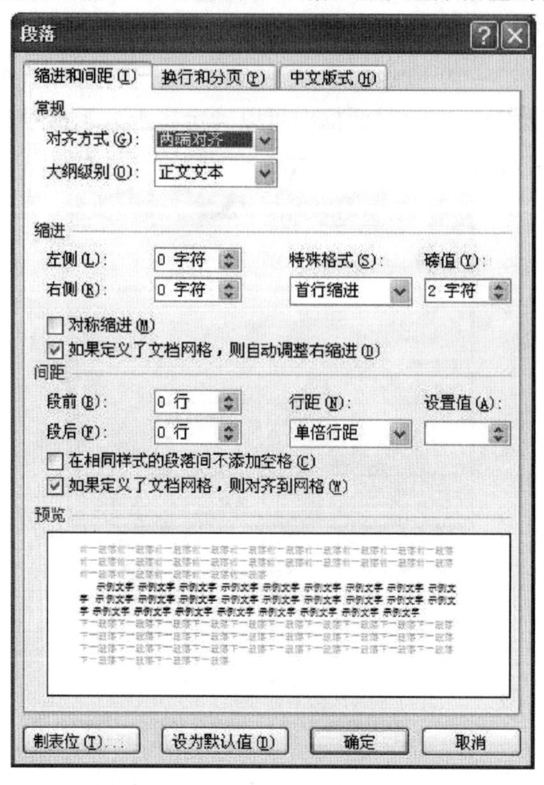

图 3－26　段落对话框

2. 项目符号、编号和多级列表

如果在设置了段落格式后还没有使文档层次分明、条理清晰,就可以通过设置项目符号和编号来调整文档格式。Word 2010 具有自动添加项目符号和编号的功能,用户也可根据需要手动设置,选中要添加项目符号或编号的段落,利用“开始”选项卡“段落”组中“项目符号”“编号”“多级列表”按钮进行设置。

Word 2010 具有自动添加序号和编号的功能,如果在文档中输入如“1.”“一、”和“A.”等样式的文本,在具有这些文本的段落后按确认键,下一段文本开始处将自动添加“2.”“二、”和“B.”等文本。

3. 边框和底纹

给文本添加边框与底纹可以修饰和突出文档中的内容,也可以为段落和页面加上边框和底纹。其方法是选中要添加边框和底纹的段落,利用“开始”选项卡的“段落”组中“边框和底纹”按钮进行设置,如图 3－27 所示。

图 3－27　“边框和底纹”菜单

3.3.3　其他排版

1. 页眉与页脚

在文档中插入页眉和页脚可以使阅读者更容易了解文档的编辑信息，例如，文档的页码、创建日期、文件名和路径等，增加文档的可读性，同时也具有美化文档的作用。页眉出现在页面的顶部，页脚出现在页面底部。其方法是单击“插入”选项卡的“页眉和页脚”组中的相应按钮来编辑页眉和页脚，如图 3－28 所示。

图 3－28　“页眉和页脚”组

2. 首字下沉

首字下沉可产生花式首字符的排版效果，获得美观、漂亮的版面。首字下沉包括下沉和悬挂两种方式。其方法是单击“插入”选项卡的“文本”组中“首字下沉”按钮选择“下沉”或“悬挂”，如图 3－29 所示；也可以单击“首字下沉选项”，在弹出的“首字下沉”对话框中设置下沉选项，如图 3－30 所示。

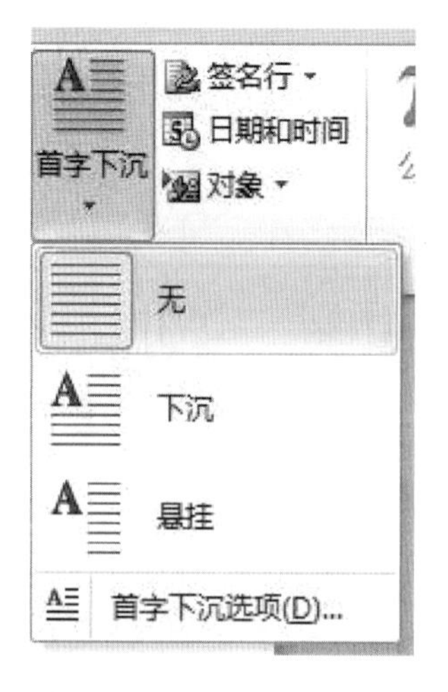

图 3－29 “首字下沉”菜单

图 3－30 “首字下沉”对话框

3. 分栏

Word 提供的分栏排版功能可以制做出如报刊、杂志等样式的文档版面，使文档简洁美观，可读性高。其方法是单击“页面布局”选项卡的“页面设置”组中的“分栏”按钮进行设置，如图 3－31 所示；也可以选择“更多分栏”，打开“分栏”对话框进行设置，如设置栏数、分隔线、栏宽等，如图 3－32 所示。

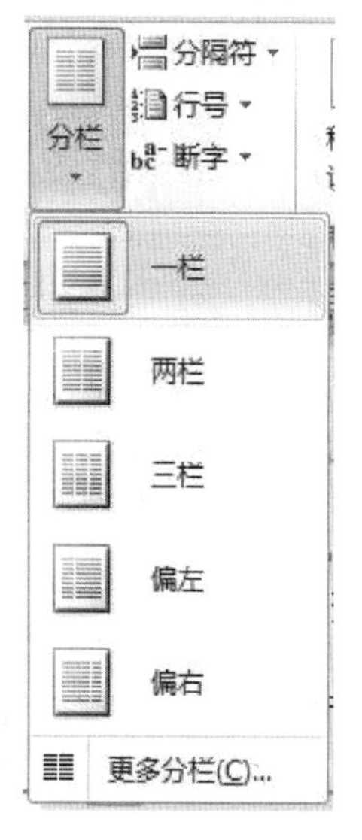

图 3－31 “分栏”按钮菜单

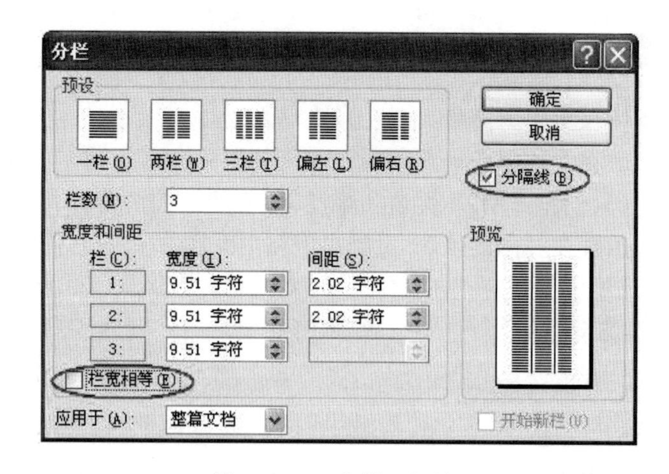

图 3－32 “分栏”对话框

3.4 Word 2010 表格处理

设置文档的格式可以使文档层次清晰，使文字容易阅读，如果要使文档的内容更加丰富，就需要在文档中插入表格、图片、艺术字、自选图形、文本框和图示等各种直观的对象。其中，表格的使用可以使文档中数据的表达更明了，更具有说服力。

3.4.1　插入表格

1. 利用菜单插入表格

表格的建立可以在“插入”选项卡的“表格”组中单击“表格”按钮，在打开的子菜单中选择“插入表格”命令即可弹出 “插入表格”对话框。在“列数”和“行数”微调框中设置表格的列数和行数，单击“确定”按钮即插入了一个表格。例如，创建一个 5 列 2 行的表格，则需要在“列数”和“行数”微调框中设置列数为 5 和行数为 2，如图 3 – 33 所示。

2. 利用工具栏按钮插入表格

在“插入”选项卡的“表格”组中单击“表格”按钮，弹出如图 3 – 34 所示的格子，将鼠标指针在格子中拖过，在格子的上方显示表格的列数 × 行数，单击鼠标左键即可在文档中插入相应的表格。

图 3 – 33　“插入表格”对话框

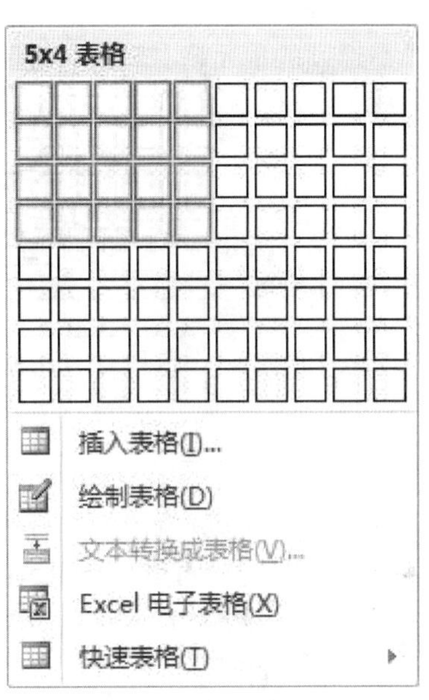

图 3 – 34　插入表格

3. 绘制表格

在“插入”选项卡的“表格”组中单击“表格”按钮，在打开的子菜单中选择“绘制表格”命令，此时鼠标指针变成笔的形状。按住鼠标左键并拖动可绘制出一个矩形框，这就是表格的外框，可以在表格的边框内绘制水平线、垂直线或斜线，手动完成表格的绘制。

此外，还可以通过“表格”组的“文本转换成表格”命令将文本转换成表格。

3.4.2　输入单元格的内容

在表格建立好后，可以向单元格内输入文本、数字、符号、图形等内容。

如果需要在其他单元格中输入内容时，按 Tab 键使插入点往下一单元格移动；按 Shift + Tab 键使插入点往前一单元格移动；或者也可以将鼠标直接指向目标单元格后单击。

前面介绍的在文档中输入文本的方法在表格中也适用，这里不再赘述。

3.4.3 格式化表格

1. 选定

Word 2010 提供了一些在表格中选定单元格、行、列的方法。

(1)利用鼠标进行选定。

选定一行:将光标移到一行的最左边,鼠标指针变成指向右上角的箭头时,单击鼠标左键。

选定一列:将光标移到一列的最上边,鼠标指针变成向下的黑色小箭头时,单击鼠标左键。

选定单元格:将光标移到某一个单元格的最左边,鼠标指针变成指向右上角的黑色小箭头时,单击鼠标左键。

选择不连续的单元格:按住 Ctrl 键并单击多个需要选择的单元格。

选定整个表格:单击表格左上角的标记⊞,如图 3－35 所示。

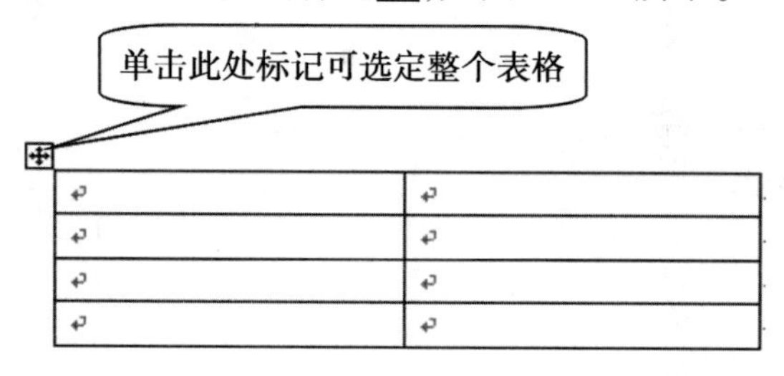

图 3－35　选定整个表格的方法

(2)利用"表格工具"选项卡进行选定。

选择"表格工具"的"布局"选项卡中的"选择"命令也可以选择行、列、单元格或整个表格。

图 3－36　选择命令子菜单

2. 插入行、列和单元格

在编辑表格的过程中,常常需要在表格中插入行、列或表格。在表格中插入这些对象时,首先要指定插入位置,然后选择"表格工具"中"布局"选项卡的"行和列"组,根据实际需要选择相应的命令。

在表格中插入单元格时,原来的单元格将会向右或向下移动。根据需要选择"活动单元格右移""活动单元格下移""整行插入"和"整列插入"选项,单击"确定"按钮即可完成，如图3－37所示。

3. 删除行、列、单元格

删除表格中的文字可以使用在文档中删除文本的方法。

删除行、列、单元格本身，首先要在表格中选择要删除的单格、行或列，选择部分以高亮形式显示，单击鼠标右键执行“删除行”“删除列”或“删除单元格”命令，可完成删除操作。其中，删除单元格时会弹出图3－38所示的“删除单元格”对话框，根据实际操作需要选择“右侧单元格左移”“下方单元格上移”“删除整行”和“删除整列”选项，单击“确定”按钮即可。

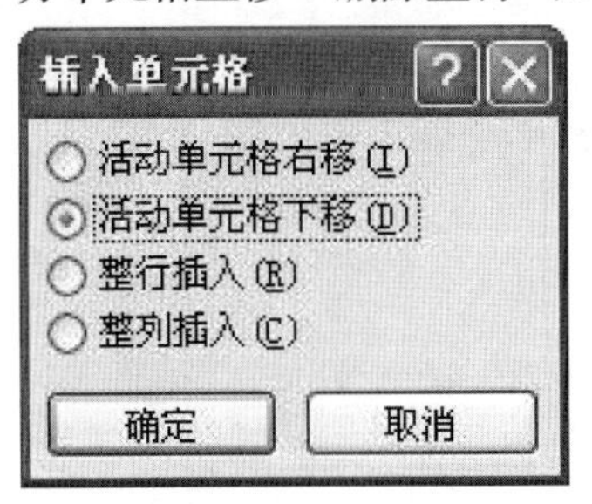

图3－37 插入单元格

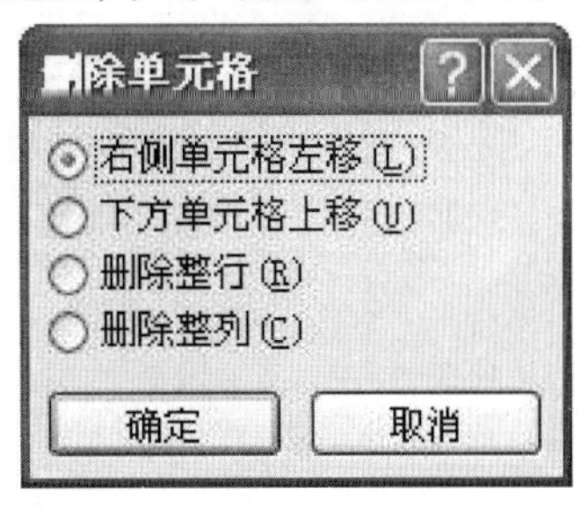

图3－38 删除单元格

4. 移动行或复制行、列

在单元格中移动或复制文本的方法与普通文本的移动或复制基本相同，同样可以用鼠标拖动、选项卡中的命令、工具栏按钮或快捷键等方法来移动或复制单元格、行或列中的内容。

5. 表格的调整和缩放

如果需要对表格的大小进行精确的调整，将鼠标指针移到表格的行线或列线上，当指针变成双向箭头时，同时按住 Alt 键不放，再进行拖动，可以精确调整表格的大小。如果需要对表格进行缩放操作，可以将鼠标指针移动到表格右下角的小方框处，当鼠标指针变为↘形状时，拖动鼠标可以对表格进行缩放。

6. 平均分布各行、列

当编辑大型表格时，需要对多行或多列设置相同的高度和宽度，使用普通的方法步骤烦琐且效果也不明显，应首先拖动鼠标选中需要设置为相同高度的多行或多列，选择如图3－36所示的“分布行”或“分布列”命令，或者选择快捷菜单中的“平均分布各行”或“平均分布各列”命令。

7. 调整表格的列宽、行高

(1)用鼠标来更改行高和列宽。

如果需要对表格的大小进行精确调整，可以用手动的方式。首先，使当前文档处于“页面视图”状态下。其次，手动调整行高，将指针移到该行的下线上，当指针变成上下箭头的形状时，按住鼠标上下拉动就可以调整该行行高了；如果移到列上，这时指针就会变成左右箭头的形状，此时左右拉动就可以调整列宽了。

在拖动鼠标的同时按下 Alt 键，则在移动表格线时会在标尺上看到精确的列宽，这样同时使用 Alt 键和鼠标就可以精确定义列宽和行高了。

(2)使用对话框更改列宽和行高。

当需要将列宽和行高设置为某一特定值时，则适合通过菜单命令来更改。其中，设置列宽时要先选择需要更改列宽的一列或多列,然后,执行“表格”菜单中的“表格属性”命令,在弹出的“表格属性”对话框中选择“列”选项卡,如图 3 - 39 所示。启用“指定宽度”复选框,然后在“指定宽度”文本框中输入数值,并在“度量单位”下拉列表框中选择合适的计量单位。如果要设置其他列的宽度,可以单击“前一列”或“后一列”按钮。最后,单击“确定”按钮即可完成对列宽的设置。

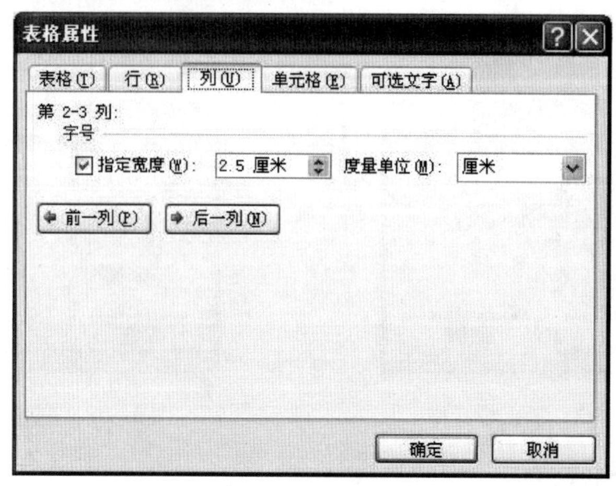

图 3 - 39　表格属性

在“表格属性”中设置行高与设置列宽有所不同,切换到“行”选项卡,如图 3 - 40 所示。在对话框中启用“指定高度”复选框,并在“指定高度”文本框中输入数值,然后根据需要可在“行高值是”下拉列表框中选择“最小值”或“固定值”。其中选择“最小值”可以自动增加行高,而选择“固定值”将按指定数值固定行高。

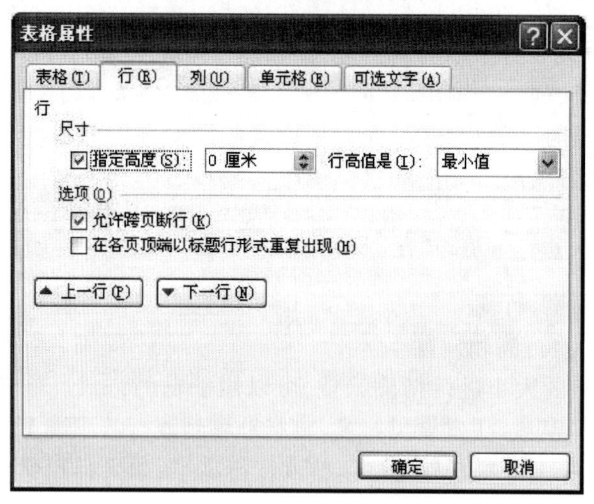

图 3 - 40　设置行高

8. 合并和拆分单元格

在处理文档时,会经常遇到将一个表格拆分成多个表格或将多个表格合并成一个表格的情况,利用 Word 2010 中的“拆分表格”功能可以方便地完成这些操作,同时也使创建的表格更具灵活性。

(1)合并单元格。

有时需要将表格的某一行或某一列中的几个单元格合并为一个单元格。使用合并单元格可以快速清除多余的线条,使多个单元格合并成一个单元格。

操作方法是先选择要合并的两个或多个单元格,然后选择“表格工具”中“布局”选项卡的“合并单元格”命令,合并效果如图 3－41 所示。

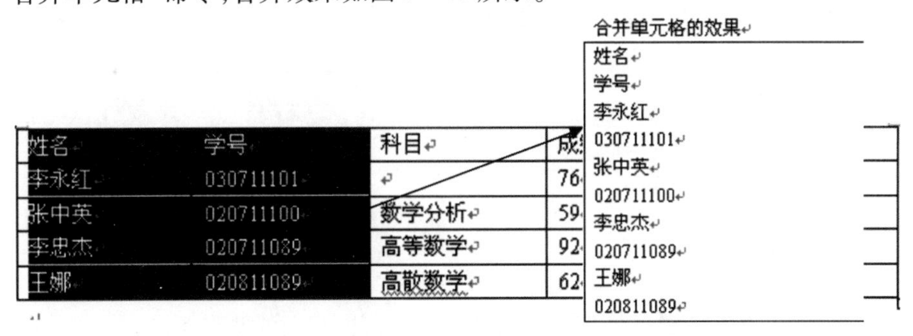

图 3－41　合并单元格

(2)表格的拆分。

表格的拆分有两种,即拆分单元格和拆分表格。其中,拆分单元格就是将选中的单元格拆分成等宽的多个小单元格,也可以同时对多个单元格进行拆分。操作方法是选择要拆分的单元格,选择“表格工具”中“布局”选项卡的“拆分单元格”命令,在弹出的“拆分单元格”对话框中选择要拆分的列数和行数,单击“确定”按钮,拆分单元格后的效果如图 3－42 所示。

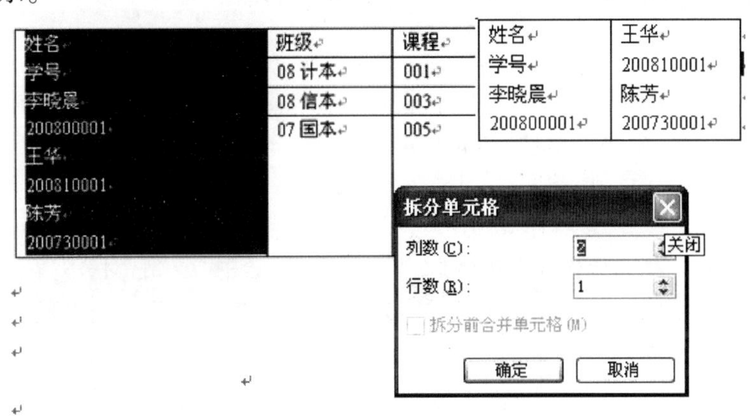

图 3－42　拆分单元格

拆分表格是指把一张表格从指定的位置拆分成两张表格。操作方法是将插入点移到表格的拆分位置上,选择“表格工具”中“布局”选项卡的“拆分表格”命令,则插入点所在行开始及其之下的行被拆分为另一张表格,如图 3－43 所示。

9. 美化表格

表格在创建完成以后还需要对表格进行格式化设置,如表格格式、位置、环绕方式、边框底纹及单元格和文本的对齐方式等，以达到美化格式、优化文档的效果。

姓名	学号	班级	课程	成绩
李晓晨	200800001	08 计本	001	89
王华	200810001	08 信本	003	76
陈芳	200730001	07 国本	005	92

姓名	学号	班级	课程	成绩
李晓晨	200800001	08 计本	001	89

王华	200810001	08 信本	003	76
陈芳	200730001	07 国本	005	92

图 3－43　拆分表格

（1）表格自动套用格式。

Word 2010 提供了许多表格样式，这些样式可套用在已创建的表格上。首先，将插入点移到要修饰的表格中，选择“表格工具”中“设计”选项卡的“表格样式”，如图 3－44 所示，选择一种适合的样式即可。

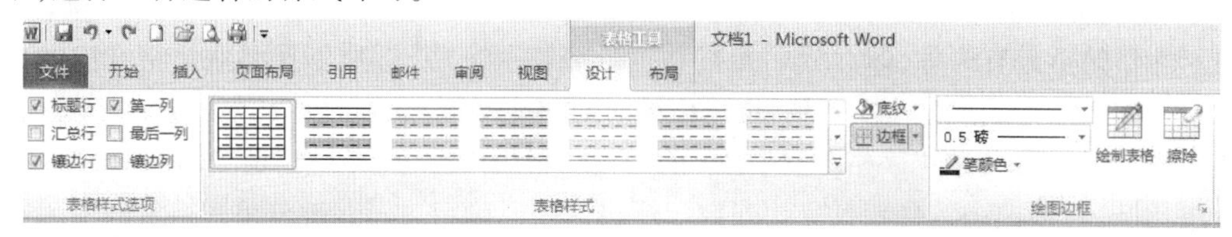

图 3－44　表格自动套用格式

（2）表格的对齐方式和文字环绕。

用户可以对表格的对齐方式和文字环绕进行设置，以使文档中的表格与正文对称，从而美化整个文档。默认情况下，表格的对齐方式是左对齐，如需对其修改，首先单击要修改的表格。执行选择“表格工具”中“布局”选项卡的“属性”命令，在弹出的“表格属性”对话框中选择“表格”选项卡，如图 3－45 所示。

在“对齐方式”栏内，根据需要可以选择“左对齐”“居中”或“右对齐”等。“文字环绕”栏内根据需要可以选择“无”或“环绕”。还可以对“边框和底纹”等进行设置。

（3）表格边框和底纹。

在对 Word 文档进行排版时，为了更好地显示表格效果，往往要利用表格的边框和底纹功能，以达到美化文档页面的作用。

设置表格边框，首先选择要设置边框的全部或部分单元格。执行“开始”选项卡中“段落”组的“边框和底纹”命令，在弹出的“边框和底纹”对话框中选择“边框”选项卡，如图 3－46 所示。在“设置”栏内有 5 个选项，即“无”“方框”“全部”“虚框”和“自定义”。它们可以用来设置表格四周的边框，用户可以根据需要选择。在“样式”栏内的下拉列表框中可以选择边框的线型。单击“颜色”下拉列表框还可设置表格边框的线条颜色，而单击“宽度”下拉列表框则可以设置表格线的宽度。用户还可以单击“应用于”下拉列表框，以选择边框类型的应用范围；设置完毕，单击“确定”按钮即可得到各式各样的表格边框类型。

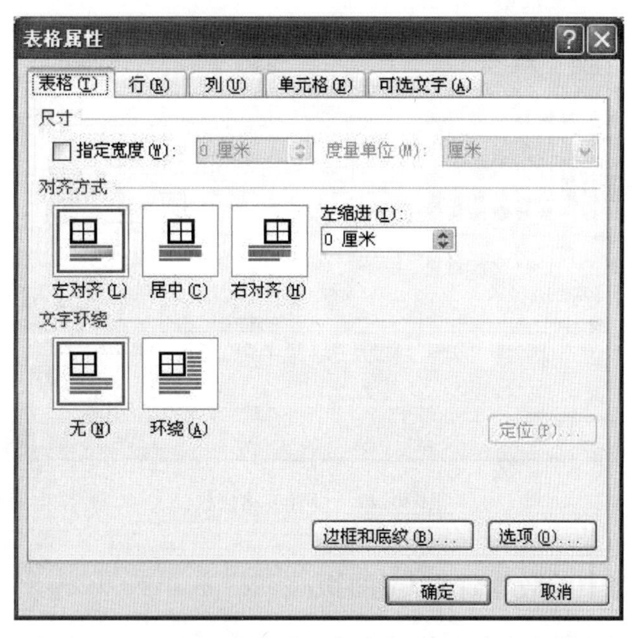

图 3－45　“表格”选项卡

图 3－46　设置表格边框

设置表格底纹时要先选择需要设置底纹颜色的全部或部分单元格；然后将“边框和底纹”对话框切换到“底纹”选项卡，如图 3－47 所示。在“填充”下的颜色表中选择底纹填充的颜色，还可以在“图案”栏的“样式”下拉列表框中选择合适的填充样式，在“应用于”下拉列表框中可以设置应用底纹格式的范围；设置完毕，单击“确定”按钮即可得到各式各样的填充效果。

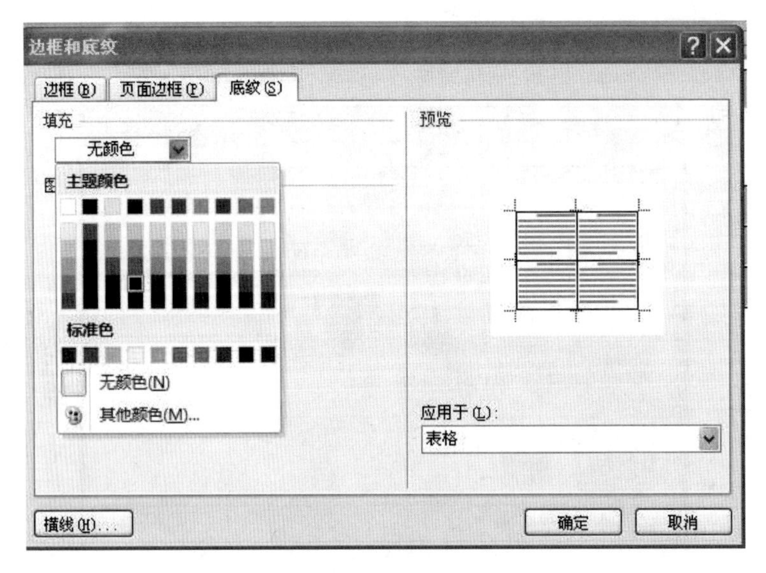

图 3－47　设置表格底纹

3.4.4　表格中的数据计算与排序

在 Word 2010 中,表格在处理静态数据和数字列表方面非常有用。使用“公式”对话框可以对表格中的数据进行多种运算,如统计最大数、最小数、求和、计算平均值等。

方法是将光标点定位在需放置计算结果的单元格,选择“表格工具”的“布局”选项卡,单击“公式”弹出 “公式”对话框。公式参数中默认出现的 LEFT 表示计算当前单元格左侧的数据,ABOVE 表示计算当前单元格上方的数据。

例如,计算成绩表中“数学”科目成绩的平均分。

首先将插入点移到“各科平均分”所在行的“数学”所在列的单元格中,单击“表格工具”中“布局”选项卡的“公式”按钮,弹出“公式”对话框。默认情况下,公式文本框中输入的是“ =SUM(ABOVE)”,如果要计算平均值,把光标移到“ = ”后,在“粘贴函数”下拉表中选择“AVERAGE( )”函数,并在“( )”中输入“ABOVE”的参数,然后再把前面多余的字符删去,如图 3－48 所示,单击“确定”即可。

利用“公式”对话框进行数据计算时,如果不想使用默认的数学公式,可以在“编号格式”下拉列表中选择合适的计算结果的显示格式,而且在“公式”对话框中,除了可以实现求和、求平均数外,还可以在“粘贴函数”下拉列表框中选择 INT、MOD 等函数以实现数值的求整、取余等运算。需要说明的是表中每一列号依次用字母 A、B、C、… 表示,每一列号依次用数字 1、2、3、… 表示,每一单元格号为列、行号交叉。例如,“B3”表示第 2 列第 3 行的单元格,如图 3－49 所示。

另外,在很多情况下所计算的数据并不是在同一行或同一列中,这就需要进行单元格的引用。公式中引用单元格用逗号分隔,选定区域的首尾单元格之间用冒号分隔。例如,要计算第 2 行、第 2 列单元格和第 3 行、第 3 列单元格之和,公式文本框中的内容应为“ =SUM(B2,C3)”。

	数学	语文	英语	历史	政治	生物	地理	总分
李明	85	95	78	98	86	90	87	
沈中英	82	69	89	86	79	89	92	
张绍刚	85	94	68	79	80	96	60	
李卫红	87	84	78	85	74	62	94	
高会鹏	83	83						
王中华	92	95						
陈晓峰	76	85						
刘鹏飞	68	95						
各科平均分								

公式
公式(F):
=AVERAGE(ABOVE)
编号格式(N):
粘贴函数(U):　粘贴书签(B):
确定　取消

图 3－48　求平均值

	A	B	C
1	A1	B1	C1
2	A2	B2	C2
3	A3	B3	C3

图 3－49　单元格的引用

3. 在表格中更新计算结果

在完成表格中的各种计算后,需要经常更新单元格中的某些数据,否则会导致计算结果出现错误。为了更新计算结果,只需将插入点移到计算结果上,然后按下“F9”键即可。也可以选中整个表格,然后按“F9”键,这样更新的是整个表格中所有的计算结果。

4. 数据的排序

在实际工作中,为了查阅文档的方便,常常需要将表格中的数据按一定的规则排列。在 Word 2010 中,提供了按照递增(A 到 Z、0 到 9,或最早到最晚的日期)或递减(Z 到 A、9 到 0,或最晚到最早的日期)的顺序。

在 Word 中可以使用“排序”命令对表格进行排序。方法是首先选定要排序的列或单元格,单击“表格工具”的“布局”选项卡的排序按钮,弹出“排序”对话框,如图 3－50 所示。在“主要关键字”下拉表框中选择用于指定排序依据的值的类型,如笔划、数字、日期、拼音等,并根据需要选择“升序”或“降序”。如果还需要其他排序依据,可在“次要关键字”及“第三关键字”选项区进行设置,方法与“主要关键字”选项区的设置相同。在“列表”选项区中有两个选项:“有标题行”和“无标题行”。如果选中“有标题行”单选按钮,则排序时标题行将不在排序的范围内,否则,对标题行也进行排序。在“排序”对话框中,单击“选项”按钮,还可以对单元格排序时区分字母大小写等进行设置。

图 3-50　排序

5. 表格与文字之间的转换

(1)表格转换为文字。

在 Word 2010 中,也可以把制作好的表格转换成文本。方法是先将光标定位在表格中,单击“表格工具”中“布局”选项卡的“表格转换成文本”按钮,弹出 3-51 所示的“表格转换成文本”对话框,设置文字分隔符后单击“确定”按钮。

(2)文字转换为表格。

在将文字转换为表格时,先输入一段用逗号、空格或段落标记等分隔的文字,然后就可以转换为表格了。

方法是选择这段要转换的文字,选择“插入”选项卡的“表格”按钮,在打开的列表中选择“文本转换成表格”命令,在打开的子菜单中选择“文本转换成表格”命令,弹出如图 3-52 所示的“将文字转换成表格”对话框,在“列数”微调框中输入表格的列数,在“文字分隔位置”选项组中选择文字之间的分隔符,单击“确定”按钮可将文字转换为表格。

图 3-51　“表格转换成文本”对话框

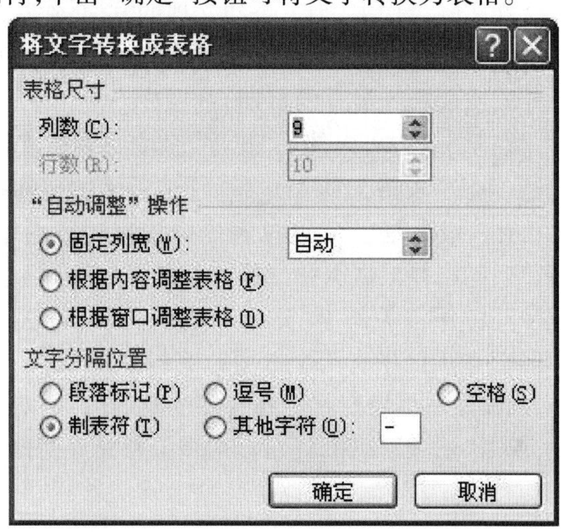

图 3-52　“将文字转换成表格”对话框

3.5　Word 2010 图文混排

3.5.1　绘制图形对象

使用“绘图”工具栏上的绘图工具,可以绘制基本图形。图形的用途很多,如用于工作报告的封面、示意图、流程图等。图形不仅能够美化文档,更重要的是可以将文字无法表达的内容清楚地表达出来。图形包括线条、矩形、圆形、连接符、标注等 100 多种自选图形。使用这些自选图形不仅可以绘制常用的基本图形,还可以根据需要对这些图形加以组合、重叠和旋转,以得到更复杂的图形。

在 Word 文档中,单击“插入”选项卡中“插图”组中的形状 形状 按钮,在如图 3－53 所示的列表中选择所需要的形状绘制即可。

图 3－53　选择形状

1. 绘图画布

创建绘图时，可以在图 3－53 的形状中选择“新建绘图画布”，如图 3－54 所示。绘图画布帮助用户安排图形的位置和重新定义绘图对象的大小。当图形对象包括几个图形时，这个功能很有帮助。绘图画布还在图形的其他部分之间提供一条类似框架的边界。在默认情况下，绘图画面没有背景或边框，但是如同处理图形对象一样，可以对绘图画布应用格式。

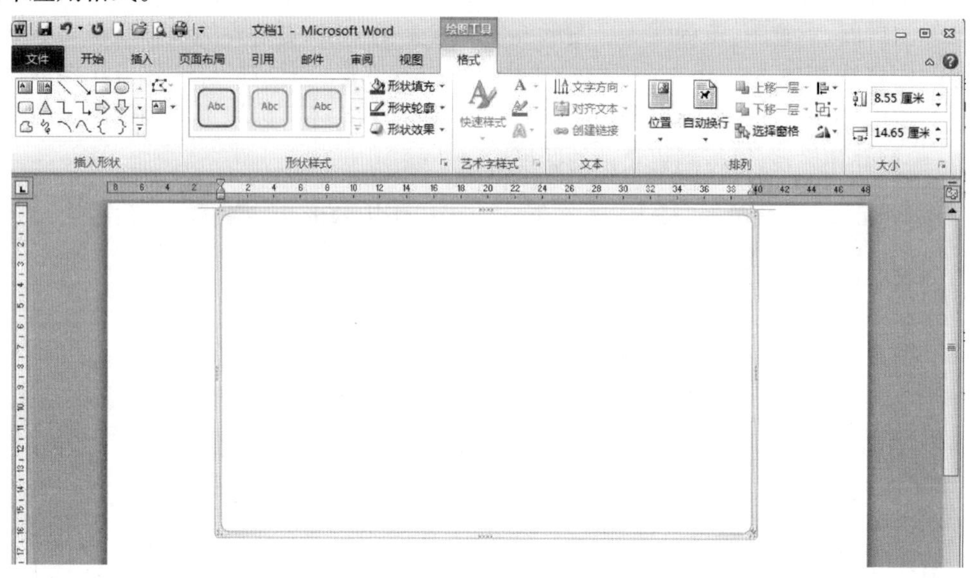

图 3－54 绘图画布

2. 绘制基本图形

在编辑文档时，如果要插入的是基本图形，如线条、箭头、矩形或椭圆等，直接单击“绘图”工具栏中的按钮，此时鼠标指针变成“＋”形状，在绘制基本图形的区域按住鼠标左键进行拖动，当拖动至合适的大小时松开鼠标即可得到该图形。

另外，对要绘制的图形的边界有特定的比例、合适的位置等一些特殊的要求时，可使用一些快捷键来帮助完成。

(1) Shift 键。作图时同时按住 Shift 键，在画直线时可画出水平、竖直直线及与水平成 15°改变的线条或箭头；同时可以画出正圆形、正方形。拖动对象时，按住 Shift 键，对象只能沿水平和竖直方向移动。选中图形对象时，按住 Shift 键可同时选中多个图形对象。

(2) Alt 键。用鼠标选中图形对象时，拖动对象的同时按住 Alt 键，可将对象自由的拖动到所需的位置，方便地将各对象定位；若在画图时按住 Alt 键，可以控制图形的大小与形状。

(3) Ctrl 键。用鼠标选中对象时，按住 Ctrl 键的同时用左键拖动图形对象，可在移动同时复制出一个相同的对象，相当于复制和粘贴操作。

绘制自选图形与绘制基本图形相似，首先选择所需要的图形类别，如箭头总汇等，并从其下拉列表中选择所需要的图形；然后将鼠标指针变为“＋”形状，按住鼠标左键并拖动，一个所选的基本图形便出现了，拖动至合适的大小时释放鼠标即可。在图 3 – 55 中给出了自选图形示例。

图 3 – 55 自选图形示例

3.5.2 插入剪贴画

Word 2010 提供了一个内容丰富的剪贴画库，用户可以直接将剪贴画库中的图片插入到文档中。首先，将插入点移到文档中要插入图片的位置。单击“插入”选项卡中“插图”组的“剪贴画”按钮，在文档窗口的右侧弹出“剪贴画”任务窗格，如图 3 – 56 所示。在“剪贴画”任务窗格中的“搜索文字”文本框中输入描述剪贴画类型的文件名或关键词，例如，输入“树”后单击“搜索”按钮进行搜索，然后在“剪贴画”任务窗格右侧的列表框中会显示搜索的图片，单击选择要插入的剪贴画即可将剪贴画插入到光标所在位置。

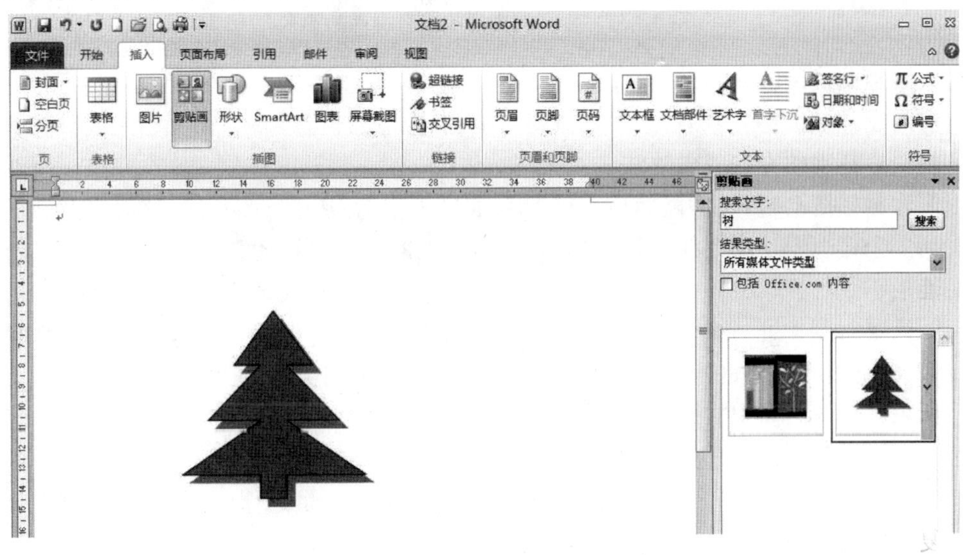

图 3 – 56 “剪贴画”任务窗格

3.5.3 插入图片

在文档中插入图片,可以使文档图文并茂,更加生动形象。下面就来介绍一下图片的插入、编辑以及如何调整图片位置。

1. 插入图片

Word 2010 文档可以插入其他程序所创建的图片文件,如用户本人所扫描的图片,可将插入点移到文档中要插入图片的位置。单击“插入”选项卡中“插图”组的“图片”按钮,可以弹出 “插入图片”对话框。确定要插入的图片文件所在的位置、文件类型和名称,单击“插入”按钮,即可在文档中插入来源于文件的图片,如图 3 – 57 所示。

燕子去了,有再来的时候;杨柳枯了,有再青的时候;桃花谢了,有再开的时候。但是,聪明的人,你告诉我,我们的日子为什么一去不复返呢?是有人偷了它们吧,那是谁?又藏在何处呢?是它们自己逃走了,现在又到了哪里呢?

我不知道它们给了我多少日子,但是我的手确乎是渐渐空虚了,在默默地算着,八千多日子已经从我手中溜去,像针尖上一滴水滴在大海里,我的日子滴在时间的流里,没有声音也没有影子。

去的尽管去了,来的尽管来着,去来的中间,又怎样的匆匆呢?早上我起来的时候,小屋里射进两三方斜斜的太阳。太阳他有脚啊,轻轻悄悄地挪移了,我

图 3 – 57　在文档中插入来自文件的图片

2. 调整图片位置

插入图片到文档中之后,一般还需要对图片的位置进行调整。在文档中调整图片可以使用鼠标拖动的方法或微移法。

使用鼠标拖动时,先将鼠标指针移到图片上,按住左键并将图片向目标位置拖动,就会看到一个代表图片的虚线框随之移动,当虚线框的位置合适时松开鼠标即完成图片移动。

如果要对图片进行细微调整,则可以使用微移法对图片位置进行移动。首先选择图片,然后按下键盘方向键,便可以使选中的图片在相应方向上进行微移。

如果只想取图片中的一部分,首先选定要裁剪的图片,单击“图片工具”中“格式”选项卡的“裁剪”按钮,在图片边缘处按住鼠标左键并拖动鼠标,当图片大小合适时松开鼠标。

3. 设置图片格式

插入文档的图片还可以根据需要设置图片的格式,调整图片与文字之间的关系。

其方法是先选择图片对象。然后,右键单击执行快捷菜单中的“设置图片格式”命

令，在弹出的“设置图片格式”对话框中选择不同选项，如图 3－58 所示。例如，在“图片更正”中可以设置预设的图片效果等。

图 3－58　设置图片格式

3.5.4　插入艺术字

在文档中输入的文本，虽然通过字体的格式化可以将字符设置为多种字体，但还远远不能满足文字处理工作对字形艺术性的设计需求。而使用艺术字可以创建出各种艺术效果的文字，甚至可以把文本扭曲成各种各样的形状或设置为具有三维轮廓的形式，充分满足了文本艺术化的需求。

要插入艺术字，首先，选择要使用艺术字效果的文字，单击“插入”选项卡中“文本”组的“插入艺术字”按钮，如图 3－59 所示。

根据所需从“艺术字样式”列表框中选择一种艺术字样式后，单击弹出“艺术字”预留区域，所选择的文字将显示出来。

还可以为文档中的艺术字设置各种样式，使其具有各式各样的效果，更凸现文档的美观。其方法是先选择需要设置样式的艺术字；然后在“绘图工具”中“格式”选项卡的“艺术字样式”组中选择相应的样式即可。还可以单击“艺术字样式”组右下角的“对话框启动器”打开如图 3－60 所示的对话框进行设置。

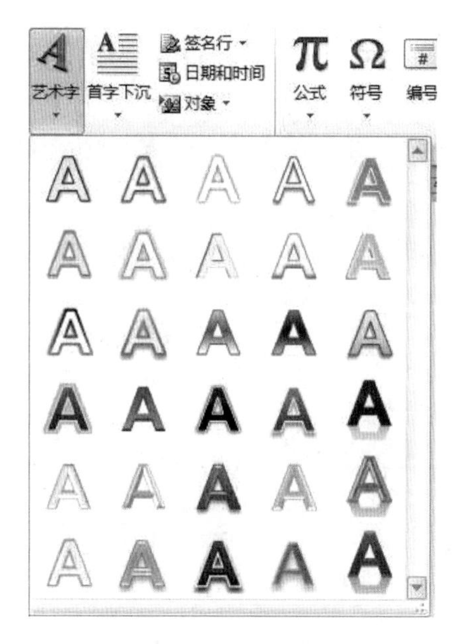

图 3-59　艺术字库

图 3-60　“设置文本效果格式”对话框

3.5.5　插入文本框

文本框作为一种图形对象，可以独立地进行文字输入和编辑，而且可放置在页面的任意位置，用户根据需要可以随意调整文本框的大小。此外，用户还可以像使用图片对象一样来设置文本框中的文字或图形的边框、阴影等格式，并且可进行一些特殊的编辑如更改文字的方向、设置文字环绕或设置链接文本框等。合理地使用文本框，可以使某些文字编辑起来更加灵活、美观。

创建文本框，单击“插入”选项卡中的“文本框”按钮，在如图 3－61 所示的列表中选择文本框的创建类型，直接进入文本框编辑状态。在创建的文本框中可以输入文字、图片等内容，如图 3－62 所示。

图 3－61　文本框列表

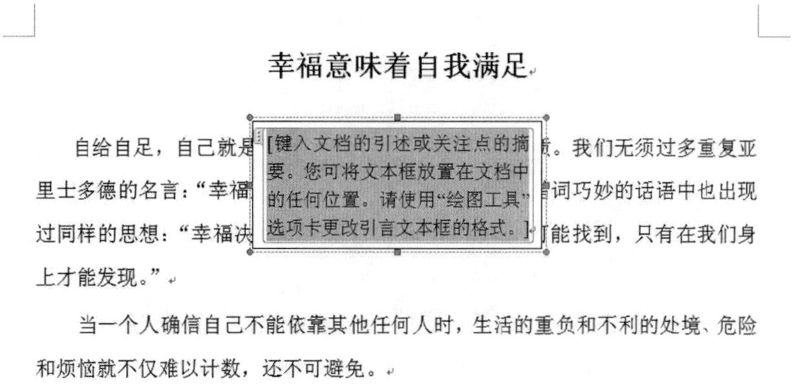

图 3－62　插入文本框

如果要对文本框中文字的字体、字形、字号等进行设置，则首先应选中该文本框，然后利用“开始”选项卡中“字体”组的各按钮进行设置即可。

如果要对文本框本身的格式进行设置，首先应选中该文本框，单击“绘图工具”的“格式”选项卡，然后设置对文本框的形状填充、形状轮廓及文本框的大小、位置等参数。如图 3－63 所示，对文本框的设置是“形状填充黄色，文本红色，形状效果为棱台凸起，大小为 2.48 ×3.2”的效果。

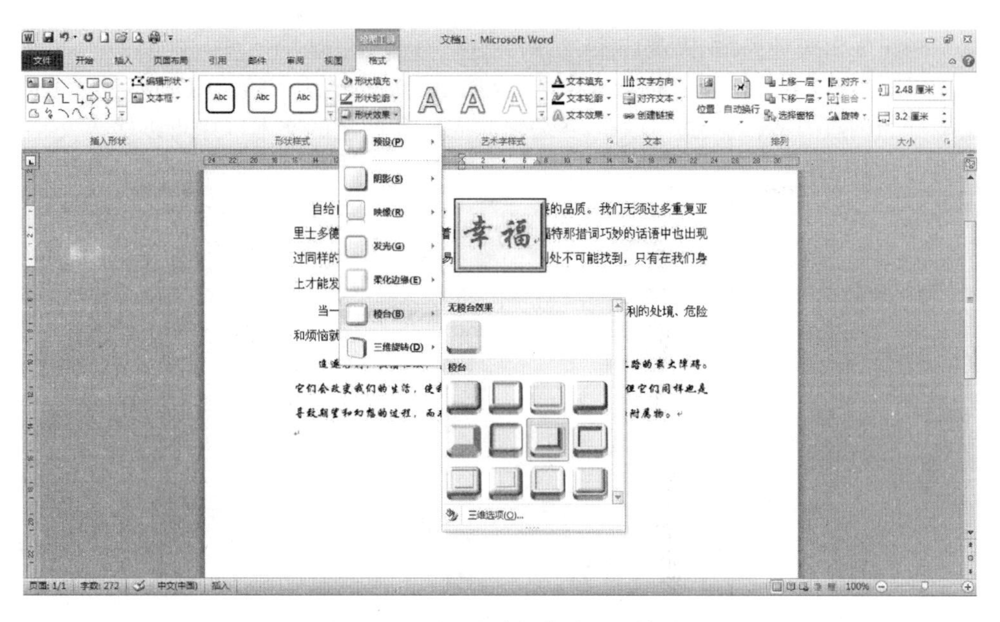

图 3－63　设置文本框格式后的效果

3.5.6　插入公式

Word 2010 中允许对公式进行编辑。插入方法为单击“插入”选项卡中“符号”组的“公式”按钮，打开如图 3－64 所示的列表，选择要插入的公式类型，即可完成插入公式。如果需要其他类型的公式，可单击“插入新公式”，此时会出现公式编辑区，用户可以在编辑区输入公式。同时，会出现如图 3－65 所示的输入公式所需要的元素。

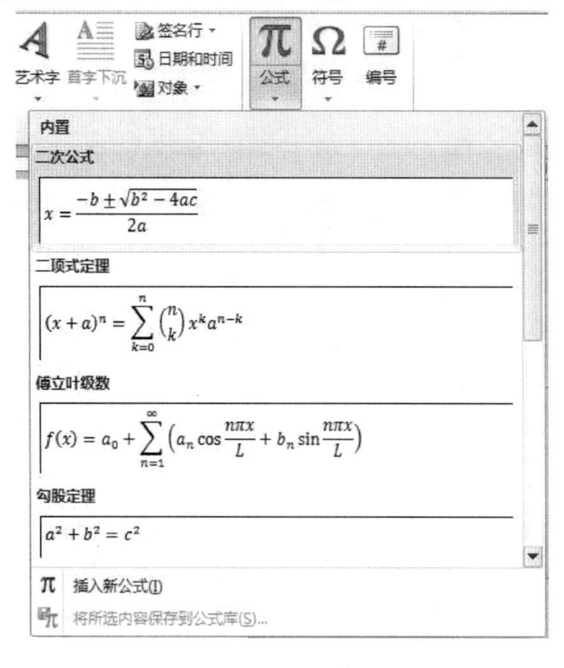

图 3－64　公式类型

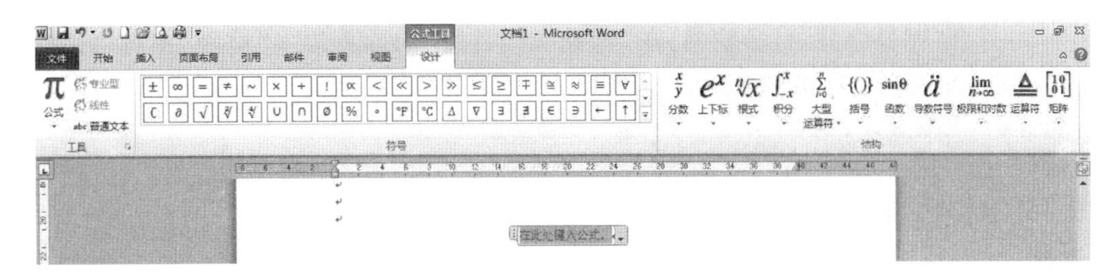

图 3－65　公式功能区

提示：如果插入公式时按钮为灰色，则说明当前公式编辑器不可用，主要原因是 Word 版本为兼容版本。解决方法是将当前 Word 版本改为 Word 2010 文档版本。

3.6　Word 2010 邮件合并

“邮件合并向导”用于帮助用户在 Word 2010 文档中完成信函、电子邮件、信封、标签或目录的邮件合并工作。

例如：以使用“邮件合并向导”创建邮件合并信函为例。

(1)打开 Word 2010 文档窗口，切换到“邮件”分组。在“开始邮件合并”组中单击“开始邮件合并”按钮，并在打开的菜单中选择“邮件合并分步向导”命令，如图 3－66 所示。

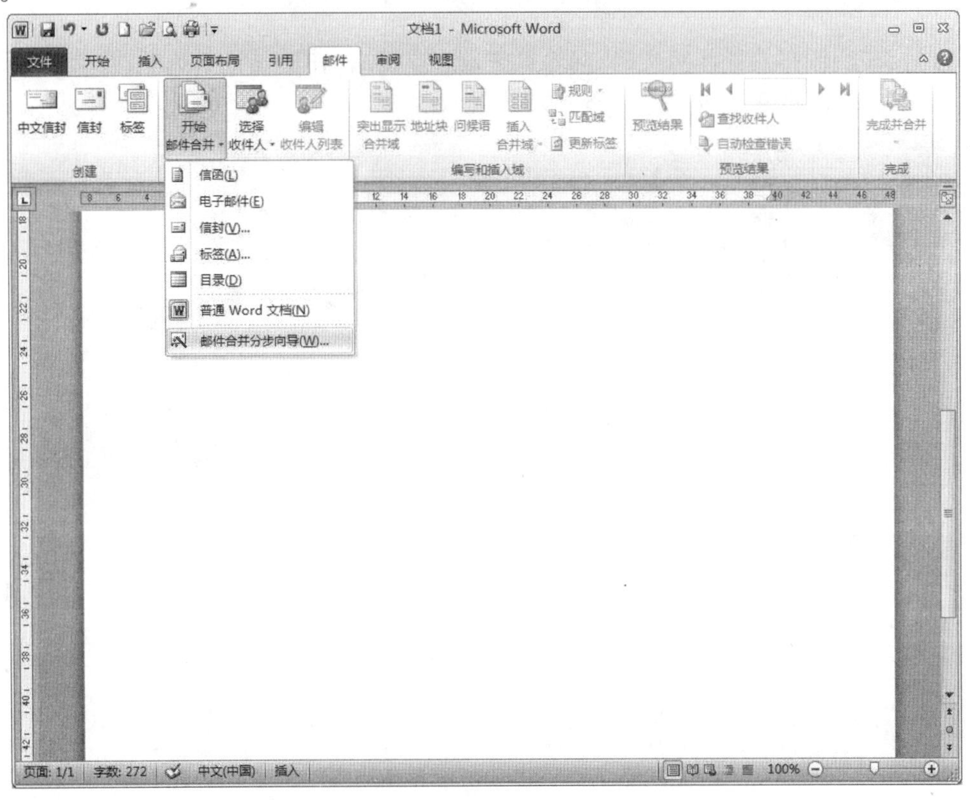

图 3－66　选择“邮件合并分步向导”

(2)打开“邮件合并”任务窗格,在“选择文档类型”向导页选中“信函”单选框,并单击“下一步:正在启动文档”超链接,如图 3 - 67 所示。

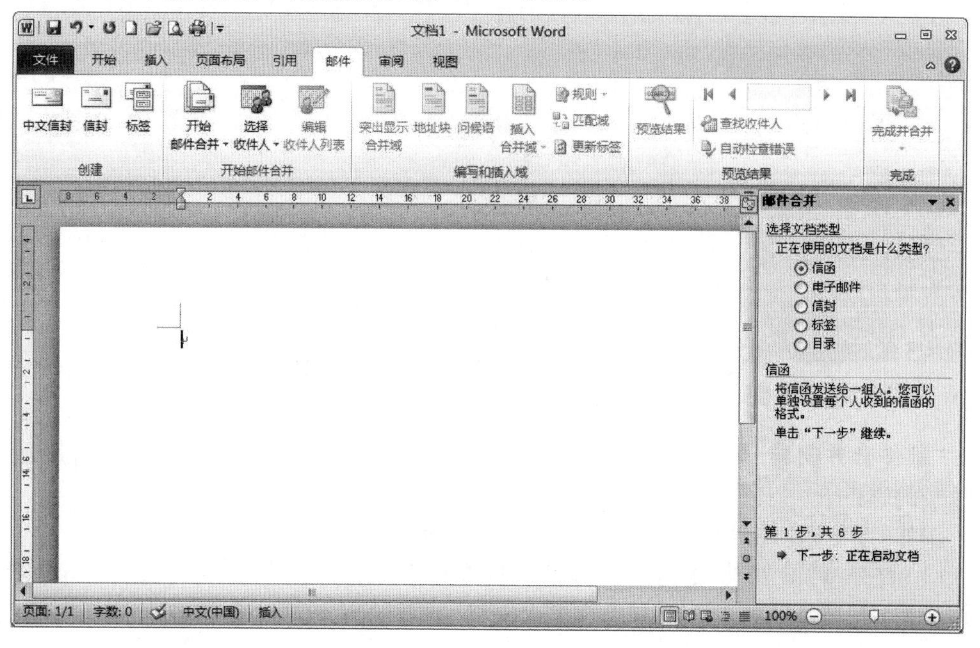

图 3 - 67 选择“信函”

(3)在打开的“选择开始文档”向导页中,选中“使用当前文档”单选框,并单击“下一步:选取收件人”超链接,如图 3 - 68 所示。

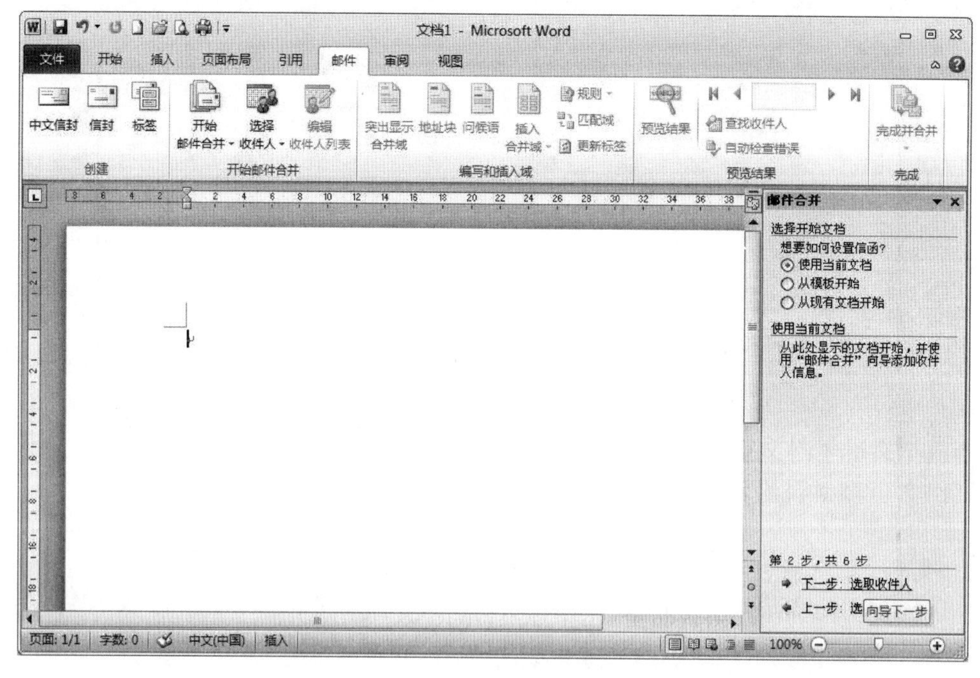

图 3 - 68 选择“从现有文档开始”单选框

(4)打开“选择收件人”向导页,选中“使用现有列表”单选框,如图 3－69 所示。

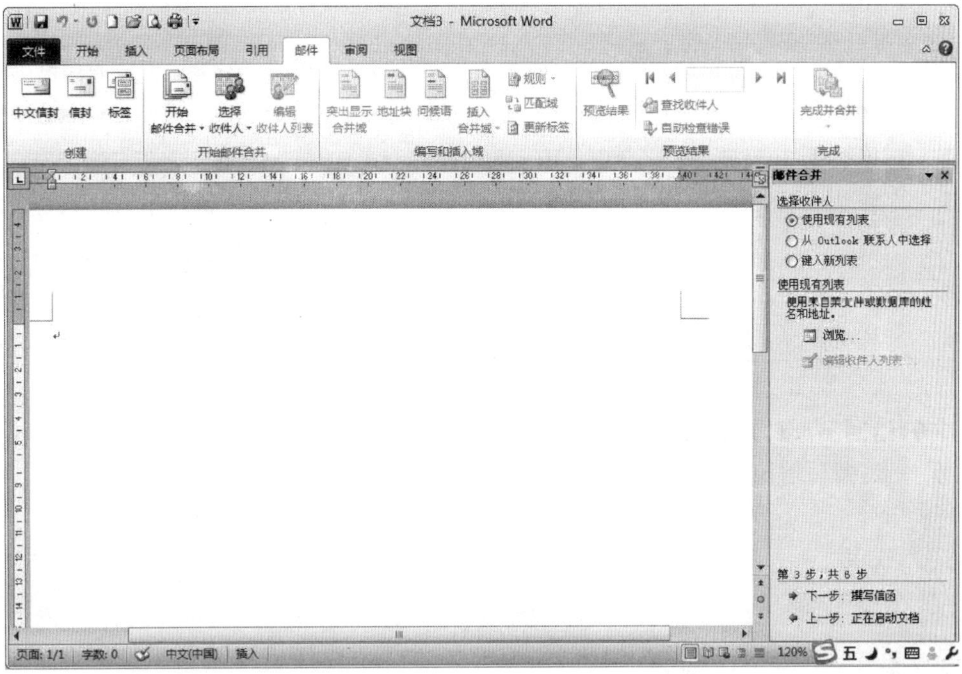

图 3－69　单击“选择‘联系人’文件夹”超链接

(5)单击“浏览”,然后选择邮件合并所需要的数据源文件,会出现如图 3－70 所示的对话框,选择需要的联系人记录后单击“确定”按钮。

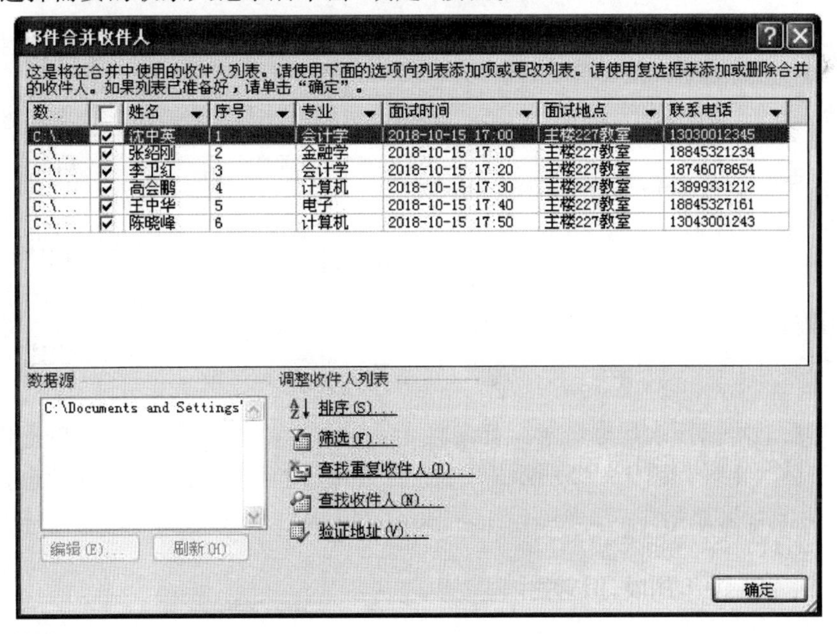

图 3－70　“邮件合并收件人”对话框

说明:本例的数据源在 Word 2010 中以表格形式存储。

序号	姓名	专业	面试时间	面试地点	联系电话
1	沈中英	会计学	2018 - 10 - 15 17:00	主楼 227 教室	13030012345
2	张绍刚	金融学	2018 - 10 - 15 17:10	主楼 227 教室	18845321234
3	李卫红	会计学	2018 - 10 - 15 17:20	主楼 227 教室	18746078654
4	高会鹏	计算机	2018 - 10 - 15 17:30	主楼 227 教室	13899331212
5	王中华	电子	2018 - 10 - 15 17:40	主楼 227 教室	18845327161
6	陈晓峰	计算机	2018 - 10 - 15 17:50	主楼 227 教室	13043001243

(6)返回 Word 2010 文档窗口,在“邮件合并”任务窗格中“选择收件人”向导页中单击“下一步:撰写信函”超链接,并编辑如图 3 - 71 所示的文档。

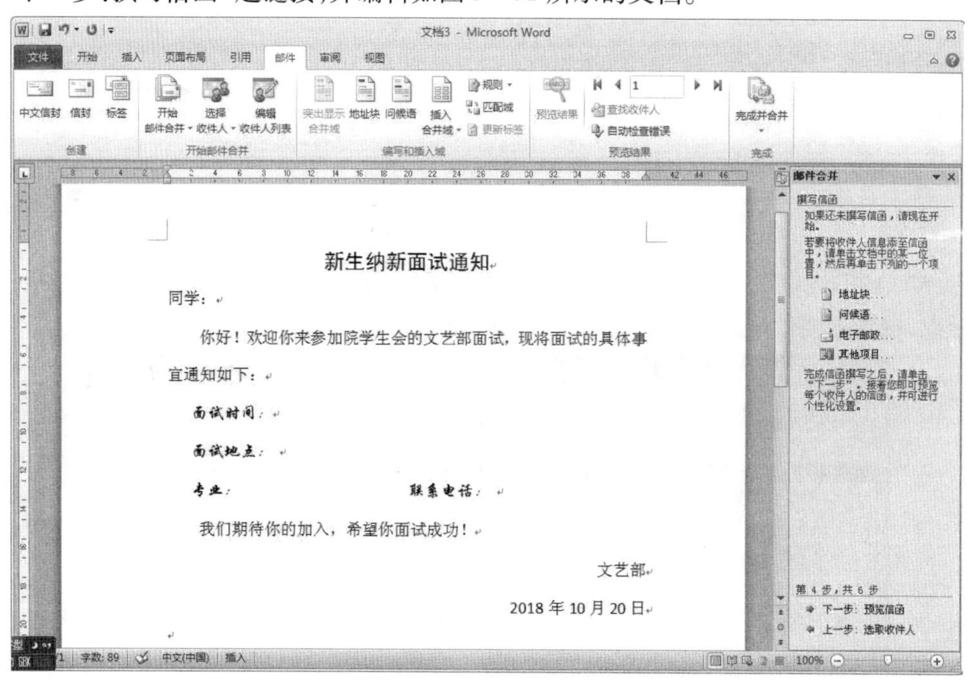

图 3 - 71　单击“下一步:撰写信函”超链接

(7)然后就可以插入数据域了。首先将光标定位在要插入域的地方,单击任务窗格的“其他项目”,出现如图 3 - 72 所示的“插入合并域”对话框,选择对应的域进行插入即可。插入后的效果如图 3 - 73 所示。

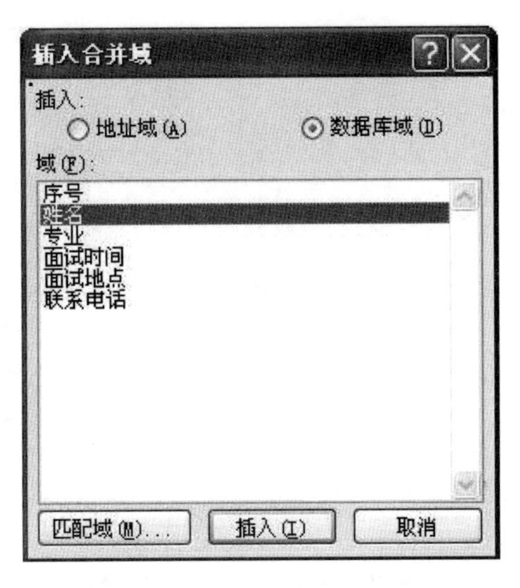

图 3－72　“插入合并域”对话框

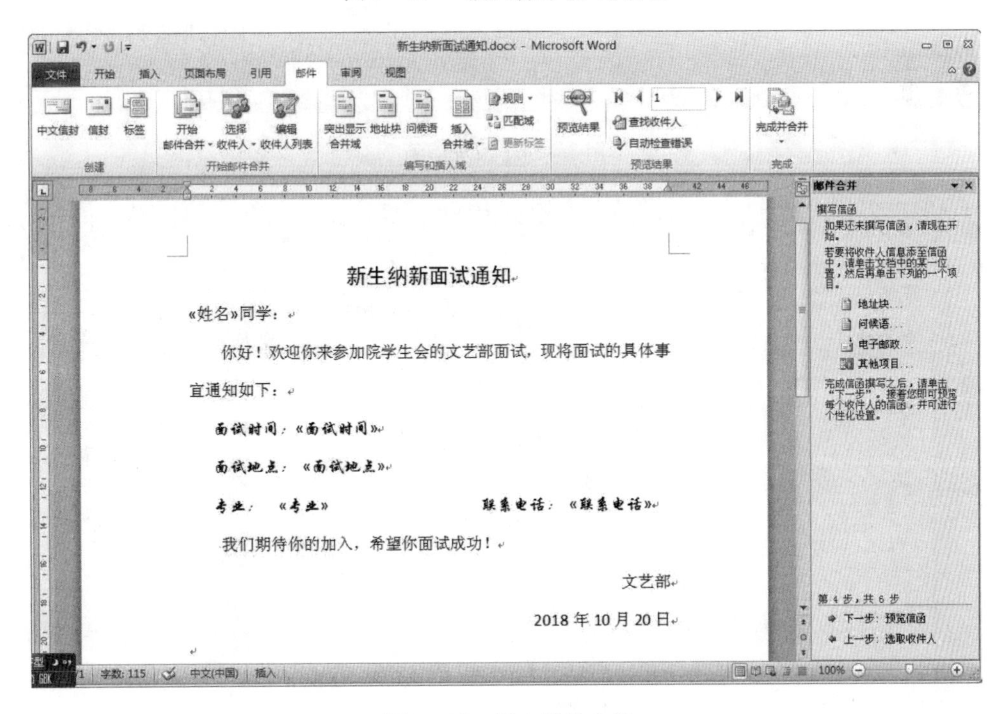

图 3－73　插入域的文档

(8)单击“下一步：预览信函”，即可以看到如图 3－74 所示的效果。可以在任务窗格中单击按钮 << 收件人：1 >> 浏览所有联系人记录。

(9)单击“下一步：完成合并”后，单击“打印”或“编辑单个信函”，完成合并即可，如图 3－75 所示。

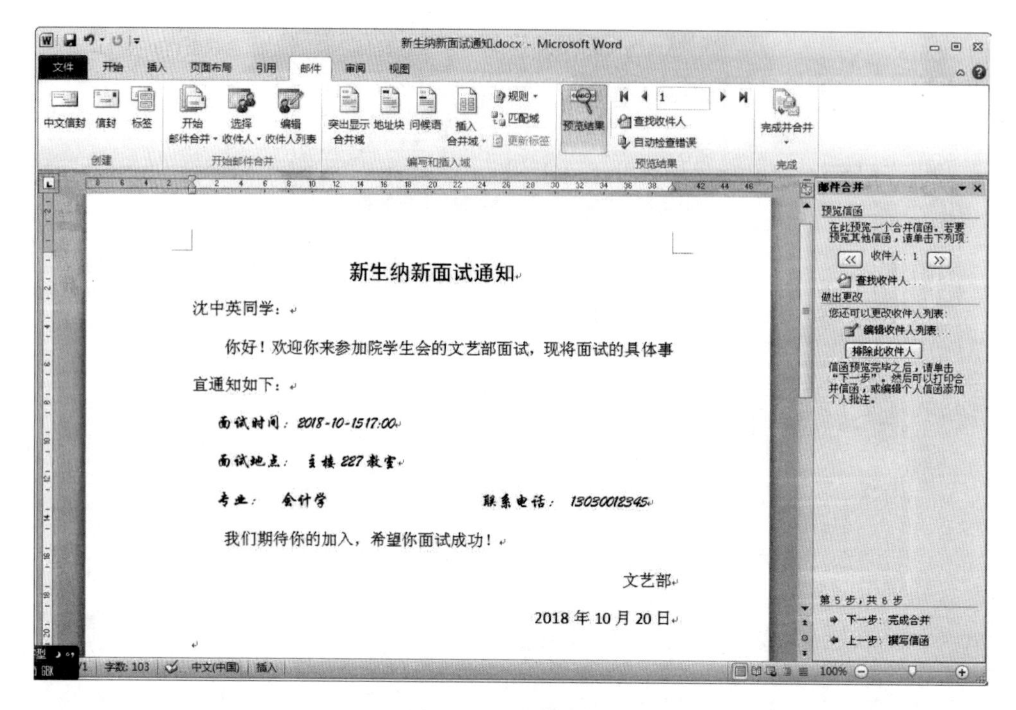

图 3－74　预览信函

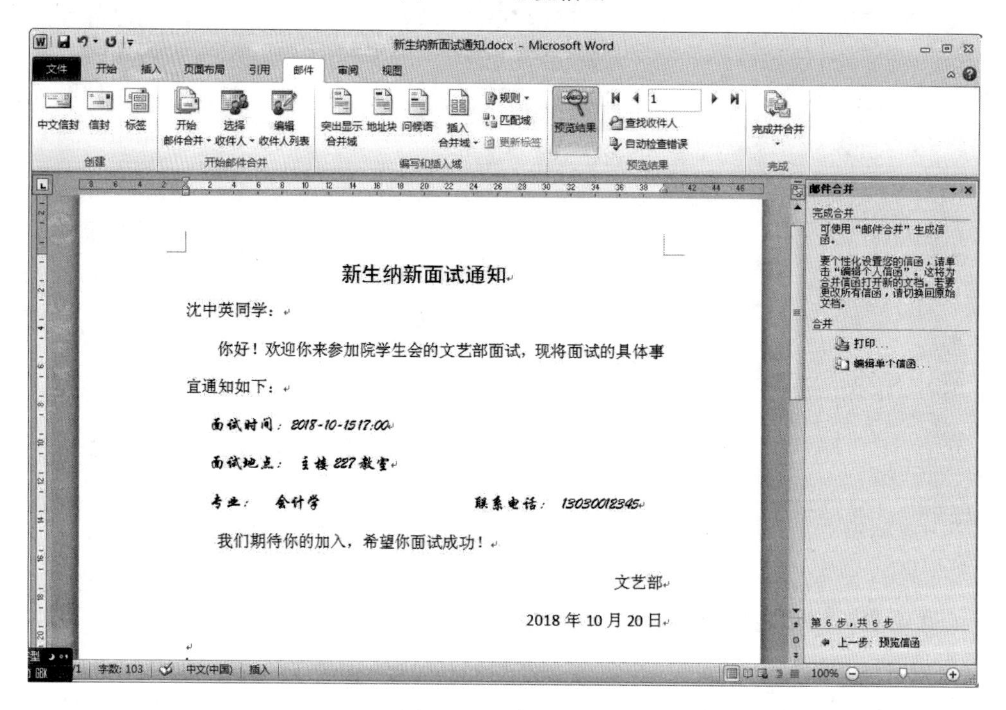

图 3－75　完成合并

操作提示：

如果在一页 A4 纸上显示两条记录，在主文档中将插入域后的文档在同一页复制一次，调整两份的间隔，将光标定位到第 2 张通知之前的位置。单击“邮件”选项卡，在“编写和插入域”组中，单击“规则”下拉按钮，选择“下一条记录”选项，如图 3 – 76 所示。插入 Word 域后的效果如图 3 – 77 所示。最后文档合并效果如图 3 – 78 所示。

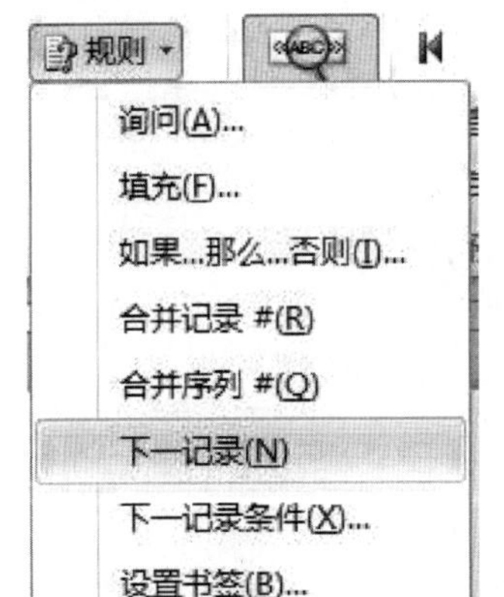

图 3 – 76　插入 Word 域

新生纳新面试通知

«姓名»同学：

你好！欢迎你来参加院学生会的文艺部面试，现将面试的具体事宜通知如下：

面试时间：«面试时间»

面试地点：«面试地点»

专业：«专业»　　联系电话：«联系电话»

我们期待你的加入，希望你面试成功！

文艺部

2018 年 10 月 20 日

«下一记录»

新生纳新面试通知

«姓名»同学：

你好！欢迎你来参加院学生会的文艺部面试，现将面试的具体事宜通知如下：

面试时间：«面试时间»

面试地点：«面试地点»

专业：«专业»　　联系电话：«联系电话»

我们期待你的加入，希望你面试成功！

文艺部

2018 年 10 月 20 日

图 3 – 77　“插入 Word 域”后文档效果

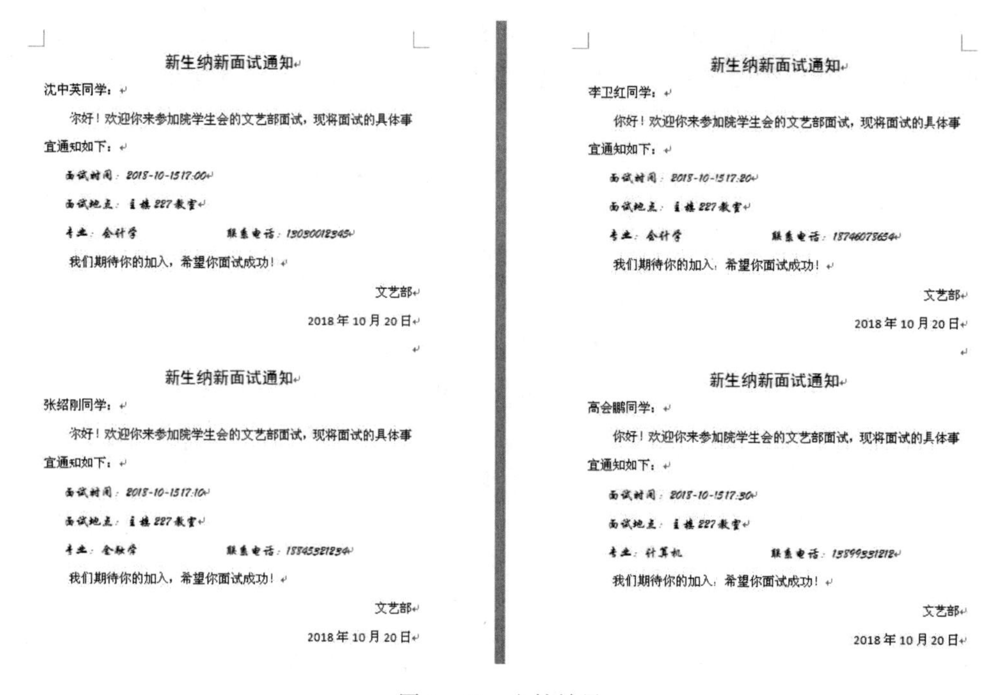

新生纳新面试通知

沈中英同学：

你好！欢迎你来参加院学生会的文艺部面试，现将面试的具体事宜通知如下：

面试时间：2018-10-15 17:00

面试地点：主楼227教室

专业：会计学　　　　联系电话：13030012345

我们期待你的加入，希望你面试成功！

文艺部

2018年10月20日

新生纳新面试通知

张绍刚同学：

你好！欢迎你来参加院学生会的文艺部面试，现将面试的具体事宜通知如下：

面试时间：2018-10-15 17:10

面试地点：主楼227教室

专业：金融学　　　　联系电话：18845321234

我们期待你的加入，希望你面试成功！

文艺部

2018年10月20日

新生纳新面试通知

李卫红同学：

你好！欢迎你来参加院学生会的文艺部面试，现将面试的具体事宜通知如下：

面试时间：2018-10-15 17:20

面试地点：主楼227教室

专业：会计学　　　　联系电话：18746078654

我们期待你的加入，希望你面试成功！

文艺部

2018年10月20日

新生纳新面试通知

高会鹏同学：

你好！欢迎你来参加院学生会的文艺部面试，现将面试的具体事宜通知如下：

面试时间：2018-10-15 17:30

面试地点：主楼227教室

专业：计算机　　　　联系电话：13899331212

我们期待你的加入，希望你面试成功！

文艺部

2018年10月20日

图3-78　文档效果

3.7　Word 2010 长文档编辑

3.7.1　分隔符与制表位

1. 分隔符

分隔符分为分页符、分栏符、自动换行符和分节符4种。插入分隔符的方法：单击“页面布局”选项卡中“页面设置”组的“插入分页符和分节符”按钮分隔符，选择要插入的分隔符选项。

(1)分页符。

当文本等内容填满一页时，Word会插入一个自动分页符并开始新的一页。在排版时有时需要将章节标题在新的一页开始，通过回车调整可以实现，但如果前面内容增删后往往会弄乱已经排好的版面。因此，如果需要在某个特定位置强制分页，可手动插入“分页符”。

(2)分栏符。

按前述所讲的分栏方法对文档或某些段落进行分栏后，Word会在适当的位置自动分栏。若希望某一内容出现在下一栏的顶部，则可用插入“分栏符”的方法实现。

(3)自动换行符。

通常情况下，文本到达文档页面右边距时，Word将自动换行。为了快速结束某行可手动插入“换行符”，文本将继续显示在下一行。与直接按回车键不同，这种方法产生的新行仍将作为当前段的一部分。换行符显示为灰色“↓”形。

(4)分节符。

所谓“节”,就是 Word 用来划分文档的一种方式。可用节在一页之内或两页之间改变文档的布局。只需插入分节符即可将文档分成几节,然后根据需要设置每节的格式。如图 3－79 所示,文本插入“下一页”分节符后,可为两节文本设置不同的页面边框和纸张的大小。

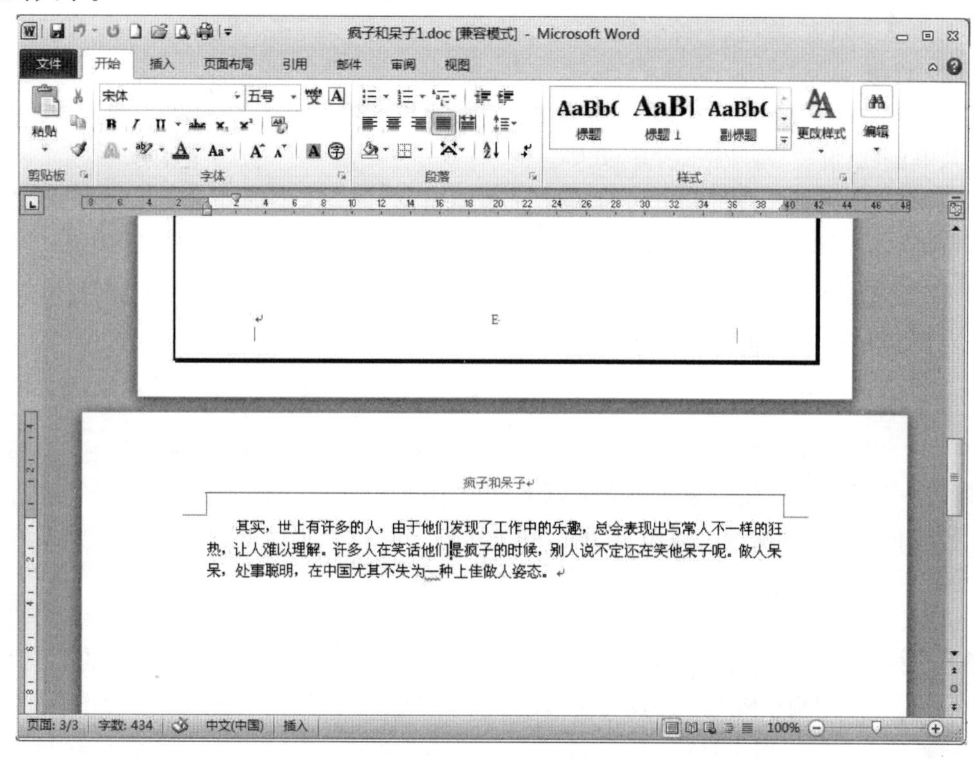

图 3－79　文本插入分节符后的格式设置

注意:分节符控制其前面文字的节格式。如果删除某个分节符,其前面的文字将合并到后面的节中,并且采用后者的格式设置。文档的最后一个段落标记控制文档最后一节的节格式(如果文档没有分节,则控制整个文档的格式)。

2. 制表位

当需要将文本纵向对齐时,如果采用空格实现,会由于字体字号不同而产生偏差,因此最好采用制表位。制表位能够设置文本向左、向右、居中、小数点或竖线对齐,也可在制表符前自动插入“前导符”。

设置制表位有 2 种方法:

(1)利用“标尺”来设置制表位的位置和对齐方式。

(2)利用“开始”选项卡中“段落”组的“段落”对话框来设置。

3.7.2　样式与模板

1. 样式

所谓“样式”,就是将修饰某一类段落的一组参数(其中包括字体格式、段落格式、制表位、边框、编号等),命名为一个特定的段落格式名称,把这个名称叫作样式。概括地说,样式就是指被冠以同一名称的一组命令或格式的集合。若需要同时修改多处具有相同格式的文字,只需设为样式就可以修改带有此样式的所有段落。样式还有助于长文档构造大纲和创建目录。

设置样式的方法:利用“开始”选项卡中“样式”组的各类样式设置;也可以启动“样式”对话框来新建、修改、删除样式。

2. 模板

任何 Word 文档都是以模板为基础的,模板决定文档的基本结构和文档设置,如字体、菜单、页面设置、特殊格式和样式等。

“模板”是一种特殊的文件,它具有预先设置好的、最终文档的外观框架,用户不必考虑格式,只要在相应位置输入文字,就可以快速建立具有标准格式的文档,它为建立某类形式相同、具体内容不同的文档提供了便利。模板文件以“. dotx”为扩展名。

3.7.3 题注、脚注、尾注及批注

1. 题注

如果编辑的文档中有许多插图和图表,而且还要为这些插图和图表进行编号,那么使用题注功能就很方便。题注功能可以为文档中插入的连续性的图片和表格等进行自动编号,而且能自动提示。插入编号后,删除其中一个编号时,系统还会自动调整编号的正确顺序。

插入方法:以插入图表为例,当插入第 1 张图表后,选择“引用”选项卡中“题注”组的“插入题注”按钮,就会出现题注对话框,“题注栏”显示的是“图表 1”,按“确定”按钮后,“图表 1”就会插入到刚才插入的图表下面,如图 3 - 80 所示。当用户又插入了一张图表后,再执行“题注”命令时,出现的对话框中的“题注栏”就自动变成了“图表 2”,只需按“确定”按钮即可,其他图表以此类推。

2. 脚注和尾注

为了保证文档行文的连贯性,有时对于文中出现的相关概念须加以注释进行解释,注释放在本页末和文档末尾,这就产生了脚注和尾注,文档中脚注和尾注一般都用顺序编号或特定符号提示。脚注和尾注的具体内容分别在页面的最下面和文档的最后。脚注和尾注都与对应的注释引用标记编号一一对应、配套使用,它给用户阅读文档提供了很大的方便。

添加脚注的方法:选择文档中要设置脚注的插入点,然后单击“引用”选项卡中“脚注”组的“插入脚注”按钮,此时页面底端会出现提示,根据文档编排的需要输入脚注的具体内容即可。如果要将注释内容放在文档结尾处,那就需要插入尾注了,方法与插入脚注类似,只需要选择“插入尾注”按钮即可。用户可以按需要修改脚注和尾注的格式,查看或删除脚注和尾注等。

3. 批注

“批注”是文档审阅人员在原有文档上添加的批阅性文字。这些批注可以使其他人员了解批阅者对该文档的看法和意见,然后根据批注对文档进行加工、修改,使之更加完善。添加批注后,在文档中添加批注的地方显示为黄色底纹,当把鼠标移向批注的时候,

该批注的具体内容就会自动显示出来。批注只是给文档提意见,并不直接修改文档。因为它隐藏在原文档中,所以并不影响对原文档的打印和阅读。

图书季度销售表

	第一季度	第二季度	第三季度	第四季度
经济类	3 010	3 500	4 200	3 300
儿童类	3 032	5 050	4 032	5 002
科普类	4 050	4 000	3 500	3 800

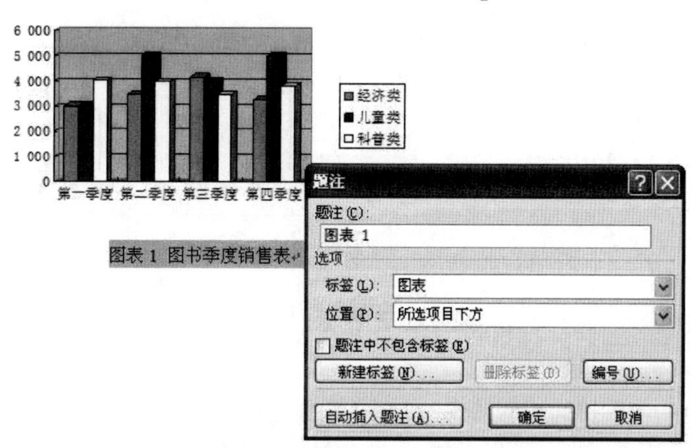

图 3－80　插入题注

添加批注的方法:先用鼠标单击或选定要插入批注的位置或区域,然后选择“审阅”选项卡的“批注”组,单击“新建批注”按钮,在出现的批注框中输入批注的内容即可。如果计算机配有话筒,批阅人员还可以按“插入声音”按钮,用话筒录入声音批注。

当用户确认不需要保存批注时,可把鼠标移向批注处,单击鼠标右键并选择菜单中的“删除批注”命令即可。

3.7.4　自动生成目录

目录通常是长文档中不可缺少的一部分,用户能够通过目录清楚地了解文档的结构内容,以及每一部分的起始页码并进行快速定位。在 Word 中,可以像编写普通文档一样手工编写目录,但是,如果文档的结构发生了较大的改变,用户必须对整个目录加以改写,工作量相当大;如果利用 Word 所提供的自动生成目录功能,不仅可以简单、快速、可靠地完成目录的编制,而且即使改变了文章的结构,只需更新目录,就可以使其适应新的文档。

1. 创建目录

创建目录前需要对目录的标题使用标题样式。

创建目录的步骤如下:

(1)为在目录中生成的标题文字设置标题样式。

(2)将光标定位在要插入目录的位置。

(3)选择“引用”选项卡中“目录”选项组的“目录”按钮。

(4)选择“插入目录”命令,在弹出的“目录”对话框中设置目录格式,如图 3－81 所示。

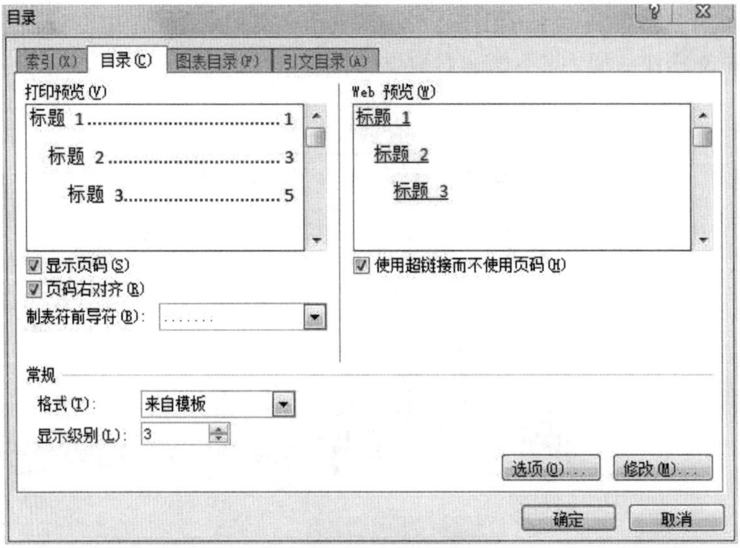

图 3－81 “目录”选项卡

2．更新目录

如果改变了文档的结构，则需要更新目录。因为目录本身是一个“域”，因此可用“更新域”的方法来实现。先单击目录，整个目录被选中后再单击右键，从弹出的快捷菜单中选择“更新域”命令（或者直接按 F9 键），系统会弹出“更新目录”对话框，可根据需要进行更新，如图 3－82 所示。

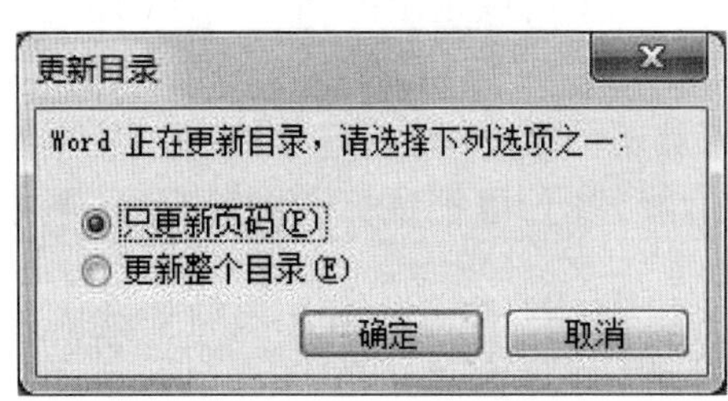

图 3－82 “更新目录”对话框

3．自动跟踪

按住 Ctrl 键并单击目录标题名称可跳转到相应章节页，实现自动跟踪。

实验 1：制作放假通知

一、实验目的

1. 了解 Word 2010 启动和退出的界面。
2. 掌握创建 Word 文档的基本操作，包括文档的建立、打开、保存和关闭。
3. 掌握插入和改写、撤销与恢复以及移动与删除的操作。
4. 掌握 Word 2010 的字符排版、段落排版等操作。

二、实验内容

利用 Word 2010 制作关于国庆节放假安排的通知。

三、实验要求

完成“放假通知”的制作。

(1)设置标题文字为黑体、二号、居中对齐,段前、段后各 1 行,1.5 倍行距。

(2)设置正文字号为三号,1.5 倍行距。参照样张,将“一、放假时间”和“二、具体要求”两段设置为黑体,其余正文文字为仿宋。

(3)设置正文第 1 段“各位同学:”顶格,其余正文首行缩进 2 字符。

(4)设置落款正文文字为仿宋、三号、右对齐。

放假通知的效果如图 3－83 所示。

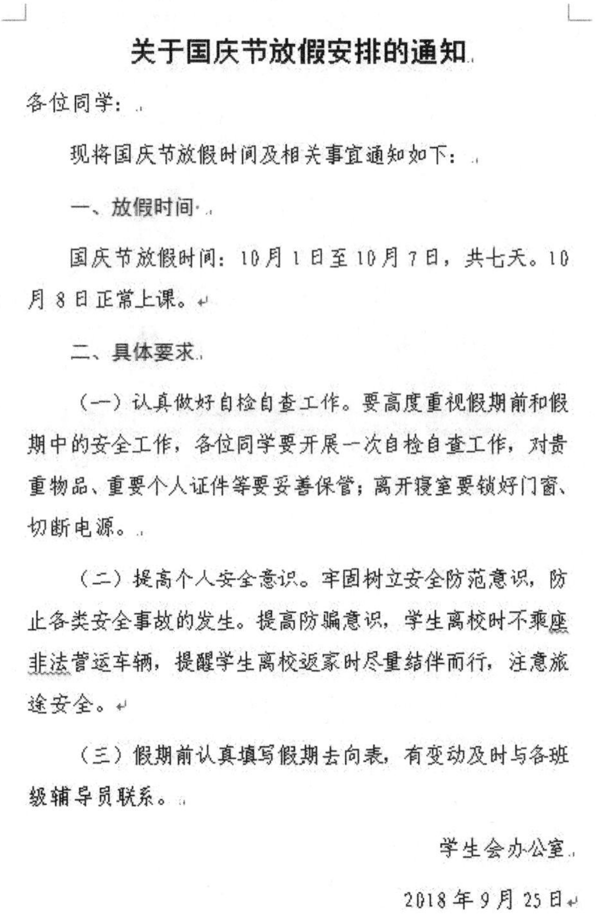

关于国庆节放假安排的通知

各位同学：

现将国庆节放假时间及相关事宜通知如下：

一、放假时间

国庆节放假时间：10月1日至10月7日，共七天。10月8日正常上课。

二、具体要求

（一）认真做好自检自查工作。要高度重视假期前和假期中的安全工作，各位同学要开展一次自检自查工作，对贵重物品、重要个人证件等要妥善保管；离开寝室要锁好门窗、切断电源。

（二）提高个人安全意识。牢固树立安全防范意识，防止各类安全事故的发生。提高防骗意识，学生离校时不乘座非法营运车辆，提醒学生离校返家时尽量结伴而行，注意旅途安全。

（三）假期前认真填写假期去向表，有变动及时与各班级辅导员联系。

学生会办公室

2018年9月25日

图 3－83　放假通知样张

四、实验步骤

制作“放假通知”的操作步骤如下：

(1)启动 Microsoft Word 2010,新建一个默认名为“文档 1”的空文档。

(2)将文本内容录入到文档中,当文字输入到行尾页边距处会自动换行,段落结束后强行换行可按回车键(Enter),信息录入完毕后如图 3－84 所示。

关于国庆节放假安排的通知
各位同学：
现将国庆节放假时间及相关事宜通知如下：
一、放假时间
国庆节放假时间：10 月 1 日至 10 月 7 日，共七天。10 月 8 日正常上课。
二、具体要求
（一）认真做好自检自查工作。要高度重视假期前和假期中的安全工作，各位同学要开展一次自检自查工作，对贵重物品、重要个人证件等要妥善保管；离开寝室要锁好门窗、切断电源。
（二）提高个人安全意识。牢固树立安全防范意识，防止各类安全事故的发生。提高防骗意识，学生离校时不乘座非法营运车辆，提醒学生离校返家时尽量结伴而行，注意旅途安全。
（三）假期前认真填写假期去向表，有变动及时与各班级辅导员联系。

学生会办公室
2018 年 9 月 25 日

图 3－84　文本录入

(3)文档内容输入完成后,单击“快速访问”工具栏中“保存”按钮,由于是首次保存该文档,将弹出“另存为”对话框,如图 3－85 所示。在“另存为”对话框中可设置该文档的保存位置、文件名和文件保存类型。

图 3－85　另存为对话框

(4)首行缩进和行距的设置如图 3－86 所示。

设置首行缩进:将插入点置于要设置首行缩进段落中的任意位置,如对多段进行设置需要选定多段。选择“开始”功能区的“段落”组,单击右下角的“对话框启动器”,在弹出的“段落”对话框中将缩进选区中的特殊格式设为“首行缩进”,度量值为“2 字符”,单击“确定”按钮即可。

设置行距:选中文档的全部内容(可以使用快捷键 Ctrl + A)。选择“开始”功能区的“段落”组,单击右下角的“对话框启动器”,在弹出的“段落”对话框中将间距选区的行距设为“1.5 倍行距”,单击“确定”按钮即可。

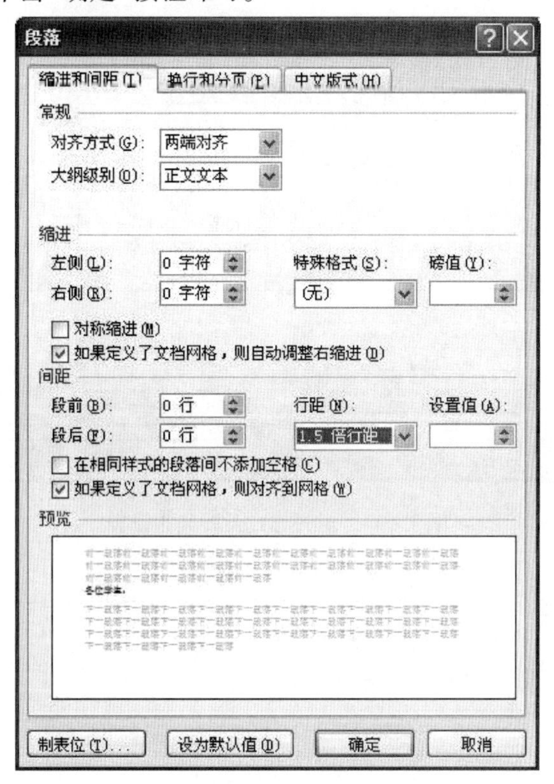

图 3 - 86　首行缩进及行距设置

(5)段落的对齐方式和段前、段后间距的设置如图 3 - 87 所示。

设置段落对齐:将插入点置于要设置对齐方式的段落中的任意位置,如对多段进行设置需要选定多段。选择“开始”选项卡的“段落”组,单击右下角的“对话框启动器”,在弹出的“段落”对话框中将常规选区中的对齐方式设为“居中”(标题)或“右对齐”(落款),单击“确定”按钮即可。

设置段间距:将插入点置于要设置段间距的段落中的任意位置,如对多段进行设置需要选定多段。选择“开始”功能区的“段落”组,单击右下角的“对话框启动器”,在弹出的“段落”对话框中将间距选区中的段后设为“1 行”(标题)或段前设为“5 行”(落款),单击“确定”按钮即可。

(6)项目符号和编号的设置如图 3 - 88 所示。

设置项目符号和编号:将插入点置于要设置项目符号的文字前。选择“开始”选项卡的“段落”组,单击“项目符号”按钮和“编号”按钮,在相应的选项卡下选择需要的项目符号或编号,单击“确定”按钮即可。

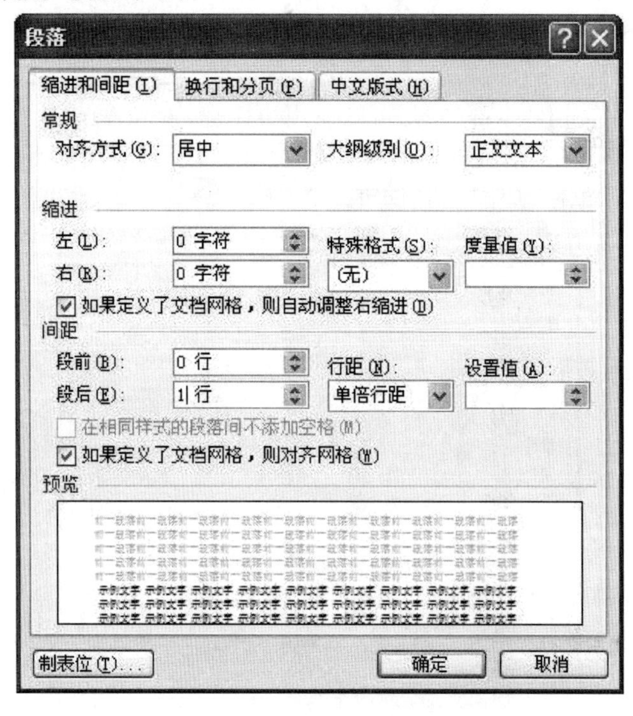

图 3-87　对齐方式及段间距设置

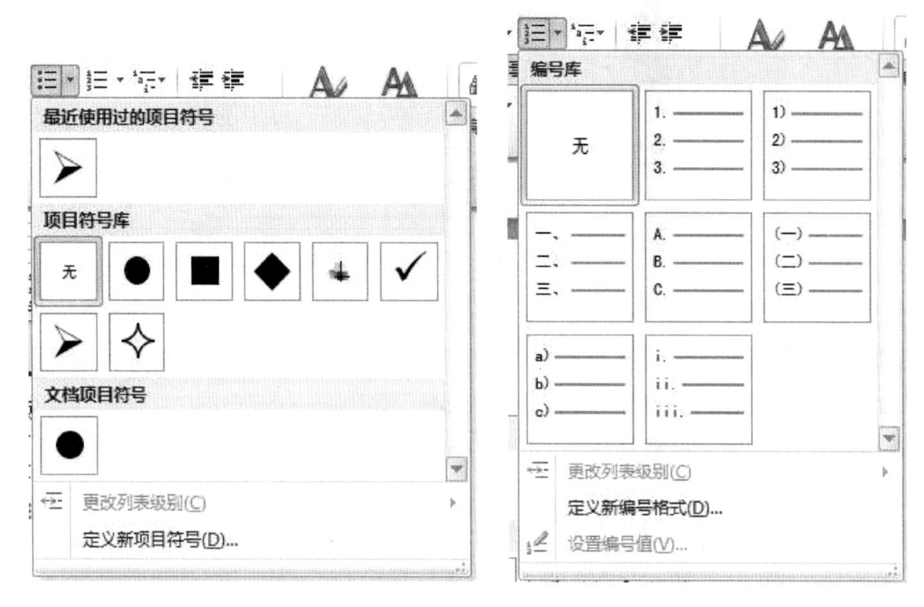

图 3-88　项目符号和编号

(7)将排版后的文档进行再次保存,保存方法如步骤(3)所示,如不想覆盖原有文档应选择“文件”菜单下的“另存为”命令。

实验 2:个人简历

一、实验目的

1. 了解文本输入、修改、删除、复制和移动等方法。
2. 掌握 Word 2010 的撤销与恢复、查找与替换的方法。
3. 掌握 Word 2010 的字符排版、段落排版等操作。
4. 掌握 Word 2010 分栏、首字下沉等特殊格式的排版。

二、实验内容

利用 Word 2010 制作一份个人简历。

三、实验要求

完成“个人简历”的制作。

(1)输入样张中的文字,并以“个人简历.docx”为文件名保存。输入过程中注意文本输入、修改、删除、复制和移动等方法的运用。

(2)将文本中的“蓝球”全部替换为“篮球”。

(3)设置为 A4 纸,页边距:上、下、左、右各 2 厘米。

(4)页眉:为文档添加页眉“个人简历”,样式为空白,字体格式为宋体五号、居中。

页脚:在页脚中插入“页码”,格式为 -1-、-2- 等,字体格式为宋体五号、居中对齐。

(5)将标题文本“个人简历”设置为幼圆、小一、蓝色、加粗、居中,字符间距加宽 3 磅,段前、段后各 0.5 行,并设置为绿色单线边框和黄色底纹。

(6)将正文一级标题“1.基本资料”“2.爱好特长”“3.我的大学计划”设置为仿宋、小四、加粗。

(7)将正文设置为宋体、五号。

(8)给第 3 部分的“要有运动的习惯”文字加上绿色双下划线,给“千万别”加上“着重号”。

(9)将正文各段设置为首行缩进 2 个字符,设置行距最小值为 20 磅。

(10)设置最后的落款姓名和日期的对齐方式为右对齐。

(11)参见样张,设置正文的项目符号。

(12)设置第 3 段落首字下沉。

(13)将第 2、3 段设置为两栏,栏宽相等。

个人简历样张如图 3-89 所示。

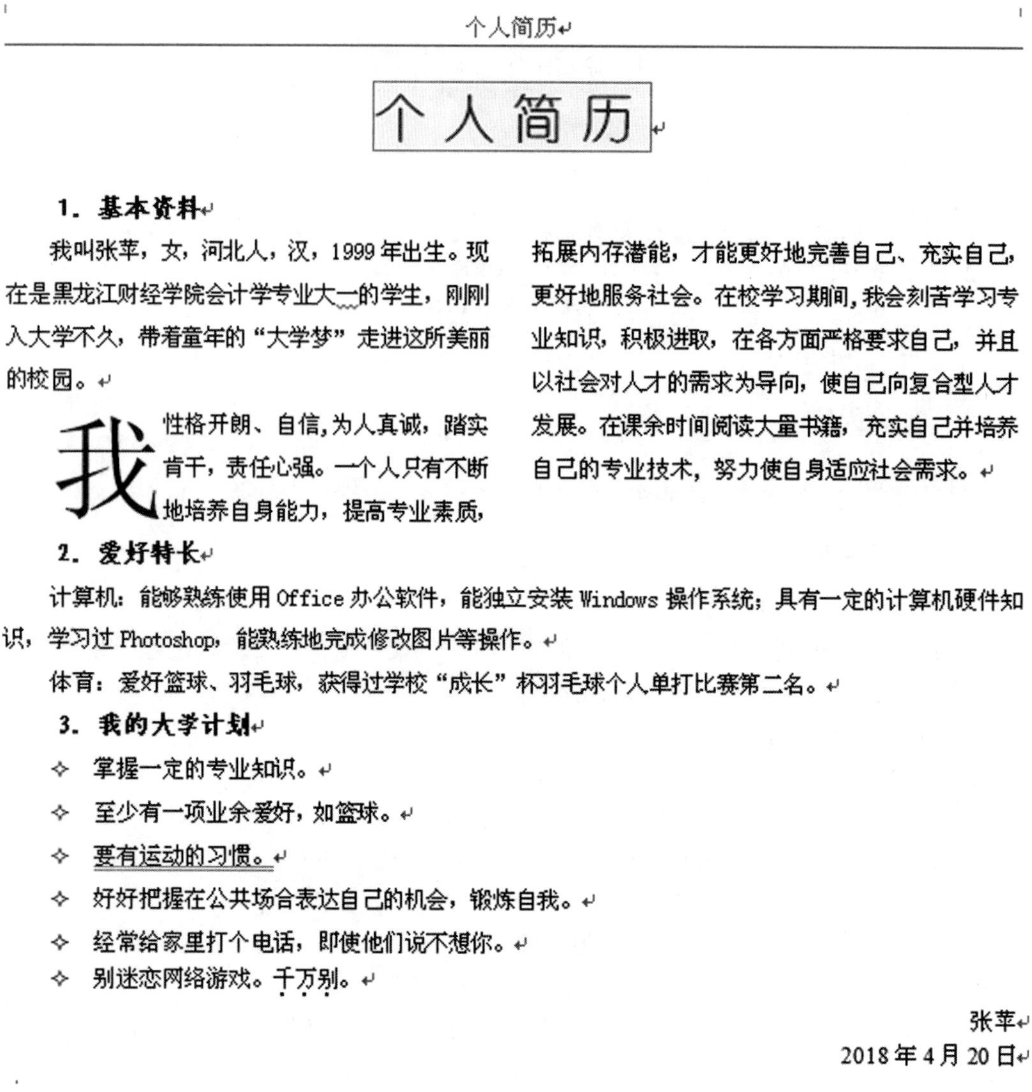

个人简历

个人简历

1. 基本资料

我叫张苹，女，河北人，汉，1999年出生。现在是黑龙江财经学院会计学专业大一的学生，刚刚入大学不久，带着童年的“大学梦”走进这所美丽的校园。

我性格开朗、自信，为人真诚，踏实肯干，责任心强。一个人只有不断地培养自身能力，提高专业素质，拓展内存潜能，才能更好地完善自己、充实自己，更好地服务社会。在校学习期间，我会刻苦学习专业知识，积极进取，在各方面严格要求自己，并且以社会对人才的需求为导向，使自己向复合型人才发展。在课余时间阅读大量书籍，充实自己并培养自己的专业技术，努力使自身适应社会需求。

2. 爱好特长

计算机：能够熟练使用Office办公软件，能独立安装Windows操作系统；具有一定的计算机硬件知识，学习过Photoshop，能熟练地完成修改图片等操作。

体育：爱好篮球、羽毛球，获得过学校“成长”杯羽毛球个人单打比赛第二名。

3. 我的大学计划

- 掌握一定的专业知识。
- 至少有一项业余爱好，如篮球。
- 要有运动的习惯。
- 好好把握在公共场合表达自己的机会，锻炼自我。
- 经常给家里打个电话，即使他们说不想你。
- 别迷恋网络游戏。千万别。

张苹

2018年4月20日

图3－89　个人简历样张

四、实验步骤

制作“个人简历”的操作步骤如下：

(1)启动Microsoft Word 2010，新建一个默认名为“文档1”的空文档。将文本内容录入到文档中，当文字输入到行尾页边距处会自动换行，段落结束后强行换行可按回车键(Enter)，信息录入完毕后排版即可。

(2)在“开始”选项卡的“编辑”组中选择“替换”命令打开“查找和替换”对话框，在“替换”选项卡中填写文本，如图3－90所示，然后单击“全部替换”即可完成替换操作。

(3)单击“页面布局”选项卡中“页面设置”的“纸张大小”和“页边距”完成设置，或单击该组的“对话框启动器”启动“页面设置”对话框，在不同的选项卡中完成设置，如图

3 –91 所示。

查找和替换
查找(D)
替换(P)
定位(G)
查找内容(N):
蓝球
选项:
区分全/半角
替换为(I):
篮球
更多(M) >>
替换(R)
全部替换(A)
查找下一处(F)
取消

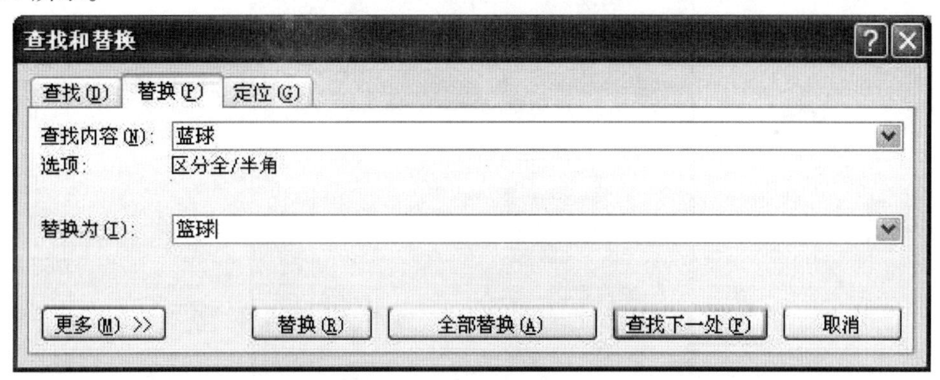

图 3 –90　替换

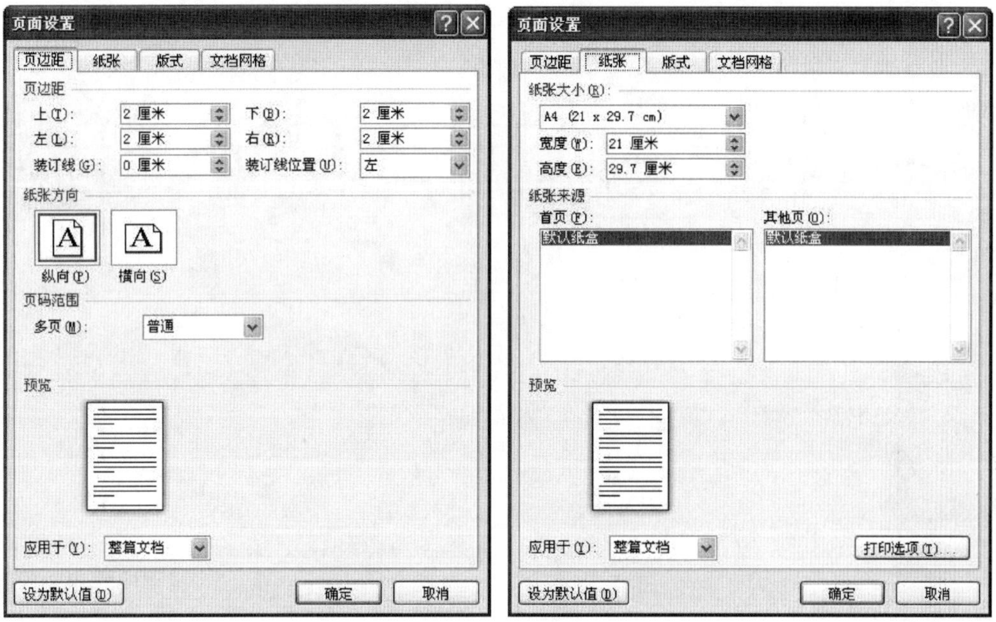

页面设置
页边距
纸张
版式
文档网格
页边距
上(T):
2 厘米
下(B):
2 厘米
左(L):
2 厘米
右(R):
2 厘米
装订线(G):
0 厘米
装订线位置(U):
左
纸张方向
纵向(P)
横向(S)
页码范围
多页(M):
普通
预览
应用于(Y):
整篇文档
设为默认值(D)
确定
取消
页面设置
页边距
纸张
版式
文档网格
纸张大小(R):
A4 (21 x 29.7 cm)
宽度(W):
21 厘米
高度(E):
29.7 厘米
纸张来源
首页(F):
默认纸盒
其他页(O):
默认纸盒
预览
应用于(Y):
整篇文档
打印选项(T)...
设为默认值(D)
确定
取消

图 3 –91　页面设置

(4)单击“插入”选项卡的“页眉和页脚”组进行页眉或页脚设置。

设置页眉:在页眉区输入“个人简历”,然后设置为宋体、五号、居中。

设置页码:单击“插入”选项卡中“页眉和页脚”组的“页码”,选择“设置页码格式”命令,设置页码格式为 –1 –、–2 –等,如图 3 –92 所示。然后选择“页面底端”的“普通数字 2”命令插入页码即可,如图 3 –93 所示。

(5)选择标题“个人简历”,选择“开始”选项卡的“字体”组,设置字体为幼圆,字号小一,字体颜色为蓝色、加粗,再选择“段落”组中的“居中”按钮,如图 3 –94 所示。

图 3－92　页码格式

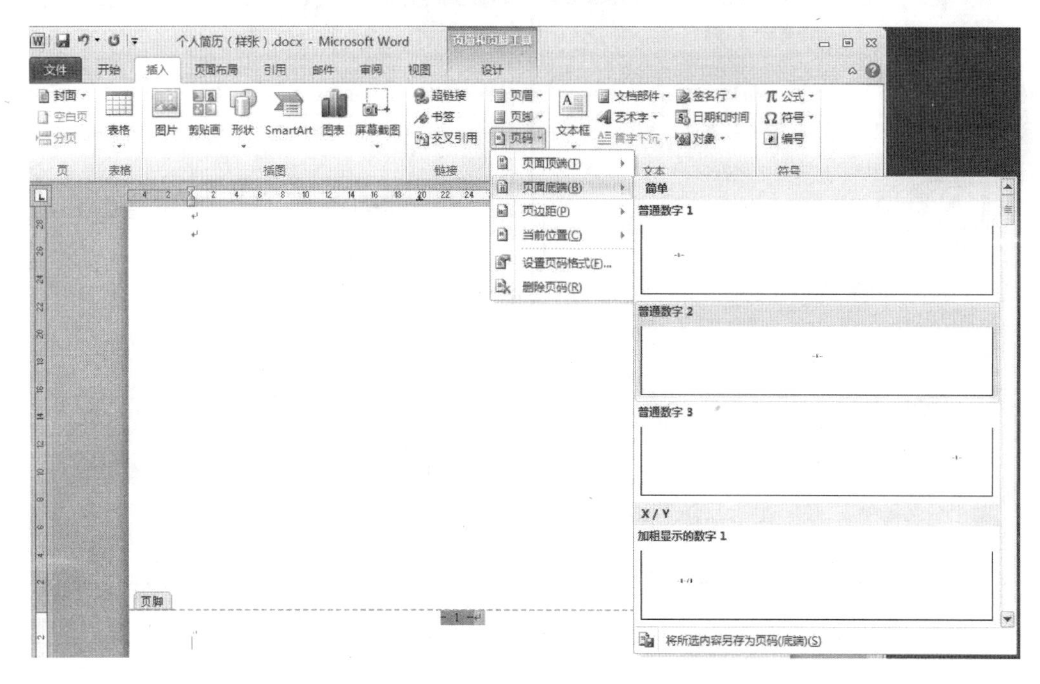

图 3－93　插入页码

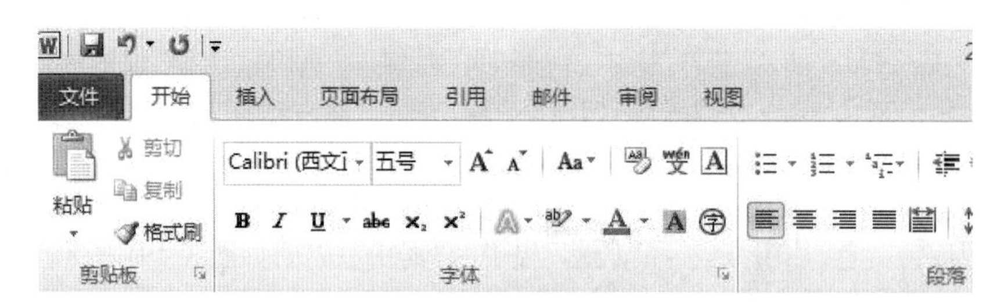

图 3－94　字体格式设置

选择“开始”选项卡中“段落”组右下角的 ，打开“段落”对话框并设置段前、段后各

0.5 行，如图 3－95 所示。

在“段落”组中单击“边框”按钮，如图 3－96 所示，选择“边框和底纹”打开对话框，在“边框”选项卡中选择“方框”“单线”“绿色”，如图 3－97 所示。然后在“底纹”选项卡中设置“填充”颜色为“黄色”，如图 3－98 所示，最后单击“确定”即可完成设置。

（6）分别选择文本“1. 基本资料”“2. 爱好特长”“3. 我的大学计划”，在“开始”选项卡的“字体”组中设置格式为仿宋、小四、加粗。

（7）选择正文，在“开始”选项卡的“字体”组中设置格式为宋体、五号。

（8）在第 3 部分中选择文本“要有运动的习惯”，在“开始”选项卡的“字体”组中单击下划线按钮 **U** 右侧的三角箭头，打开如图 3－99 所示的列表，选择“双线”，然后再选择“下划线颜色”为绿色。在第 3 部分中选择文本“千万别”，然后在“字体”对话框中设置着重号。

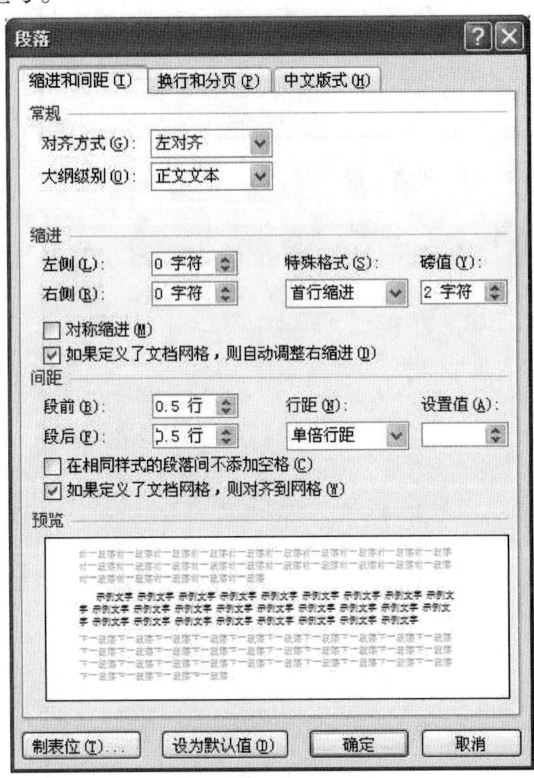

图 3－95　段前段后设置

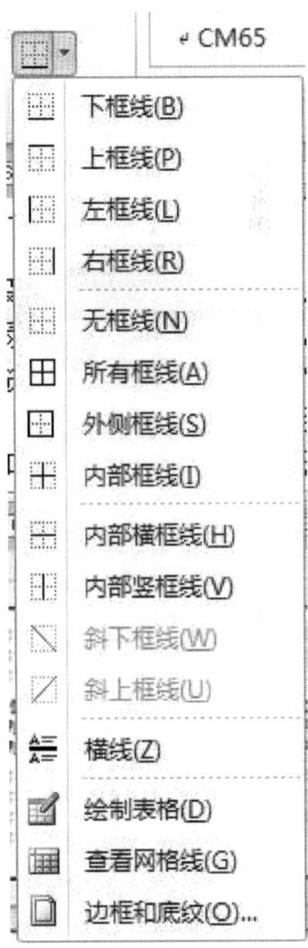

图 3－96　边框按钮

图 3－97　设置边框

图 3－98　设置底纹

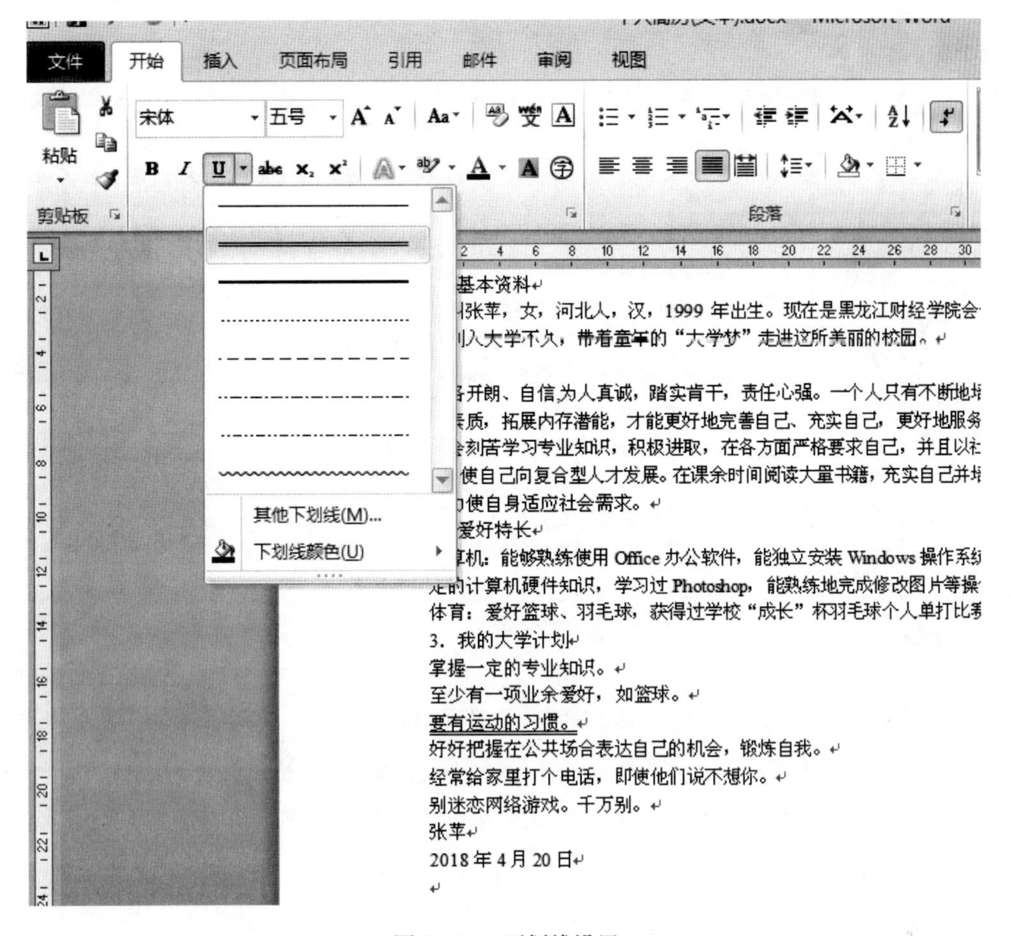

图 3－99　下划线设置

(9)选择正文,在“开始”选项卡的“段落”组中启动“段落”对话框,然后设置正文各段格式为首行缩进 2 个字符,设置行距最小值为 20 磅。

(10)选择落款姓名和日期,在“开始”选项卡的“段落”组中单击“右对齐”按钮设置为右对齐即可。

(11)选择第 3 部分中的文字,单击“项目符号”按钮选择项目符号,如图 3－100 所示。

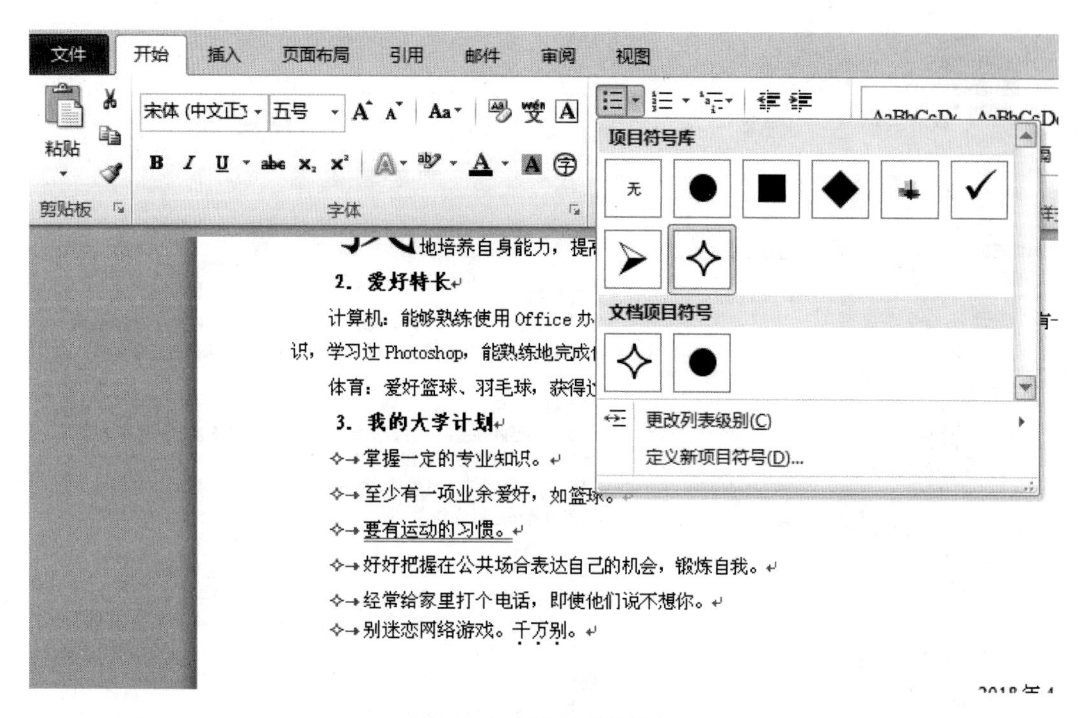

图 3－100　设置项目符号

(12)将光标设置在第 3 段文字中，单击“插入”选项卡的“文本”组的“首字下沉”，选择“下沉”，如图 3－101 所示。如果需要设置参数，可选择“首字下沉选项”完成设置。

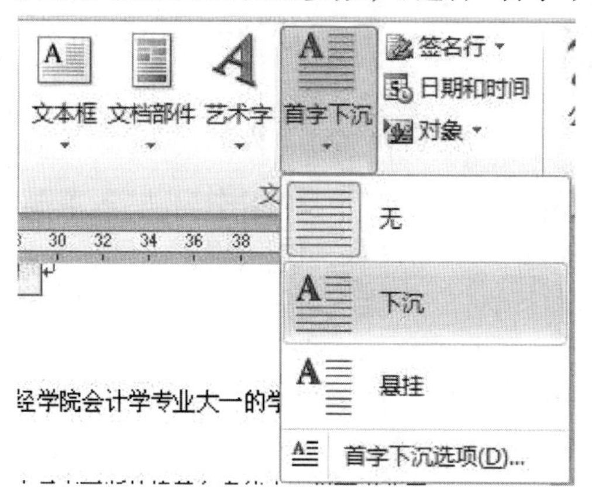

图 3－101　首字下沉

(13)选择第 2、3 段文本，然后单击“页面布局”选项卡的“页面设置”组中的“分栏”按钮，选择两栏，如图 3－102 所示。如果需要设置参数，可以选择“更多分栏”再设置。

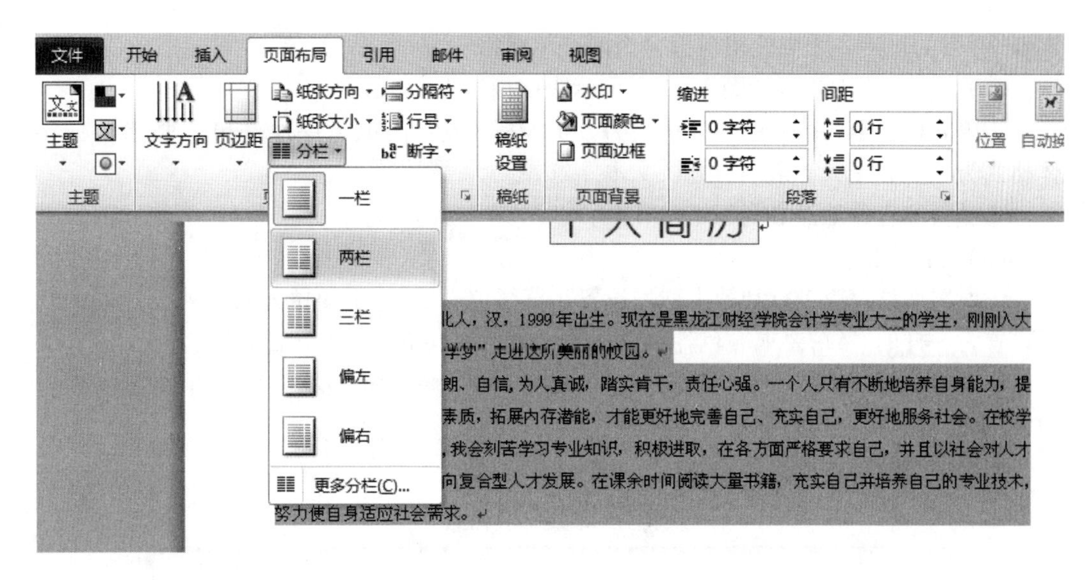

图 3 - 102　分栏

此时,完成了个人简历的排版,保存文档。

实验 3:制作课程表

一、实验目的

1. 掌握创建表格的基本方法。
2. 掌握表格的编辑方法。
3. 掌握修饰表格的基本方法。

二、实验内容

利用 Word 2010 制作一个数学专业课程表。

三、实验要求

完成课程表的制作。

(1)新建一个 Word 文档,保存在“D:\学号 - 姓名”文件夹中,命名为“实验六:数学专业课程表. docx”。

(2)输入表格标题“数学专业课程表”,设置为黑体、一号、深蓝色、居中。

(3)创建一个 6 行 9 列的表格,居中对齐,并对行和列进行调整。

①在左上角单元格中插入一条斜线,表头文字为“节次”和“星期”,字体格式为黑体、五号。

②在第 1 行和第 1 列的单元格中分别输入节次和星期的文字,字体格式为黑体、四号、居中。

③分别将第 2 ~ 6 行中的空白单元格按每两个一组进行合并,然后将“星期一”和“星

期五”两行的最后一个单元格各拆分为两个单元格。

(4)在单元格中输入如图 3-103 所示表格内容。

①单元格中学科名称的字体格式为方正大标宋简、小四;上课地点和“(必修)”的字体格式为均为方正大标宋简、小五、文本左对齐。

②学科和上课地点之间以空格分开,“(必修)”另起一行。

(5)美化表格。

①设置底纹。第 1 行和第 1 列均设置为草绿色底纹(左上角单元格除外),相同的学科设置为一样的底纹,要求颜色各异,搭配得体,无课的单元格不设置底纹。

②设置表格边框。将表格外边框设置为▬▬▬▬;第 1 行下边框、第 1 列右边框、第 5 列右边框均设置为 2.25 磅粗边框,其他单元格边框为细实线。

制作一个数学专业课程表,效果如图 3-103 所示。

数学专业课程表

节次 星期	一	二	三	四	五	六	七	八
星期一	数学分析 II 主楼 302 (必修)		英 语 II 主楼 510 (必修)		教育学 主楼 416 (必修)		听 力 主楼 610	
星期二	高代与解几 II 主楼 411 (必修)		概率统计 主楼 413 (必修)		计算机技术应用 (必修) 计算机中心 220			
星期三			数学分析 II 主楼 302 (必修)		英 语 II 主楼 510 (必修)		中国近代史纲要 西 305 (必修)	
星期四	概率统计 主楼 413 (必修)		高代与解几 II 主楼 411 (必修)		计算机技术应用 (必修) 计算机中心 220			
星期五	数学分析 II 主楼 302 (必修)		体 育 田径场 (必修)				听 力 主楼 610	

图 3-103 课程表效果

四、实验步骤

制作课程表的操作步骤如下:

(1)启动 Word 2010,创建一个新文档,命名为“实验六:数学专业课程表.docx”,保存在“D:\学号-姓名”文件夹中。

(2)在“页面布局”选项卡的“页面设置”组中单击“纸张方向”按钮,将纸张设置为横向。

(3)输入文字“数学专业课程表”作为表格标题,在“开始”选项卡的“字体”组中设置字体为黑体、字号为一号,字体颜色为深蓝色,然后在“段落”组中单击“居中”按钮。

(4)在“插入”选项卡的“表格”组中单击“表格”按钮,在打开的列表中选择 6 行 9 列,插入表格。

(5)单击表格左上角的位置的“全选柄”选择整个表格。

(6)在第 1 个单元格中定位光标,在“设计”选项卡的“表格样式”组中单击“边框”按钮右侧的小箭头,在打开的列表中选择“斜下框线”选项。

(7)选择整个表格,然后单击鼠标右键,在弹出的快捷菜单中选择“表格属性”命令,在“表格属性”对话框中切换到“行”选项卡，设置行高为 1.42 厘米，如图 3－104 所示；切换到“列”选项卡，设置列宽为 2.42 厘米，如图 3－105 所示。

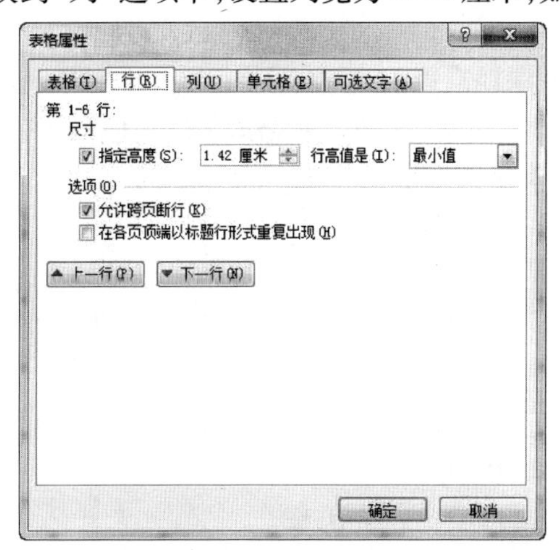

图 3－104　设置行高

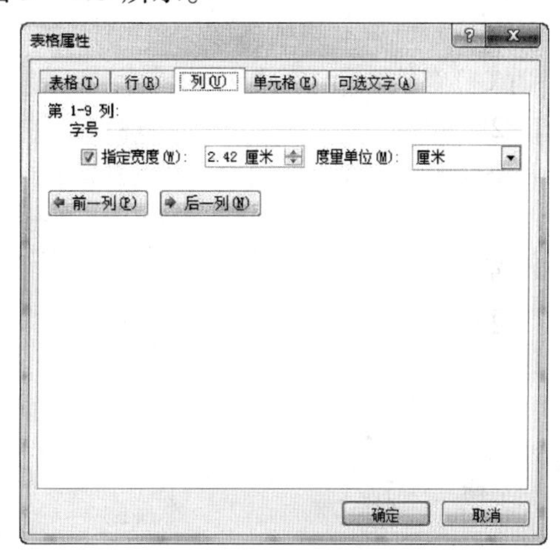

图 3－105　设置列宽

(8)单击“确定”按钮，更改行高与列宽。

(9)在表格的第 1 行和第 1 列单元格中分别输入节次和星期，将文字设置为黑体、四号(左上角的文字为五号)、居中显示。

(10)同时选择第 2 行表格的第 2 和第 3 单元格，单击鼠标右键，从快捷菜单中选择“合并单元格”命令，将其合并为一个单元格。用同样的方法，分别将第 2～6 行中的空白单元格每两个一组进行合并。

(11)选择第 2 行最后一个单元格，单击鼠标右键，从快捷菜单中选择“拆分单元格”命令，将其拆分为 1 行 2 列。用同样的方法，再将表格右下角的单元格进行拆分，结果如图 3－106 所示。

数学专业课程表

节次 / 星期	一	二	三	四	五	六	七	八
星期一								
星期二								
星期三								
星期四								
星期五								

图 3－106　合并与拆分后的表格效果

(12)在单元格中输入学科名称、上课地点及是否必修等文字，其中学科和上课地点之间以空格分开,“(必修)”另起一行。

(13)选择表头除外的所有单元格内容,设置字体为“方正大标宋简”、小四号、文本左对齐。

(14)在第2行、第2列的单元格中选择上课地点及“(必修)”文字,更改字号为小五,然后在“开始”选项卡的“剪贴板”组中双击“格式刷”按钮复制格式,在其他单元格中的上课地点及“(必修)”文字上拖动鼠标,更改文字的大小,如图3-107所示。

数学专业课程表

节次 星期	一	二	三	四	五	六	七	八
星期一	数学分析Ⅱ 主楼302 (必修)		英 语Ⅱ 主楼510 (必修)		教育学 主楼416 (必修)		听 力 主楼610	
星期二	高代与解几Ⅱ 主楼411 (必修)		概率统计 主楼413 (必修)		计算机技术应用 (必修) 计算机中心220			
星期三			数学分析Ⅱ 主楼302 (必修)		英 语Ⅱ 主楼510 (必修)		中国近代史纲要 西305 (必修)	
星期四	概率统计 主楼413 (必修)		高代与解几Ⅱ 主楼411 (必修)		计算机技术应用 (必修) 计算机中心220			
星期五	数学分析Ⅱ 主楼302 (必修)		体 育 田径场 (必修)				听 力 主楼610	

图3-107 设置文字格式后的效果

(15)按住Ctrl键的同时选择表格第1行和第1列中的所有单元格(左上角单元格不选),在“设计”选项卡的“表格样式”组中单击“底纹”按钮,在打开的列表中选择草绿色。

(16)用同样的方法,同时选择表格中相同的学科,为其设置底纹,要求颜色各异,无课的单元格不设置底纹。

(17)单击表格左上角的位置句柄?选择整个表格,在“设计”选项卡的“绘图边框”组中打开“笔样式”列表,选择倒数第3个笔样式,然后在“表格样式”组中单击“边框”按钮右侧的小箭头,在打开的列表中选择“外侧框线”选项,为表格添加立体粗线外框。

(18)在“设计”选项卡的“绘图边框”组中打开“笔划粗细”列表,选择2.25磅的线条,然后单击其右侧的“绘制表格”按钮,重新绘制第1行的下边框、第1列的右边框、第5列的右边框。

(19)按下Ctrl+S键保存文档。

实验4:制作邀请函

一、实验目的

1. 掌握图文混排操作,综合利用文本框、艺术字、自选图形、图片和表格设计美观、适用的邀请函。

2. 了解并掌握邮件合并方法,制作邀请函。

二、实验内容

利用 Word 2010 制作校园文化艺术节邀请函。

三、实验要求

制作出的邀请函效果如图3-108所示,完成的最终效果如图3-109所示。

提示:利用“插入”选项卡下的“艺术字”“文本框”“形状”“表格”按钮创建各对象,并对各对象格式化。最后,用“文件”选项卡下的“保存”命令保存。

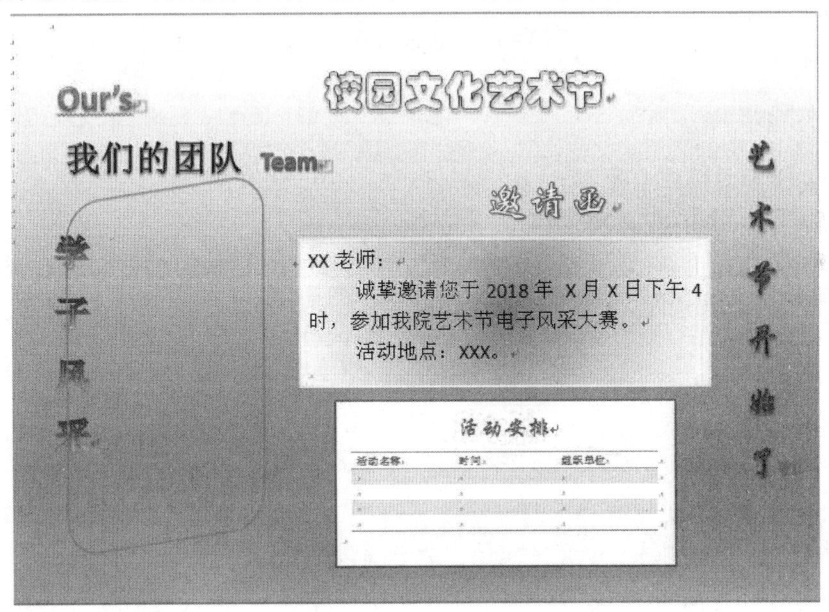

图3-108　邀请函效果图

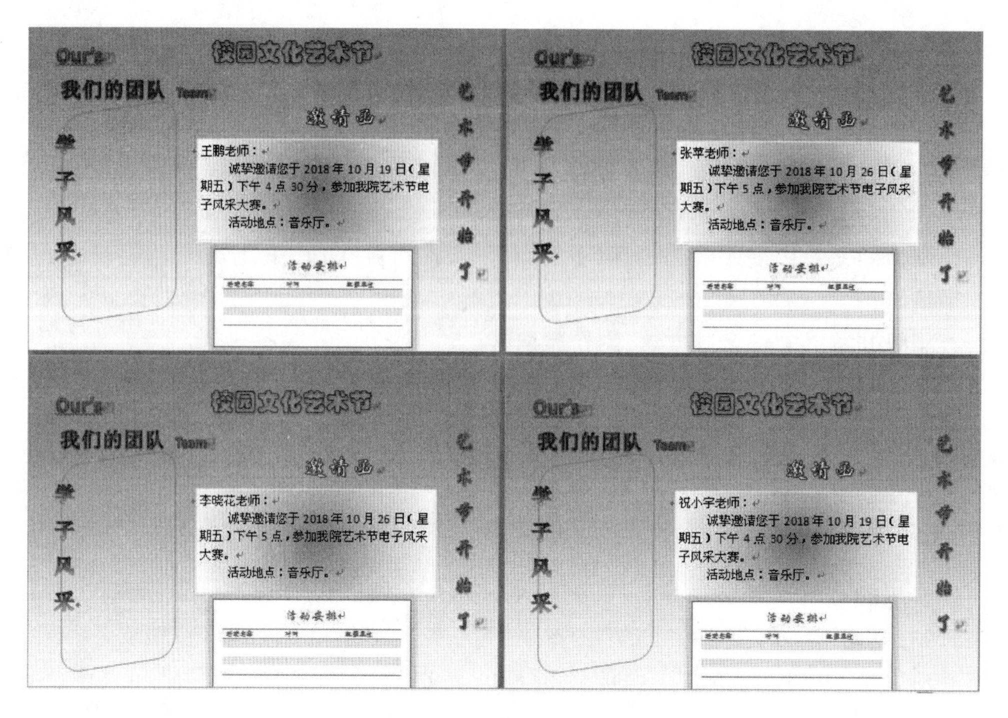

图 3－109　邀请函最终效果图

四、实验步骤

制作邀请函的操作步骤如下：

(1)新建 Word 2010 文档,文件名字自拟。

(2)单击“页面布局”选项卡下中“页面设置”组的“对话框启动器”按钮,弹出“页面设置”对话框,在“页边距”选项卡中将上、下、左、右页边距设置为 0 厘米,纸张方向为横向,如图 3－110 所示。

(3)艺术字的编辑。

本例中,效果图中“Our’s 我们的团队 Team”“学子风采”“艺术节活动安排”和“邀请函”都是用艺术字制作的。

制作艺术字的方法如下:

①单击“插入”选项卡“文本”组中的“艺术字”按钮。

②在弹出的“艺术字样式”列表中选择一种艺术字样式,输入文字即可。

③选中艺术字,利用“开始”选项卡的“字体”组中的命令按钮修改字体、字号等文字格式,利用“绘图工具”→“格式”选项卡(图 3－111)的“艺术字样式”组中对应的命令按钮修改艺术字的样式,利用“文本”组中的“文字方向”按钮改变艺术字的方向,利用“形状样式”组中对应的命令按钮修改艺术字形状的样式等。各艺术字的效果参考图 3－108。

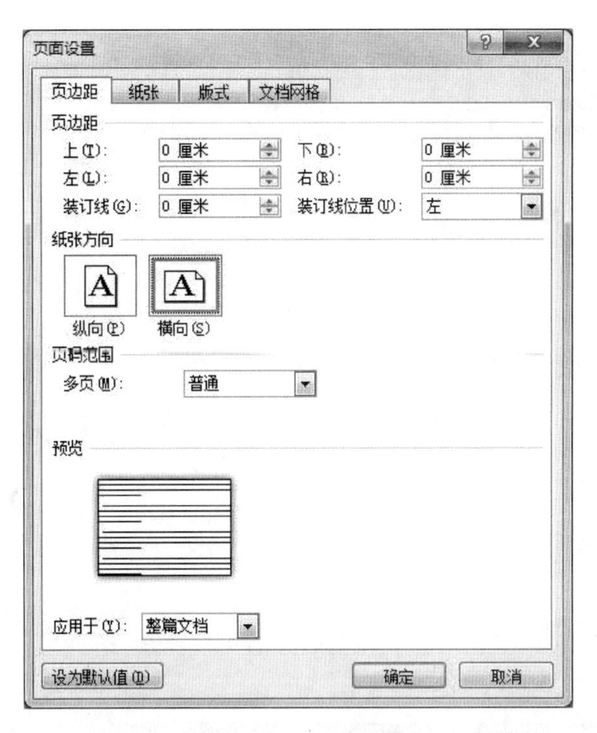

图 3－110　页面设置

图 3－111　“绘图工具”→“格式”选项卡

(4)圆角矩形的应用。

本例中圆角矩形的制作方法如下：

①单击“插入”选项卡中“插图”组的“形状”→“矩形”→“圆角矩形”按钮。

②鼠标变为十字形，在适当的位置拖拽鼠标绘出合适大小的圆角矩形。

③选中圆角矩形，利用“绘图工具”→“格式”选项卡中的“形状样式”组，将“形状轮廓”设置为蓝色，“形状填充”设置为“无填充颜色”，“形状效果”设置为“三维旋转”→“平行”→“离轴 1 右”，如图 3－112 所示。

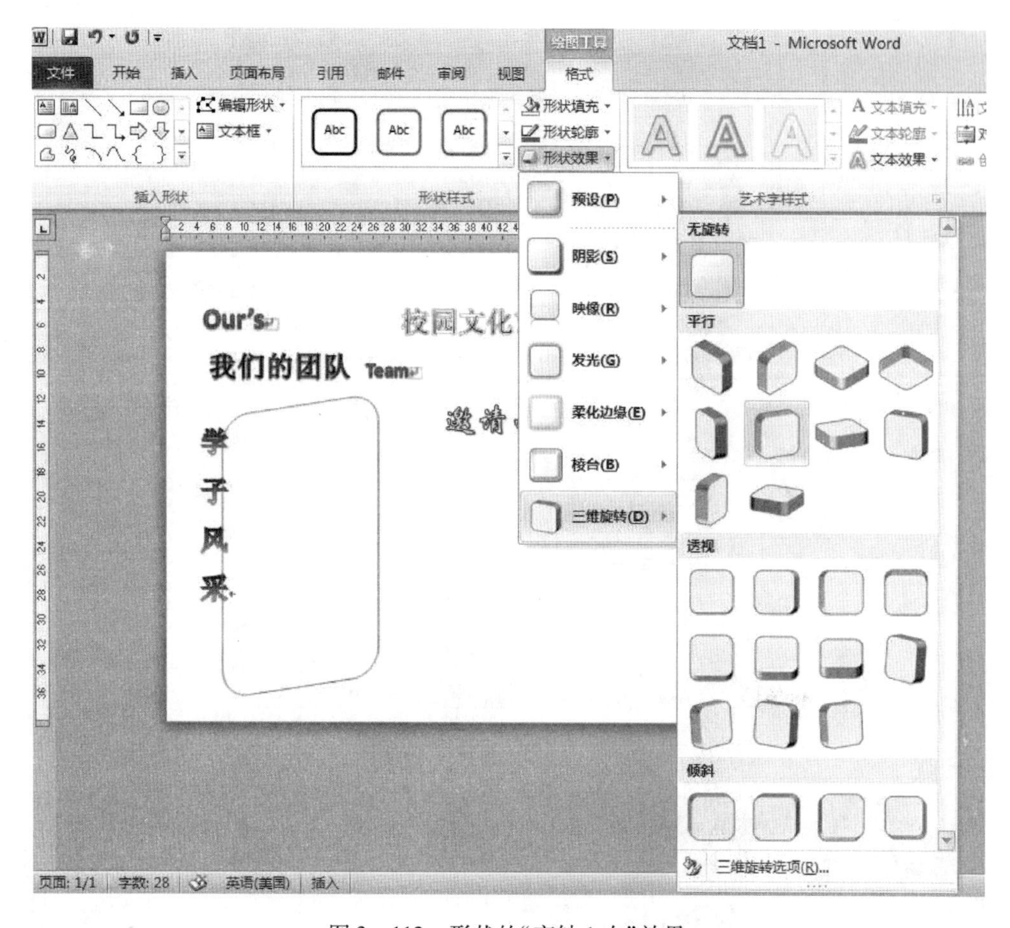

图 3－112　形状的“离轴 1 右”效果

(5)文本框的应用。

标题“校园文化艺术节”和邀请函内容放在横排文本框中,方便实现图文混排。文本框的制作方法如下:

①单击“插入”选项卡中“文本”组的“文本框”→“绘制文本框”按钮。

②鼠标变为十字形时,在适当的位置拖拽鼠标绘出横排文本框。

③在文本框中录入邀请函的内容,修改、移动文本框到适当的大小和位置。

④选中文本框,利用“绘图工具”→“格式”选项卡的“形状样式”组,将“形状轮廓”设置为黄色,“形状填充”为渐变。

(6)表格的应用。

邀请函中,“活动安排”是用 Word 中的“表格”功能制作的,制作步骤如下:

①先按照步骤(5)在适当的位置插入横排文本框,并将“形状轮廓”设置为“无轮廓”,“形状效果”为发光。

②将光标定位在文本框中,单击“插入”选项卡“表格”组中的“表格”→“插入表格”按钮。

③在弹出的“插入表格”对话框中,将“表格尺寸”设置为 3 行 3 列,单击“确定”按

钮。

④选中表格,在“表格工具”选项卡的“设计”子选项卡中的“表格样式”组中选择“浅色列表”→“强调文字颜色 5”样式,并在表格的相应单元格中输入指定文字。

(7)页面背景的设置。

①单击“页面布局”选项卡中“页面背景”组的“页面颜色”按钮,在弹出的下拉列表框中选择“填充效果”命令,弹出“填充效果”对话框。

②选中“渐变”选项卡,将颜色设置为双色,颜色 1 为浅蓝,颜色 2 为白色;“底纹样式”为“水平”,“变形”选择第 2 行第 1 个。

(8)选择“文件”选项卡中的“另存为”命令,更改“保存类型”为“文档(*.docx)”,文件名为“邀请函”,单击“保存”按钮。

(9)建立一个新的 Word 文档,内容如图 3－113 所示,并保存。

序号	姓名	活动日期	活动时间	活动地点
1	王鹏	2018 年 10 月 19 日(星期五)	下午 4 点 30 分	音乐厅
2	张苹	2018 年 10 月 26 日(星期五)	下午 5 点	音乐厅
3	李晓花	2018 年 10 月 26 日(星期五)	下午 5 点	音乐厅
4	祝小宇	2018 年 10 月 19 日(星期五)	下午 4 点 30 分	音乐厅

图 3－113　文档内容

(10)完成邮件合并。

提示:切换到“邮件”选项卡,在“开始邮件合并”组中单击“开始邮件合并”按钮,并在打开的菜单中选择“邮件合并分步向导”命令,按步骤提示完成邮件合并,参见 3.6 节。插入数据域后的效果如图 3－114 所示。

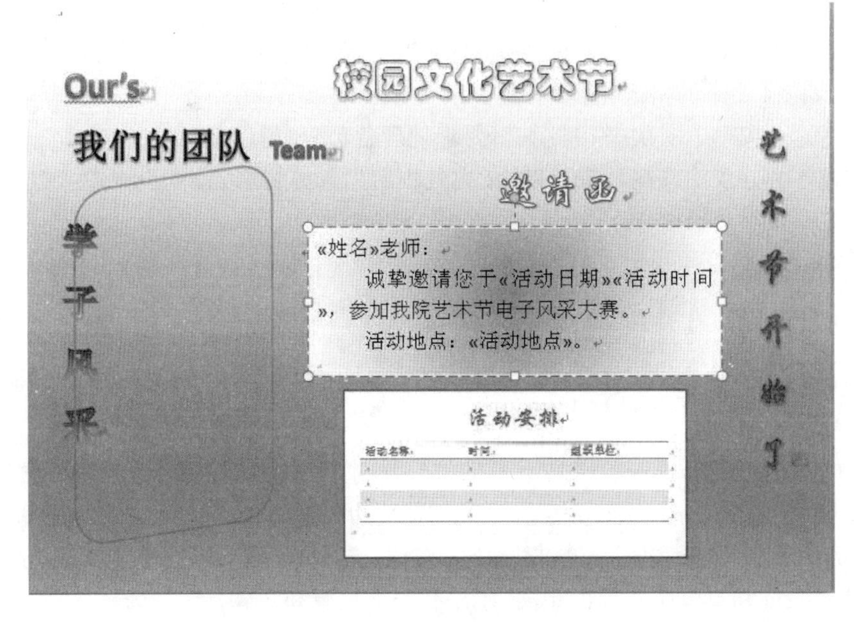

图 3－114　插入域的文档效果

然后，单击“下一步：预览信函”即可看到效果图。最后，单击“下一步：完成合并”，单击“打印”或“编辑单个信函”，完成合并即可。

实验5：毕业论文排版

一、实验目的

1. 本案例中所有的操作均在Word 2010环境下完成，旨在学生能够灵活运用所学知识。

2. 掌握毕业论文的版式设置、内容的输入技巧、目录和正文主体等部分的排版方法、预览及打印方法。

二、实验内容

利用Word 2010完成毕业论文的排版。

三、实验要求

1. 完成论文的版式设置，要求如下：

(1)纸张大小：A4纸。

(2)页边距：上边距2.5厘米，下边距2.5厘米，左边距3.0厘米，右边距2.0厘米。

(3)纸张方向：纵向。

(4)装订位置：左侧；装订线0厘米。

(5)页眉和页脚：各1.5厘米。

2. 完成论文内容的输入，要求如下：

根据论文撰写需要，输入文本、数字、图、表、公式等内容。

3. 完成论文要素的格式化，要求如下：

(1)将论文按第1层次(章)的编辑要求处理各部分，另起新页。

(2)将各部分按论文撰写规范排版(此处不给出具体要求，操作步骤中示例)。

(3)生成目录。

4. 完成论文的打印预览及打印。

四、实验步骤

1. 文档建立及设置。

(1)建立一个新文档。

(2)单击“页面布局”选项卡右下角的按钮，打开“页面设置”对话框。在“页面设置”对话框中的有4个选项卡，先后在“纸张”“页边距”“版式”选项卡中分别设置参数，如图3－115所示，设置完成后，单击“确定”按钮。这里需要强调的是，“版式”选项卡中只是设置了页眉和页脚距边界的距离，还没有添加页眉和页脚。

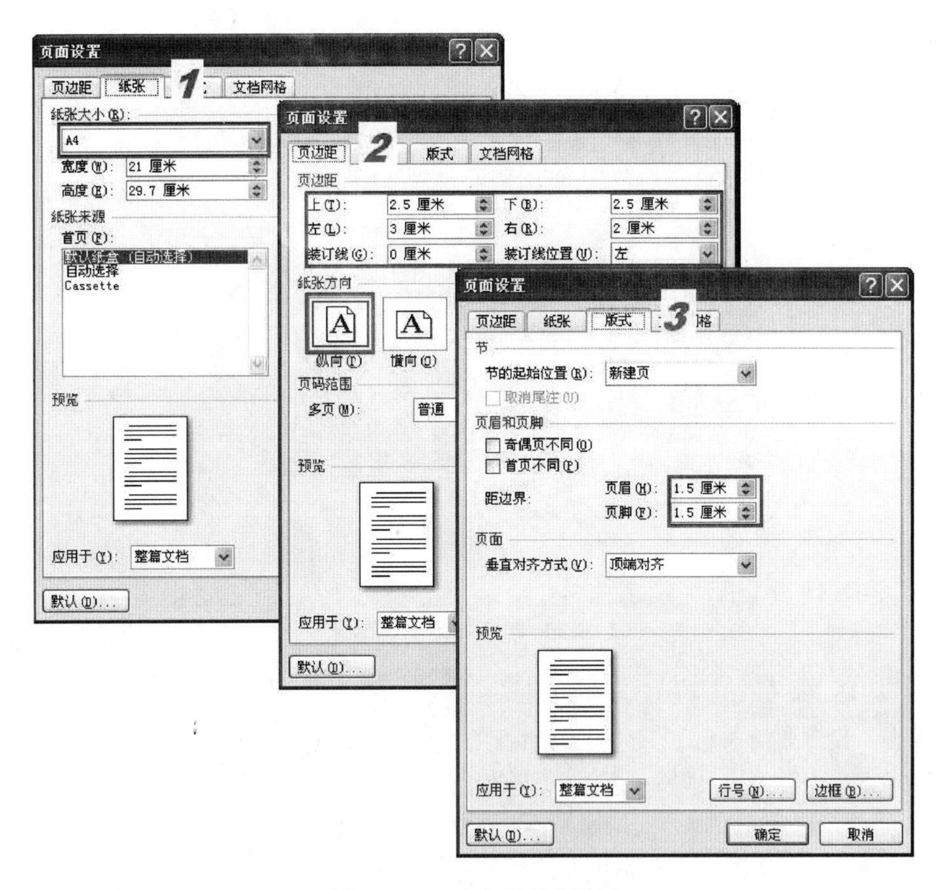

图 3－115　论文的版式设置

(3)输入论文内容后,保存。

说明:论文的排版有很多细则要求,如标题不能出现在页面末行、图和图注不能分页等,学生在撰写论文时无法判断内容的位置是否规范,所以版式设置尤为重要。如果大篇幅的内容完成后再进行版式设置,会增加排版的工作量。

2. 论文内容的输入。

(1)输入文本、数字、图、表。

在前面章节已经介绍,具体步骤不再赘述。这里,只给出简要图示和说明。

①文本、数字。输入时,用户可根据输入习惯选择一种输入法进行输入。注意在输入英文字母和数字时,一般是采用半角状态输入。文本和数字的格式可先不修改,最后统一处理,但要注意换行。

②图。图要清晰且大小适合。要有图注并配有编号,一般在图的下方居中放置,如图 3－116 所示。如果是自己绘制的图形,则应符合相应的绘制标准。

4　详细设计

4.1　登录界面的设计与实现

在用户名和密码处填写正确的信息进行提交，可以实现登录界面的跳转。form 表单将 username 和 password 传入后台进行校验，然后将登录信息保存在 Session，跳转到对应的页面。用户登录时的操作页面，如图 4-1 所示。

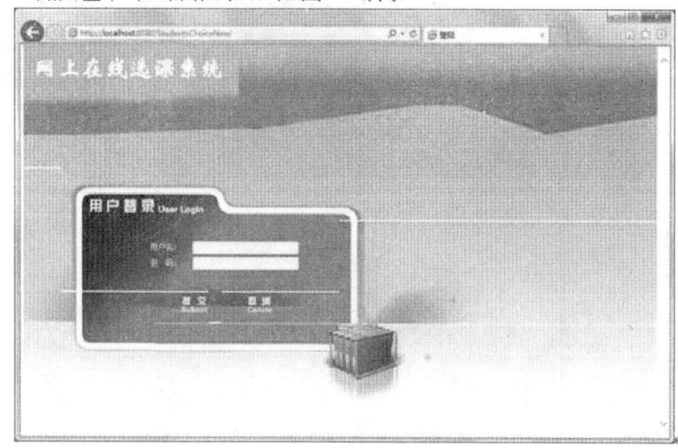

图 4-1　用户登录时的操作页面

图 3－116　“图”的设置

③表。设计要简单明了，要有表注并配有编号，一般在表的上方居中放置。论文中，一般要求表格为三线表，即不画左右端线，如图 3－117 所示。

（1）学生信息表（students）：学生信息表记录了学生的个人信息，包含学号、姓名、密码、性别、年龄、班级、系别等，如表 3-1 所示。

表 3-1　学生信息表

字段名	描述	类型	约束	是否为空
number	学号	Int(11)	Key	否
xsname	姓名	varchar(16)		否
password	密码	varchar(32)		否
sex	性别	varchar(2)		是
age	年龄	varchar(11)		是
class	班级	varchar(32)		是
grade	系别	varchar(64)		是

图 3－117　三线表

这里介绍制作三线表的方法：首先，选中整个表格，在“表格工具”的“设计”选项卡中，单击“边框”按钮，在打开的列表中选择“无框线”选项，如图 3－118 所示；然后，选中表格第 1 行，分别单击列表中“上框线”和“下框线”选项；最后，选中表格最后一行，单击列表中“下框线”选项，即可完成三线表的设置。

（2）输入公式。

单击“插入”选项卡中“符号”组的“公式”按钮，此时文档中会显示“在此处键入公式”的提示信息，利用“公式工具”→“设计”选项卡中的各子选项卡的元素可完成公式的输入，如图 3－119 所示。

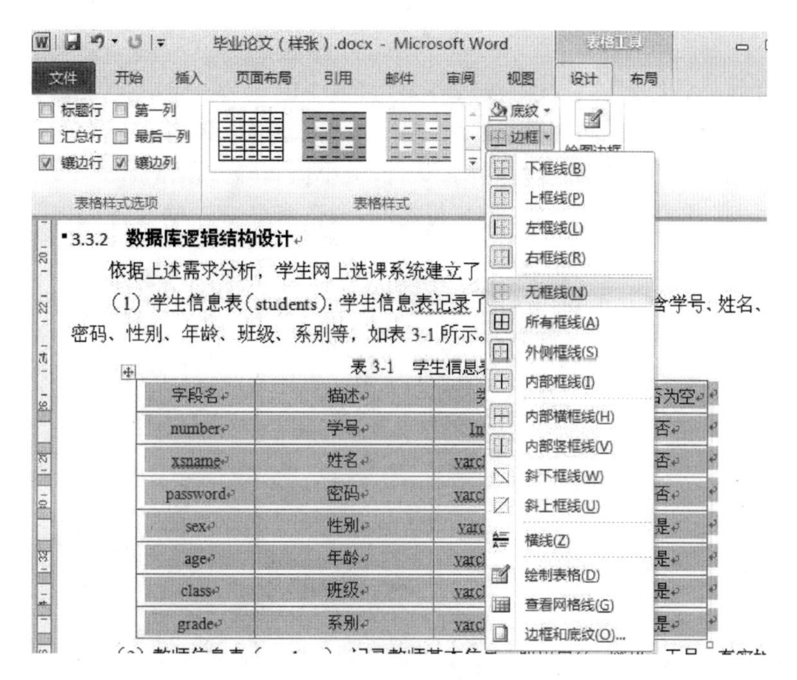

图 3－118　设置三线表方法

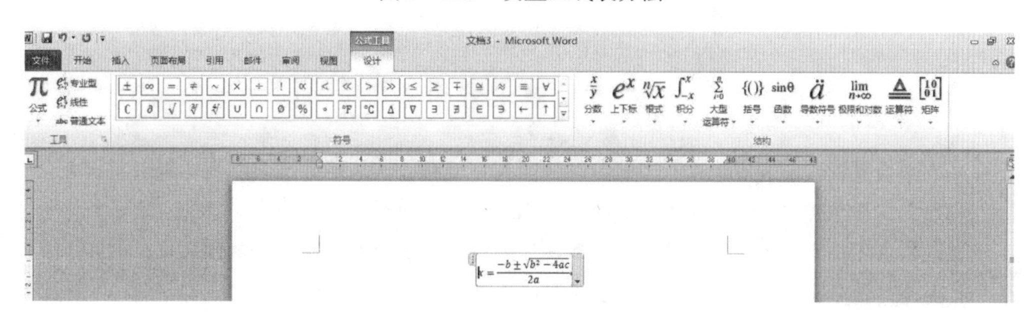

图 3－119　插入新公式

3. 论文要素的格式化。

论文结构大体包括封面，扉页，中、英文摘要，目录，正文主体，参考文献，致谢，附录等。下面将给出论文结构中的几个重要组成部分的排版示例。

(1)按第 1 层次(章)的编辑要求处理各部分，另起新页。

①将英文摘要另起新页，与中文摘要不再连续编排。首先，将光标放在“Abstract”前，在“页面布局”选项卡的“页面设置”组中单击“分隔符”按钮，在打开的列表中单击“分页符”选项，此时，“Abstract”和其后的文字都移到下一页的位置，并且在当前位置会出现 1 个分页符，如图 3－120 所示。

②其他部分另起新页的方法相同，可重复步骤①。如果错误插入了分页符，可以将光标放在分页符前，单击 Delete 键即可删除。

(2)正文主体。

①题序层次和正文。

题序层次和正文的排版主要涉及字体格式化和段落格式化的设置，本例中不做重点介绍,按以下参数排版,效果如图 3－121 所示。

a. 一级标题:三号,黑体,段前、段后各 1 行,最小值 20 磅,居中。

b. 二级标题:四号,黑体,段前、段后 0 行,最小值 20 磅,顶格。

c. 三级标题:小四号,黑体,段前段后 0 行,最小值 20 磅,顶格。

d. 正文:段落开始空两个字符,行与行之间、段落和各标题间及各段之间距离为最小值 20 磅。

e. 所有文中出现的数字和英文的字体均为 Times New Roman。

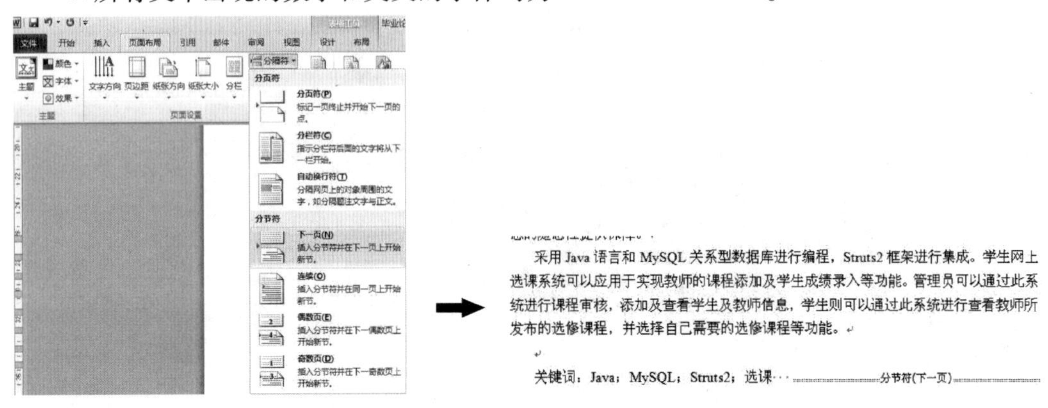

图 3－120　插入分页符

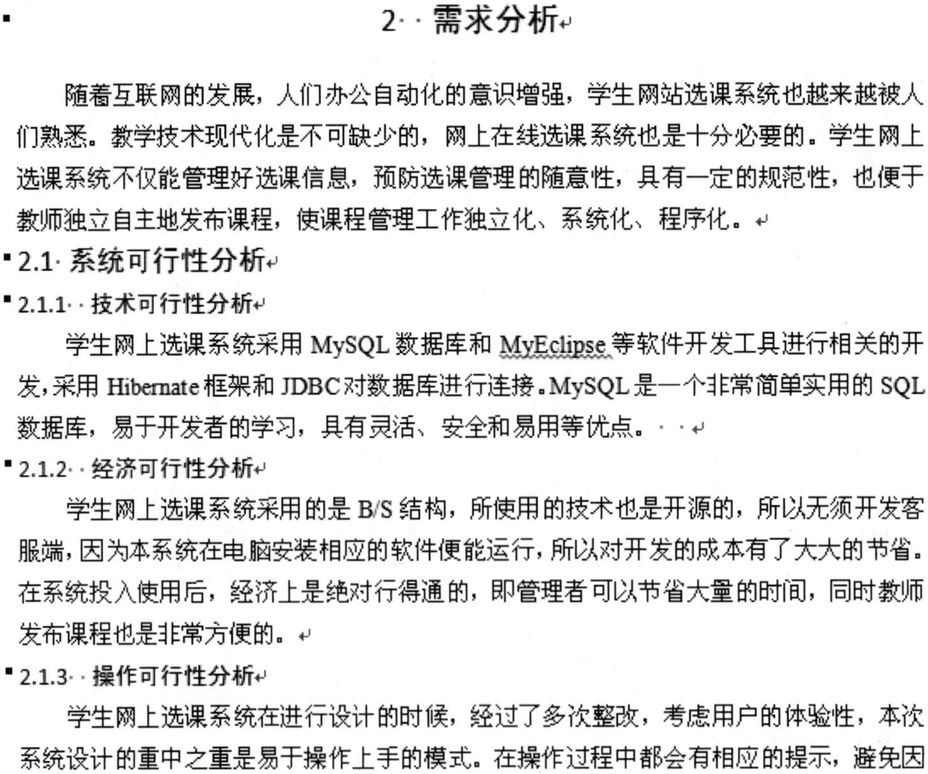

2　需求分析

随着互联网的发展，人们办公自动化的意识增强，学生网站选课系统也越来越被人们熟悉。教学技术现代化是不可缺少的，网上在线选课系统也是十分必要的。学生网上选课系统不仅能管理好选课信息，预防选课管理的随意性，具有一定的规范性，也便于教师独立自主地发布课程，使课程管理工作独立化、系统化、程序化。

2.1 系统可行性分析

2.1.1 技术可行性分析

学生网上选课系统采用 MySQL 数据库和 MyEclipse 等软件开发工具进行相关的开发,采用 Hibernate 框架和 JDBC 对数据库进行连接。MySQL 是一个非常简单实用的 SQL 数据库，易于开发者的学习，具有灵活、安全和易用等优点。

2.1.2 经济可行性分析

学生网上选课系统采用的是 B/S 结构，所使用的技术也是开源的，所以无须开发客服端,因为本系统在电脑安装相应的软件便能运行,所以对开发的成本有了大大的节省。在系统投入使用后，经济上是绝对行得通的，即管理者可以节省大量的时间，同时教师发布课程也是非常方便的。

2.1.3 操作可行性分析

学生网上选课系统在进行设计的时候，经过了多次整改，考虑用户的体验性，本次系统设计的重中之重是易于操作上手的模式。在操作过程中都会有相应的提示，避免因

图 3－121　标题和正文排版效果

②页码。

一般情况下，在论文中插入页码时，要求中、英文摘要和目录的页码格式与后面正文的页码格式不同。具体步骤如下：

a. 在目录和正文之间插入一个分节符。将光标放在目录的结尾处或正文的开始处，在“页面布局”选项卡的“页面设置”组中单击“分隔符”按钮，在打开的列表中单击“下一页”，此时，正文文字将另起新页，并且在当前位置会出现一个分节符。

说明：目录的结尾处和正文的开始处之间可能会有前面操作时插入的其他符号（如分页符等，回车和空格除外），需先删除其他符号，再插入“下一页”分节符，以免影响页码设置的效果。

b. 插入页码。在“插入”选项卡的“页眉和页脚”组中单击“页码”按钮，在打开的列表中选择页码位置，这里选择“页面底端”下的“普通数字 2”选项，如图 3－122 所示。此时，文档中插入了页码，形式是“1，2，3…”。

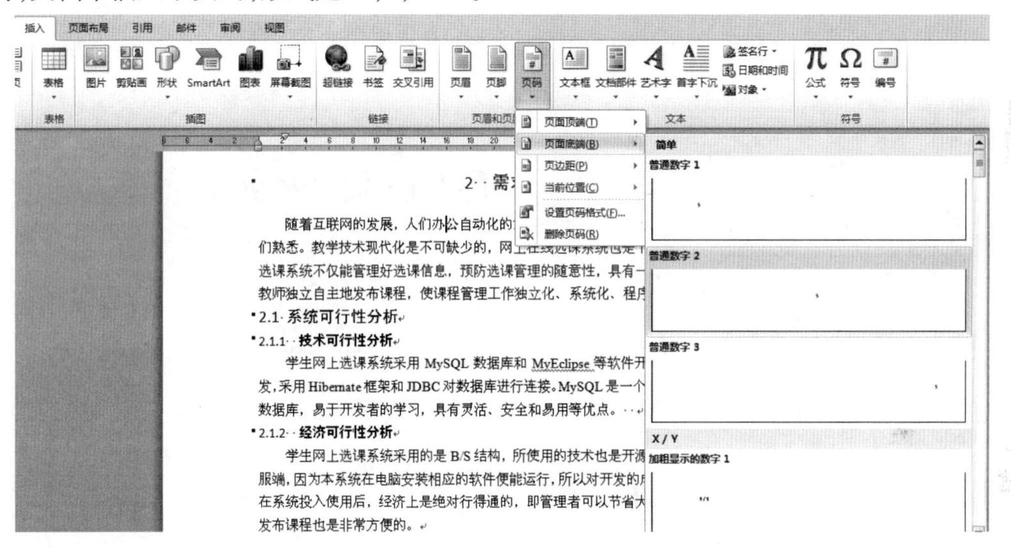

图 3－122　插入页码

c. 调整页码格式。首先，将光标放置在第 2 节中（即正文中），在图 3－122 所示的列表中单击“设置页码格式”选项，打开“页码格式”对话框，设置“起始页码”为“1”，单击“确定”按钮，如图 3－123（a）所示；其次，将光标放置在第 1 节中（即摘要或目录中），在“页码格式”对话框，设置“编号格式”为“i，ii，iii…”，单击“确定”按钮，如图 3－123（b）所示。此时观察到页码即为要求格式。

③页眉和页脚。

a. 在“页面布局”选项卡的“页眉和页脚”组中单击“页眉”按钮，在打开的列表中单击“空白”页眉。

b. 键入页眉文字并设置字体、字号。本例中设置页眉文字的格式为华文行楷、五号。

c. 修改页眉的下划线格式。在页眉处于编辑状态时，在页眉的左端单击页面空白处选中页眉，在“开始”选项卡的“段落”组中单击“边框”按钮，选择“边框和底纹”选项打开“边框和底纹”对话框，选择样式为双线，然后单击两次下框线自定义按钮，单击“确定”按

钮即可,如图 3－124 所示。页眉的完成效果如图 3－125 所示。

页脚格式可根据需要添加,本例中不进行设置。

(a)第1节格式

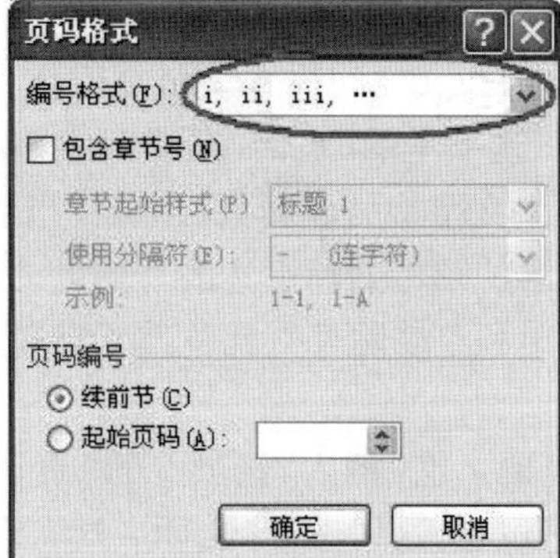

(b)第2节格式

图 3－123　设置页码格式

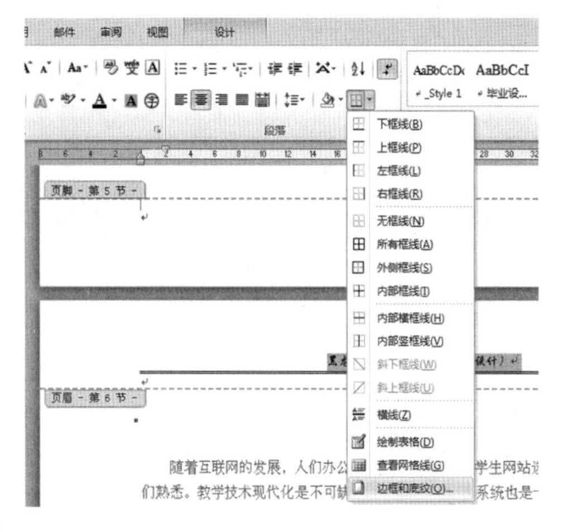

图 3－124　设置页眉

黑龙江财经学院毕业论文（设计）

图 3－125　页眉设置效果

(3)生成目录。

①设置标题级别。

a. 将文档从页面视图切换到大纲视图。单击“视图”选项卡中“文档视图”组的“大纲视图”按钮。

b. 改变标题级别。选中要调整级别的标题内容,通过“大纲级别”下拉列表框选择所需级别,或单击“大纲”选项卡上的按钮(提升至标题 1)、(升级)、(降级)、(降级为正文)调整级别。如图 3－126 所示,“2　需求分析”已经设置为 1 级标题,正在设置“2.1 系统可行性分析”为 2 级标题。

符号说明：符号●表示正文；符号⊕表示标题，双击⊕后，标题以下的内容可隐藏；符号⊖也表示标题，与⊕的区别在于⊖表示标题后无内容。

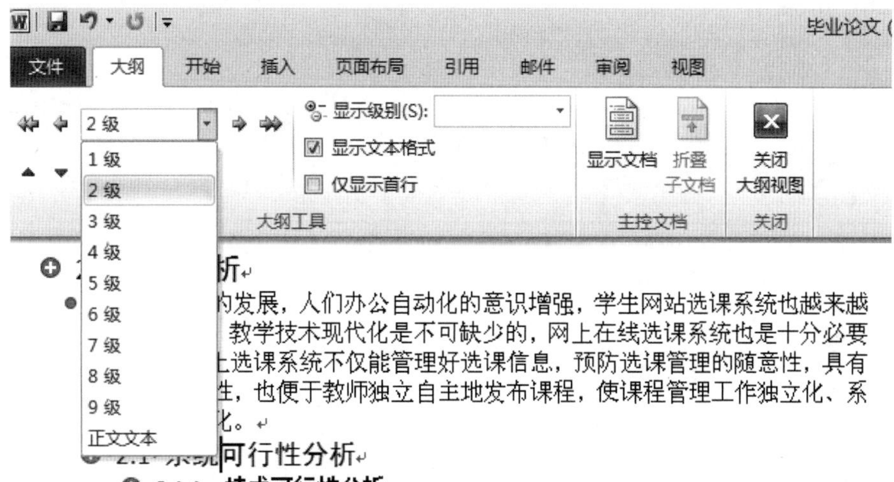

图 3－126　改变大纲级别

c. 将论文中所有的标题重复上述操作。

②在文中生成目录。

将光标放在要插入目录的位置，本例中将光标置于“目录”页的正文输入位置。然后，单击“引用”选项卡中“目录”组的“目录”按钮，在展开的列表框中选择一种目录样式，如图 3－127 所示，本例中选择“自动目录 1”。

需要修改生成的目录的样式时，可以选择下拉列表中的“插入目录”选项打开“目录”对话框，在其中自定义目录的样式即可，如图 3－128 所示。如果只修改目录中文字的字体、字号等，也可以直接用文本格式化的方法直接设置。

本例论文中的目录生成效果如图 3－129 所示。

②更新目录。

编制目录后，如果因对文档内容进行修改导致标题内容或其所在页码发生了变化，此时需要对目录内容进行更新。具体方法：单击需要更新目录的任意位置，执行下列操作之一，打开“更新目录”对话框，选择要执行的操作，单击“确定”按钮，目录即可被更新，如图 3－127 所示。

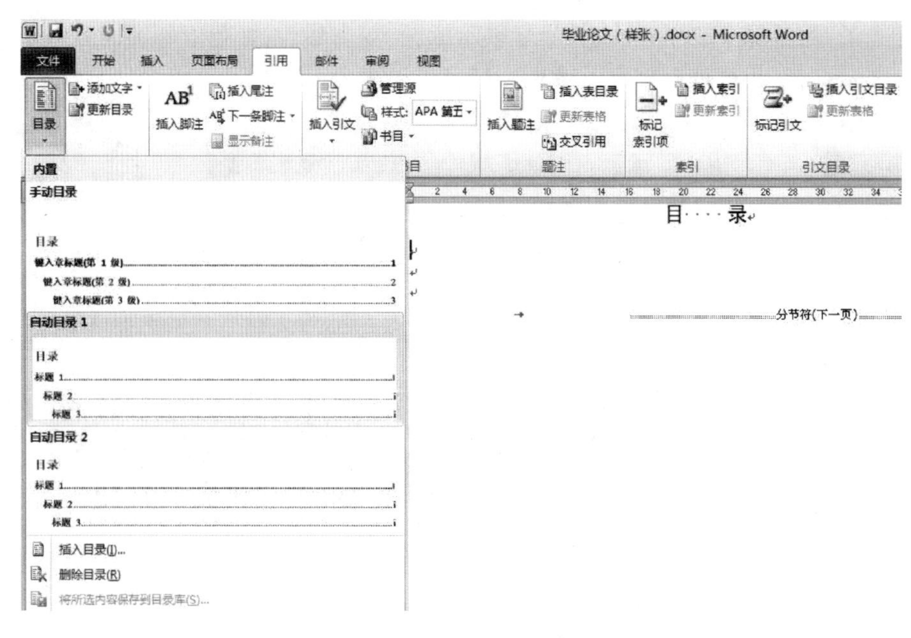

图 3－127　选择一种目录样式

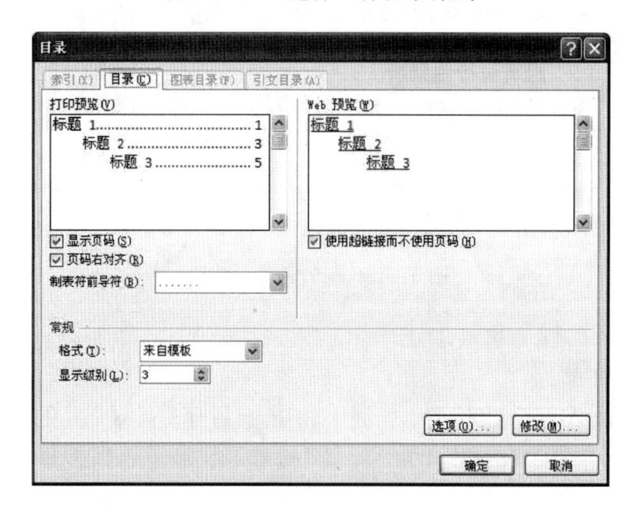

图 3－128　“目录”对话框

操作一：在“引用”选项卡中，单击“目录”组中的“更新目录”按钮。

操作二：右键单击选择“更新域”命令或按 F9 键（说明：在 Word 2007 和 Word 2010 中均有效）。

（4）其他部分。

处理封面、扉页、中英文摘要、参考文献、致谢、附录等部分的格式时，一般是对标题和文本格式、对段落格式的处理，可参见正文主体部分，操作时要仔细。

黑龙江财经学院毕业论文（设计）

目　录

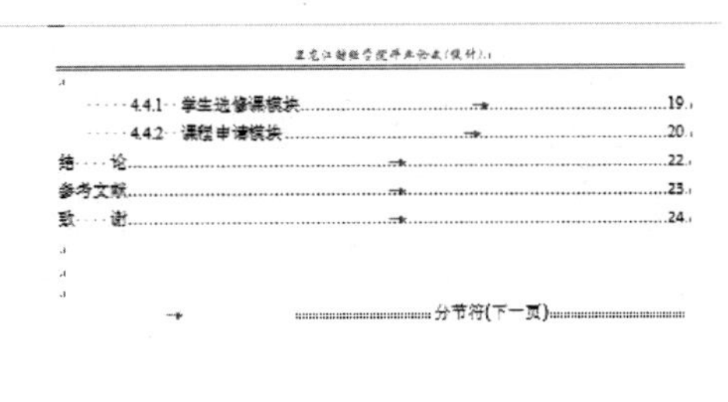

黑龙江财经学院毕业论文（设计）

分节符(下一页)

图 3－129　生成的目录

黑龙江财经学院毕业论文（设计）

目　录

图 3－130　更新目录

4. 论文的打印预览及打印。

(1)打印预览。

单击“文件”选项卡，在打开的菜单中选择“打印”，如图 3－131 所示，进入“打印预览”视图。这时，可在“打印预览”选项卡中设置预览比例。打印预览的效果和文件输出的效果一致。

(2)打印。

如果论文不再需要修改了,就可以准备打印了。单击“开始”选项卡,在打开的菜单中选择“打印”选项,选择打印参数,单击“确定”按钮即可完成打印,如图 3-131 所示。

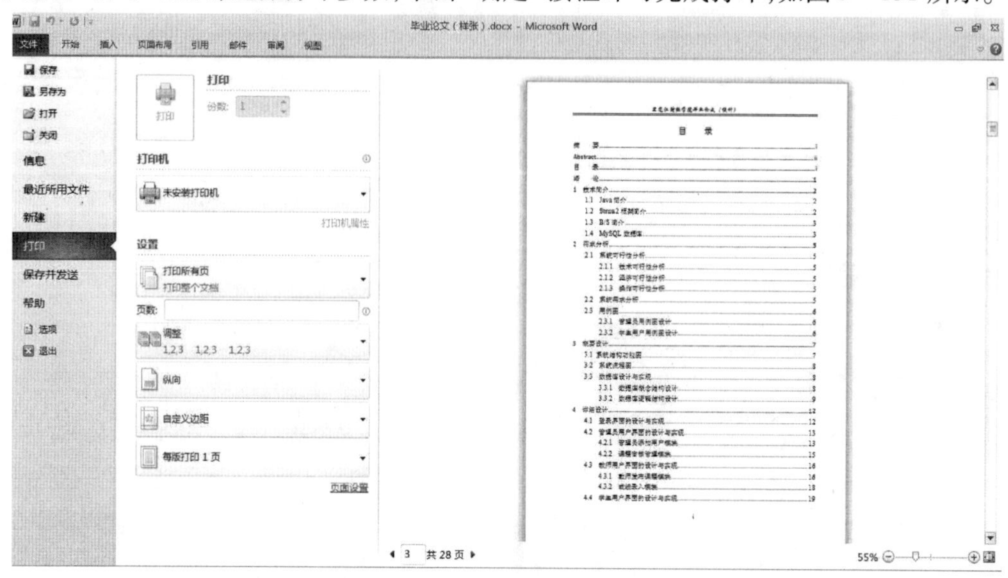

图 3-131 打印预览

第 4 章

电子表格处理软件——Excel 2010

Excel 是 Microsoft 公司的 Microsoft Office 办公套装软件中的一个重要成员，也是目前最流行的关于电子表格处理的软件之一。它具有强大的数据处理、统计图表绘制及简单的数据库管理功能，并支持 Internet 网络开发功能。

4.1　Excel 2010 基本知识

Microsoft Excel 是 Microsoft Office 的组件之一，是由 Microsoft 为安装 Windows 和 Apple Macintosh 操作系统的计算机而编写和运行的一款试算表软件。可以使用Excel创建工作簿（电子表格集合）并设置格式，以便分析数据和做出更明智的业务决策；可以使用 Excel 跟踪数据，生成数据分析模型，编写公式来对数据进行计算，以多种方式透视数据；还可以以各种具有专业外观的图表来显示数据。Excel 广泛地应用于管理、统计、财经、金融等众多领域。

Microsoft Excel 2010 中新增和改进了如下功能：

1．在正确的时间访问正确的工具

（1）改进的功能区：利用功能区，用户可以轻松地查找以前隐藏在复杂菜单和工具栏中的命令和功能。

（2）Microsoft Office Backstage 视图：单击“文件”菜单即可访问 Backstage 视图，可在此打开、保存、打印、共享和管理文件及设置程序选项。

（3）工作簿管理工具：Excel 2010 提供了可帮助用户管理、保护和共享内容的工具，包括恢复早期版本、受保护的视图、受信任的文档。

2．快速、有效地比较数据列表

（1）迷你图：适合单元格的微型图表，以可视化方式汇总趋势和数据。

（2）改进的数据透视表：可以更轻松、更快速地使用数据透视表。

（3）切片器：提供了一种可视性极强的筛选方法来筛选数据透视表中的数据。

（4）改进的条件格式设置：通过使用数据条、色阶和图标集，可以轻松地突出显示所关注的单元格或单元格区域、强调特殊值和可视化数据。

3. 从桌面获得强大的分析功能

无论是在单位还是在家中,都希望对数据进行的处理和分析能够让用户深入了解数据或有助于用户做出更明智的决策,而且完成任务的速度越快越好。Excel 2010 提供的新增分析工具和改进分析工具可实现这一目的。具体包括:

(1)PowerPivot for Excel 加载项。

(2)改进的规划求解加载项。

(3)改进的函数准确性。

(4)改进的筛选功能。

(5)64 位 Excel。

(6)性能改进。

4. 创建更卓越的工作簿

无论使用的数据多或少,用户都可以随时使用所需工具来生成引人注目的图形或图像(如图表、关系图、图片和屏幕快照)以分析和表达观点。具体包括:

(1)改进的图表。

(2)文本框中的公式。

(3)更多主题。

(4)带实时预览的粘贴功能。

(5)改进的图片编辑工具。

5. 采用新方法协作使用工作簿

Excel 2010 改进了用于发布、编辑和与组织中的其他人员共享工作簿的方法。具体包括:

(1)共同创作工作簿。

(2)改进的 Excel Services。

(3)辅助功能检查器。

(4)改进的语言工具。

6. 采用新方法访问工作簿

现在,无论是在单位、家里还是在路途中,都可以从任意位置访问和使用用户的文件。方法包括:

(1)Microsoft Excel Web App。

(2)Microsoft Excel Mobile 2010。

7. 采用新方法扩展工作簿

如果用户要开发自定义的工作簿解决方案,则可以采用新方法来扩展这些解决方案。具体包括:

(1)改进的可编程功能。

(2)支持高性能计算。

4.1.1 Excel 2010 窗口

启动 Excel 2010 后即打开 Excel 2010 窗口,这个窗口就是 Excel 2010 的工作界面,如图

4－1 所示，主要由标题栏、快速访问工具栏、功能区、选项组、名称框、编辑栏、工作表编辑区、工作表标签、状态栏、标签滚动按钮等部分组成，用户可自定义某些屏幕元素的显示和隐藏。

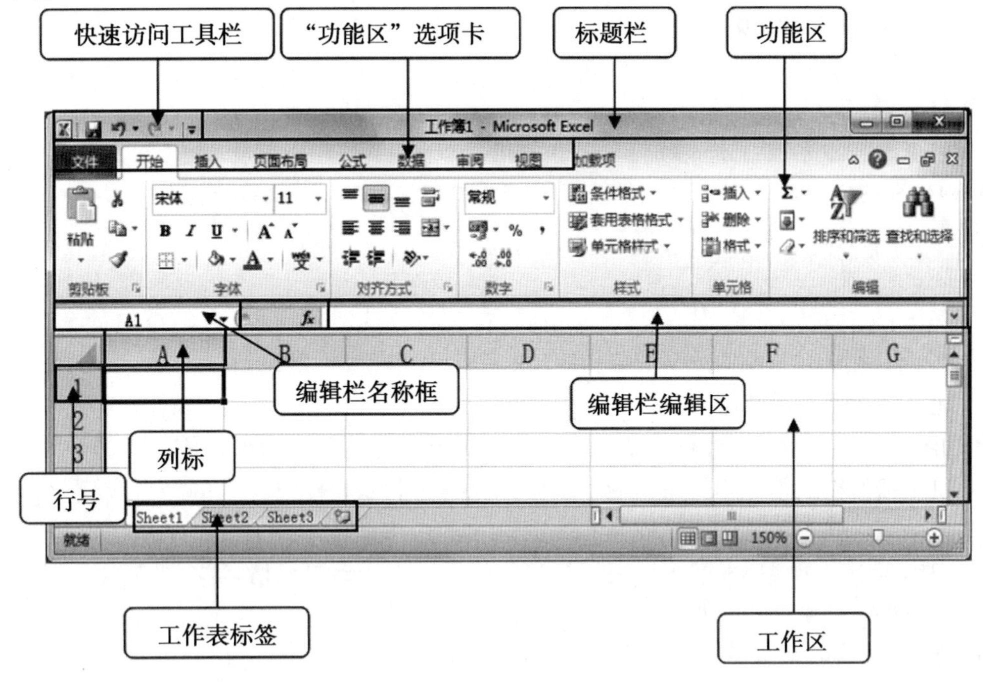

图 4－1　Excel 2010 窗口

（1）标题栏。

标题栏位于程序窗口最上方，左起分别是 Excel 2010 程序图标、快速工具按钮；当工作簿窗口最大化显示时，程序窗口标题栏中间是“工作簿名 － 程序名”（如图 4－1，启动后的 Excel 程序标题栏中间显示“工作簿 1 － Microsoft Excel”），当工作簿窗口非最大化时，程序窗口标题栏只显示程序名“Microsoft Excel”；标题栏右端分别是“最小化”“最大化/还原”及“关闭”按钮。

（2）功能区选项卡。

标题栏的下方功能区有 8 个选项卡，从左到右分别为“文件”“开始”“插入”“页面布局”“公式”“数据”“审阅”“视图”。每个功能选项卡下都包含若干组命令按钮，如“开始”功能选项卡下包含“剪贴板”“字体”“对齐方式”“数字”“样式”“单元格”“编辑”等功能组，每个功能组中又包含若干个功能按钮，某些功能组右下角有一个扩展图标，单击该图标即可打开扩展命令对话框。

（3）编辑栏。

编辑栏位于功能区下方，其左边是名称框，显示活动单元格的名称；右边是编辑区，显示活动单元格的内容；中间有 3 个按钮 ✕ ✓ fx，分别表示取消、输入和函数公式。向单元格输入数据时，可在单元格中直接键入，也可在编辑区中输入。

4.1.2　基本概念

在 Excel 2010 中，与数据组织有关的概念包括工作簿、工作表、单元格、单元格区域、行号和列标等。在对 Excel 2010 的电子表格及数据的操作过程中都要用到这些基本概念。

1. 工作簿和工作表

工作簿是指 Excel 环境中用来储存并处理工作数据的文件,也就是说 Excel 文件就是工作簿,它是 Excel 工作区中一个或多个工作表的集合,其扩展名为 xlsx。

工作表是显示在工作簿窗口中的表格,Excel 默认一个工作簿包含 3 张工作表(Sheet1、Sheet2 和 Sheet3),用户可以根据需要增删工作表,但每一个工作簿中的工作表数量受可用内存的限制。

2. 行和列

工作表是由行和列构成的二维表格,行标识符称为行号,行号由阿拉伯数字(1、2、3、…)表示;列标识符称为列标,列标用英文字母(A、B、C、…)表示。

3. 单元格和单元格区域

工作表中行、列交汇处称为单元格,它是 Excel 工作簿最小的组成单位。每个单元格都可以用其所在的单元格地址来标识,单元格地址就是列标与行号的结合。例如,第 2 列第 3 行交叉处的单元格地址即为 B3。

工作表中带粗线黑框的单元格称为当前单元格或活动单元格,每一个工作表只有一个单元格是活动单元格,用户只能对活动单元格进行操作。活动单元格右下角有一个小黑点,称为自动填充柄,利用填充柄可以将某个单元格或单元格区域的内容向其他区域进行复制、填充。

单元格区域是指由若干个单元格组成的区域。连续性的单元格区域通常用该区域左上角单元格的地址 + 冒号(:) + 该区域右下角单元格的地址来标识,如"B3:E5"表示左上角单元格为 B3、右下角单元格为 E5 的矩形区域(共 12 个单元格)。不连续的单元格区域通常是用逗号(,)将各个区域隔开,如"B3,E5"表示由 B3 和 E5 两个单元格构成的单元格区域。

4.2 Excel 2010 基本操作

Excel 的应用主要是围绕工作表来进行的,而工作表是依赖于工作簿而存在的。

4.2.1 工作簿的基本操作

1. 建立工作簿

启动 Excel 2010 后,系统自动建立一个名为"工作簿 1. xlsx"的新工作簿文件。如果用户还想再建立另一个新工作簿,可通过如下的方法进行操作。

方法一:单击功能区的"文件"选项卡,在出现的菜单中单击"新建"命令,在打开的"可用模版"任务窗格中选择"空白工作簿"选项,如图 4 - 2 所示,再单击"创建"命令按钮即建立一个新工作簿;也可以在"可用模版"任务窗格中选择某一种模板,再单击"创建"命令按钮即建立一个基于模板的新工作簿。

方法二:直接按快捷键 Ctrl + N,可以创建一个新工作簿。

2. 打开工作簿

方法一：单击功能区的“文件”选项卡，在出现的菜单中单击“打开”命令，弹出“打开”对话框，选择需要的文件后单击“打开”命令按钮。

方法二：直接按快捷键 Ctrl + O，可以弹出“打开”对话框。

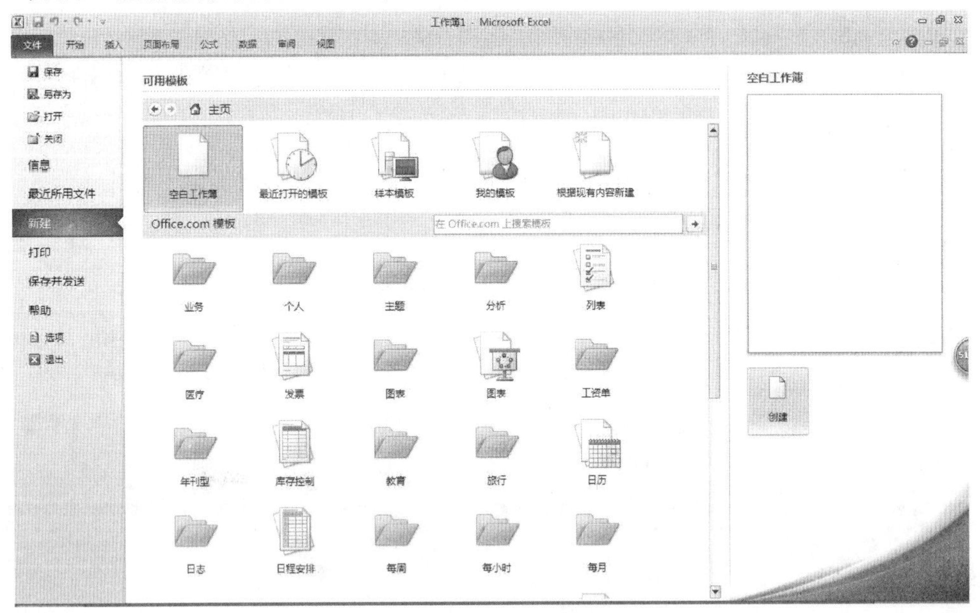

图 4－2　“可用模板”窗格

3. 保存工作簿

方法一：单击功能区的“文件”选项卡，在出现的菜单中单击“保存”命令，如果保存新创建的工作簿，将弹出“另存为”对话框，如图 4－3 所示，选择保存路径、文件类型，输入文件名，单击“保存”命令按钮；如果保存已存在的工作簿，则不会弹出“另存为”对话框，直接以原来的文件名保存在原来的位置。

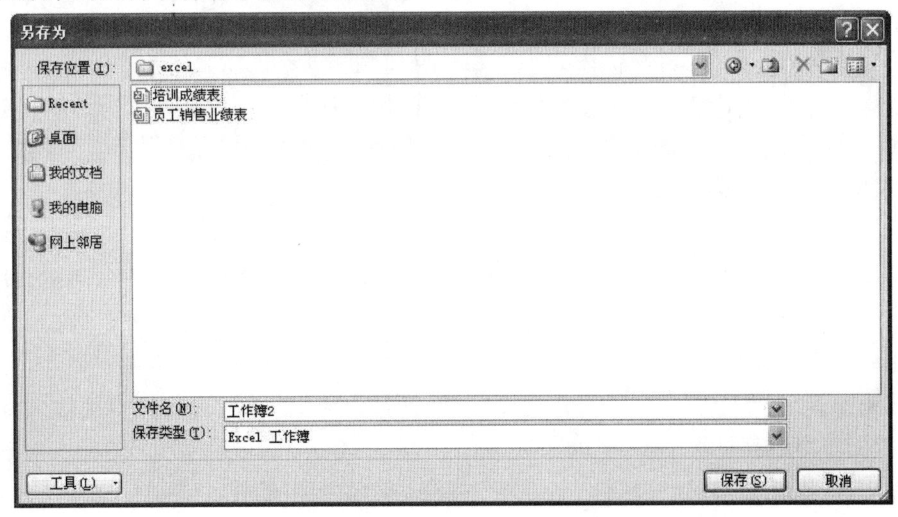

图 4－3　“另存为”对话框

方法二:单击功能区的“文件”选项卡,在出现的菜单中单击“另存为”命令,弹出“另存为”对话框,选择保存路径、文件类型,输入文件名,单击“保存”命令按钮。

方法三:直接按快捷键 Ctrl + S,可以保存工作簿文件。

4. 关闭工作簿

方法一:单击功能区的“文件”选项卡,在出现的菜单中单击“关闭”命令。

方法二:单击功能区的“文件”选项卡,在出现的菜单中单击“退出”命令,或者单击标题栏的“关闭”按钮,退出 Excel 2010 应用程序,同时可以关闭当前打开的工作簿文件。

4.2.2 工作表的基本操作

1. 选取工作表

(1)选取单个工作表:用鼠标单击要选取的工作表标签。

(2)选取连续的工作表:用鼠标单击要选取的第 1 个工作表标签,按住 Shift 键,再单击要选取的最后一个工作表标签。

(3)选取不连续的工作表:用鼠标单击要选取的第 1 个工作表标签,按住 Ctrl 键,再逐个单击要选取的其他工作表标签。

(4)选取全部工作表:用鼠标右键单击其中某个工作表标签,在弹出的快捷菜单中选择“选定全部工作表”命令。

2. 插入新工作表

一个工作簿文件默认包含 3 张工作表,如果不够用,可以插入新工作表。

方法一:鼠标右键单击某一个工作表标签,在弹出的快捷菜单中选择“插入”命令,在弹出的“插入”对话框中选择“常用”选项卡中的“工作表”选项,然后单击“确定”按钮,即可在选定工作表的前面插入一个新的工作表。

方法二:单击工作表标签右侧的“插入工作表”按钮,或者使用快捷键 Shift + F11 可快速插入一个新的工作表。

3. 删除工作表

删除工作表的操作要慎重,因为工作表一旦被删除就不能恢复了。

方法一:右键单击要删除的工作表标签,在弹出的快捷菜单中选择“删除”命令。

方法二:选定要删除的工作表标签,单击“开始”选项卡中“单元格”组的“删除”按钮,在“删除”下拉列表中,选择“删除工作表”命令。

4. 重新命名工作表

默认情况下,工作簿中工作表标签均是以 Sheet1、Sheet2、Sheet3……命名的,使用这种命名方式,用户不容易知道工作表中具体的内容,这会给工作造成不便。因此,常常需要重新命名工作表。

方法一:双击要重新命名的工作表标签,标签名会反相(加亮)显示,直接输入新工作表名,按回车键确认即可。

方法二:鼠标右键单击要重命名的工作表标签,在弹出的快捷菜单中选择“重命名”命令,标签名会反相(加亮)显示,直接输入新工作表名,按回车键确认即可。

5. 移动和复制工作表

方法一：右键单击要移动或复制的工作表的标签，在弹出的快捷菜单中选择“移动或复制”命令，弹出“移动或复制工作表”对话框，如图 4－4 所示。指定移动或复制到的工作簿、工作表的位置以及是否建立副本，单击“确定”按钮完成操作。其中，不选中“建立副本”复选框执行“移动工作表”的操作；选中“建立副本”复选框执行“复制工作表”的操作。

图 4－4　“移动或复制工作表”对话框

方法二：使用鼠标拖动要移动的工作表标签到目标位置，可以执行“移动工作表”的操作；按住 Ctrl 键的同时拖动工作表标签到目标位置，可以执行“复制工作表”的操作。

例题 4－1　新建 Excel 2010 工作簿文件，将其保存在“D:\Excel 2010 练习”文件夹中，命名为“学生成绩表”。删除“Sheet1”与“Sheet2”工作表，并将“Sheet3”工作表重命名为“学生基本成绩表”。完成后效果如图 4－5 所示。

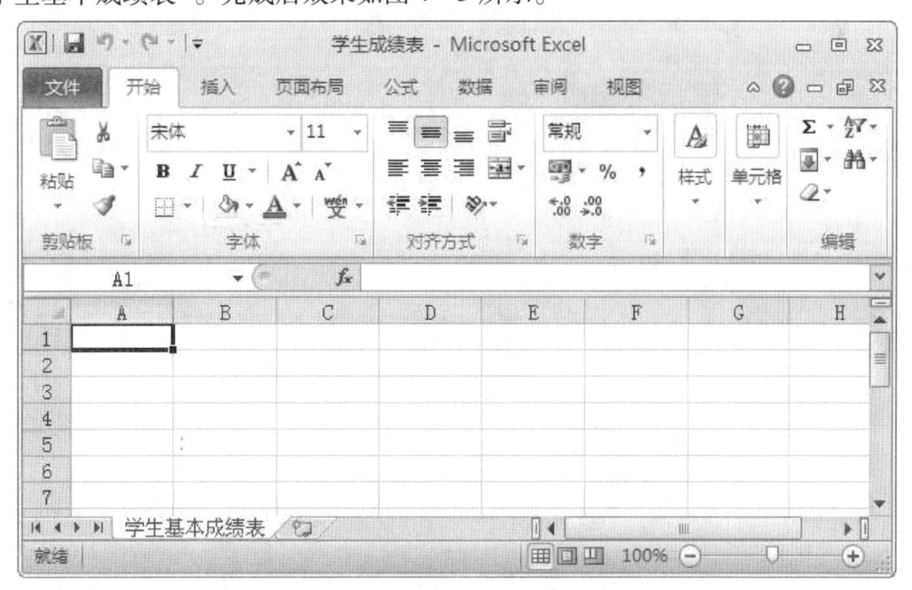

图 4－5　例题 4－1 完成后效果

操作步骤如下：

（1）在 Excel 2010 应用程序中，单击功能区“文件”选项卡中的“新建”命令，在“可用模版”任务窗格中选中“空白工作簿”选项，单击“创建”命令按钮，新建一个空白工作簿文件。

（2）单击“Sheet1”标签，按住 Shift 键的同时再单击“Sheet2”标签，同时选中“Sheet1”和“Sheet2”两张工作表，在选中的“Sheet1”或“Sheet2”标签上单击鼠标右键，在弹出的快捷菜单中选择“删除”命令，删除“Sheet1”和“Sheet2”工作表。

（3）在当前工作表“Sheet3”标签上单击鼠标右键，在弹出的快捷菜单中选择“重命名”命令，将“Sheet3”工作表重命名为“学生基本成绩表”。

（4）完成上述操作后，单击功能区“文件”选项卡中的“保存”或“另存为”命令，在弹出的“另存为”对话框中将默认文件名修改为“学生成绩表”，保存路径为“D:\Excel 2010 练习”，单击“保存”按钮保存当前工作簿文件。

6. 预览和打印工作表

若要将工作表的内容输出到纸介质上，需要执行打印工作表的操作。为了使打印出的工作表布局合理、美观，要进行打印机参数的设置，以及打印份数、打印机、打印页码、纸张方向、纸张规格、页边距、缩放等页面设置。

用户通过单击功能区的“文件”选项卡，在出现的菜单中单击“打印”命令，将出现如图 4-6 所示的任务窗格，在任务窗格的右侧可以看到预览界面。

图 4-6 “打印”任务窗格

(1)打印份数设置。

实际应用中,经常要求输出的文件一式多份,可通过“打印”任务窗格中“打印”组中的“份数”项进行设置,如图 4 -7 所示。

(2)打印机的添加与默认打印机的设置。

在“打印”任务窗格中“打印机”组中单击打印机名称,在打开的下拉列表中可以添加打印机或设置默认打印机;单击“打印机属性”链接项,将弹出当前默认打印机的属性设置对话框,可完成页面设置、完成方式、纸张来源、质量等设置。

(3)打印区域设置。

如果只需要打印一张工作表的部分数据,或者打印整个工作簿中所有的工作表,可以通过单击“打印”任务窗格中“设置”组的“打印活动工作表”命令打开下拉列表,如图 4 -8 所示,在该列表中对要打印的区域进行选择。

设置好打印区域后,有时需要临时打印整个工作表,在 Excel 2010 中不必取消打印区域,只需再选中图 4 -8 中的“忽略打印区域”即可。

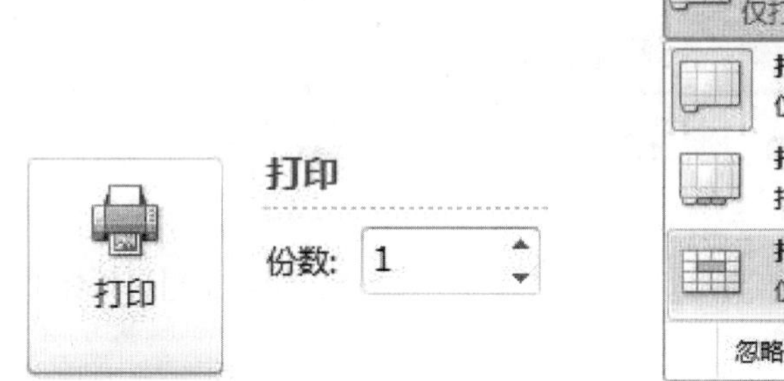

图 4 -7　打印份数设置

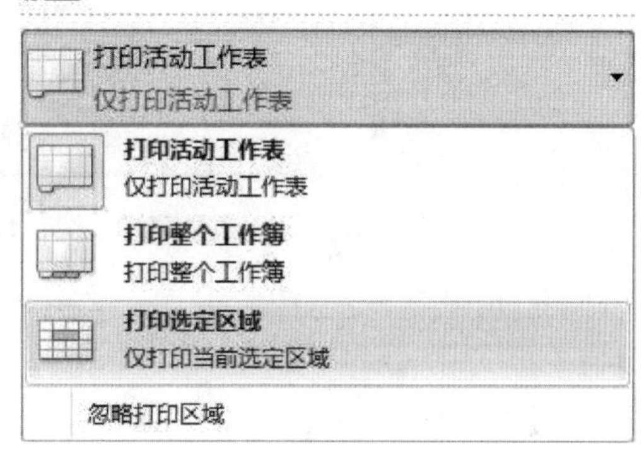

图 4 -8　打印区域的设置

(4)其他设置。

通过图 4 -9 中的各栏可对打印工作表中的页码、是否排序、打印方向、纸张规格、页边距及是否缩放进行设置。

图 4 -9　打印页码、规格、页边距及缩放设置

单击“打印”任务窗格中的“页面设置”链接项,在弹出的“页面设置”对话框中可对“页面”“页边距”“页眉/页脚”及“工作表”进行设置,“页面设置”对话框如图4-10所示。

若打印的工作表内容较多需要跨页打印时,可以在选择“打印活动工作表”的前提下,在“页面设置”对话框的“工作表”选项卡中设置顶端标题行和左端标题列,从而实现打印出来的工作表每一页都有行、列标题,方便用户使用也简化操作。

图4-10 “页面设置”对话框

(5)打印预览。

为了在打印工作表之前能看到工作表打印的实际效果,Excel 2010 提供了打印预览功能。

①单击功能区的“文件”选项卡,在出现的菜单中单击“打印”命令,在打印任务窗格右侧即可看到预览效果。

②单击快速访问工具栏上的“打印预览和打印”按钮。

③单击功能区的“视图”选项卡,在出现的菜单中单击“工作簿视图”组中的“分页预览”按钮可实现分页预览。

7. 冻结工作表

当工作表中的数据量比较大时,可以将窗口左侧的若干列或窗口上端的若干行固定显示在窗口中,方便对远端的其他数据进行操作,这可以通过在工作表中“冻结窗格”功能实现。

“冻结窗格”的操作如下:选定要冻结部分的后一列或下一行单元格,单击“视图”选项卡中“窗口”组的“冻结窗格”按钮,如图4-11所示。在“冻结窗格”下拉列表中选择“冻结拆分窗格”命令完成水平冻结或垂直冻结或水平和垂直同时冻结;选择“冻结首行”命令冻结工作表的第1行;选择“冻结首列”命令冻结工作表的第1列。

要取消窗口的冻结,只需要在“冻结窗格”下拉列表中选择“取消冻结窗格”命令即可。

8. 拆分工作表

当工作表中的数据量比较大时,如果想对比相距比较远的数据时,可以通过“拆分”窗口功能实现。

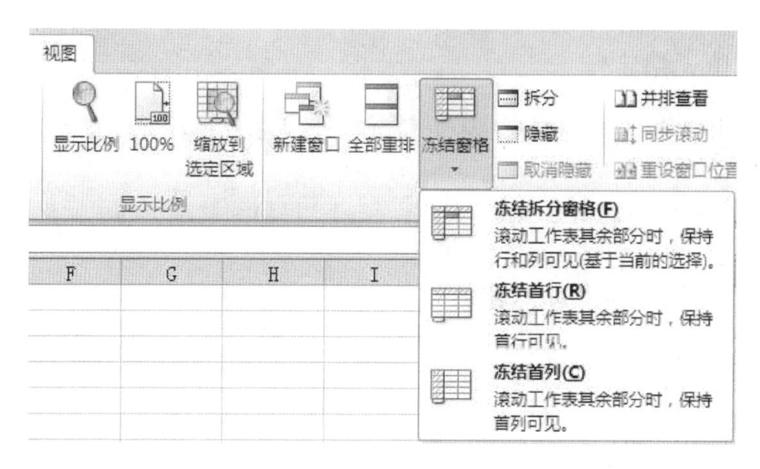

图 4－11　“冻结窗格”按钮

“拆分”窗口的操作如下:选定要拆分窗口的后一列或下一行单元格,单击“视图”选项卡中“窗口”组的“拆分”按钮,即可将一张工作表拆分成内容完全相同的 2 个或 4 个工作表,利用滚动条可以在不同窗口中查看相应的数据。

也可以通过拖拽或双击水平滚动条右端或垂直滚动条上端的拆分框来拆分工作表。

要取消窗口的拆分,可以再单击“视图”选项卡中“窗口”组的“拆分”按钮;也可以双击窗口的拆分线来取消。

9. 保护工作表

为了防止其他用户对工作簿进行插入、删除或对工作表中的数据、图表等对象的误操作,避免造成不必要的数据丢失或破坏,可以对工作表进行保护。

保护工作表的操作如下:单击“审阅”选项卡中“更改”组的“保护工作表”命令按钮,打开“保护工作表”对话框,如图 4－12 所示,设置允许的操作选项,在“取消工作表保护时使用的密码”文本框中输入密码。这样,只有输入密码才能取消对工作表的保护。

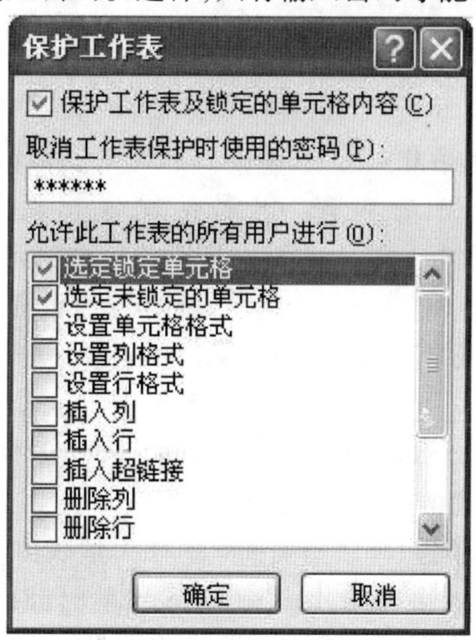

图 4－12　“保护工作表”对话框

4.2.3 单元格定位

在输入数据之前，首先需要定位单元格，使要输入数据的单元格成为活动单元格。

1. 直接定位

单击单元格或使用键盘方向键(←、→、↑、↓)移动到欲定位的单元格。

2. 菜单定位

单击“开始”选项卡中“编辑”组的“查找和选择”按钮，在下拉列表中选择“转到”或“定位条件”命令。

3. 地址定位

在“名称框”中直接输入单元格地址。

4.2.4 数据编辑

1. 数据输入

要向一个单元格或区域输入数据，首先要激活该单元格或区域，使其成为活动单元格后再输入数据，输入的数据同时会显示在编辑栏里。数据输入结束后按 Enter 键或单击编辑栏中的“输入”按钮✔确认；相应地按 Esc 键或单击编辑栏中的“取消”按钮✖取消本次输入数据。Excel 2010 对输入的数据会自动区分类型，一般采取默认格式。

(1)文本输入。

文本包括汉字、英文字母、数字、空格及所有键盘能输入的符号，文本输入后在单元格中左对齐。有时为了将电话号码、邮政编码、学号等数字作为文本处理，输入时在数字前加上一个半角单引号(')即可将其转换成文本类型，此时将在单元格的左上角显示一个绿色三角，该符号不可打印。

当输入的文字长度超出单元格宽度时，如果右边单元格无内容，则扩展到右边列，否则将截断显示。如果要在单元格中输入多行数据，只需在需要换行的地方按 Alt + Enter 组合键即可。

(2)数值输入。

数值类型的数据中只包括 0 ~ 9、+、-、E、e、$、%、小数点(.)和千分位分隔符(,)等，数值输入后在单元格中右对齐。若数值输入超长，以科学记数法显示(如 1 230 000 000 000 的值显示为 1.23E + 12)。实际保存在单元格中的数值保留 15 位有效数字(包括整数与小数部分)，若小数输入超出设定的位数，将以四舍五入后的数值显示；若对小数位没有设定，同样保留 15 位有效数字。

(3)日期及时间的输入。

自动识别日期格式为“yy/mm/dd”或“yy - mm - dd”，时间格式为“hh - mm”或“am/pm”。当然，具体的显示格式由单元格格式给出。

输入日期时，如果省略年份，则以当前的年份作为默认值。若想输入当天日期(系统日期)，可以按 Ctrl + ;组合键快速输入；若想输入当前时间(系统时间)，可以按 Ctrl + Shift + ;快速输入。正确输入后，日期和时间数据将右对齐。

注意：“am/pm”和前面的时间之间有一个空格；若不按此格式输入，Excel 2010 将视其为文本格式。

(4)分数输入。

为了与日期的输入区分,输入分数时,分数前加“0”和空格。例如,输入分数1/3时,实际输入为“0　1/3”;输入分数2/5时,实际输入为“0　2/5”。

(5)逻辑值输入。

逻辑值只有2个,即true(TRUE)和false(FALSE),不区分大小写。输入到单元格中默认的对齐方式是居中。

2. 序列的填充

在利用Excel进行数据处理时,有时需要输入大量有规律的数据,如等差数列、等比数列、自定义数列等,这些都可称为序列。

(1)使用“自动填充柄”完成序列填充。

用鼠标拖动“自动填充柄”可以对活动单元格中的内容进行原样或有规律地复制。

注意:要想使用“自动填充柄”完成序列的填充,首先要手动输入序列的前两项,通过前两项给出序列的规律。

例如,要输入一个等差数列“1、3、5、7、9”,具体操作步骤如下:

①选定序列起始的单元格并在其中输入1。随后在其右或其下的单元格中输入3(向下或向右是值的递增)。

②选择这两个连续的单元格,使其成为活动单元格区域。

③将鼠标指针指向该区域右下角的“自动填充柄”,这时鼠标指针变成实心的十字形。

④按住鼠标左键不放,拖动鼠标直到最后一个单元格(呈现数字9)即完成该等差序列的填充。

若初始值是文本和数字的混合体,如起始单元格给出的规律为“B2”“B4”,此时使用“自动填充柄”进行的序列填充表现为文本不变而数字变化,即自动生成规则的文本串“B2、B4、B6、B8、B10……”。

若要输入某些有意义的序列,即Excel 2010预设的自动填充序列中的数据项,如“Sun、Mon、Tue、Wed、Thu、Fri、Sat”“甲、乙、丙、丁、戊、己、庚、辛、壬、癸”等,只需要在序列的起始单元格中输入该序列中的任意一个值,即可用拖动填充柄的方法完成序列中其他数据的自动、循环输入。

(2)使用“自定义序列”完成序列填充。

如果用户经常使用某些序列,可以将其添加到“自定义序列”中,就可以像Excel 2010预设的自动填充序列一样对添加的序列进行使用了。

单击功能区“文件”选项卡中的“选项”命令,在弹出的“Excel选项”对话框中单击“高级”选项,在“常规”一栏中单击“编辑自定义列表”按钮,如图4－13所示。在打开的“自定义序列”对话框中“输入序列”列表框中输入要添加的序列(注意每个数据项输入后按回车键换行后再输入下一项),如图4－14所示。输入完成后单击“添加”按钮将其添加到“自定义序列”列表中。

定制了自定义序列后,在实际应用中就可以使用用户自定义的序列数据完成序列的自动填充了。

图 4－13 “Excel 选项”对话框

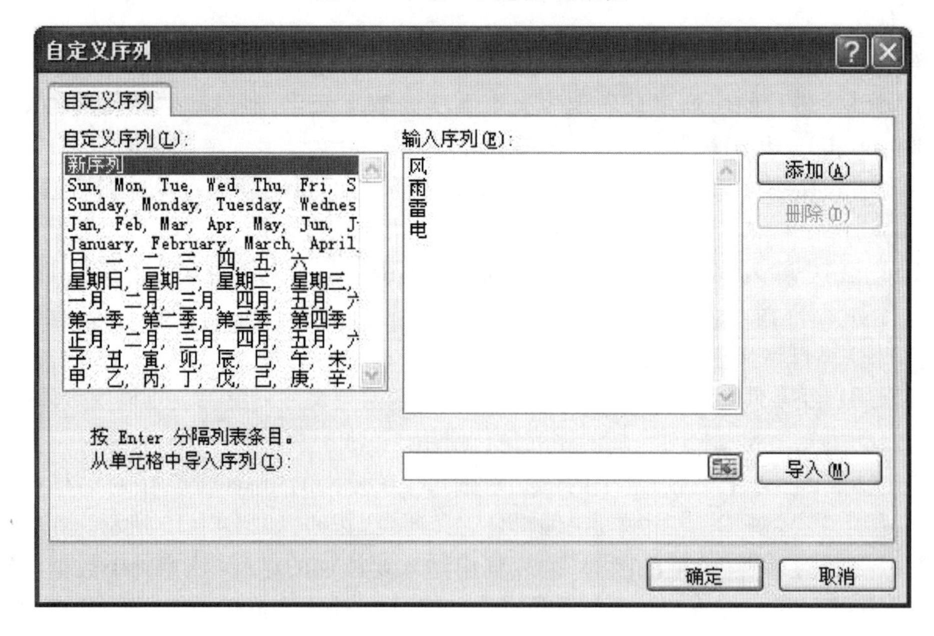

图 4－14 “自定义序列”对话框

（3）使用 Excel 的“序列填充”功能完成序列填充。

利用“填充”→“系列”的方式，可以自动生成“等比”或“等差”序列。例如，产生一组数据“2、8、32、128”的等比数列，操作步骤如下：

第一，在填充序列的第 1 个单元格输入初值“2”。第二，选中该单元格，单击功能区的“开始”选项卡中“编辑”组的“填充”按钮，在下拉列表中选择“系列”命令，弹出“序列”对话框，在该对话框中选择序列产生的位置、类型、步长值（等比数列的公比）和终止值，如图 4－15 所示。单击“确定”命令按钮，即可实现自动填充输入。

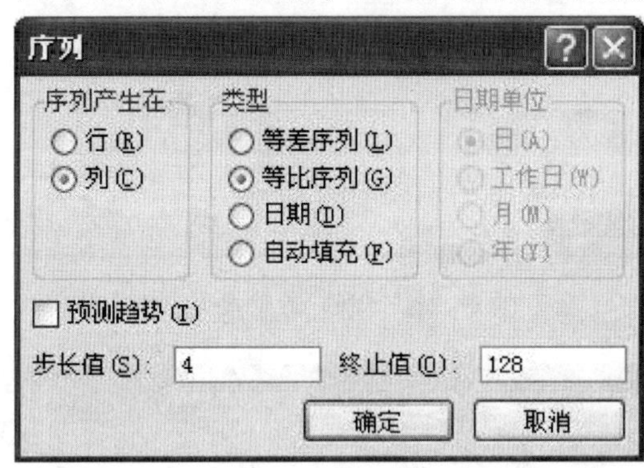

图 4－15　“序列”对话框

3. 有效性输入

原始数据输入的正确性是保证数据处理结果正确性的前提。输入数据时为了防止出现一些不合逻辑的数据，Excel 2010 提供了一种有效性输入。例如，在处理学生成绩时，输入的原始数据应处于 0～100，当在指定单元格中输入了无效数据时，可设置警告出错信息，以帮助用户更正错误。

设置有效性输入的方法如下：

第一，选定要设置有效性输入的区域。在功能区“数据”选项卡的“数据工具”组中单击“数据有效性”命令按钮，系统弹出“数据有效性”对话框。在“设置”选项卡的“有效性条件”选项组中选择“允许”，在下拉列表框中选择“整数”选项，在“数据”下拉列表框中选择“介于”选项，在“最小值”文本框中输入“0”，在“最大值”文本框中输入“100”，最后单击“确定”命令按钮，完成有效性输入设置，如图 4－16 所示。

当在已设置有效性的某一单元格中输入不满足有效性条件的数据时，将弹出“输入值非法”的报错对话框，如图 4－17 所示。

当然，用户还可以通过“数据有效性”对话框中的其他选项卡对有效性进行进一步的设置。

有时某些单元格的数值会限定有限的几个选项，如性别有“男”“女”两个选项，只需执行“数据有效性”对话框→“设置”选项卡→“有效性条件”选项组→“允许”命令，在下拉列表框中选择“序列”选项，在“来源”输入框中输入“男，女”序列，如图 4－18 所示，选定的设置数据有效性的单元格区域效果如图 4－19 所示。

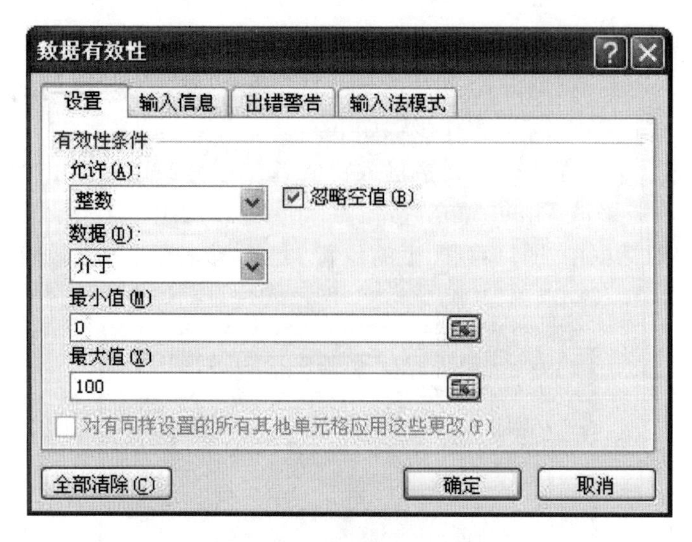

图 4－16 “数据有效性”设置

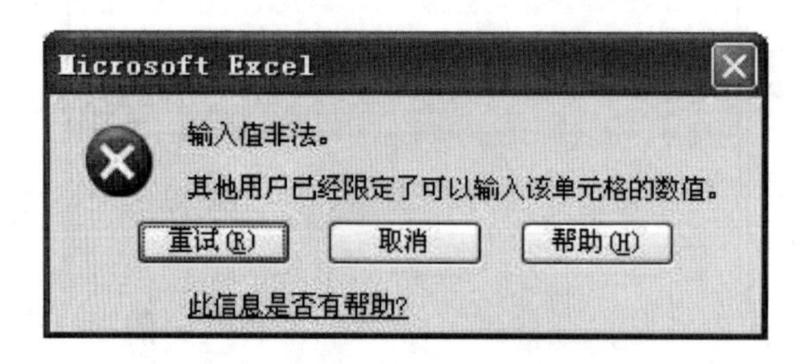

图 4－17 “输入值非法”的报错对话框

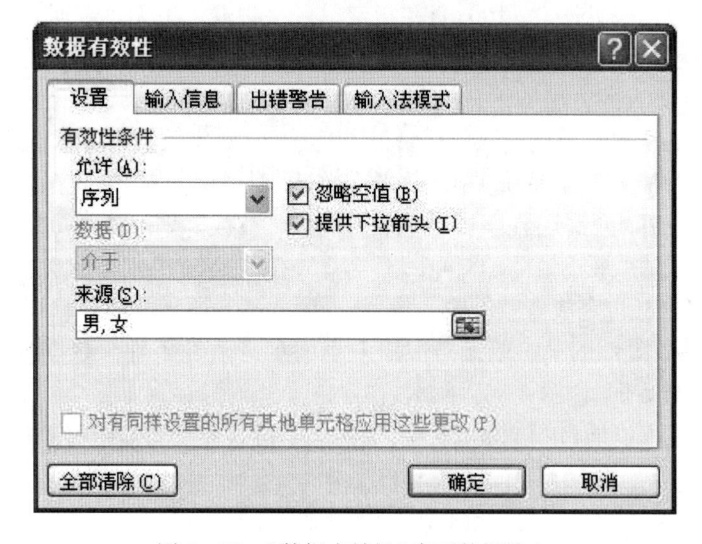

图 4－18 “数据有效性”序列数据输入

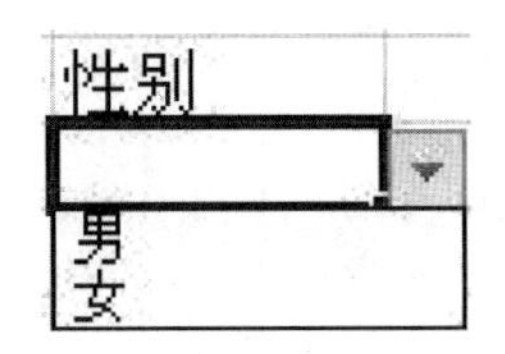

图4-19 使用有效性序列后效果图

注意:在向单元格输入数据时经常会显示一些错误值信息,一般错误信息都是以“#”号开头的,出现这些错误的原因有很多种。例如,出现“#####”是由于单元格所含的数字、日期或时间的长度比单元格的长度大(可视长度),增加(拉长)单元格宽度该现象就会自动消失。又如出现“#VALUE!”主要是由于公式不能计算正确的结果;而出现“#DIV/0!”则是由于计算公式中出现零除,造成这种现象的原因可能是表达式中分母的值太大而分子的值太小。

4. 单元格基本操作

(1)选择单元格。

①选定一个单元格。

单击某个单元格,便选定了此单元格。

②选定一个单元格区域。

将鼠标指针指向要选定区域的左上角单元格,按住鼠标左键不放,由左向右、由上向下移动鼠标直到要选定区域的右下角单元格,放开鼠标左键。

③用 Shift 键配合选定连续区域。

单击要选定区域的左上角单元格,接着按下 Shift 键不放,再单击要选定区域右下角单元格。

④用 Ctrl 键配合选定不邻接单元格或单元格区域。

首先选定第一个要选定的单元格或单元格区域,然后按住 Ctrl 键不放,再选定其他的单元格或单元格区域。

⑤选定整行或整列。

单击行号或列标,选定整行或整列所有的单元格。在行号或列标上拖动鼠标,可以选择连续的多行或多列。按住 Ctrl 键的同时单击行号或列标,可以选择不连续的多行或多列。

⑥选定整个工作表。

单击工作表的左上角的“全选”按钮,即可选定工作表中所有的单元格。当然,也可以使用 Ctrl + A 组合键。

(2)插入单元格。

在 Excel 2010 中插入单元格或区域的操作包括插入行、列或单元格。具体操作步骤为:选择要插入位置所在的单元格,单击功能区“开始”选项卡中“单元格”组的“插入”命令按钮,将在该选中单元格左侧或上方默认插入同用户选定单元格数目相同的单元格。当然,用户可以单击该按钮下拉列表中的“插入单元格”“插入工作表行”“插入工作表列”或“插入工作表”命令插入单元格、行、列或工作表。如果用户选择的是“插入单元格”命令将打开“插入”对话框，如图 4－20 所示，用户可在其中选择插入单元格后，其他单元格位置将如何调整。

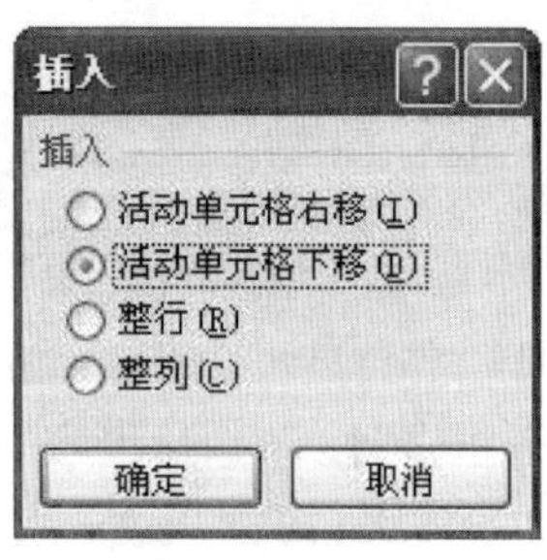

图 4－20 “插入”对话框

(3)删除单元格。

删除单元格的操作与插入单元格类似。具体操作步骤如下：选择要删除的单元格或单元格区域，单击功能区“开始”选项卡中“单元格”组的“删除”命令按钮，将删除选中的单元格或单元格区域。当然，用户可以单击该按钮下拉列表中的“删除单元格”“删除工作表行”“删除工作表列”或“删除工作表”命令删除单元格、行、列或工作表。

(4)修改单元格内容。

如果需要修改单元格中的数据，可以选中该单元格，输入新的内容即可直接替换掉原有内容。如果用户只修改单元格中的部分内容，可以通过双击单元格，或者选中该单元格后按 F2 键，进入编辑状态，该单元格内出现一个闪烁的竖直短线编辑光标(即插入点光标)，将其移动到要修改的位置处进行修改即可。

(5)清除单元格内容。

清除数据是指清除单元格或单元格区域内的数据，单元格本身并不会被删除。

首先，用户需要选定要清除的单元格或区域，然后单击功能区“开始”选项卡中“编辑”组的“清除”命令。在弹出的下拉列表中可以选择“清除格式”“清除内容”“清除批注”“清除超链接”或“全部清除”等命令选项，完成指定要求的数据清除。

(6)移动单元格。

①通过鼠标拖动移动。

选定要移动的单元格或区域，将鼠标指针移向选定单元格或区域的边框，此时鼠标指针由空心十字变成十字箭头形状，按下鼠标左键拖动，将有一个和选定单元格或区域等大小的虚框随之移动，到达目标位置时松开鼠标左键，便将选定的单元格或区域移动到目标位置。当然，相应单元格或区域中的数据也将被移动至此。

②用菜单命令移动。

a. 选定要移动的单元格或区域。

b. 单击功能区“开始”选项卡中“剪贴板”组的“剪切”命令按钮，将选定单元格或区域内的数据移入剪贴板。

c. 单击目标位置左上角的单元格。

d. 单击功能区“开始”选项卡中“剪贴板”组的“粘贴”命令，将选定单元格或区域内的数据移入目标位置。

(7)复制单元格。

①通过鼠标拖动复制。

选定要复制的单元格或区域,将鼠标指针移向选定单元格或区城的边框并按住 Ctrl 键,鼠标指针变成带有“ + ”的箭头形状,按住鼠标左键拖动,到达目标位置时,松开鼠标左键,便将选定的单元格或区域内的数据复制到目标位置。

②用菜单命令复制。

a. 选定要复制的单元格或区域。

b. 单击功能区“开始”选项卡中“剪贴板”组的“复制”命令,将选定单元格内的数据复制到剪贴板。

c. 单击目标位置的左上角的单元格。

d. 选择“剪贴板”组中的“粘贴”命令,将选定单元格内的数据复制到目标位置。

③选择性粘贴。

复制的过程由 2 个步骤组成,即“复制”和“粘贴”。一般情况下复制前与复制后的单元格或单元格区域将在内容、格式等所有特性上完全一致。一个单元格或区域中含有的多种特性(包括数据、格式、批注、公式等),其实可以有选择地将它们粘贴到另一个单元格或区域中,在粘贴的过程中还可完成算术运算,行、列转置等操作,这就是选择性粘贴。操作步骤如下:

a. 选定源单元格或区域,将其复制到剪贴板。

b. 选定待粘贴的目标区域中的第 1 个单元格,在功能区“开始”选项卡的“剪贴板”组中单击“粘贴”命令按钮旁的下拉箭头,在打开的列表中选择“选择性粘贴”命令,系统弹出如图 4 – 21 所示的“选择性粘贴”对话框。

c. 选择相应的选项后,单击“确定”按钮。

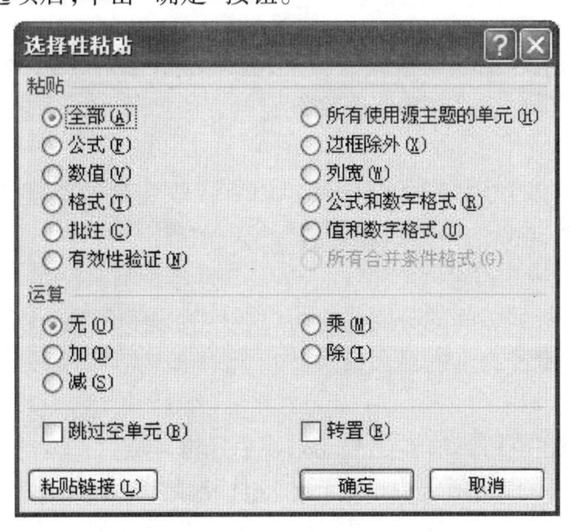

图 4 – 21　“选择性粘贴”对话框

(8)合并单元格。

制作表格时,如果表格的标题内容较长,需要占用多个单元格,这时就需要合并单元格。合并单元格的操作步骤为:选择要合并的多个单元格,单击功能区“开始”选项卡中“对齐方式”组的“合并后居中”命令或其下拉列表中的“合并单元格”命令。

(9)给单元格添加批注。

批注是对某个单元格所添加的文字性说明或注释,添加了批注的单元格默认在其左上角有一个红色三角形标志。

①添加批注。

添加批注的操作步骤如下:

a. 单击需要添加批注的单元格。

b. 单击功能区“审阅”选项卡中“批注”组的“新建批注”命令按钮。

c. 在弹出的批注框中输入批注文本。

d. 文本输入结束,单击批注框外部的工作表区域完成批注的添加。

②编辑批注。

批注添加完成后可以对其进行编辑,编辑批注的操作步骤如下:

a. 单击已添加批注并要对当前批注进行编辑的单元格。

b. 此时,功能区“审阅”选项卡中“批注”组的“添加批注”命令按钮将变为“编辑批注”,单击该按钮。

c. 在弹出的批注框中完成编辑。

d. 对批注的编辑修改结束后,单击批注框外部的工作表区域完成编辑批注操作。

③删除批注。

删除批注的操作步骤如下:

a. 单击需要删除批注的单元格。

b. 选择功能区“审阅”选项卡中“批注”组的“删除”命令按钮,即可删除该批注。

(10)调整单元格大小。

单元格中的数据内容或数据格式的变化,会改变单元格的大小,从而引起工作表中行高和列宽的自动调整。手动调整行高和列宽的方法如下:

①粗略调整。

用鼠标拖动列标或行号之间的分隔线可以直接改变列的宽度或行的高度。如果选择多行或多列,则对所选择的多行或多列进行统一调整。

②自动调整。

双击列标之间或行号之间的分隔线也可以改变列宽和行高,实际改变值是自动选取所有单元格中数据宽度或高度的最大值。

③精确调整。

a. 选定要改变列宽或行高所在的单元格或单元格区域。

b. 单击功能区“开始”选项卡中“单元格”组“格式”下拉列表中的“行高”或“列宽”命令。

c. 在弹出的“行高”或“列宽”对话框中输入要改变的数值,并单击“确定”按钮,完成精确改变行高或列宽的操作。

(11)查找、选择和替换单元格内容。

可以通过“查找和选择”命令快速地在工作表中查找和选择数据,或用相应的数据、公式或格式等对该单元格中数据的相应参数进行替换。

①查找。

a. 单击功能区“开始”选项卡中“编辑”组的“查找和选择”命令按钮,在打开的下拉列表中单击“查找”命令,弹出“查找”对话框,如图 4－22 所示。

b. 在“查找内容”文本框中输入要查找的数据,在“范围”下拉列表框中选择“工作表”或“工作簿”;在“搜索”下拉列表框中选择“按行”或“按列”进行查找;在“查找范围”下拉列表框中选择查找“值”“公式”或“批注”选项;还可以选择查找时是否区分字母的大小写、是否要求单元格匹配或区分全、半角。

c. 单击“查找下一个”按钮,便从活动单元格开始按照指定的搜索方式和查找范围在工作表中查找指定的数据或公式。找到后该单元格将成为活动单元格。单击“查找下一个”按钮则继续查找。

d. 单击“关闭”按钮,结束查找工作。

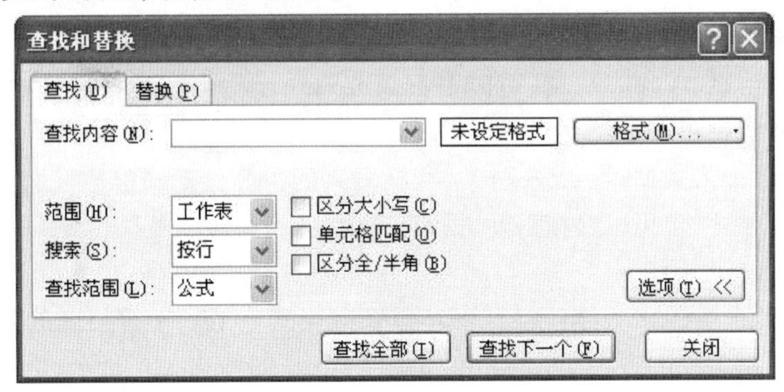

图 4－22　“查找和替换”对话框中的“查找”选项卡

②替换。

a. 单击功能区“开始”选项卡中“编辑”组的“查找和选择”命令,在下拉列表中单击“替换”命令,弹出“替换”对话框,如图 4－23 所示。

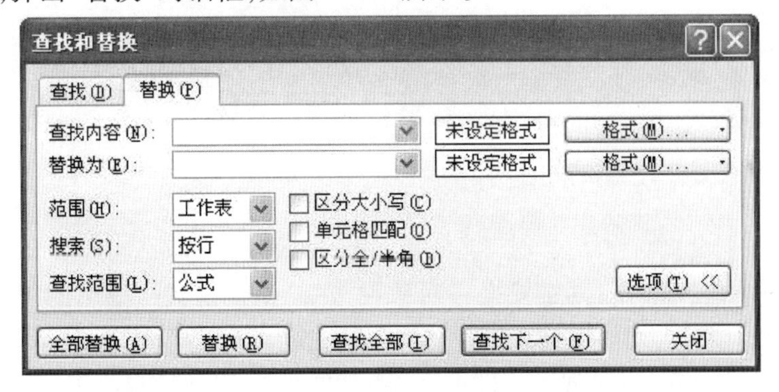

图 4－23　“查找和替换”对话框中的“替换”选项卡

b. 在“查找内容”文本框中输入要被替换的数据或公式,在“替换为”文本框中输入要

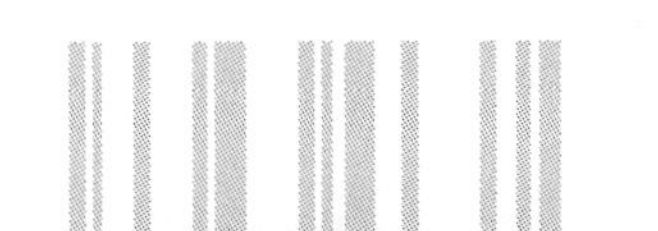

替换成的数据或公式,在“搜索”下拉列表框中选择“按行”或“按列”进行查找、替换;还可以选择查找时是否区分字母的大小写、是否要求单元格匹配或区分全、半角。

c. 单击“查找下一个”按钮,便从活动单元格开始按照指定的搜索方式在工作表中查找指定的数据或公式,找到后该单元格将成为活动单元格。如果要继续查找可单击“查找下一个”按钮;如果单击“替换”按钮,将对当前找到的单元格进行指定的替换。如果单击“全部替换”按钮,将对工作表中找到的所有的单元格进行指定的替换。单击“关闭”按钮,结束替换工作。

③其他选项。

a. 转到:可定位到某一指定单元格中,即指定某单元格为活动单元格。

b. 定位条件:实现按具体条件定位。

c. 公式:选定所有应用公式的单元格。

d. 批注:选定所有设有批注格式的单元格。

e. 条件格式:选定所有设有条件格式的单元格。

f. 常量:选定所有常量格式的单元格。

5. 设置单元格格式

完成建立和编辑工作表后,就可以根据需要对单元格中的数据进行格式化,使工作表排列规整,重点突出,外观漂亮。

在单元格中输入数据时,系统一般会根据输入的内容自动确定数据的类型、字形、大小、对齐方式等格式,也可以根据需要进行重新设置。

(1)字符格式设置。

字符的格式一般包含字体、字号、字体修饰等格式设置。字符格式的设置可以通过功能区“开始”选项卡中“字体”组的功能按钮来完成,如图 4-24 所示;也可以单击功能区中“开始”选项卡中“字体”组右下角的“对话框启动器”按钮打开“设置单元格格式”对话框,在“字体”选项卡中进行字符格式的设置,如图 4-25 所示。

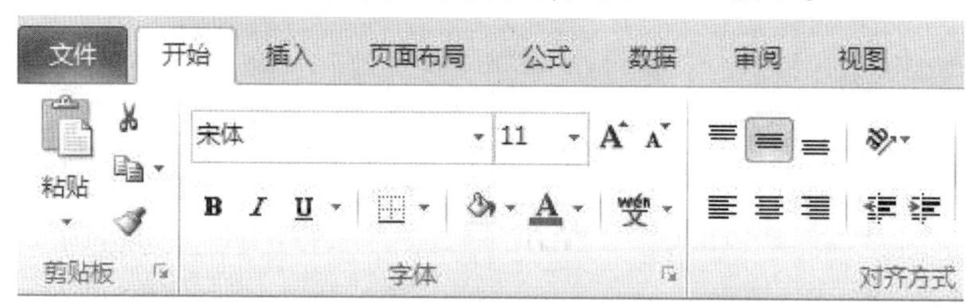

图 4-24 “开始”选项卡中的“字体”组

(2)数字格式设置。

Excel 是一种电子表格,其主要操作对象是数字,而根据实际应用的不同,需要将数字设置为不同的格式。对数字格式的设置可以通过功能区“开始”选项卡中“数字”组的功能按钮来完成,如图 4-26 所示;也可以单击功能区中“开始”选项卡“数字”组右下角的“对话框启动器”按钮打开“设置单元格格式”对话框,在“数字”选项卡下进行数字格式设置,如图 4-27 所示。

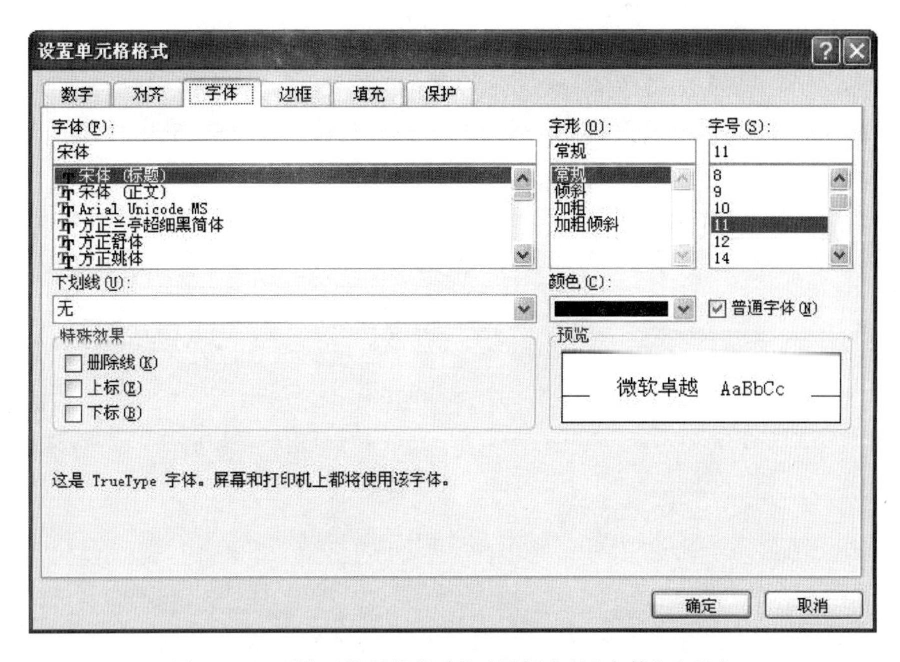

图 4－25　“设置单元格格式”对话框中的“字体”选项卡

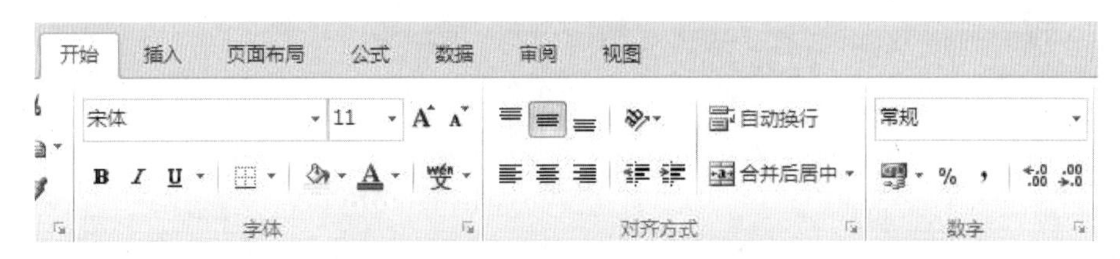

图 4－26　“开始”选项卡中的“数字”组

图 4－27　“设置单元格格式”对话框中的“数字”选项卡

(3)对齐方式设置。

一般情况下,Excel 2010 会自动调整输入数据的对齐格式,不同数据类型的对齐方式是不同的。同时,Excel 2010 又提供了设置对齐方式的功能,体现了应用对齐方式的灵活性。对对齐方式的设置可以通过功能区"开始"选项卡中"对齐方式"组的功能按钮来完成,如图 4-28 所示;也可以单击功能区中"开始"选项卡"对齐方式"组右下角的"对话框启动器"按钮↘打开"设置单元格格式"对话框,在"对齐"选项卡中进行对齐方式设置,如图 4-29 所示。

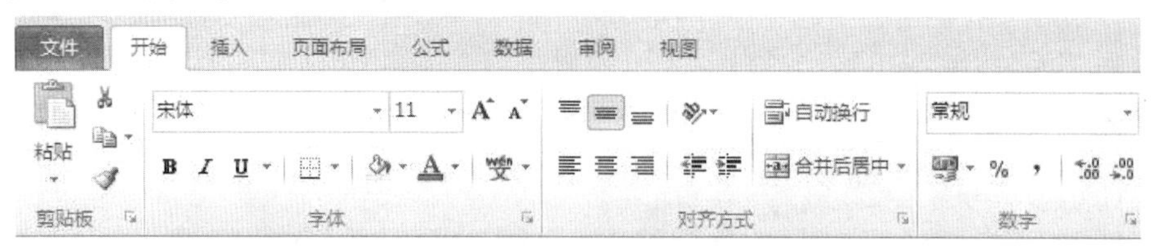

图 4-28 "开始"选项卡中的"对齐方式"组

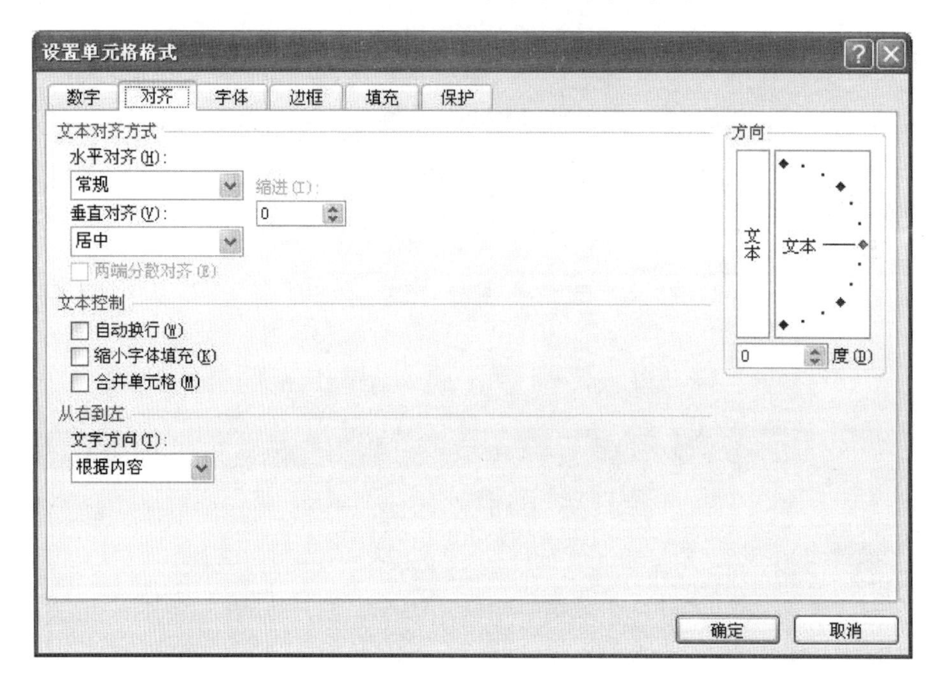

图 4-29 "设置单元格格式"对话框中的"对齐"选项卡

其中,"水平对齐"下拉列表框中的可选项包括常规、靠左、居中、靠右、填充、两端对齐、跨列居中和分散对齐;"垂直对齐"下拉列表框中的可选项包括靠上、居中、靠下、两端对齐和分散对齐;选中"自动换行"复选框后,数据将依据单元格的列宽自动换行;选中"缩小字体填充"复选框后将自动缩小字符的大小,以便数据的宽度与单元格的列宽相适应;选中"合并单元格"复选框后,多个单元格将合并为一个单元格,一般在设置工作表标题时需要该项功能;"方向"选择框是用来改变单元格字符的排版方向和旋转方向的。

(4)边框格式设置。

默认情况下,单元格的边框线只是单元格边界的标识,不可打印。用户要想真正为单元格加上边框线，使其形成表格，就要通过边框设置来完成。在“设置单元格格式”对话框中选择“边框”选项卡，如图 4－30 所示。用户根据实际需要，选择边框线条的样式、颜色，以及为单元格或区域的位置（上、下、左、右、对角等）加上边框。在设置边框的过程中，在预览框中可以看到样例。

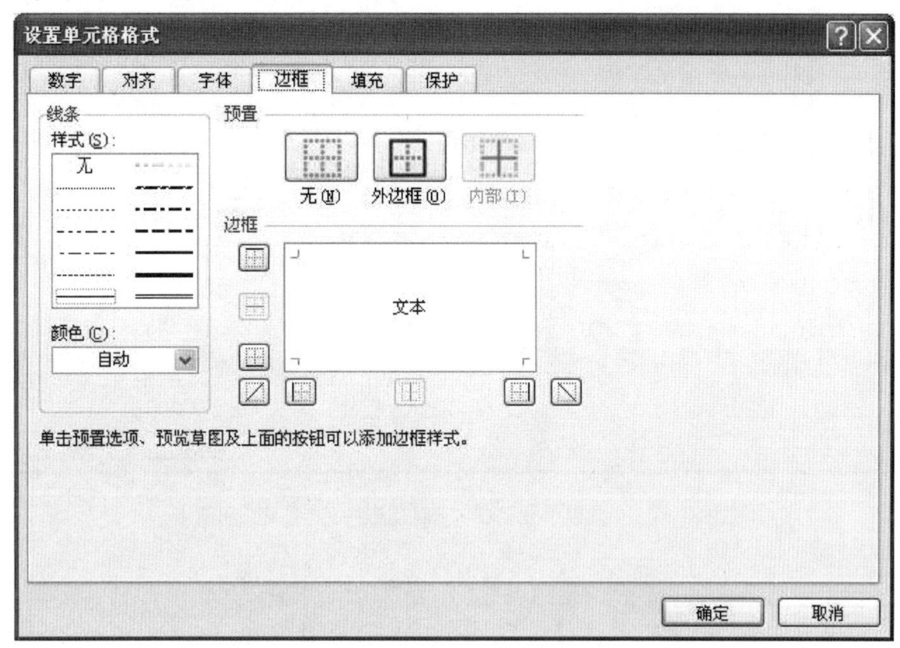

图 4－30　“设置单元格格式”对话框中的“边框”选项卡

（5）填充格式设置。

有时为了美化表格，可以通过为部分单元格添加底纹或图案来突出显示。在“设置单元格格式”对话框的“填充”选项卡中可以设置选定单元格或区域的底纹，如图 4－31 所示。

6. 条件格式

条件格式是指根据条件使用数据条、色阶和图标集，以突出显示相关的单元格，强调异常值及实现数据的可视化效果。在功能区“开始”选项卡的“样式”组中，通过“条件格式”命令按钮下拉列表中的选项对数据进行条件格式的设置，如图 4－32 所示。条件的设定既可以是绝对条件（如大于、小于、介于、等于等），也可以是相对条件（如值最大的 10 项、值最小的 10 项、高于平均值、低于平均值等）。

7. 自动套用格式

在 Excel 2010 中，系统预设了多种表格样式，用户可以根据需要选择某种表格样式，直接将其应用到表格中，可以极大地提高工作效率。在功能区“开始”选项卡的“样式”组中，选择“单元格样式”下拉列表中的某种样式设置选中的单元格的样式，如图 4－33 所示；也可以选择“套用表格格式”下拉列表中的某种样式设置选中的单元格区域的样式，如图 4－34 所示。

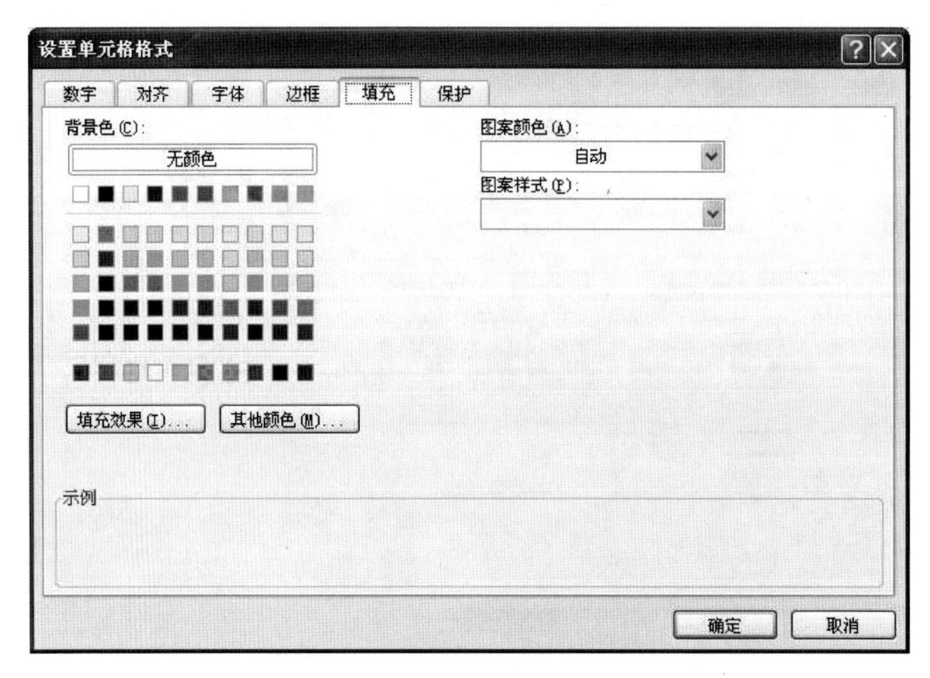

图 4－31　“设置单元格格式”对话框中的“填充”选项卡

图 4－32　“条件格式”设置

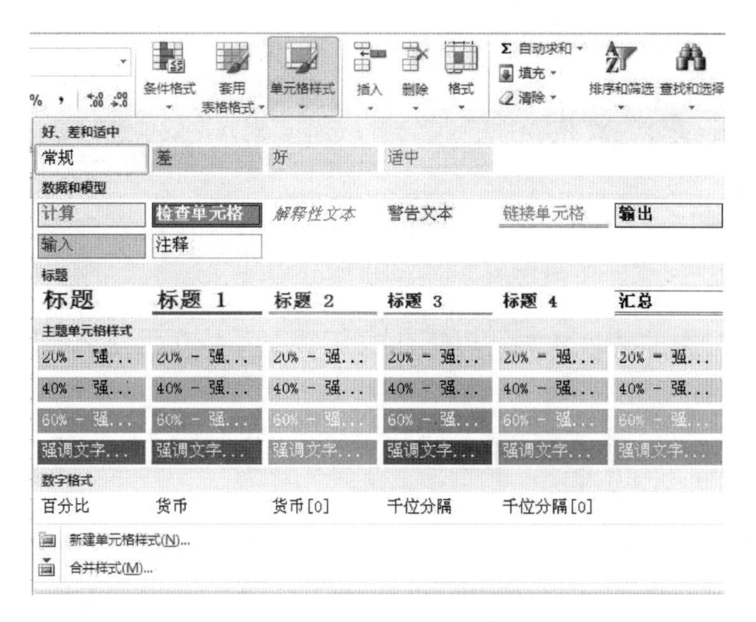

图 4－33　“单元格样式”下拉列表

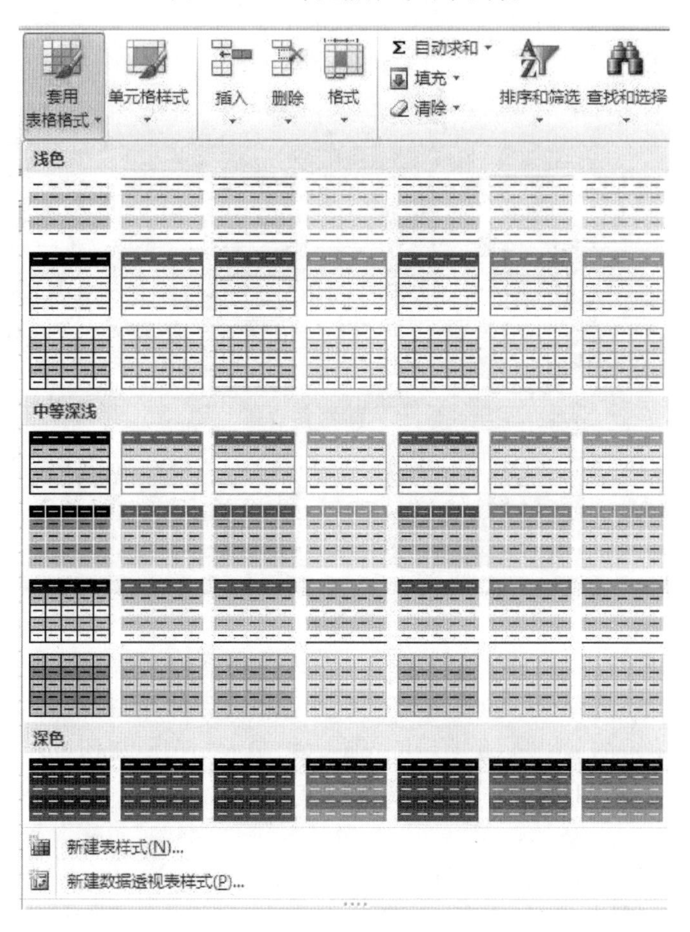

图 4－34　“套用表格格式”下拉列表

8．格式刷

在 Excel 2010 中，若要将已有单元格的格式信息迅速应用到其他单元格区域中，可以使用“格式刷”功能。使用“格式刷”的步骤：选定要复制格式信息的单元格或单元格区域；单击功能区“开始”选项卡中“剪贴板”组的“格式刷”按钮，使鼠标指针变成刷子形状；在目标单元格区域按住鼠标左键并拖动鼠标；释放鼠标，完成操作。

如果双击“格式刷”按钮，可以连续使用格式刷；再单击“格式刷”按钮或按 Esc 键，可以退出格式刷状态。

例题 4－2　打开“D：\Excel 2010 练习\学生成绩表”工作簿，录入相应数据，并完成如下操作：

（1）数字格式：整数。

（2）单元格的对齐方式：水平及垂直对齐方式均为居中。

（3）字体格式：隶书，字号 15 号。

（4）边框：外框线为黑色双实线，内框线为黑色单实线。

（5）填充：背景色为标准色中的橙色。

（6）将各科考试成绩大于或等于 80 分的单元格设置成绿色底纹，深蓝色字体；将小于 60 分的单元格设置成黑色底纹，红色字体。

完成后效果如图 4－35 所示。

	A	B	C	D	E	F	G	H	I	J	K	L	M
1	姓名	班级	英语	邓论	计算机	高数	体育	总分	平均分	最高分	最低分	总学分	级别
2	陈飞	2	75	71	88	77	94						
3	孙海洋	1	92	69	64	87	78						
4	王明章	1	65	56	75	56	66						
5	胡斯华	1	66	68	60	48	74						
6	刘芳	1	81	60	65	71	85						
7	吴建设	2	72	74	63	60	67						
8	吴晓燕	2	69	72	71	65	64						
9	王庄	2	74	68	93	75	91						
10	陈南一	1	50	70	49	63	65						
11	张璐璐	2	80	63	63	54	72						
12	田紫旭	2	62	60	81	68	56						
13	刘铭	1	71	81	86	52	60						
14	刘烁金	2	68	65	70	84	72						
15	李楷	2	70	76	64	67	84						
16	张静	2	48	69	63	50	65						
17	李子文	1	64	72	52	66	81						

图 4－35　例题 4－2 完成后效果

操作步骤如下：

（1）执行“文件”选项卡中的“打开”命令，在弹出的“打开”对话框中选择“D：\Excel 2010 练习”文件夹下的“学生成绩表”工作簿文件，单击“打开”按钮打开文件。

（2）根据图 4－35 样张效果输入相应的数据。

（3）选定“B2：G17”区域，在“设置单元格格式”对话框的“数字”选项卡“分类”列表中选择“数值”，小数位数设置为 0，单击“确定”按钮完成设置。

（4）选定“A1：M17”区域，在“设置单元格格式”对话框中“对齐”选项卡的“水平对齐”列表中选择“居中”和“垂直对齐”列表中选择“居中”。在“字体”选项卡中选择“字体”为隶书，在“字号”文本框中输入“15”。在“边框”选项卡“线条样式”列表中选择双实线，“线条颜色”选择黑色，然后单击“预置”选项中的“外边框”按钮。再选择“线条样式”列表中的“单实线”，“线条颜色”选择黑色，然后单击“预置”选项中的“内部”按钮。在“填充”选项卡的“背景色”列表中选择橙色。单击“确定”按钮完成设置。

(5)选定“C2:G17”区域，在“开始”选项卡中“样式”组的“条件格式”下拉列表中单击“突出显示单元格规则”级联菜单中的“其他规则”命令，打开“新建格式规则”对话框，在“编辑规则说明”中设置“单元格值”大于或等于 80，然后单击“格式”按钮，在打开的“设置单元格格式”对话框中设置“填充”背景色为绿色，“字体”颜色为深蓝色，如图 4-36 所示；在“条件格式”下拉列表中单击“突出显示单元格规则”级联菜单中的“小于”命令，设置小于“60”的单元格“填充”背景色为黑色，“字体”颜色为红色，如图 4-37 所示。

(6)单击“文件”选项卡“保存”命令，将“学生成绩表”文件存盘。

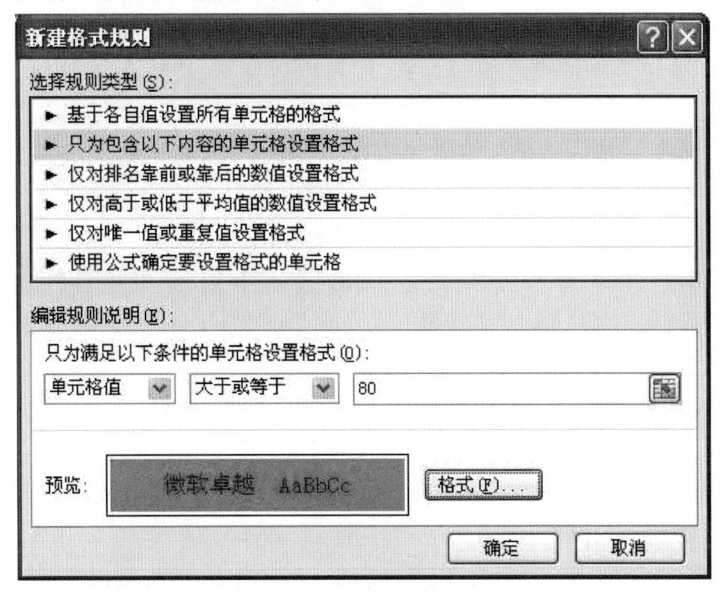

图 4-36　“条件格式”的“新建格式规则”对话框

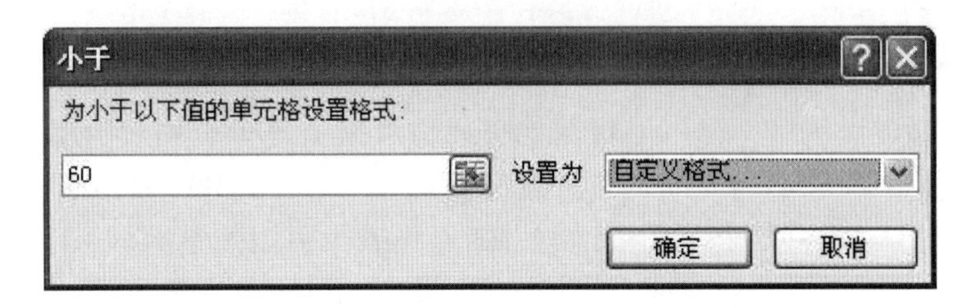

图 4-37　“条件格式”的“小于”对话框

4.3　公式与函数

Excel 2010 除了有较强的表格处理能力,灵活方便的数据计算功能更是它的特色之一,强大的数据计算能力为用户分析和处理工作表中的数据提供了很大的方便。可以在单元格中输入公式或使用 Excel 2010 提供的函数,完成工作表的复杂计算。

4.3.1　公式

Excel 2010 中的公式就是通过已知的数值来计算新数值的等式。公式必须以等号(=)开头,由常量、单元格或区域地址的引用、函数和各种运算符组成。例如,公式"=(A1+20)/SUM(A1:A8)"中包含了数值型常量"20"、单元格引用"A1"、单元格区域引用"A1:A8"、Excel 内置函数"SUM()"和运算符"+""/"。

1. 运算符

Excel 2010 中包含 4 种类型的运算符,即算术运算符、比较运算符、文本运算符和引用运算符。

注意:公式中所运用的各类符号都要在英文(半角)状态下输入,否则不仅不能得到想要的结果,还造成公式的错误。

(1)算术运算符。

公式中使用最多的是算术运算符,运算的对象是数值,结果也是数值。算术运算符包括"+(加号)""-(减号)""*(乘号)""/(除号)""%(百分号)""^(乘方)"。

(2)比较运算符。

比较运算符包括"=(等号)"">(大于号)""<(小于号)"">=(大于或等于)""<=(小于或等于)""<>(不等于)"。比较运算公式返回的结果为 TRUE(真)或 FALSE(假),逻辑型 TRUE 在参与算术运算时代表数值 1,FALSE 代表数值 0。

(3)文本运算符。

文本运算符"&"可以将两个文本连接起来,其操作的对象可以是带引号的文字,也可以是单元格地址。例如,A2 单元格的内容是"北京大学",B2 单元格的内容为"法学院",在 C2 单元格中输入公式"=A2&B2",则结果为"北京大学法学院"。

(4)引用运算符。

在公式中通过引用运算符可以对其他单元格数据值进行引用。引用运算符包括区域运算符":(冒号)"和联合运算符",(逗号)"。例如,"A1:B3"表示引用的区域包括 A1、A2、A3、B1、B2、B3 共 6 个单元格;"A1:B3,C1"表示引用的是区域 A1:B3 和 C1 共 7 个单元格。

当多个运算符同时出现在公式中时,Excel 2010 对运算的优先顺序有严格规定,由高到低是":"",""空格""-(负号)""%""^""*、/""+、-""&""=、>、<、>=、<=、<>"。如果优先级相同,则按从左至右的顺序依次运算;要想改变优先顺序可以用圆括号。

2. 单元格引用

单元格引用指一个引用位置可代表工作表中的一个单元格或一组单元格(区域)。引用位置用单元格或区域的地址表示。如公式“ = (C3 + D3 + E3 + F3) * 0.3 + G3 * 0.7”中,C3、D3、E3、F3 和 G3 就分别引用了工作表第 3 行中 C、D、E、F、G 这 5 列上的 5 个单元格数据。通过引用,可在一个公式中使用工作表中不同区域的数据,也可在不同公式中使用同一个单元格或区域中的数据,甚至可以使用不同工作簿或不同工作表中的单元格数据及其他应用程序中的数据。

公式中常用单元格的引用来代替单元格中的具体数据,原因是当公式中被引用单元格的数据变化时,公式的计算结果会随之变化;进一步会使公式在复制的过程中对其他需要计算的值自动求解。

单元格的引用类型有 3 种:相对引用、绝对引用和混合引用。

(1)相对引用。

相对引用就是包含公式的单元格与被引用的单元格之间的位置是相关的,单元格或单元格区域的引用是相对于包含公式的单元格的相对位置,即公式在复制的过程中,公式当中所引用的单元格地址会随公式的复制而发生对应的、有规律的变化。

相对引用是用单元格所在的列标和行号作为引用,用单元格区域的左上角单元格的引用、冒号(:)和右下角单元格的引用表示。例如,A1 中有数值型数据“10”,A2 中有数值型数据“20”,B1 中有数值型数据“30”,B2 中有数值型数据“30”。在 C1 单元格中输入公式“ = A1 + B1”,显示其值为“40”。将该公式复制到 D1 单元格中,D1 单元格则显示值为“70”,如图 4 - 38 所示。

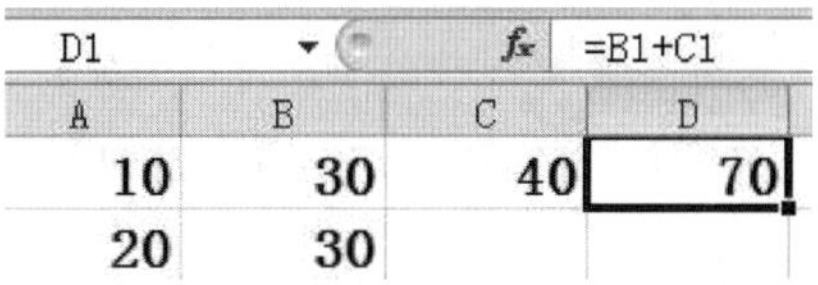

D1　　fx　=B1+C1

A	B	C	D
10	30	40	70
20	30		

图 4 - 38　公式的“相对引用”示例图

D1 单元格的值为何会显示“70”? 原因就是被复制到 D1 单元格中的公式变为“ = B1 + C1”。公式为何会变为“ = B1 + C1”? 是因为公式由 C1 复制到 D1,公式所在的单元格地址列数加 1,而行数没变,则该公式当中所引用的单元格地址也将发生列数加 1,而行数不变的结果,即由“ = A1 + B1”变为“ = B1 + C1”。由于 B1 单元格的值为“30”,而 C1 单元格的值为“40”,因此复制后 D1 单元格中的值就显示为“70”。

(2)绝对引用。

绝对引用就是在公式中引用的单元格的地址与公式所在的单元格的位置无关,即公式在复制的过程中,公式当中所引用的单元格地址不会随着公式的复制而发生任何变化。

单元格绝对引用的标志是在单元格的列标和行号前均加“ $ ”符号。例如,A1 中有数值型数据“10”,A2 中有数值型数据“20”,B1 中有数值型数据“30”,B2 中有数值型数据“30”。在 C1 单元格中输入公式“ = $A$1 + $B$1”,显示其值为“40”。将该公式复制到 D1 单元格中,D1 单元格则显示值仍为“40”,如图 4 - 39 所示。

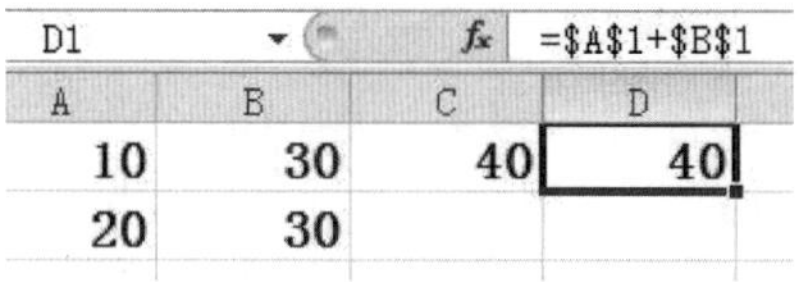

D1 fx =$A$1+$B$1

A	B	C	D
10	30	40	40
20	30		

图 4－39　公式的“绝对引用”示例图

D1 单元格的值为何仍为“40”？原因就是公式中的单元格地址被绝对引用了。那么公式在复制过程中，公式中所引用的单元格地址就不会随着公式的变化而发生任何变化。

注意：公式中绝对引用单元格地址行号列标前的“ $ ”符号除了手动输入外，还可以通过按 F4 键进行输入（F4 键可以在某一单元格地址的相对引用、绝对引用、两种不同的混合引用间进行切换）。

（3）混合引用。

混合引用是指公式中单元格地址的引用中既有相对引用又有绝对引用的情况。同样，单元格地址的混合引用是指公式在复制的过程中，公式当中相对引用的单元格地址部分会随着公式的复制而发生有规律的变化，而绝对引用的单元格地址部分则不会发生任何变化。

公式中单元格地址的混合引用有两种情况：一是“相对引用列而绝对引用行”，如 A $1；二是“相对引用行而绝对引用列”，如 $ A1。例如，A1 中有数值型数据“10”，A2 中有数值型数据“20”，B1 中有数值型数据“30”，B2 中有数值型数据“30”。在 C1 单元格中输入公式“ = A $1 + $ B1”，显示其值为“40”。将该公式复制到 D1 单元格中，D1 单元格则显示值为“60”，如图 4－40 所示。

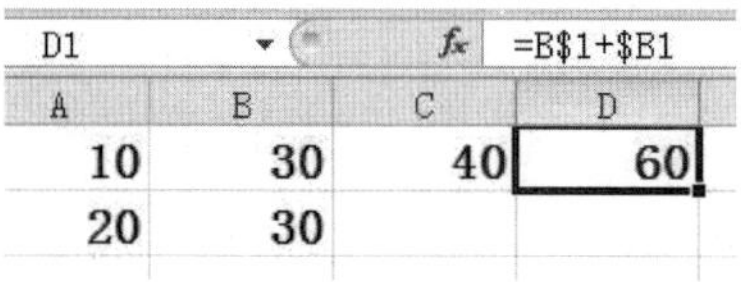

D1 fx =B$1+$B1

A	B	C	D
10	30	40	60
20	30		

图 4－40　公式的“混合引用”示例图

D1 单元格的值为何会显示“60”？原因就是被复制到 D1 单元格中的公式变为“ = B $1 + $ B1”。公式为何会变为“ = B $1 + $ B1”？是因为公式由 C1 复制到 D1，公式中所引用的单元格地址中的相对引用部分随公式的复制也进行有规律的变化，而绝对引用部分则不变。

3. 公式的编辑

在 Excel 2010 中单击功能区“插入”选项卡中“符号”组的“公式”命令按钮的下拉箭头，在打开的列表中可选择插入一些特殊的数学公式，如圆的面积、二项式定理、和的展开式、傅里叶级数等公式。插入的公式将以文本框的形式进行表示，随之在功能区中会自动出现“绘图工具”和“公式工具”两个选项卡，用户可以在相应选项卡的子选项卡中对公式的格式及内容进行编辑。

4. 运用公式计算应注意的问题

（1）公式输入。

要向一个单元格输入公式，首先选择该单元格，使其成为当前活动单元格，再输入公式，最后按回车键或用鼠标单击编辑栏中的“确认”按钮 ✔，即可完成公式的计算。

(2)计算结果。

计算结果存放在当前单元格中，因此，输入公式的单元格就是存放计算结果的单元格。

(3)放弃公式。

如果想放弃该公式，可按 ESC 键或单击编辑栏中的“取消”按钮 ✖，即取消当前所输入的公式。

(4)公式编辑。

编辑公式的操作方法同编辑数据的操作方法类似，单击公式所在的单元格，公式就显示在编辑栏里，即可进行编辑。

(5)公式引用范围。

公式中可以使用一个工作表中单元格的地址，也可以使用同一个工作簿中不同工作表的单元格的地址，还可以使用不同工作簿中工作表的单元格地址，使用方法如下：

①使用同一个工作表中单元格的地址时，直接引用即可。

②使用同一个工作簿不同工作表中的单元格地址时，需要在单元格地址的前面加“工作表标签名!”。例如，“Sheet3！ A1:D10”，表示工作表 Sheet3 中的 A1 ~ D10 的单元格。

③使用不同工作簿的工作表中的单元格地址时，应该在单元地址的前面加“[工作簿名]工作表标签名!”。例如，“[Book2] Sheet1！ A1”，表示工作簿 Book2 中工作表 Sheet1 的 A1 单元格。

4.3.2　函数

函数是一种特殊的公式，是 Excel 2010 内部已经定义的、能完成特定计算功能的公式。使用函数大大增强表格的计算能力，简化了计算公式，提高了工作效率。

1. 函数的格式

函数由函数名和参数构成，其语法形式为“函数名(参数 1，参数 2，……)”。其中，参数可以是常量、单元格、区域、区域名或其他函数。函数为用户进行数值计算和数据处理带来了极大的方便。

2. 函数的输入

函数可以用两种方法输入：一是直接输入法；二是插入函数法。

(1)直接输入法。

直接输入法是在“ = ”号后直接输入函数名和参数，此方法使用比较快捷，要求输入函数名要准确，给出的参数及类型要符合函数要求。如果对所使用的函数和该函数的参数类型非常熟悉，可以采用该种方法。

(2)插入函数法。

由于 Excel 2010 提供了几百个函数，记住每一个函数名和参数比较困难，因此采用插入函数的方法可以引导用户正确的选择函数和编辑相应的参数，具体操作步骤如下：

a. 首先，定位函数输入的位置。

b. 然后，单击功能区“公式”选项卡中“函数库”组中需要的“函数类型”按钮，如图 4－41 所示，在弹出的该类型函数的下拉列表中选择需要的特定函数。若不知道所需函数所属的类别，可选择“函数库”组中的“插入函数”按钮 f_x，在弹出的“插入函数”对话框的“选择类别”下拉按钮中选择“全部”，则在“选择函数”列表中按字母升序列出所有函数，可从中选择需要的函数。

c. 选定好要使用的具体函数后，将弹出“函数参数”对话框，在该对话框中输入该函数的参数，单击“确定”按钮完成函数的插入。

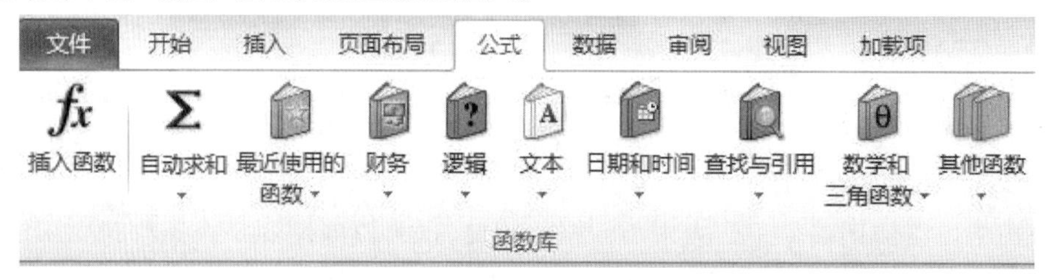

图 4－41 “公式”选项卡中的“函数库”组

3．常用函数

Excel 2010 提供了大量的函数，主要介绍几类常用的函数。需要注意的是，在对函数参数进行编辑时要了解函数的功能、参数的类型等，以避免所编辑的函数出错或无法得到期望的值。

（1）数学与三角函数。

①数学与三角函数的主要功能是进行数学计算，常用的有：

a. SUM：计算单元格区域中所有数值之和。

b. SUMIF：对所有满足条件的单元格求和。

c. PRODUCT：计算单元格区域中所有参数的乘积。

d. SIN：计算给定角度的正弦值。

e. SQRT：计算数值的平方根。

f. PI：计算圆周率 π 的值，精确到 15 位。

g. ABS：计算给定数值的绝对值。

h. MOD：计算两数相除的余数。

i. INT：将参数向下取整为最接近的整数。

j. POWER：计算某数的乘幂。

k. ROUND：按指定的位数对数值进行四舍五入。

②数学与三角函数举例。

格式：ROUND(number,num_digits)

功能：按指定的位数对数值进行四舍五入。

参数说明：“number”为需要进行四舍五入的数字。“num_digits”为指定的位数，按此位数进行四舍五入。

实例图示(图4－42):

	A	B	C
1	数据	四舍五入	函数
2	12.345	12.35	=ROUND(A2,2)
3	12.345	12.3	=ROUND(A3,1)
4	12.345	10	=ROUND(A4,-1)

图4－42　数学与三角函数实例

(2)日期与时间函数。

①日期与时间函数主要是用于处理日期和时间,常用的有:

a. YEAR:计算日期的年份值,返回1 900到9 999之间的数值。

b. MONTH:计算日期的月份值,返回1到12之间的数值。

c. DAY:计算日期对应的天数(即某月第几天),返回1到31之间的数值。

d. TODAY:计算计算机系统内部时钟的当前日期。

e. HOUR:计算时间对应的小时数值,返回0到23之间的整数。

f. MINUTE:计算时间对应的分钟数值,返回0到59之间的整数。

g. SECOND:计算时间对应的秒数数值,返回0到59之间的整数。

h. NOW:计算计算机系统内部时钟当前的日期和时间。

②日期与时间函数举例。

格式:YEAR(Serial_number)。

功能:返回日期的年份值,一个位于1 900~9 999之间的数字。

参数说明:"Serial_number"为Microsoft Excel进行日期及时间计算的日期－时间代码。

实例图示(图4－42):

	A	B	C
1	日期	年份	函数
2	2018-1-8	2018	=YEAR(A2)
3		2018	=YEAR(TODAY())

图4－43　日期与时间函数实例

(3)统计函数。

①统计函数主要是对数据区域进行统计分析,常用的有:

a. AVERAGE:计算单元格区域中所有数值的算术平均值。

b. MAX:求一组数值中最大值(忽略逻辑值及文本字符)。

c. MIN:求一组数值中最小值(忽略逻辑值及文本字符)。

d. COUNT:计算参数表中数字参数和包含数字的单元格的个数。

e. COUNTA:计算参数表中包含数字的个数以及非空单元格的数目。

f. COUNTIF:统计某个区域中满足条件的单元格数目。

g. VARA:估算基于给定样本(包括逻辑值和字符串)的方差;字符串和逻辑值FALSE数值为0,逻辑值TRUE为1。

h. STDEVA:估算基于给定样本(包括逻辑值和字符串)的标准差;字符串和逻辑值FALSE数值为0,逻辑值TRUE为1。

i. RANK:某数字在一列数字中相对于其他数值的大小排名。

②统计函数举例。

格式:RANK(number,ref,order)。

功能:返回某数字在一列数字中相对于其他数值的大小排位。

参数说明:“number”为某个需要排位的数字,“ref”为对一组数或对一个数据列表的引用,如果“order”为0或省略,降序排列;如果“order”不为0,升序排列。

实例图示:

	A	B	C
1	成绩	名次	函数
2	50	7	=RANK(A2,$A$2:$A$8,0)
3	80	2	=RANK(A3,$A$2:$A$8,0)
4	72	4	=RANK(A4,$A$2:$A$8,0)
5	68	5	=RANK(A5,$A$2:$A$8,0)
6	80	2	=RANK(A6,$A$2:$A$8,0)
7	91	1	=RANK(A7,$A$2:$A$8,0)
8	54	6	=RANK(A8,$A$2:$A$8,0)

图4-44　统计函数实例

(4)逻辑函数。

①常用的逻辑函数有:

a. IF:对指定的条件进行逻辑判断,依据真、假而返回不同的结果。

b. AND:判断是否所有参数均为TRUE,如果所有参数值均为TRUE,则函数值为TRUE,否则函数值为FALSE。

c. OR:如果任一参数值为TRUE,则函数值为TRUE;只有当所有参数值均为FALSE时才返回FALSE。

d. NOT:对参数的逻辑值求反,参数为TRUE时返回FALSE,参数为FALSE时返回TRUE。

②逻辑函数举例。

格式:IF(logical_test,value_if_true,value_if_false)。

功能:判断一个条件是否满足,如果满足返回一个值,如果不满足返回另一个值。

参数说明:“logical_test”是任何能被计算为TRUE或FALSE的数值或表达式,“value_if_true”是logical_test为TRUE时返回的值(如果忽略,则返回TRUE),“value_if_false”是logical_test为FALSE时返回的值(如果忽略,则返回FALSE)。

实例图示(图4-45):

	A	B	C
1	成绩	是否及格	函数
2	50	不及格	=IF(A2>=60,"及格","不及格")
3	80	及格	=IF(A3>=60,"及格","不及格")

图4-45　逻辑函数实例

例题 4－3　打开“D:\Excel 2010 练习\学生成绩表”工作簿,利用函数计算所有学生的总分、平均分、最高分、最低分,完成后效果如图 4－46 所示。

	A	B	C	D	E	F	G	H	I	J	K	L	M
1	姓名	班级	英语	邓论	计算机	高数	体育	总分	平均分	最高分	最低分	总学分	级别
2	陈飞	2	75	71	88	77	94	405	81	94	71		
3	孙海洋	1	92	69	64	87	78	390	78	92	64		
4	王明宇	1	65	56	75	56	66	318	64	75	56		
5	胡丽华	1	66	68	60	48	74	316	63	74	48		
6	刘芳	1	81	60	65	71	85	362	72	85	60		
7	吴建设	2	72	74	63	60	67	336	67	74	60		
0	吴晓燕	2	69	72	71	65	64	341	68	72	64		
9	王庄	2	74	68	93	75	91	401	80	93	68		
10	陈南一	1	50	70	49	63	65	297	59	70	49		
11	张璐璐	2	80	63	63	54	72	332	66	80	54		
12	田紫旭	2	62	60	81	68	56	327	65	81	56		
13	刘铭	1	71	81	86	52	60	350	70	86	52		
14	刘烁金	2	68	65	70	84	72	359	72	84	65		
15	李楷	2	70	76	64	67	84	361	72	84	64		
16	张静	2	48	69	63	50	65	295	59	69	48		
17	李子文	1	64	72	52	66	81	335	67	81	52		

图 4－46　例题 4－3 完成后效果

操作步骤如下:

(1)单击“文件”选项卡“打开”命令,在弹出的“打开”对话框中选择“D:\Excel 2010 练习”文件夹下的“学生成绩表”工作簿文件,单击“打开”按钮打开文件。

(2)在 H2 单元格中输入“＝SUM(C2:G2)”,按回车键,拖动 H2 单元格的自动填充柄至 H17 单元格。

(3)在 I2 单元格中输入“＝AVERAGE(C2:G2)”,按回车键,拖动 I2 单元格的的自动填充柄至 I17 单元格。

(4)在 J2 单元格中输入“＝MAX(C2:G2)”,按回车键,拖动 J2 单元格的自动填充柄至 J17 单元格。

(5)在 K2 单元格中输入“＝MIN(C2:G2)”,按回车键,拖动 K2 单元格的自动填充柄至 K17 单元格。

(6)单击“文件”选项卡“保存”命令,保存“学生成绩表”文件。

例题 4－4　打开“D:\Excel 2010 练习\学生成绩表”工作簿,利用条件求和函数 SUMIF 计算所有学生的总学分;利用逻辑函数 IF 计算所有学生的级别。

要求如下:

(1)已知各科目学分情况在单元格区域 C21:G22,如图 4－47 所示。

(2)要求每科成绩低于 60 分的学生没有学分。

(3)平均分≥80 分者为“优”,平均分＜60 分者为“差”,其余情况为“中”。

完成后效果如图 4－48 所示。

科目	英语	邓论	计算机	高数	体育
学分	3.5	1.5	4	5	2

图 4－47　各科目学分情况

	A	B	C	D	E	F	G	H	I	J	K	L	M
1	姓名	班级	英语	邓论	计算机	高数	体育	总分	平均分	最高分	最低分	总学分	级别
2	陈飞	2	75	71	88	77	94	405	81	94	71	16	优
3	孙海洋	1	92	69	64	87	78	390	78	92	64	16	中
4	王明宇	1	65	56	75	56	66	318	64	75	56	9.5	中
5	胡丽华	1	66	68	60	48	74	316	63	74	48	11	中
6	刘芳	1	81	60	65	71	85	362	72	85	60	16	中
7	吴建设	2	72	74	63	60	67	336	67	74	60	16	中
8	吴晓燕	2	69	72	71	65	64	341	68	72	64	16	中
9	王庄	2	74	68	93	75	91	401	80	93	68	16	优
10	陈甫一	1	50	70	49	63	65	297	59	70	49	8.5	差
11	张璐璐	2	80	63	63	54	72	332	66	80	54	11	中
12	田紫旭	2	62	60	81	68	56	327	65	81	56	14	中
13	刘铭	1	71	81	86	52	60	350	70	86	52	11	中
14	刘烁全	2	68	65	70	84	72	359	72	84	65	16	中
15	李楷	2	70	76	64	67	84	361	72	84	64	16	中
16	张静	2	48	69	63	50	65	295	59	69	48	7.5	差
17	李子文	1	64	72	52	66	81	335	67	81	52	12	中

图 4－48　例题 4－4 完成后效果

操作步骤如下：

（1）单击“文件”选项卡中“打开”命令，在弹出的“打开”对话框中选择“D：\Excel 2010 练习”文件夹下的“学生成绩表”工作簿文件，单击“打开”按钮打开文件。

（2）选中“L2”单元格，单击功能区“公式”选项卡中“函数库”组的“插入函数”命令，在弹出的“插入函数”对话框“选择函数”列表中选择“SUMIF”函数，单击“确定”按钮将弹出“函数参数”对话框，在该对话框“Range”一栏中输入“C2：G2”，在“Criteria”一栏中输入“ > =60”，在“Sum_range”一栏中输入“ $C $22：$G $22”，如图 4－49 所示，单击“确定”按钮完成“总学分”的计算；拖动 L2 单元格的自动填充柄至 L17 单元格。

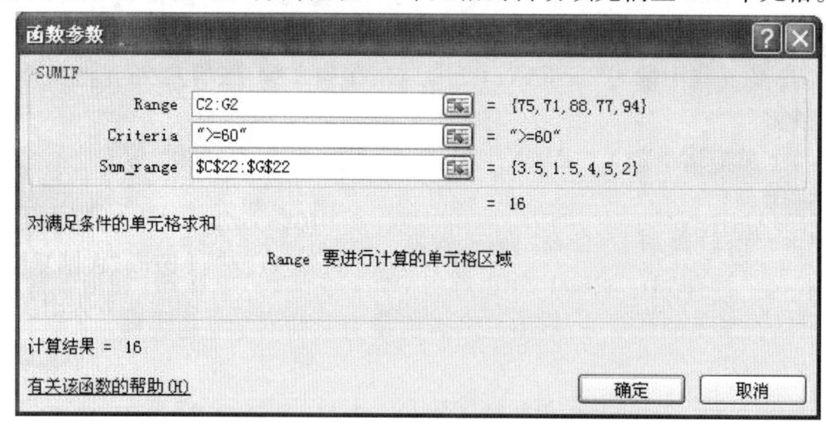

图 4－49　“SUMIF”函数参数对话框

（3）选中“M2”单元格，单击功能区“公式”选项卡中“函数库”组的“插入函数”命令，在弹出的“插入函数”对话框“选择函数”列表中选择“IF”函数，单击“确定”按钮将弹出“函数参数”对话框，在该对话框“Logical_test”一栏中输入“I2 > =80”，在“Value_if_true”一栏中输入“"优"”，在“Value_if_false”一栏中输入“IF(I2 <60,"差","中")”，如图 4－50 所示，单击“确定”按钮完成“级别”的计算；拖动 M2 单元格的自动填充柄至 M17 单元格。

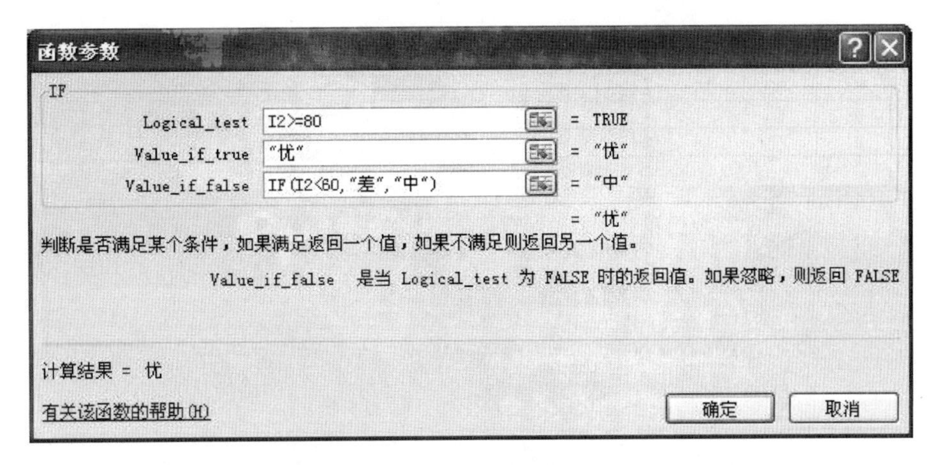

图 4－50　"IF"函数参数对话框

(4)单击"文件"选项卡"保存"命令,保存"学生成绩表"文件。

4. 单变量求解

单变量求解是解决假定一个公式要取的某一结果值,其中变量的引用单元格应取值为多少的问题。在 Excel 中就是根据所提供的目标值,将引用单元格的值不断调整,直至达到所需要求的公式的目标值时,变量的值才确定。

例如,一个职工的年终奖金是全年销售额的 20%,已知其前三个季度的销售额,该职工想知道第四季度的销售额为多少时,才能保证年终奖金为 1 000 元。建立如图 4－51 所示的表格,其中 D3 单元格中的公式为" = (B2 + B3 + B4 + B5) * 20% "。

D3　　fx　=(B2+B3+B4+B5)*20%

	A	B	C	D	E
1	销售额				
2	第一季度	1550		年终奖金	
3	第二季度	1235		766.6	
4	第三季度	1048			
5	第四季度				
6					

图 4－51　创建单变量求解的数据

用单变量求解的具体操作步骤如下:

(1)选定包含想产生特定数值的公式的目标单元格 D3。

(2)选择"数据"选项卡中"数据工具"组的"模拟分析"下拉列表中的"单变量求解"命令,打开"单变量求解"对话框。

(3)在"目标单元格"框中输入目标单元格的地址" $D $3"或"D3",在"目标值"框中输入日标值"1 000",在"可变单元格"框中输入变量的地址" $B $5"或"B5",如图 4－52 所示。

(4)单击"确定"按钮,出现"单变量求解状态"对话框,计算结果"1 167"显示在单元格 B5 内。要保留这个值,单击"单变量求解状态"对话框中的"确定"按钮即可。

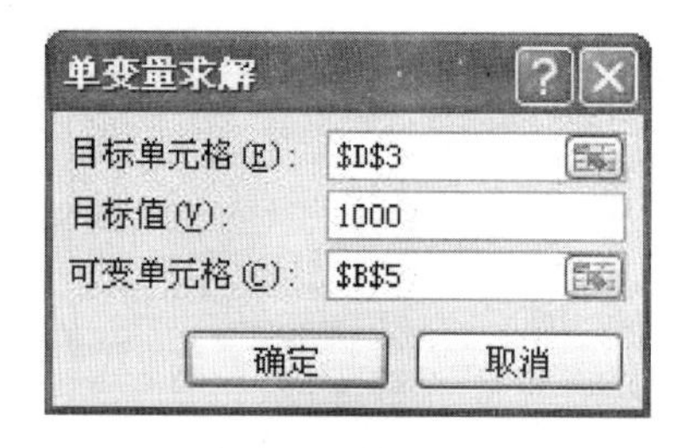

图 4-52 “单变量求解”设置

4.4 图　　表

在实际应用中，经常需要将枯燥的数据用更直观、形象的图形来显示，以定性分析数据之间的相关性及发展趋势，这就需要将表格中的数据转换为图表形式，使表达的数据更清晰、直观、易懂。

4.4.1 图表的类型

Excel 2010 中内置了多种图表类型，每种图表类型中又包含若干种子类型，用户可以根据实际需要选择一种适当的图表类型。

1. 柱形图

柱形图是 Excel 中默认的图表类型，也称为直方图，用于显示一段时间内的数据变化或显示各项之间的比较情况，如图 4-53 所示。在柱形图中，通常沿水平轴组织类别，而沿垂直轴组织数值。

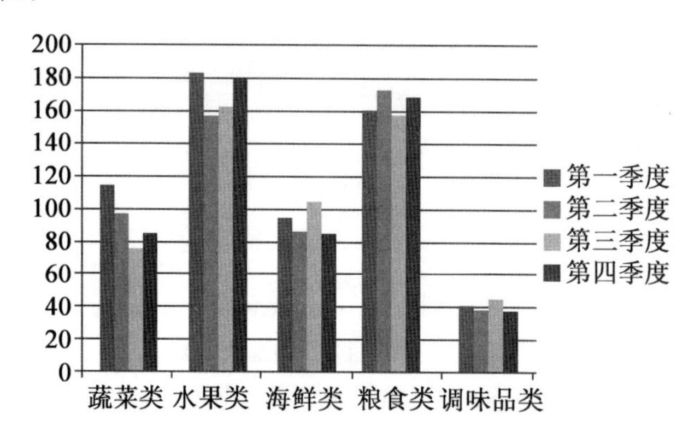

图 4-53 柱形图

2. 折线图

折线图用直线段将各数据点连接起来而组成的图形，以折线方式显示数据的变化趋势。折线图可以显示随时间（根据常用比例设置）而变化的连续数据，因此非常适用于显示在相等时间间隔下数据的趋势，如图 4-54 所示。在折线图中，类别数据沿水平轴均匀分布，所有值数据沿垂直轴均匀分布。

3．饼图

饼图用于显示一个数据系列中各项的大小与各项总和的比例，如图 4－55 所示。仅排列在工作表的一列或一行中的数据可以绘制到饼图中，饼图中的数据点显示为整个饼图的百分比。

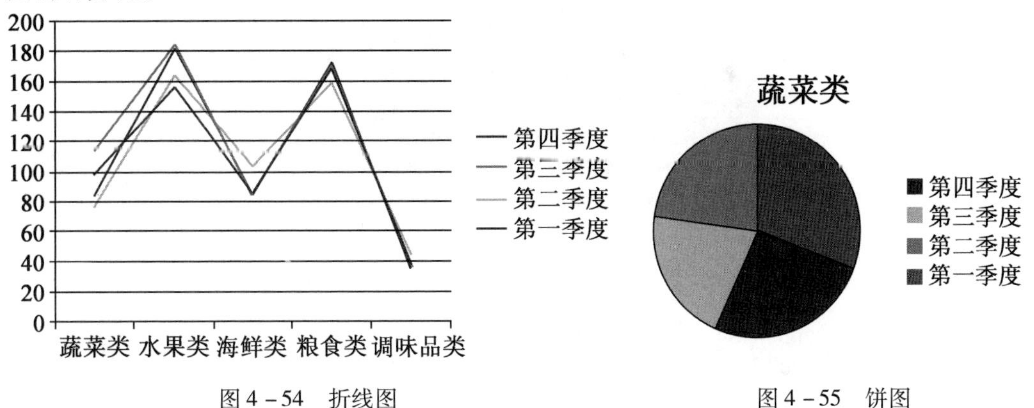

图 4－54　折线图　　　　图 4－55　饼图

4．条形图

条形图用于显示各个项目之间的比较情况，如图 4－56 所示。当轴标签过长或显示的数值是持续型时，可以绘制条形图。

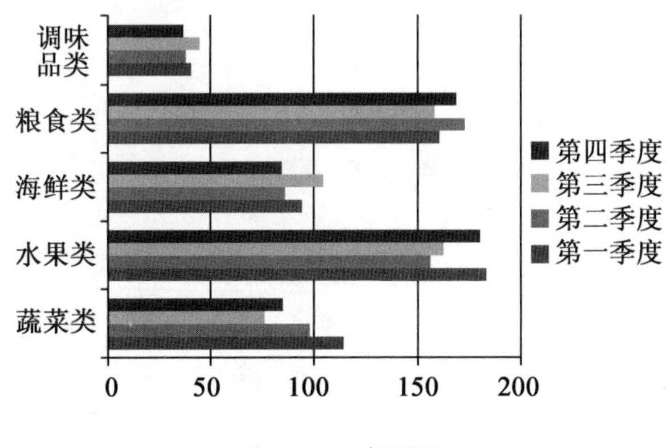

图 4－56　条形图

5．面积图

强调数量随时间而变化的程度，也可用于引起人们对总值趋势的注意，如图 4－57 所示。例如，表示随时间而变化的利润的数据可以绘制在面积图中以强调总利润。通过显示所绘制的值的总和，面积图还可以显示部分与整体的关系。

6．散点图

散点图表示因变量随自变量的变化而变化的大致趋势，据此可以选择合适的函数对数据点进行拟合，如图 4－58 所示。例如，如果用两组数据构成多个坐标点，考察坐标点的分布，判断两变量之间是否存在某种关联或总结坐标点的分布模式。如果将序列显示为一组点，值由点在图表中的位置表示，类别由图表中的不同标记表示。散点图通常用于比较跨类别的聚合数据。

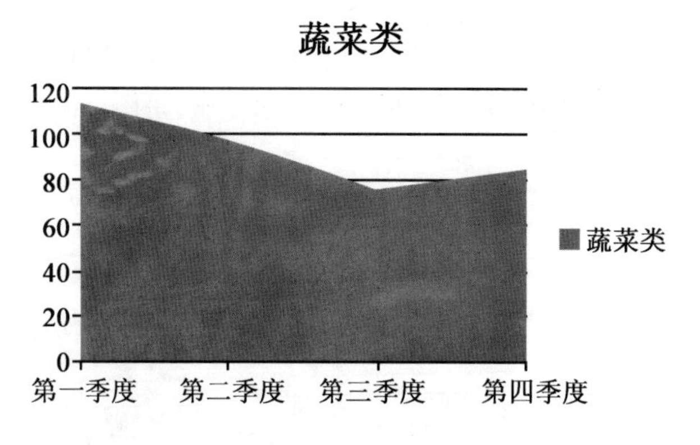

图 4－57　面积图

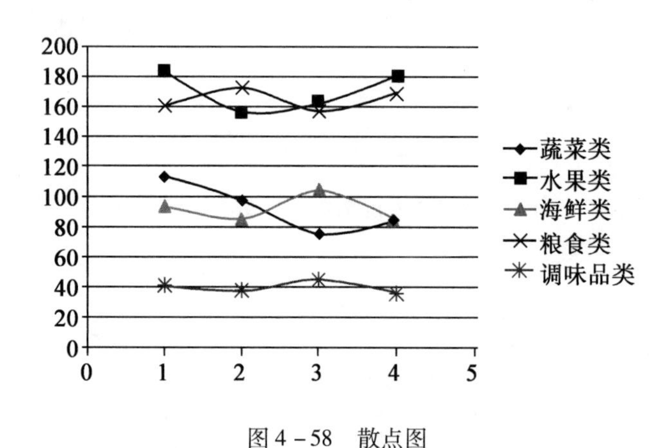

图 4－58　散点图

7．股价图

用来显示股价的波动，如图 4－59 所示。股价图也可用于科学数据。例如，可以使用股价图来显示每天或每年温度的波动。股票图包括盘高－盘低－收盘图、开盘－盘高－盘低－收盘图、成交量－盘高－盘低－收盘图和成交量－开盘－盘高－盘低－收盘图 4 种子类型。

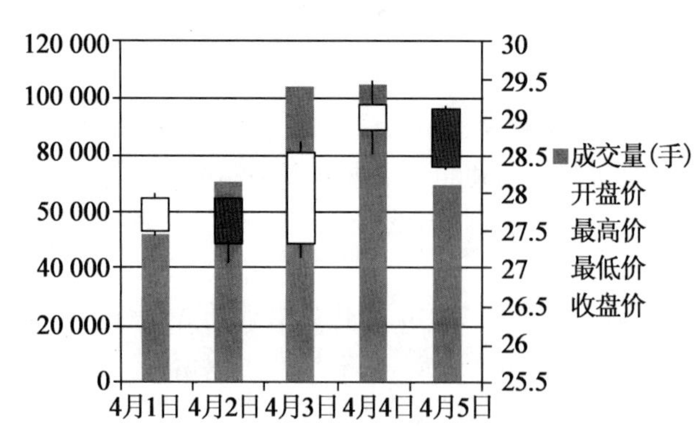

图 4－59　股价图

8．曲面图

当类别和数据系列都是数值时，可以使用曲面图，方便查找两组数据之间的最佳组合，就像在地形图中一样，颜色和图案表示具有相同数值范围的区域，如图 4－60 所示。

9．圆环图

显示各个部分与整体之间的关系，但是可以包含多个数据系列，如图 4－61 所示。

10．气泡图

气泡图与 XY 散点图类似，但是它们对成组的 3 个数值进行比较，第 3 个数值确定气泡数据点的大小，如图 4－62 所示。

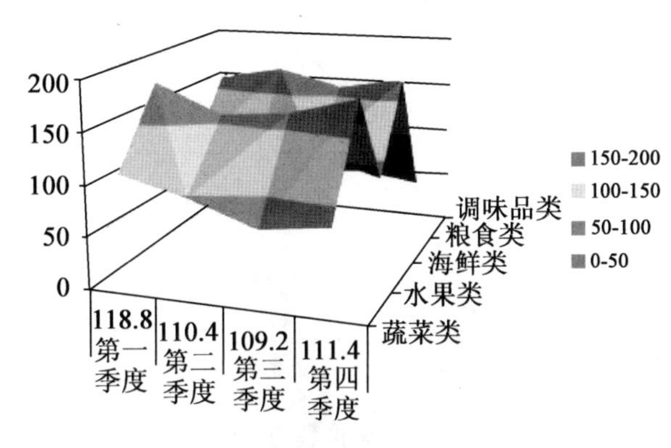

图 4－60　曲面图

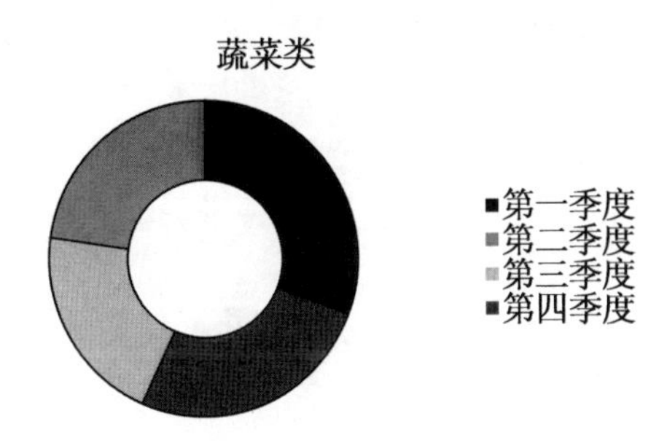

图 4－61　圆环图

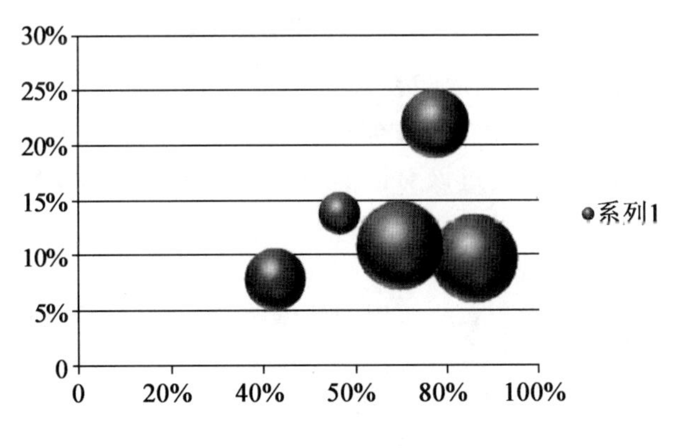

图 4－62　气泡图

11. 雷达图

雷达图是财务分析报表的一种,主要应用于企业经营状况——收益性、生产性、流动性、安全性和成长性的评价,使用者能一目了然地了解公司各项财务指标的变动情形及其好坏趋向,如图 4－63 所示。

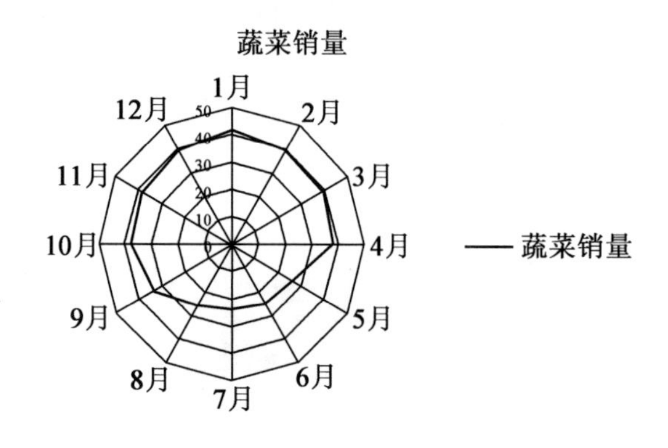

图 4－63　雷达图

4.4.2　图表的创建

创建图表的关键是准确选定建立图表的数据区域,选定的数据区域可以是连续的,也可以是不连续的,但选定的几个不连续区域要保持相同的大小。

在 Excel 2010 中一般有 4 种方法创建图表。

1. 直接插入图表

选择需创建图表的数据源,单击“插入”选项卡,在“图表”组中选择一种图表类型的按钮,如图 4－64 所示;在打开的下拉列表中选择一种子类型,即可创建指定类型的图表。

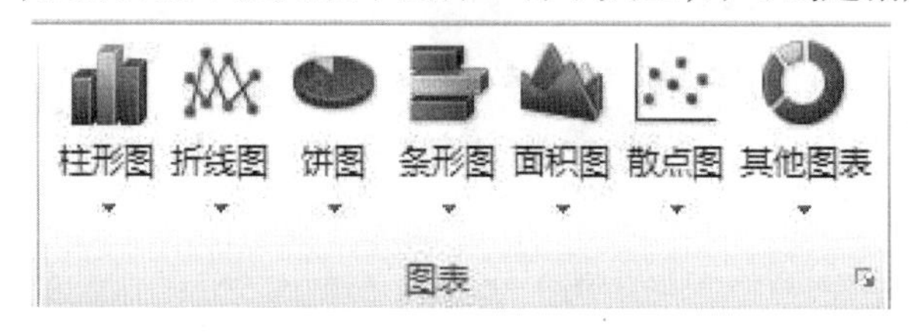

图 4－64　“插入”选项卡“图表”组

2. 通过“插入图表”对话框完成图表创建

单击功能区“插入”选项卡中“图表”组的“对话框启动器”按钮,打开“插入图表”对话框,如图 4－65 所示,用户可通过该对话框选择需要的图表类型及子类型完成图表的创建。

3. 通过 F11 键快速创建独立图表

用户可以先选择工作表中图表所使用的数据源区域,然后直接按 F11 键,即可快速创建一个图表工作表。

4. 通过 Alt + F1 键快速创建嵌入式图表

用户可以先选择工作表中图表所使用的数据源区域,然后直接按 Alt + F1 键,即可快速创建一个默认的“簇状柱形图”。

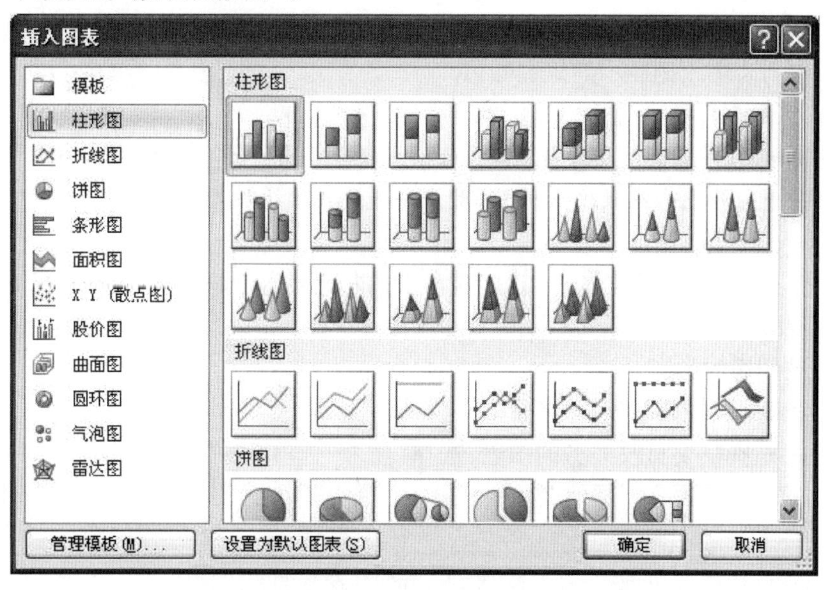

图 4－65　“插入图表”对话框

4.4.3　图表的编辑

如果觉得已创建好的图表不合适,可以进行后续修改。修改的范围包括“图表类型”“数据源”“图表选项”等。

1. 在图表中插入对象

(1)插入标题。

选中图表,选择功能区“图表工具”选项卡的“布局”子选项卡,如图 4－66 所示,再单击“标签”组中的“图表标题”按钮;选择“图表上方”选项,即可在图表的上方生成“图表标题”文本框,直接进行修改即可。

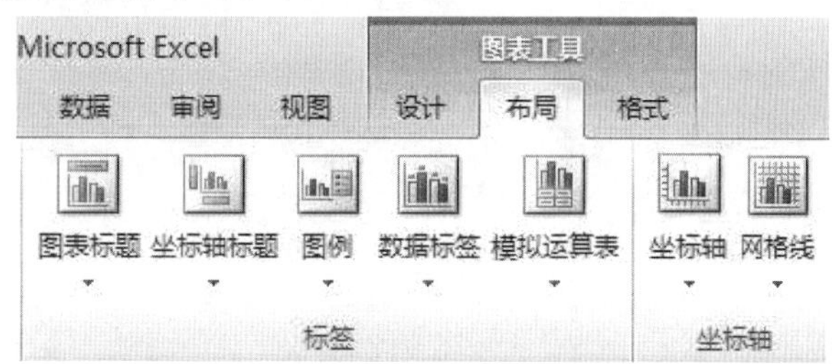

图 4－66　“图表工具”选项卡中“布局”子选项卡的“标签”组

(2)插入坐标轴标题。

选中图表,选择功能区“图表工具”选项卡的“布局”子选项卡,再单击“标签”组中的“坐标轴标题”按钮;选择“主要横坐标轴标题”子菜单中的“坐标轴下方标题”选项,即可插入横坐标轴标题,选择“主要纵坐标轴标题”子菜单中的“竖排标题”,即可插入竖排纵坐标轴标题。还可插入横排或旋转坐标轴标题。

(3)修改图例位置。

选中图表,选择功能区“图表工具”选项卡的“布局”子选项卡,再单击“标签”组中的“图例”下拉列表中图例显示的位置即可。

(4)插入数据标签。

选中图表,选择功能区“图表工具”选项卡的“布局”子选项卡,再单击“标签”组中“数据标签”下拉列表中的某一选项,可按该选项方式显示数据项的数值标签。

(5)插入工作表。

选中图表,选择功能区“图表工具”选项卡的“布局”子选项卡,再单击“标签”组中的“模拟运算表”下拉列表中的“显示模拟运算表”选项即可在图表区插入数据源工作表。

2. 更改图表的类型

更改图表类型有如下3种方法:

方法一:选择需要更改类型的图表,选择“插入”选项卡的“图表”组中的某一新类型。

方法二:右键单击需要更改类型的图表,在弹出的快捷菜单中选择“更改图表类型”命令。

方法三:选择需要更改类型的图表,单击“图表工具”选项卡中“设计”子选项卡的“类型”组中的“更改图表类型”命令按钮,进行图表类型的修改。

3. 在图表中添加数据

向图表中添加数据常用如下两种方法:

方法一:选中待添加数据的图表(若原工作表中无待添加的数据,需先在原工作表中输入待添加的数据),单击“图表工具”选项卡中“设计”子选项卡的“数据”组中的“选择数据”按钮,将弹出“选择数据源”对话框,如图4-67所示。在该对话框的“图表数据区域”文本框中可重新输入所有的数据源区域(或可单击文本框右侧的折叠按钮,再选择图表数据源),也可选择“图例项(系列)”中的“添加”按钮进行系列的添加(或可进行编辑、删除操作)。单击“确定”命令按钮,即可将新增的数据添加到图表中。

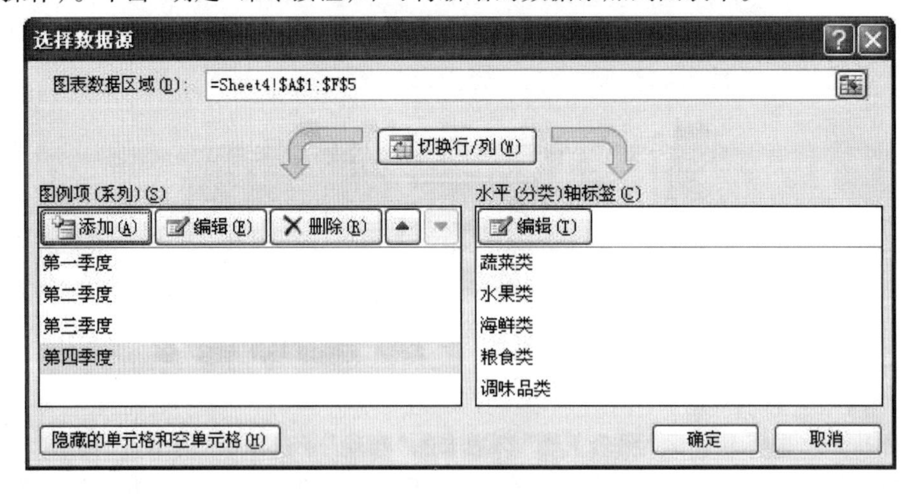

图4-67 “选择数据源”对话框

方法二:右键单击图表中的“图表区”,在弹出的快捷菜单中选择“选择数据”选项,弹出“选择数据源”对话框,后续步骤用户可按方法一进行操作。

4. 调整图表的大小

调整图表的大小通常有如下 3 种方法:

方法一:选中图表,在“图表工具”选项卡中“格式”子选项卡的“大小”组的“高度”和“宽度”微调文本框中,输入图表的高度和宽度值。

方法二:双击图表空白处,在弹出的“设置图表区格式”对话框中选择“大小”选项,设置图表高度和宽度的绝对值或缩放比例。

方法三:将鼠标指针指向图表区边界控制点位置,当鼠标变成双向箭头时,拖动鼠标即可粗略调整图表大小。

5. 移动图表的位置

移动图表的位置通常可用下列 3 种方法:

方法一:选中图表,单击“图表工具”选项卡中“设计”子选项卡的“位置”组的“移动图表”按钮,弹出“移动图表”对话框,如图 4-68 所示;在该对话框中选择移动图表的位置为“新工作表”(可直接给出新工作表名称)或“对象位于”(可在打开的下拉列表中选择要移动到的工作表名称);单击“确定”按钮完成图表的移动。

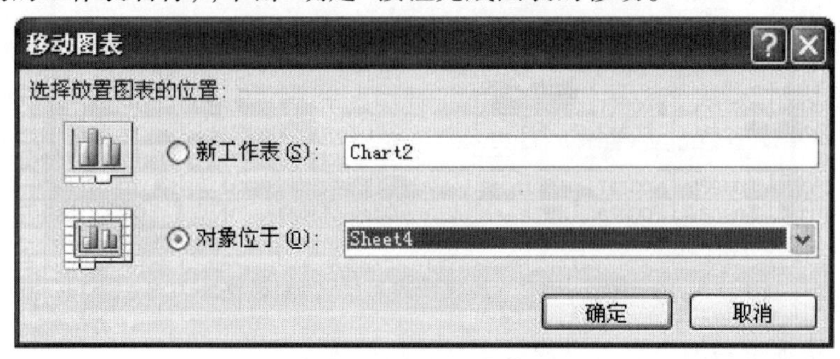

图 4-68　“移动图表”对话框

方法二:右键单击图表的图表区,在弹出的快捷菜单中选择“移动图表”选项,弹出如图 4-68 所示的“移动图表”对话框,选择放置图表的位置后确定即可。

方法三:选中图表,用任一种方法执行“剪切”操作;选中图表移动的目标位置,执行“粘贴”命令,根据需要选择“使用目标主题”(选择目标主题的格式)、“保留源格式”(保留原始图表的格式)或“图片”(不可对原图表中各元素进行选定或修改操作)。

4.4.4　图表的格式化

图表对象包括图表区、绘图区、图例、垂直(水平)轴、垂直(水平)轴网格线和数据系列。图表对象的格式化是指对图表中各组成对象的格式设置,包括对文字和数值的格式、字体、字号、颜色、坐标轴、网格线、绘图区底纹、图表区边线和图例等的设置。

1. 通过对话框对图表对象进行基本格式设置

通常在“图表工具”选项卡的“布局”和“格式”子选项卡中“当前所选内容”组的下拉列表中选择某一待格式化的图表对象(以图表区为例),单击“设置所选内容格式”按钮,在弹出的“设置图表区格式”对话框中对“填充”“边框颜色”“边框样式”“阴影”“发光和柔化边缘”“三维格式”“大小”“属性”“可选文字”进行设置(所选的图表元素对象不同,设置格式对话框中的属性略有不同),如图 4－69 所示。

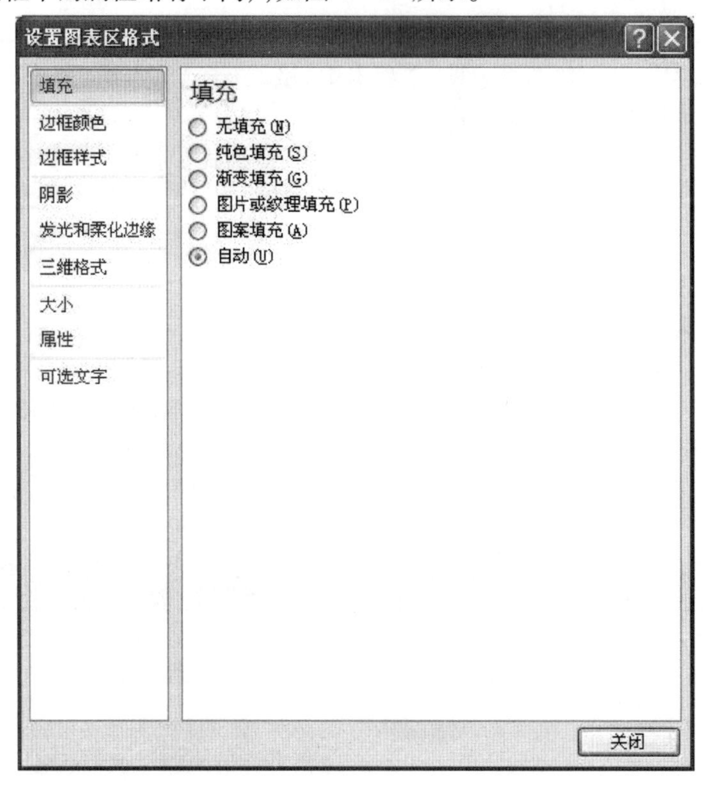

图 4－69 “设置图表区格式”对话框

2. 通过选项卡对图表对象进行基本格式的设置

(1)套用形状样式。

在“图表工具”选项卡中“格式”子选项卡的“形状样式”组中有系统预设的各种样式,单击某样式按钮可对“当前所选内容”组中指定的图表对象进行格式套用。

(2)自由设置形状样式。

在“图表工具”选项卡中“格式”子选项卡的“形状样式”组中有“形状填充”“形状轮廓”“形状效果”等命令按钮,单击相应的命令按钮打开下拉菜单进行格式设置。

3. 为图表中文本对象设置艺术字

可以通过在“图表工具”选项卡中“格式”子选项卡的“艺术字样式”组中选择合适的艺术字样式为图表中的文本对象设置艺术字样式;还可以单击“文本填充”按钮 进行文本填充的设置,单击“文本轮廓”按钮 进行文本轮廓的设置,单击“文字效果”按钮 进行文字效果的设置。

4. 为图表各对象进行布局的调整

在“图表工具”选项卡的“设计”子选项卡中,选择“图表布局”组中的某一布局来更改图表对象的相对位置关系,选择“图表样式”组中的某一样式来更改图表的整体外观样式,也可实现对图表的美化工作。

例题4-5 打开“D:\Excel 2010 练习\学生成绩表”工作簿,选择姓名、英语、计算机、高数4列数据为列表中前5位同学建立“带数据标记的折线图”,并对图表进行如下修改:

(1)在图表上方添加图表标题“学生成绩对比图”,水平(分类)轴标题“姓名”,垂直(数值)轴标题“成绩”。

(2)将图例放置在图表底部。

(3)将“图表区”背景设置为“渐变填充”,填充颜色为预设颜色“雨后初晴”,方向为“线性向下”。

完成后的图表效果如图4-70所示。

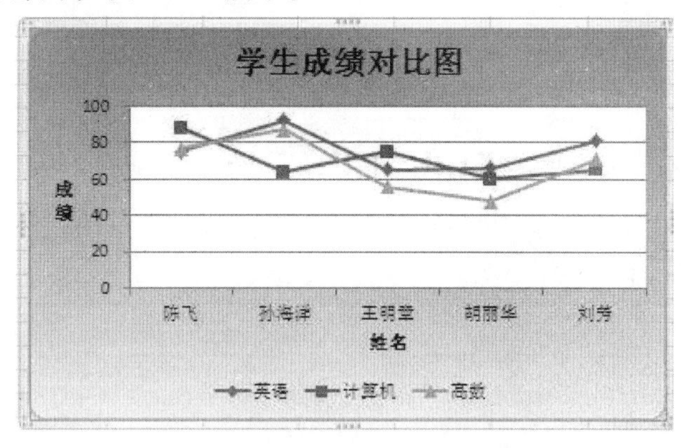

图4-70 例题4-5完成后的图表效果

操作步骤如下:

(1)单击“文件”选项卡的“打开”命令,在弹出的“打开”对话框中选择“D:\Excel 2010 练习”文件夹下的“学生成绩表”工作簿文件,单击“打开”按钮打开文件。

(2)选中A1:A6的姓名列数据,再按住Ctrl键选中C1:C6的英语列数据和E1:F6的计算机、高数列数据,单击“插入”选项卡中“图表”组的“折线图”下拉列表中的“带数据标记的折线图”按钮,完成图表的创建。

(3)选中图表,在“图表工具”选项卡中“布局”子选项卡的“标签”组中,单击“图表标题”下拉列表中“图表上方”选项,把添加的图表标题文字修改为“学生成绩对比图”;单击“坐标轴标题”下拉列表中“主要横坐标轴标题”级联菜单中的“坐标轴下方标题”选项,把添加的坐标轴标题文字修改为“姓名”;单击“坐标轴标题”下拉列表中“主要纵坐标轴标题”级联菜单中的“竖排标题”选项,把添加的坐标轴标题文字修改为“成绩”。

(4)选中图表,在“图表工具”选项卡中“布局”子选项卡的“标签”组中,单击“图例”下拉列表中的“在底部显示图例”选项,将图例放置在图表底部。

(5)选中图表,在“图表工具”选项卡的“格式”子选项卡的“当前所选内容”组中选中“图表区”,在“形状样式”组中单击“形状填充”下拉列表中“渐变”级联菜单中的“其他渐变”选项,在弹出的“设置图表区格式”对话框中选择预设颜色“雨后初晴”、方向“线性向下”,如图4-71所示,单击“关闭”按钮完成对图表区的格式设置。

图 4－71 “设置图表区格式”对话框

(6)单击“文件”选项卡的“保存”命令,保存“学生成绩表”文件。

4.4.5 迷你图

迷你图是 Excel 2010 新增功能,它是嵌入在工作表单元格中的一个微形图表。利用迷你图可直观地表示一系列数据的趋势,并且会随着系列数据的改变而自动更新。

创建迷你图的操作步骤为:选择待插入迷你图的单元格;单击功能区“插入”选项卡的“迷你图”组中的某一迷你图类型(折线图、柱形图、盈亏),如图 4－72 所示;在弹出的“创建迷你图”对话框中选择或输入待创建迷你图的数据范围以及放置迷你图的位置,如图 4－73 所示;单击“确定”按钮完成迷你图的创建。

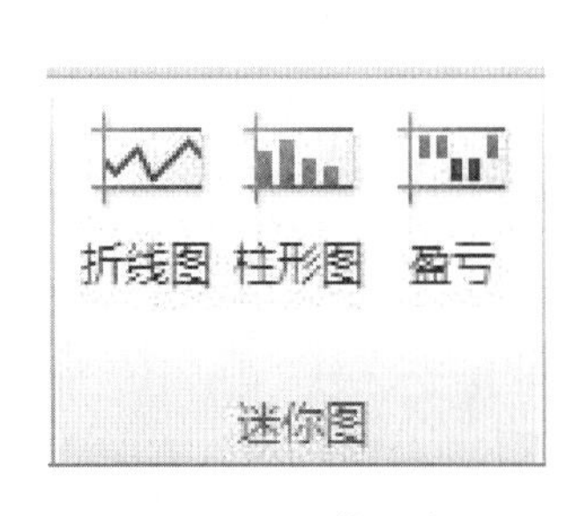

图 4－72 迷你图类型

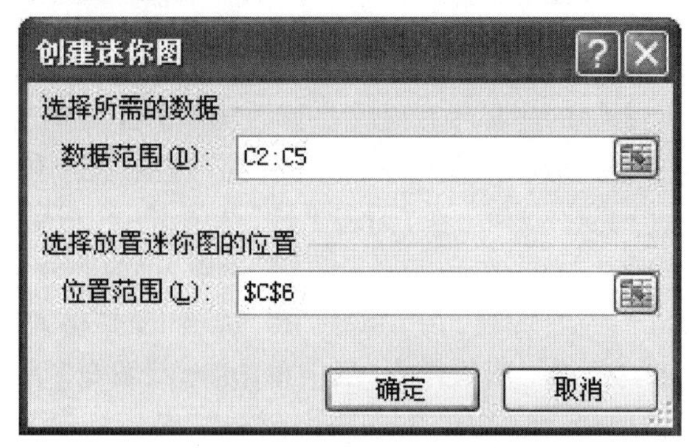

图 4－73 “创建迷你图”对话框

4.5　数据管理

在 Excel 中,除了可以利用公式和函数进行丰富的运算外,还可以通过创建数据清单来管理数据。Excel 可以对数据清单执行各种数据管理和分析功能,包括查询、排序、筛选以及分类汇总等数据库基本操作。

4.5.1　数据清单

数据清单是一个二维的表格,是由行和列构成。数据清单与数据库相似,每行表示一条记录,每列代表一个字段。

数据清单具有如下特点:

(1)第 1 行是字段名,其余行是清单中的数据,每行表示一条记录;如果本数据清单有标题行,则标题行应与其他行(如字段名行)隔开一个或多个空行。

(2)每列数据具有相同的性质。

(3)在数据清单中,不存在全空行或全空列。

4.5.2　数据排序

在工作表中输入的数据往往是没有规律的,但在日常数据处理中,经常需要按某种规律重新排列数据。Excel 2010 中可以按字母、数字或日期等数据类型进行排序,排序有“升序”或“降序”两种方式。可以使用一列数据作为关键字进行简单排序,也可以使用多列数据作为关键字进行复杂排序。

1. 单关键字排序

如果只需按某一列的字段名从小到大或从大到小排序,首先将鼠标定位在待排序列中的任一数据单元格,单击功能区“开始”选项卡的“编辑”组中的“排序和筛选”下拉列表中的“升序”或“降序”选项,如图 4 - 74 所示;也可以单击功能区“数据”选项卡的“排序和筛选”组中“升序”或“降序”按钮,如图 4 - 75 所示,则鼠标定位的整个数据清单以当前列的字段为关键字进行排序。

图 4 - 74　“开始”选项卡“排序和筛选”命令

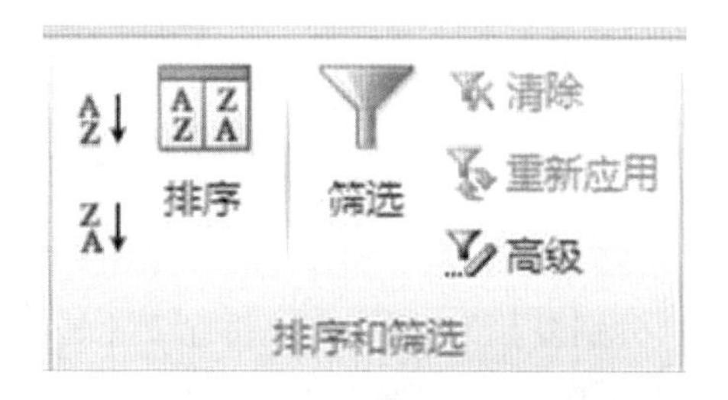

图 4 - 75　“数据”选项卡“排序和筛选”组

2. 多关键字排序

如果需要按照多列的字段名进行排序，即首先按第一个关键字（主要关键字）排序，第一个关键字值相同的再按照第二个关键字（次要关键字）排序，以此类推，这种排序方式称为多关键字排序。首先将鼠标定位在数据清单的任一单元格中（或选中整个数据清单），单击“功能区”“开始”选项卡“编辑”组中的“排序和筛选”下拉列表中的“自定义排序”选项（也可以单击“功能区”“数据”选项卡“排序和筛选”组中“排序”按钮），弹出“排序”对话框，如图4－76所示；在该对话框中选择主要关键字字段、排序依据以及排序次序；然后通过单击“添加条件”命令按钮可依次添加次要关键字；设置好排序关键字后单击“确定”按钮完成多关键字排序。

图4－76　“排序”对话框

在图4－76所示的“排序”对话框中选中某一关键字，单击“删除条件”按钮可以删除设置错误的关键字；单击“选项”命令按钮，可以选择是否区分大小写以及排序的方向、排序的方法，如图4－77所示。

图4－77　“排序选项”对话框

例题4－6　打开“D:\Excel 2010练习\学生成绩表”工作簿，将工作表“学生基本成绩表”分别复制为“排序1”“排序2”；在工作表“排序1”中按照“班级”升序排列，完成排序后的工作表效果如图4－78所示；在工作表“排序2”中先按照“级别”升序排列，等级相同的再按照“总分”降序排列，完成排序后的工作表效果如图4－79所示。

	A	B	C	D	E	F	G	H	I	J	K	L	M
1	姓名	班级	英语	邓论	计算机	高数	体育	总分	平均分	最高分	最低分	总学分	级别
2	孙海洋	1	92	69	64	87	78	390	78	92	64	16	中
3	王明掌	1	65	56	75	56	66	318	64	75	56	9.5	中
4	胡丽华	1	66	68	60	48	74	316	63	74	48	11	中
5	刘芳	1	81	60	65	71	85	362	72	85	60	16	中
6	陈南一	1	50	70	49	63	65	297	59	70	49	8.5	差
7	刘铭	1	71	81	86	52	60	350	70	86	52	11	中
8	李子文	1	64	72	52	66	81	335	67	81	52	12	中
9	陈飞	2	75	71	88	77	94	405	81	94	71	16	优
10	吴建设	2	72	74	63	60	67	336	67	74	60	16	中
11	吴晓燕	2	69	72	71	65	64	341	68	72	64	16	中
12	王庄	2	74	68	93	75	91	401	80	93	68	16	优
13	张璐璐	2	80	63	63	54	72	332	66	80	54	11	中
14	田紫旭	2	62	60	81	68	56	327	65	81	56	14	中
15	刘烁全	2	68	65	70	84	72	359	72	84	65	16	中
16	李楷	2	70	76	64	67	84	361	72	84	64	16	中
17	张静	2	48	69	63	50	65	295	59	69	48	7.5	差

学生基本成绩表　排序1　排序2

图4－78　例题4－6完成后的工作表效果(1)

	A	B	C	D	E	F	G	H	I	J	K	L	M
1	姓名	班级	英语	邓论	计算机	高数	体育	总分	平均分	最高分	最低分	总学分	级别
2	陈南一	1	50	70	49	63	65	297	59	70	49	8.5	差
3	张静	2	48	69	63	50	65	295	59	69	48	7.5	差
4	陈飞	2	75	71	88	77	94	405	81	94	71	16	优
5	王庄	2	74	68	93	75	91	401	80	93	68	16	优
6	孙海洋	1	92	69	64	87	78	390	78	92	64	16	中
7	刘芳	1	81	60	65	71	85	362	72	85	60	16	中
8	李楷	2	70	76	64	67	84	361	72	84	64	16	中
9	刘烁全	2	68	65	70	84	72	359	72	84	65	16	中
10	刘铭	1	71	81	86	52	60	350	70	86	52	11	中
11	吴晓燕	2	69	72	71	65	64	341	68	72	64	16	中
12	吴建设	2	72	74	63	60	67	336	67	74	60	16	中
13	李子文	1	64	72	52	66	81	335	67	81	52	12	中
14	张璐璐	2	80	63	63	54	72	332	66	80	54	11	中
15	田紫旭	2	62	60	81	68	56	327	65	81	56	14	中
16	王明掌	1	65	56	75	56	66	318	64	75	56	9.5	中
17	胡丽华	1	66	68	60	48	74	316	63	74	48	11	中

学生基本成绩表　排序1　排序2

图4－79　例题4－6完成后的工作表效果(2)

操作步骤如下：

(1)单击“文件”选项卡中“打开”命令，在弹出的“打开”对话框中选择“D:\Excel 2010练习”文件夹下的“学生成绩表”工作簿文件，单击“打开”按钮打开文件。

(2)复制工作表“学生基本成绩表”，分别重命名为“排序1”“排序2”。

(3)在工作表“排序1”中，将鼠标定位在“班级”列的任一单元格，单击功能区“开始”选项卡“编辑”组中的“排序和筛选”下拉列表中的“升序”选项，或单击功能区“数据”选项卡“排序和筛选”组中“升序”按钮，完成排序。

(4)在工作表“排序2”中，将鼠标定位在数据清单的任一单元格，单击功能区中“开始”选项卡的“编辑”组中的“排序和筛选”下拉列表中的“自定义排序”选项，或单击功能区“数据”选项卡中“排序和筛选”组的“排序”按钮,在打开的“排序”对话框中设置“主要关键字”为“级别”,排序次序为“升序”;单击“添加条件”按钮,设置“次要关键字”为“总分”,排序次序为“降序”,单击“确定”按钮完成排序。

(5)单击“文件”选项卡的“保存”命令,保存“学生成绩表”文件。

4.5.3 数据筛选

在存在大量数据的数据清单中,如果用户只想查看或操作满足特定条件的一部分数据,对数据清单进行筛选是一种比较有效的解决方案。筛选过的数据仅显示那些满足特定条件的行,并隐藏那些不希望显示的行。筛选数据之后,对于筛选过的数据的子集,不需要重新排列或移动就可以复制、查找、编辑、设置格式、制作图表和打印等。

1. 自动筛选

自动筛选的操作步骤可以表示如下:

①将鼠标定位在数值清单中的任意单元格(或选中整个数据清单)。

②在功能区“开始”选项卡中“编辑”组的“排序和筛选”下拉列表中单击“筛选”按钮,或者在功能区“数据”选项卡的“排序和筛选”组中单击“筛选”按钮,则在当前数据列表区标题行的每一字段右侧产生一个筛选按钮。

③单击任一字段的筛选按钮,如总分字段筛选按钮,可在下拉列表中选择筛选条件。

④单击“确定”命令按钮完成筛选。

使用自动筛选可以创建 3 种筛选类型:按值列表、按格式或按条件。对于每个单元格区域或列表来说,这 3 种筛选类型是互斥的。例如,不能既按单元格颜色又按数字列表进行筛选,只能在两者中任选其一;不能既按图标又按自定义筛选进行筛选,只能在两者中任选其一。

按照某一字段(列)自动筛选后,可在筛选结果的基础上对其他字段(列)按照一定条件做进一步的筛选,最终的筛选结果是多个条件的“并且关系”。

如果要取消自动筛选,显示全部记录,再次单击“筛选”按钮,即可取消当前自动筛选的结果,数据将全部显示出来。

例题 4-7 打开“D:\Excel 2010 练习\学生成绩表”工作簿,将工作表“学生基本成绩表”分别复制为“筛选 1”“筛选 2”;在工作表“筛选 1”中筛选出 1 班学生的成绩,完成筛选后的工作表效果如图 4-80 所示;在工作表“筛选 2”筛选出计算机成绩介于 70 分和 80 分的学生,完成筛选后的工作表效果如图 4-81 所示。

	A	B	C	D	E	F	G	H	I	J	K	L	M
1	姓名	班级	英语	邓论	计算	高数	体育	总分	平均	最高	最低	总学	级别
3	孙海洋	1	92	69	64	87	78	390	78	92	64	16	中
4	王明李	1	65	56	75	56	66	318	64	75	56	9.5	中
5	胡丽华	1	66	68	60	48	74	316	63	74	48	11	中
6	刘芳	1	81	60	65	71	85	362	72	85	60	16	中
10	陈南一	1	50	70	49	63	65	297	59	70	49	8.5	差
13	刘铭	1	71	81	86	52	60	350	70	86	52	11	中
17	李子文	1	64	72	52	66	81	335	67	81	52	12	中

学生基本成绩表 排序1 排序2 筛选1 筛选2

图 4-80 例题 4-7 完成后的工作表效果(1)

	A	B	C	D	E	F	G	H	I	J	K	L	M
1	姓名	班级	英语	邓论	计算	高数	体育	总分	平均	最高	最低	总学	级别
4	王明宇	1	65	56	75	56	66	318	64	75	56	9.5	中
8	吴晓燕	2	69	72	71	65	64	341	68	72	64	16	中
14	刘烁金	2	68	65	70	84	72	359	72	84	65	16	中

学生基本成绩表　排序1　排序2　筛选1　筛选2

图 4－81　例题 4－7 完成后的工作表效果(2)

操作步骤如下：

(1)单击“文件”选项卡“打开”命令，在弹出的“打开”对话框中选择“D：\Excel 2010 练习”文件夹下的“学生成绩表”工作簿文件，单击“打开”按钮打开文件。

(2)复制工作表“学生基本成绩表”并分别重命名为“筛选 1”“筛选 2”。

(3)在工作表“筛选 1”中，将鼠标定位在数据清单的任一单元格，单击功能区“开始”选项卡下“编辑”组中的“排序和筛选”拉列表中的“筛选”选项，或单击功能区“数据”选项卡“排序和筛选”组中“筛选”按钮，数据清单每个字段名右侧产生一个筛选按钮；单击“班级”字段的筛选按钮，在图 4－82 所示的“排序和筛选”区的值列表中取消“2”班选项，单击“确定”按钮完成筛选。

图 4－82　“排序和筛选”区

(4)在工作表“筛选 2”中，将鼠标定位在数据清单的任一单元格，单击功能区“开始”选项卡的“编辑”组中“排序和筛选”下拉列表中的“筛选”选项，或单击功能区“数据”选项卡“排序和筛选”组中“筛选”按钮，数据清单每个字段名右侧产生一个筛选按钮；单击“计算机”字段的筛选按钮，在图 4－82 所示的“排序和筛选”区选择“数字筛选”级联菜单中的“介于”选项，在打开的“自定义自动筛选方式”对话框中设置筛选条件(计算机≥70 与计算机≤80)，如图 4－83 所示，单击“确定”按钮完成筛选。

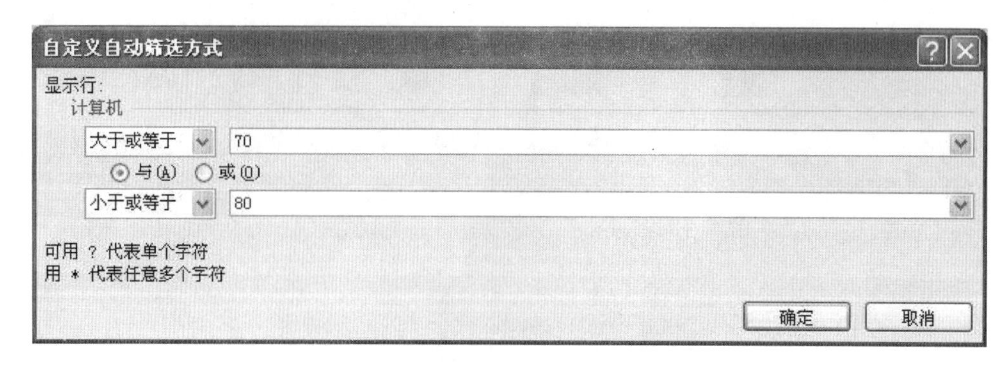

图 4－83 “自定义自动筛选方式”对话框

(5)单击“文件”选项卡中“保存”命令，保存“学生成绩表”文件。

2．高级筛选

自动筛选给出的条件比较简单，如果要给出更复杂的条件则需要用高级筛选，但在高级筛选前先要在数据列表之外给出筛选条件区域，该区域至少要与源数据间隔一行和一列。条件区域至少有 2 行，第 1 行用于输入要筛选的字段名，第 2 行及以下用于输入要查找的条件；如果在同一行给出多个条件，它们之间为“与”的关系，在不同行给出多个条件，它们之间为“或”的关系。

高级筛选的操作步骤为：单击功能区“数据”选项卡中“排序和筛选”组的“高级”按钮，在弹出的“高级筛选”对话框中指定筛选结果显示的方式、待筛选的列表区域、筛选的条件区域及筛选结果复制到的起始区域等。

例题 4－8 打开“D:\Excel 2010 练习\学生成绩表”工作簿，将工作表“学生基本成绩表”复制为“筛选 3”，筛选出“1 班高数大于 80 分”或者“2 班英语和高数都不及格”的学生，完成筛选后的工作表效果如图 4－84 所示。

	A	B	C	D	E	F	G	H	I	J	K	L	M
1	姓名	班级	英语	邓论	计算机	高数	体育	总分	平均分	最高分	最低分	总学分	级别
3	孙海洋	1	92	69	64	87	78	390	78	92	64	16	中
16	张静	2	48	69	63	50	65	295	59	69	48	7.5	差

学生基本成绩表 / 排序1 / 排序2 / 筛选1 / 筛选2 / 筛选3

图 4－84 例题 4－8 完成后的工作表效果

操作步骤如下：

(1)单击“文件”选项卡中“打开”命令，在弹出的“打开”对话框中选择“D:\Excel 2010 练习”文件夹下的“学生成绩表”工作簿文件，单击“打开”按钮打开文件。

(2)复制工作表“学生基本成绩表”并重命名为“筛选 3”。

(3)在工作表“筛选 3”中设计如图 4－85 所示的条件区域。

班级	英语	高数
1		>80
2	<60	<60

图 4－85 “条件区域”的设计结果

(4)将鼠标定位在数据清单的任意一个单元格,单击功能区“数据”选项卡中“排序和筛选”组的“高级”按钮,在弹出的“高级筛选”对话框中按要求进行设计,如图 4-86 所示;单击“确定”按钮完成高级筛选。

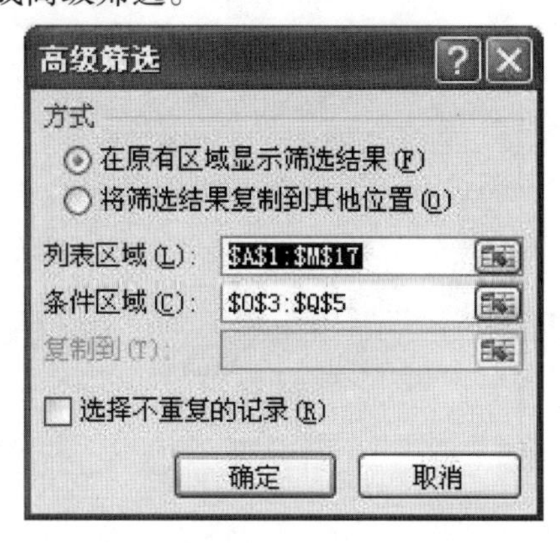

图 4-86　“高级筛选”的设计结果

(5)单击“文件”选项卡中“保存”命令,保存“学生成绩表”文件。

注意:单击功能区“数据”选项卡中“排序和筛选”组的“清除”按钮可以取消高级筛选。

4.5.4　分类汇总

在数据的统计分析中,经常要用到分类汇总。使用分类汇总时,用户不需要创建公式,系统将自动创建公式,对数据清单中的同类数据进行求和、求平均值、计数、求最大值、求最小值等函数运算,并将计算结果分级显示出来。分类汇总并不会影响原数据清单中的数据。

在分类汇总前要先按分类的字段对数据清单进行排序。

1. 创建分类汇总

创建分类汇总的操作步骤如下:

①按照分类字段对数据清单进行排序。

②将鼠标定位在数据清单的任一单元格(或选中整个数据清单),单击功能区“数据”选项卡中“分级显示”组的“分类汇总”按钮,在打开的“分类汇总”对话框中选择“分类字段”“汇总方式”和“汇总项”,并根据需要确定是否替换当前分类汇总、每组数据是否分页显示、汇总结果显示在数据上方还是下方。

③单击“确定”按钮完成分类汇总。

2. 删除分类汇总

如果用户对已有的分类汇总不满意,或者想重新建立分类汇总,可以在“分类汇总”对话框中单击“全部删除”按钮删除原有的分类汇总。

例题 4-9　打开“D:\Excel 2010 练习\学生成绩表”工作簿,将工作表“学生基本成绩表”复制为“分类汇总”,汇总出不同班级的各科平均成绩,并将汇总结果显示在数据下方。完成分类汇总后的工作表效果如图 4-87 所示。

	A	B	C	D	E	F	G	H	I	J	K	L	M
1	姓名	班级	英语	邓论	计算机	高数	体育	总分	平均分	最高分	最低分	总学分	级别
2	孙海洋	1	92	69	64	87	78	390	78	92	64	16	中
3	王明霄	1	65	56	75	56	66	318	64	75	56	9.5	中
4	胡丽华	1	66	68	60	48	74	316	63	74	48	11	中
5	刘芳	1	81	60	65	71	85	362	72	85	60	16	中
6	陈南一	1	50	70	49	63	65	297	59	70	49	8.5	差
7	刘铭	1	71	81	86	52	60	350	70	86	52	11	中
8	李子文	1	64	72	52	66	81	335	67	81	52	12	中
9		1 平均值	70	68	64	63	73						
10	陈飞	2	75	71	88	77	94	405	81	94	71	16	优
11	吴建设	2	72	74	63	60	67	336	67	74	60	16	中
12	吴晓燕	2	69	72	71	65	64	341	68	72	64	16	中
13	王庄	2	74	68	93	75	91	401	80	93	68	16	优
14	张璐璐	2	80	63	63	54	72	332	66	80	54	11	中
15	田紫旭	2	62	60	81	68	56	327	65	81	56	14	中
16	刘烁金	2	68	65	70	84	72	359	72	84	65	16	中
17	李楷	2	70	76	64	67	84	361	72	84	64	16	中
18	张静	2	48	69	63	50	65	295	59	69	48	7.5	差
19		2 平均值	69	69	73	67	74						
20		总计平均值	69	68	69	65	73						

学生基本成绩表 排序1 排序2 筛选1 筛选2 筛选3 分类汇总

图 4－87　例题 4－9 完成后的工作表效果

操作步骤如下：

(1)单击“文件”选项卡中“打开”命令，在弹出的“打开”对话框中选择“D:\Excel 2010 练习”文件夹下的“学生成绩表”工作簿文件，单击“打开”按钮打开文件。

(2)复制工作表“学生基本成绩表”并重命名为“分类汇总”。

(3)在工作表“分类汇总”中按照“班级”字段排序(本例选择升序)。

(4)将鼠标定位在数据清单的任一单元格，单击功能区“数据”选项卡中“分级显示”组的“分类汇总”按钮，在弹出的“分类汇总”对话框中选择“分类字段”为“班级”、“汇总方式”为“平均值”、“选定汇总项”为“英语、邓论、计算机、高数、体育”，并选中“汇总结果显示在数据下方”复选框，如图 4－88 所示；单击“确定”按钮完成高级筛选。

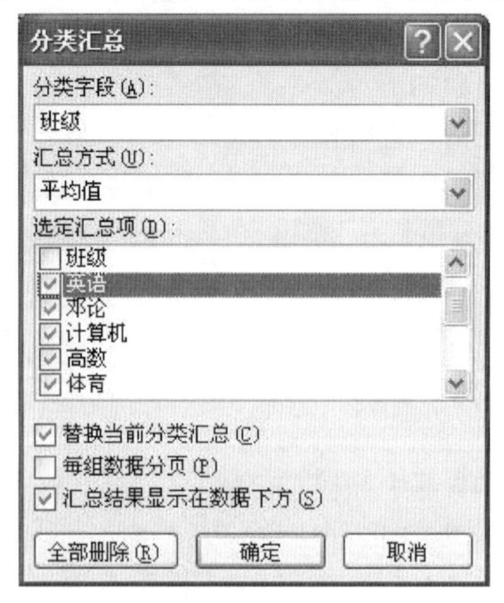

图 4－88　“分类汇总”的设计结果

(5)单击“文件”选项卡中“保存”命令,保存“学生成绩表”文件。

4.5.5　数据透视表和数据透视图

数据透视表是一种对大量数据快速汇总和建立交叉列表的交互式表格,具有三维查询的功能。利用数据透视表既可以快速转换行和列,查看源数据的不同汇总结果,显示不同页面以筛选数据,还可以根据需要显示区域中的明细数据。

数据透视表是一种交互工作表,用于对现有数据清单或记录单进行汇总和分析。用户可以在透视表中指定要显示的字段和数据项,以确定如何组织数据。

创建数据透视表的步骤为:单击功能区“插入”选项卡的“表格”组中“数据透视表”下拉列表中的“数据透视表”命令;在弹出的“创建数据透视表”对话框中选择待分析数据及数据透视表的生成位置;单击“确定”命令按钮,即可得到待定义的数据透视表;将各字段名分别拖动到“行标签”“列标签”“报表筛选”及“数值”区域;在“数据透视表字段列表”窗口的“数值”列表中选择需要修改汇总方式的字段,在下拉菜单中选择“值字段设置”选项,在打开的“值字段设置”对话框中更改值字段的汇总方式,完成数据透视表的创建。

例题 4 - 10　打开“D:\Excel 2010 练习\学生成绩表”工作簿,将工作表“学生基本成绩表”复制为“数据透视表”,汇总出不同班级、不同级别的英语和高数的平均成绩。完成后的数据透视表效果如图 4 - 89 所示。

P	Q	R	S	T	U	V	W	X
	列标签							
	差		优		中		平均值项:英语汇总	平均值项:高数汇总
行标签	平均值项:英语	平均值项:高数	平均值项:英语	平均值项:高数	平均值项:英语	平均值项:高数		
1	50	63			73.16666667	63.33333333	69.85714286	63.28571429
2	48	50	74.5	76	70.16666667	66.33333333	68.66666667	66.66666667
总计	**49**	**56.5**	**74.5**	**76**	**71.66666667**	**64.83333333**	**69.1875**	**65.1875**

序2 筛选1 筛选2 筛选3 分类汇总 数据透视表

图 4 - 89　例题 4 - 10 完成后的数据透视表效果

操作步骤如下:

(1)单击“文件”选项卡“打开”命令,在弹出的“打开”对话框中选择“D:\Excel 2010 练习”文件夹下的“学生成绩表”工作簿文件,单击“打开”按钮打开文件。

(2)复制工作表“学生基本成绩表”并重命名为“数据透视表”。

(3)将鼠标定位在数据清单的任一单元格,单击功能区“插入”选项卡的“表格”组中“数据透视表”下拉列表中的“数据透视表”命令;在弹出的“创建数据透视表”对话框中选择待分析的数据及数据透视表的生成位置,如图 4 - 90 所示;单击“确定”命令按钮,即可得到待定义的数据透视表。

(4)将“班级”(或“级别”)字段名拖动到“行标签”区域,将“级别”(或“班级”)字段名拖动到“列标签”区域,将“英语”“高数”字段名拖动到“数值”区域,如图 4 - 91 所示。

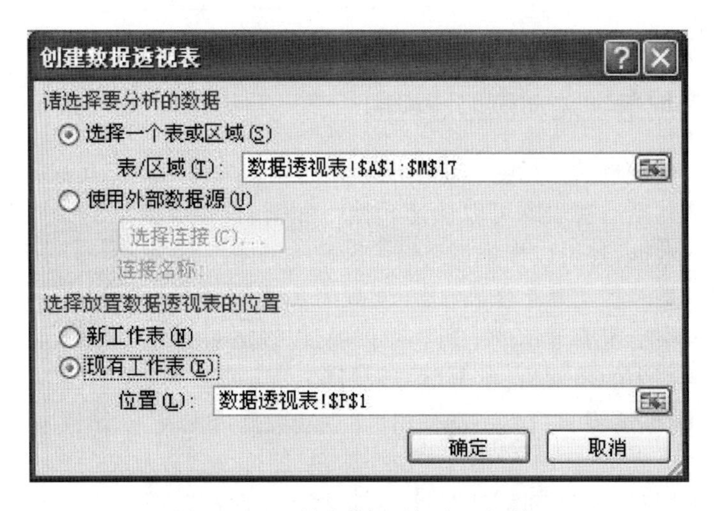

图 4－90 “创建数据透视表”对话框

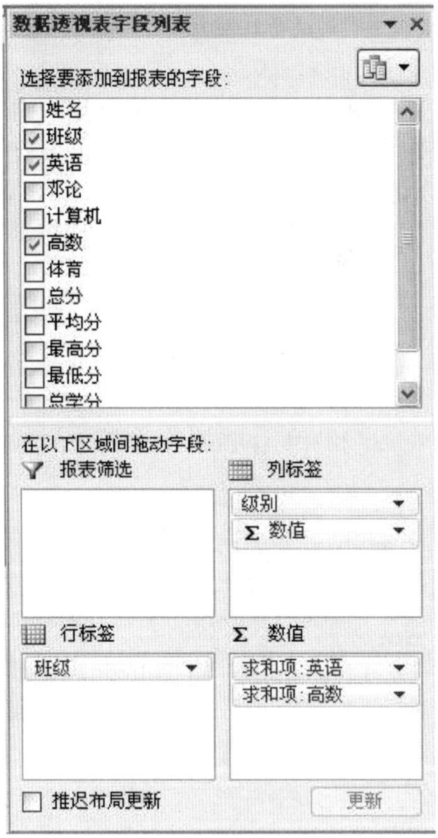

图 4－91 “数据透视表字段列表”对话框

（5）在“数据透视表字段列表”对话框“数值”列表中选择“求和项:英语”选项，在下拉菜单中选择“值字段设置”选项，在打开的“值字段设置”对话框中更改值字段的计算类型为“平均值”，如图 4－92 所示；用同样的方法将高数的计算类型也设置为“平均值”，完成数据透视表的创建。

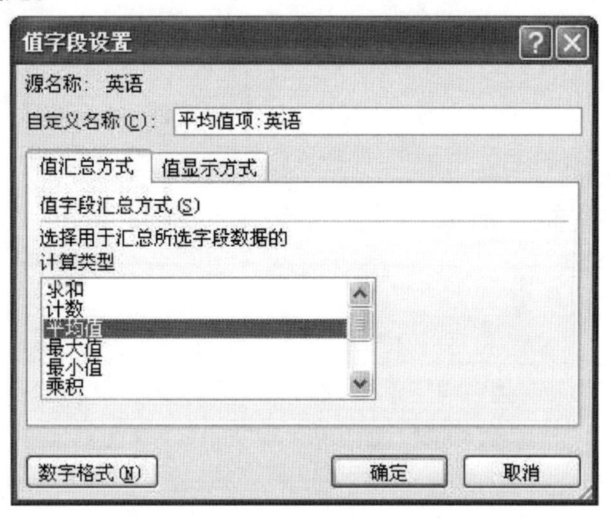

图 4－92　“值字段设置”对话框

(6)单击“文件”选项卡“保存”命令,保存“学生成绩表”文件。

4.5.6　切片器

切片器是 Excel 2010 中新增的功能,它提供了一种可视性极强的筛选方法来筛选数据透视表中的数据。当使用常规的数据透视表筛选器来筛选多个项目时,筛选器仅指示筛选了多个项目,用户必须打开一个下拉列表才能找到有关筛选的详细信息。然而,切片器可以清晰地标记已应用的筛选器,并提供详细信息,以便能够轻松地了解显示在已筛选的数据透视表中的数据。

插入切片器的步骤为:将鼠标定位在数据透视表的任一单元格(或选择要进行筛选的数据透视表),在功能区“数据透视表工具”选项卡的“选项”子选项卡中单击“排序和筛选”组中的“插入切片器”,在下拉列表中单击“插入切片器”按钮(或单击“插入”选项卡中“筛选器”组的“切片器”命令);在弹出的“插入切片器”窗口中选择插入的切片器(即筛选字段),单击“确定”命令按钮。

例题 4－11　打开“D:\Excel 2010 练习\学生成绩表”工作簿,对工作表“数据透视表”插入切片器“班级”和“级别”,并利用切片器筛选出“2 班”等级为“优”的汇总数据。

操作步骤如下:

(1)单击“文件”选项卡中“打开”命令,在弹出的“打开”对话框中选择“D:\Excel 2010 练习”文件夹下的“学生成绩表”工作簿文件,单击“打开”按钮打开文件。

(2)将鼠标定位在数据透视表的任一单元格,单击“插入”选项卡中“筛选器”组的“切片器”命令,在弹出的“插入切片器”窗口中选中“班级”“级别”两个字段,单击“确定”按钮完成切片器的插入,如图 4－93 所示。

(3)在“班级”切片器中选择“2”→“级别”切片器中选择“优”,完成汇总数据的筛选操作,如图 4－94 所示。

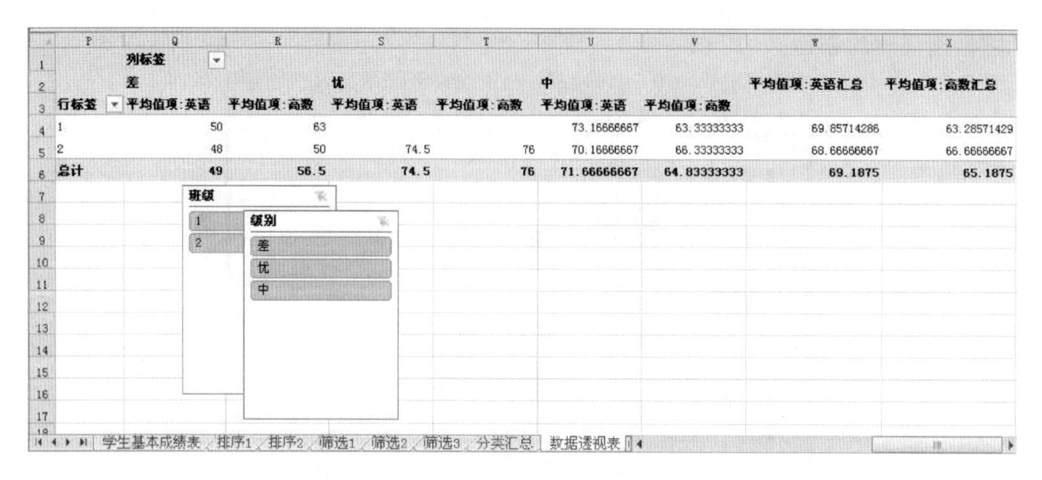

图 4－93 “插入切片器”的数据透视表

图 4－94 用切片器完成筛选的数据透视表

(4)单击“文件”选项卡中“保存”命令,保存“学生成绩表”文件。

注意:如果想取消切片器的筛选操作,可以单击切片器上的“清除筛选器”按钮。

实验 1:员工销售业绩表的创建和美化

一、实验目的

1. 掌握工作簿和工作表的基本操作。
2. 掌握单元格格式化及条件格式的内容和操作过程。
3. 掌握公式和插入函数的区别及编辑过程。

4. 熟悉单元格的引用方式。

二、实验内容

销售业绩体现了员工的工作成绩，是对员工进行奖励的主要依据，而登记员工销售情况的表格既是销售情况的档案表，也是员工工作的业绩表。本实验应用 Excel 2010 制作员工销售业绩表，完成原始数据的录入，进行基本的统计计算，并实现工作表的格式化等操作，制作出的实例效果如图 4－95 所示。

员工销售业绩表										
员工编号	所在部门	性别	CPU	音响	移动硬盘	电脑	销售成绩	提成	底薪	总工资
100501	第一小组	女	35	22	5	9	93100	7448	800	8248
100502	第四小组	女	20	29	9	4	56100	4488	1000	5488
100503	第一小组	男	10	9	2	4	34900	2792	950	3742
100504	第二小组	男	14	9	7	10	72300	5784	1100	6884
100505	第一小组	女	24	7	8	6	63300	5064	700	5764
100506	第四小组	男	25	24	9	5	65100	5208	800	6008
100507	第四小组	女	45	12	8	10	107900	8632	900	9532
100508	第一小组	女	15	18	6	14	95500	7640	800	8440
100509	第二小组	女	20	20	8	2	42800	3424	1000	4424
100510	第一小组	男	12	10	6	4	39800	3184	850	4034
100511	第二小组	女	9	8	7	12	76500	6120	1100	7220
100512	第一小组	男	30	7	6	9	83700	6696	700	7396
100513	第二小组	女	21	19	7	6	63000	5040	800	5840
100514	第四小组	男	11	20	8	10	72900	5832	900	6732
100515	第一小组	女	17	10	8	6	56500	4520	800	5320
100516	第三小组	男	12	19	7	12	83100	6648	1000	7648
100517	第一小组	女	16	17	3	10	74500	5960	850	6810
100518	第三小组	男	10	5	10	9	63500	5080	1100	6180
100519	第一小组	女	18	16	9	10	80000	6400	700	7100
100520	第三小组	女	22	20	19	8	81600	6528	800	7328
100521	第四小组	女	23	15	13	9	82600	6608	900	7508
商品单价			1100	300	600	5000				

图 4－95　员工销售业绩表

三、实验要求

完成“员工销售业绩表”的制作。

(1)新建工作簿“员工销售业绩表. xlsx”文件，删除工作表“Sheet1”和“Sheet2”，并将工作表“Sheet3”重命名为“原始数据”。

(2)在工作表“原始数据”中录入图 4－96 所示的数据。

(3)计算每个员工的“销售成绩”“提成”和“总工资”。其中，“销售成绩”为各商品销售数量与商品单价乘积累加和，“提成”为销售成绩的 8% 并取整数，“总工资”是提成和底薪的和。

(4)将标题单元格区域 A1:K1 合并，并修改字体为楷体，字号为 18，所有内容居中对齐；将单元格区域 A2:K2 和 A25:G25 的文字字体加粗，填充橙色底纹；将单元格区域 A1:K25 外边框设置为粗实线，内边框设置为细实线，第 1、2 行之间的边框设置为双线。

	A	B	C	D	E	F	G	H	I	J	K
1	员工销售业绩表										
2	员工编号	所在部门	性别	CPU	音响	移动硬盘	电脑	销售成绩	提成	底薪	总工资
3	100501	第一小组	女	35	22	5	9			800	
4	100502	第四小组	女	20	29	9	4			1000	
5	100503	第一小组	男	10	9	2	4			950	
6	100504	第二小组	男	14	9	7	10			1100	
7	100505	第一小组	女	24	7	8	6			700	
8	100506	第四小组	男	25	24	9	5			800	
9	100507	第四小组	女	45	12	8	10			900	
10	100508	第一小组	女	15	18	6	14			800	
11	100509	第二小组	女	20	20	8	2			1000	
12	100510	第一小组	男	12	10	6	4			850	
13	100511	第二小组	女	9	8	7	12			1100	
14	100512	第一小组	男	30	7	6	9			700	
15	100513	第二小组	女	21	19	7	6			800	
16	100514	第四小组	男	11	20	8	10			900	
17	100515	第一小组	女	17	10	8	6			800	
18	100516	第三小组	男	12	19	7	12			1000	
19	100517	第一小组	女	16	17	3	10			850	
20	100518	第三小组	男	10	5	10	9			1100	
21	100519	第一小组	女	18	16	9	10			700	
22	100520	第三小组	女	22	20	19	8			800	
23	100521	第四小组	女	23	15	13	9			900	
24											
25	商品单价			1100	300	600	5000				

原始数据

图 4 - 96　原始数据

四、实验步骤

制作“员工销售业绩表”的步骤如下：

(1)在 Excel 2010 应用程序中，单击功能区“文件”选项卡中的“新建”命令，在“可用模版”任务窗格中选中“空白工作簿”选项，单击“创建”命令按钮，新建一个空白工作簿文件；单击“Sheet1”标签，按住 Shift 的同时再单击“Sheet2”标签，同时选中“Sheet1”和“Sheet2”两张工作表，在选中的“Sheet1”或“Sheet2”标签上单击鼠标右键，在弹出的快捷菜单中选择“删除”命令，删除“Sheet1”和“Sheet2”工作表；在当前工作表“Sheet3”标签上单击鼠标右键，在弹出的快捷菜单中选择“重命名”命令，将“Sheet3”工作表重命名为“原始数据”。

(2)在工作表“原始数据”中按照图 4 - 96 所示录入数据。

(3)在 H3 单元格中输入“ = SUMPRODUCT(D3:G3, $D$25:$G$25)”后，按回车键计算第 1 个员工的销售成绩，然后拖动填充柄将公式复制到 H4:H23 区域计算其他员工的销售成绩。在 I3 单元格中输入“ = INT(H3 * 8%)”后，按回车键计算第 1 个员工的提成并取整数，然后拖动填充柄将公式复制到 I4:I23 区域，计算其他员工的提成。在 K3 单元格中输入“ = I3 + J3”后，按回车键计算第 1 个员工的总工资，然后拖动填充柄将公式复制到 K4:K23 区域，计算其他员工的总工资。

(4)选定 A1:K1 区域，在“设置单元格格式”对话框中“对齐”选项卡的“文本对齐方式”选项中设置“水平对齐为”居中、“垂直对齐”为居中，在“文本控制”选项中选中“合并单元格”；在“字体”选项卡设置字体为楷体，字号为 18；在“边框”选项卡选择“线条样式”为双线，单击“边框”选项中的“下框线”按钮，单击“确定”按钮完成设置。

(5)选定 A1:K25 区域，在“设置单元格格式”对话框中“对齐”选项卡的“文本对齐方式”选项中设置“水平对齐”为居中、“垂直对齐”为居中；在“边框”选项卡选择“线条样式”为粗实线，单击“预置”选项中的“外边框”按钮，选择“线条样式”为细实线，单击“预置”选项中的“内部”按钮，单击“确定”按钮完成设置。

(6)选定 A2:K2 和 A25:G25 区域，在“设置单元格格式”对话框的“字体”选项卡中设置字形为加粗；在“填充”选项卡设置背景色为橙色，单击“确定”按钮完成设置。

(7)单击“文件”选项卡“保存”命令，在弹出的“另存为”对话框中选择“保存位置”，输入文件名“员工销售业绩表”，单击“保存”按钮保存文件。

实验 2:员工销售业绩表的数据管理

一、实验目的

1. 掌握图表的类型和应用场合。
2. 掌握图表的建立过程。
3. 掌握图表编辑的基本内容和过程。

二、实验内容

根据员工销售业绩工作表的销售数据可以完成数据管理和分析操作。例如，查看排在最前或最后的数据，查看满足特定条件的数据，按照类别进行数据统计工作等。

三、实验要求

完成下列数据管理和分析操作：

(1)打开工作簿“员工销售业绩表. xlsx”，将工作表“原始数据”分别复制为“排序”“筛选 1”“筛选 2”“分类汇总”和“数据透视表”。

(2)在工作表“排序”中，将销售成绩按降序排列，结果如图 4 – 97 所示。

(3)在工作表“筛选 1”中，利用自动筛选功能，筛选出第一小组员工的销售数据，结果如图 4 – 98 所示。

(4)在工作表“筛选 2”中，利用高级筛选功能，筛选出计算机的销售数量大于、等于 10 或提成大于 6 000 元的销售数据，结果如图 4 – 99 所示。

(5)在工作表“分类汇总”中，利用“分类汇总”功能统计各个小组销售成绩的平均值，结果如图 4 – 100 所示。

(6)在工作表“数据透视表”中，利用数据透视表统计不同小组不同性别员工的总工资最大值，结果如图 4 – 101 所示。

员工销售业绩表										
员工编号	所在部门	性别	CPU	音响	移动硬盘	电脑	销售成绩	提成	底薪	总工资
100507	第四小组	女	45	12	8	10	107900	8632	900	9532
100508	第一小组	女	15	18	6	14	95500	7640	800	8440
100501	第一小组	女	35	22	5	9	93100	7448	800	8248
100512	第一小组	男	30	7	6	9	83700	6696	700	7396
100516	第三小组	男	12	19	7	12	83100	6648	1000	7648
100521	第四小组	女	23	15	13	9	82600	6608	900	7508
100520	第三小组	女	22	20	19	8	81600	6528	800	7328
100519	第一小组	女	18	16	9	10	80000	6400	700	7100
100511	第二小组	女	9	8	7	12	76500	6120	1100	7220
100517	第一小组	女	16	17	3	10	74500	5960	850	6810
100514	第四小组	男	11	20	8	10	72900	5832	900	6732
100504	第二小组	男	14	9	7	10	72300	5784	1100	6884
100506	第四小组	男	25	24	9	5	65100	5208	800	6008
100518	第三小组	男	10	5	10	9	63500	5080	1100	6180
100505	第一小组	女	24	7	8	6	63300	5064	700	5764
100513	第二小组	女	21	19	7	6	63000	5040	800	5840
100515	第一小组	女	17	10	8	6	56500	4520	800	5320
100502	第四小组	女	20	29	9	4	56100	4488	1000	5488
100509	第二小组	女	20	20	8	2	42800	3424	1000	4424
100510	第一小组	男	12	10	6	4	39800	3184	850	4034
100503	第一小组	男	10	9	2	4	34900	2792	950	3742
商品单价			1100	300	600	5000				

图 4－97　销售成绩按降序排序

员工销售业绩表										
员工编号	所在部门	性别	CPU	音响	移动硬盘	电脑	销售成绩	提成	底薪	总工资
100508	第一小组	女	15	18	6	14	95500	7640	800	8440
100501	第一小组	女	35	22	5	9	93100	7448	800	8248
100512	第一小组	男	30	7	6	9	83700	6696	700	7396
100519	第一小组	女	18	16	9	10	80000	6400	700	7100
100517	第一小组	女	16	17	3	10	74500	5960	850	6810
100505	第一小组	女	24	7	8	6	63300	5064	700	5764
100515	第一小组	女	17	10	8	6	56500	4520	800	5320
100510	第一小组	男	12	10	6	4	39800	3184	850	4034
100503	第一小组	男	10	9	2	4	34900	2792	950	3742
商品单价			1100	300	600	5000				

图 4－98　筛选第一小组员工销售的数据

员工销售业绩表										
员工编号	所在部门	性别	CPU	音响	移动硬盘	电脑	销售成绩	提成	底薪	总工资
100501	第一小组	女	35	22	5	9	93100	7448	800	8248
100504	第二小组	男	14	9	7	10	72300	5784	1100	6884
100507	第四小组	女	45	12	8	10	107900	8632	900	9532
100508	第一小组	女	15	18	6	14	95500	7640	800	8440
100511	第二小组	女	9	8	7	12	76500	6120	1100	7220
100512	第一小组	男	30	7	6	9	83700	6696	700	7396
100514	第四小组	男	11	20	8	10	72900	5832	900	6732
100516	第三小组	男	12	19	7	12	83100	6648	1000	7648
100517	第一小组	女	16	17	3	10	74500	5960	850	6810
100519	第一小组	女	18	16	9	10	80000	6400	700	7100
100520	第三小组	女	22	20	19	8	81600	6528	800	7328
100521	第四小组	女	23	15	13	9	82600	6608	900	7508
商品单价			1100	300	600	5000				

图 4－99　高级筛选结果

员工销售业绩表										
员工编号	所在部门	性别	CPU	音响	移动硬盘	电脑	销售成绩	提成	底薪	总工资
100501	第一小组	女	35	22	5	9	93100	7448	800	8248
100503	第一小组	男	10	9	2	4	34900	2792	950	3742
100505	第一小组	女	24	7	8	6	63300	5064	700	5764
100508	第一小组	女	15	18	6	14	95500	7640	800	8440
100510	第一小组	男	12	10	6	4	39800	3184	850	4034
100512	第一小组	男	30	7	6	9	83700	6696	700	7396
100515	第一小组	女	17	10	8	6	56500	4520	800	5320
100517	第一小组	女	16	17	3	10	74500	5960	850	6810
100519	第一小组	女	18	16	9	10	80000	6400	700	7100
	第一小组 平均值						69033.33			
100502	第四小组	女	20	29	9	4	56100	4488	1000	5488
100506	第四小组	男	25	24	9	5	65100	5208	800	6008
100507	第四小组	女	45	12	8	10	107900	8632	900	9532
100514	第四小组	男	11	20	8	10	72900	5832	900	6732
100521	第四小组	女	23	15	13	9	82600	6608	900	7508
	第四小组 平均值						76920			
100516	第三小组	男	12	19	7	12	83100	6648	1000	7648
100518	第三小组	男	10	5	10	9	63500	5080	1100	6180
100520	第三小组	女	22	20	19	8	81600	6528	800	7328
	第三小组 平均值						76066.67			
100504	第二小组	男	14	9	7	10	72300	5784	1100	6884
100509	第二小组	女	20	20	8	2	42800	3424	1000	4424
100511	第二小组	女	9	8	7	12	76500	6120	1100	7220
100513	第二小组	女	21	19	7	6	63000	5040	800	5840
	第二小组 平均值						63650			
	总计平均值						70890.48			
商品单价			1100	300	600	5000				

图 4－100　按“所在部门”分类汇总结果

员工销售业绩表										
员工编号	所在部门	性别	CPU	音响	移动硬盘	电脑	销售成绩	提成	底薪	总工资
100501	第一小组	女	35	22	5	9	93100	7448	800	8248
100503	第一小组	男	10	9	2	4	34900	2792	950	3742
100505	第一小组	女	24	7	8	6	63300	5064	700	5764
100508	第一小组	女	15	18	6	14	95500	7640	800	8440
100510	第一小组	男	12	10	6	4	39800	3184	850	4034
100512	第一小组	男	30	7	6	9	83700	6696	700	7396
100515	第一小组	女	17	10	8	6	56500	4520	800	5320
100517	第一小组	女	16	17	3	10	74500	5960	850	6810
100519	第一小组	女	18	16	9	10	80000	6400	700	7100
	第一小组 平均值						69033.33			
100502	第四小组	女	20	29	9	4	56100	4488	1000	5488
100506	第四小组	男	25	24	9	5	65100	5208	800	6008
100507	第四小组	女	45	12	8	10	107900	8632	900	9532
100514	第四小组	男	11	20	8	10	72900	5832	900	6732
100521	第四小组	女	23	15	13	9	82600	6608	900	7508
	第四小组 平均值						76920			
100516	第三小组	男	12	19	7	12	83100	6648	1000	7648
100518	第三小组	男	10	5	10	9	63500	5080	1100	6180
100520	第三小组	女	22	20	19	8	81600	6528	800	7328
	第三小组 平均值						76066.67			
100504	第二小组	男	14	9	7	10	72300	5784	1100	6884
100509	第二小组	女	20	20	8	2	42800	3424	1000	4424
100511	第二小组	女	9	8	7	12	76500	6120	1100	7220
100513	第二小组	女	21	19	7	6	63000	5040	800	5840
	第二小组 平均值						63650			
	总计平均值						70890.48			
商品单价			1100	300	600	5000				

续图 4－100

最大值项:总工资	列标签		
行标签	男	女	总计
第二小组	6884	7220	7220
第三小组	7648	7328	7648
第四小组	6732	9532	9532
第一小组	7396	8440	8440
总计	7648	9532	9532

图 4－101　数据透视表的结果

四、实验步骤

数据管理及分析操作步骤如下：

(1)单击“文件”选项卡中“打开”命令，在弹出的“打开”对话框中选择存放路径下的“员工销售业绩表”工作簿文件，单击“打开”按钮打开文件；复制工作表“原始数据”并分别重命名为“排序”“筛选 1”“筛选 2”“分类汇总”和“数据透视表”。

(2)选择工作表“排序”，将鼠标定位在“销售成绩”列的任一单元格，单击“数据”选项卡中“排序和筛选”组的“降序”按钮(或单击“开始”选项卡中“编辑”组的“排序和筛选”下拉列表中的“降序”选项)，完成排序。

(3)选择工作表“筛选 1”，将鼠标定位在数据清单的任一单元格(或选中 A2:K23 区域的数据清单），单击“数据”选项卡中“排序和筛选”组的“筛选”按钮（或单击“开始”选项卡中“编辑”组的“排序和筛选”下拉列表中的“筛选”选项），然后单击“所在部门”字段的筛选按钮，只选中“第一小组”选项，单击“确定”按钮完成筛选。

（4）选择工作表“筛选 2”，在 C28、C29、D28、D30 单元格中分别输入“计算机”“> = 10”“提成”“>6 000”，将鼠标定位在数据清单的任一单元格（或选中 A2:K23 区域的数据清单），单击“数据”选项卡中“排序和筛选”组的“高级”按钮，在弹出的“高级筛选”对话框的“列表区域”选中“$A$2:$K$23”、“条件区域”选中“$C$28:$D$30”，单击“确定”按钮完成筛选，并在原有区域显示筛选结果。

（5）选择工作表“分类汇总”，将鼠标定位在“所在部门”列的任一单元格，单击“数据”选项卡中“排序和筛选”组的“升序”或“降序”按钮，按分类字段“所在部门”排序；然后将鼠标定位在数据清单的任一单元格（或选中 A2:K23 区域的数据清单），单击“数据”选项卡中“分级显示”组的“分类汇总”按钮，在弹出的“分类汇总”对话框中，设置“分类字段”为“所在部门”、“汇总方式”为“平均值”、“选定汇总项”列表中选择“销售成绩”，单击“确定”按钮完成分类汇总。

（6）选择工作表“数据透视表”，将鼠标定位在数据清单的任一单元格（或选中 A2:K23 区域的数据清单），单击“插入”选项卡中“表格”组的“数据透视表”下拉列表中的“数据透视表”选项，在弹出的“创建数据透视表”对话框的“要分析的数据”中选中数据区域“A2:K23”，“数据透视表的位置”选择“现有工作表”，“位置”选中 B30 单元格，单击“确定”按钮；在弹出的“数据透视表字段列表”任务窗格中，将“选择要添加到报表的字段”列表中的“所在部门”字段拖动到“行标签”列表，将“性别”字段拖动到“列标签”列表，将“总工资”字段拖动到“数值”列表；单击“数值”列表中“求和项:总工资”下拉列表中的“值字段设置”选项，在弹出的“值字段设置”对话框“值汇总方式”选项中选择计算类型为“最大值”选项，单击“确定”按钮完成汇总操作。

实验 3:员工销售业绩对比图

一、实验目的

1. 掌握对数据列表排序的方法和过程。
2. 掌握对数据列表进行筛选的方法和过程。
3. 掌握对数据列表进行分类汇总和建立数据透视表的区别和基本过程。

二、实验内容

企业有时需要把数据转换成图表，用于更直观地揭示数据之间的关系，反映数据的变化规律和发展趋势，让使用者能一目了然地进行数据分析。

三、实验要求

完成“员工销售业绩对比图”的制作。

（1）打开工作簿“员工销售业绩表.xlsx”，将工作表“分类汇总”复制为“图表”。

（2）在工作表“图表”中，将“所在部门”和“销售成绩”的汇总结果以“值”的方式复制到工作表的 B33:C37 区域作为所建图表的数据源，如图 4－102 所示，创建“三维簇状柱形图”，如图 4－103 所示。

（3）在工作表“图表”中，修改“三维簇状柱形图”。要求将标题修改为“各组平均销售成绩对比图”，水平轴标题修改为“所在部门”；图表区的形状样式为“细微效果－蓝色，强调颜色 1”；绘图区形状填充的主题颜色为“预设颜色”中“雨后初晴”选项、“方向”为“线性向上”，修改后的效果如图 4－104 所示。

所在部门	销售成绩
第一小组	69033.33
第二小组	63650
第三小组	76066.67
第四小组	76920

图 4－102　创建图表的数据源

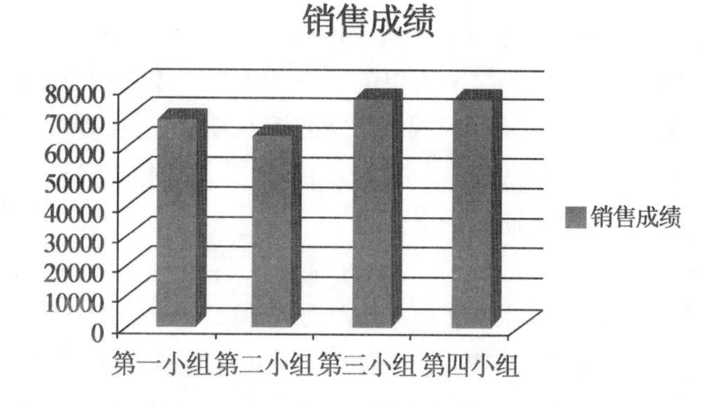

图 4－103　三维簇状柱形图

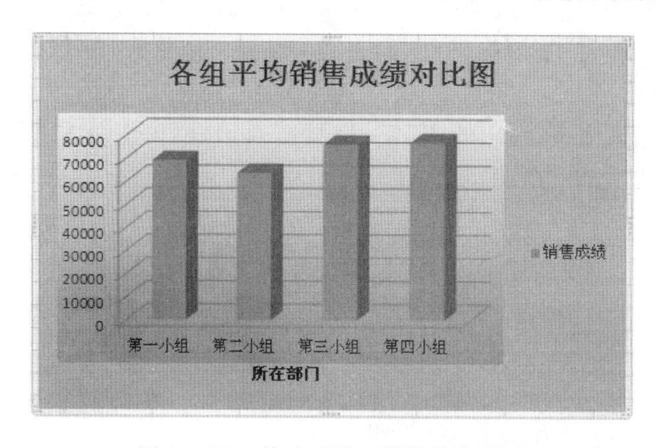

图 4－104　修改后的三维簇状柱形图

四、实验步骤

（1）单击“文件”选项卡中“打开”命令，在弹出的“打开”对话框中选择存放路径下的“员工销售业绩表”工作簿文件，单击“打开”按钮打开文件；复制工作表“分类汇总”并重命名为“图表”。

（2）在工作表“图表”中，选择需要的数据，然后右键单击 B33 单元格，在打开的快捷菜单中选择“粘贴选项”列表中的“值”选项；选中 B33:C37 区域的数据，单击“插入”选项卡中“图表”组的“柱形图”下拉列表中的“三维簇状柱形图”选项，创建一个默认格式的图表。

(3)在工作表"图表"中选中图表,单击图表标题并修改为"各组平均销售成绩对比图",在"图表工具"选项卡中"布局"子选项卡的"标签"组中,单击"坐标轴标题"下拉列表中"主要横坐标轴标题"级联菜单中的"坐标轴下方标题"选项添加水平轴标题,并修改为"所在部门";选中图表区,在"图表工具"选项卡中"格式"子选项卡的"形状样式"列表中选择"细微效果 - 蓝色,强调颜色 1";选中绘图区,在"图表工具"选项卡中"格式"子选项卡的"形状样式"组中,单击"形状填充"下拉列表"渐变"级联菜单中的"其他渐变"选项,在打开的"设置绘图区格式"对话框的"填充"选项中选中"渐变填充","预设颜色"选择"雨后初晴"、"方向"选择"线性向上",单击"关闭"按钮完成图表的修改。

测试练习

测试 4 - 1:

请在打开的"文档. xlsx"工作簿文件(图 4 - 105)中进行如下操作,操作完成后,请关闭 Excel 并保存工作簿。

	A	B	C	D	E	F
1						
2						
3						
4						
5						
6		姓名	数学	英语	语文	物理
7		汪达	65	71	65	51
8		霍倜仁	89	66	66	88
9		李挚邦	65	71	80	64
10		周胄	72	73	82	64
11		赵安顺	66	66	91	84
12		钱铭	82	77	70	81
13		孙颐	81	64	61	81
14		李利	85	77	51	67
15						

Sheet1　Sheet2　Sheet3

图 4 - 105　工作表"Sheet1"

(1)在工作表"Sheet1"中完成如下操作:

①设置 B ~ F 列的宽度为"15",6 ~ 14 行的高度为"25"。

②为 F8 单元格添加批注,批注内容为"物理最高分"。

(2)在工作表"Sheet2"(图 4 - 106)中完成如下操作:

①利用"姓名"和"数学"两列创建图表,图表标题为"数学分数图表",图表类型为"饼图",并作为对象插入 Sheet2 中,完成效果如图 4 - 107 所示。

	A	B	C	D	E	F
1						
2						
3						
4						
5						
6		姓名	数学	英语	语文	物理
7		张林艳	65	71	65	51
8		霍倜仁	89	66	66	88
9		李挚邦	65	71	80	64
10		周胄	72	73	82	64
11		赵安顺	66	66	91	84
12		钱铭	82	66	70	81
13		孙颐	81	64	61	81
14		李利	85	77	51	67
15		王罡	99	91	91	88
16		东方翼	50	61	70	63
17		南宫擎	58	51	61	42
18		西门帅杰	78	89	95	73
19		总分				

Sheet1 Sheet2 Sheet3

图 4－106　工作表“Sheet2”

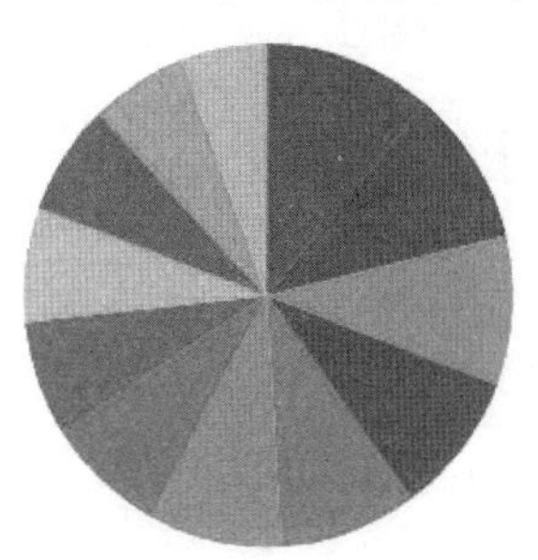

图 4－107　数学分数图表

②利用函数计算“总分”行各学科的总和，并把结果存入相应单元格中。

③将表格中的数据以“数学”列为关键字，按降序排序。

(3)在工作表“Sheet3”(图 4－108)中完成如下操作：

设置第 6 行单元格的文字水平对齐方式为居中，字体为华文细黑，字形为倾斜。

	A	B	C	D	E	F
1						
2						
3						
4						
5						
6		工作证号	姓名	奖金	基本工资	工龄工资
7		21001	魏明亮	375.00	825.00	150.00
8		21002	何琪	435.00	765.00	110.00
9		21003	燕冉飞	345.00	855.00	170.00
10		56431	杨之凯	315.00	885.00	190.00
11		84646	丰罡	360.00	840.00	160.00
12		65478	解仁晔	330.00	870.00	180.00
13		43760	左鹏飞	300.00	900.00	200.00
14		46978	巩固国	390.00	810.00	140.00
15		76498	蹇国赋	495.00	705.00	70.00
16		48465	任建兴	435.00	765.00	110.00
17		25456	龙昌虹	405.00	795.00	130.00
18		42841	王开东	420.00	780.00	120.00
19						

Sheet1　Sheet2　Sheet3

图 4－108　工作表“Sheet3”

测试 4－2：

请在打开的“文档. xlsx”工作簿文件中进行如下操作，操作完成后，请关闭 Excel 并保存工作簿。

（1）将工作表“Sheet1”（图 4－109）的 A1:C1 单元格合并为一个单元格，内容水平居中；计算教师的平均年龄（计算结果置于 B23 单元格内，数值型，保留小数点后两位），分别计算教授人数、副教授人数、讲师人数（计算结果置于 E5:E7 单元格内，利用 COUNTIF 函数）。

	A	B	C	D	E
1	教师职称情况统计表				
2	职工号	年龄	职称		
3	H01	27	助教		
4	H02	30	讲师	职称	人数
5	H03	41	教授	教授	
6	H04	35	副教授	副教授	
7	H05	32	讲师	讲师	
8	H06	56	教授		
9	H07	31	讲师		
10	H08	37	副教授		
11	H09	34	副教授		
12	H10	29	讲师		
13	H11	45	副教授		
14	H12	36	讲师		
15	H13	48	教授		
16	H14	26	助教		
17	H15	38	副教授		
18	H16	33	讲师		
19	H17	43	副教授		
20	H18	34	讲师		
21	H19	35	讲师		
22	H20	51	副教授		
23	平均年龄				
24					

Sheet1　人力资源情况表　Sheet3

图 4－109　工作表“Sheet1”

（2）选取 D4:D7 和 E4:E7 单元格数据建立“簇状圆柱图”，图标题为“职称情况统计图”，图例显示在顶部，将图插入到表的 D9:G22 单元格区域内，将工作表命名为“职称情况统计表”。

（3）将工作表“人力资源情况表”内数据清单的内容按主要关键字“年龄”的递减次序、次要关键字“部门”的递增次序进行排序，对排序后的数据进行自动筛选，条件为“男、高工”，如图 4－110 所示。

	A	B	C	D	E	F	G	H
1	某IT公司某年人力资源情况表							
2	编号	部门	组别	年龄	性别	学历	职称	工资
3	C001	工程部	E1	28	男	硕士	工程师	4000
4	C002	开发部	D1	26	女	硕士	工程师	3500
5	C003	培训部	T1	35	女	本科	高工	4500
6	C004	销售部	S1	32	男	硕士	工程师	3500
7	C005	培训部	T2	33	男	本科	工程师	3500
8	C006	工程部	E1	23	男	本科	助工	2500
9	C007	工程部	E2	26	男	本科	工程师	3500
10	C008	开发部	D2	31	男	博士	工程师	4500
11	C009	销售部	S2	37	女	本科	高工	5500
12	C010	开发部	D3	36	男	硕士	工程师	3500
13	C011	工程部	E3	41	男	本科	高工	5000
14	C012	工程部	E2	35	女	硕士	高工	5000
15	C013	工程部	E3	33	男	本科	工程师	3500

Sheet1 / 人力资源情况表 / Sheet3

图 4－110　人力资源情况表

测试 4－3：

请在打开的“文档. xlsx”（图 4－111）工作簿文件中进行如下操作，操作完成后，请关闭 Excel 并保存工作簿。

	A	B	C	D	E	F
1	生活用水收费标准					
2	水费（元/吨）					
3	1.3					
4						
5						
6	天际花园2006年5月水费表					
7	门牌号	家庭人	水上月字数	水本月字	用水量（吨	本月水费（元）
8	101	2	956	980		
9	102	5	873	910		
10	103	3	789	801		
11	104	1	567	574		
12	201	6	675	694		
13	202	5	834	849		
14	203	3	598	615		
15	204	4	365	396		
16	301	2	398	416		
17	302	1	678	682		
18	303	2	654	669		
19	304	2	852	871		
20	401	5	963	986		
21	402	3	741	762		
22	403	3	852	873		
23	404	4	159	186		
24						
25	平均					

Sheet1 / Sheet2 / Sheet3

图 4－111　工作表“Sheet1”

(1)将标题“天际花园2006年5月水费表”的格式设置为在区域A6:F6上水平对齐为跨列居中、垂直对齐为居中,字号为18,字体为华文行楷,颜色为红色,加粗;将区域A7:F25的格式设置为字号10,字体为宋体;将区域A7:F25设置为水平与垂直居中。

(2)使用公式计算用水量(用水量=水本月字数-水上月字数)和本月水费(本费=用水量×水费)(注意:公式中不能出现常数)。将区域F8:F25设置为货币格式,货币符号为¥,保留2位小数,负数格式如图4-112所示。

图4-112　“负数格式”样张

(3)在单元格E25和F25中,用“Average”函数计算出平均用水量和平均水费,结果保留2位小数;将区域A7:F25加细实内、外框线。

(4)将工作表“Sheet1”的区域A6:F23(值和数字格式)复制到工作表“Sheet2”从A1开始的区域中;在工作表“Sheet2”中使用自动筛选方式筛选出用水量大于或等于平均用水量的记录。

(5)将工作表“Sheet1”的区域A6:F23(值和数字格式)复制到工作表“Sheet3”从A1开始的区域中,然后对工作表“Sheet3”中的数据按“家庭人口”进行分类汇总(按升序进行分类),汇总方式为“平均值,汇总项:用水量和本月水费”。

测试4-4:

请在打开的“文档.xlsx”工作簿文件(图4-113)中进行如下操作,操作完成后,请关闭Excel并保存工作簿。

	A	B	C	D	E	F
1	某商场家用电器销售情况表					
2	商品名称	一月	二月	三月	四月	合计
3	电视机	567	342	125	345	
4	电冰箱	324	223	234	412	
5	洗衣机	435	456	412	218	

Sheet1　Sheet2　Sheet3

图4-113　工作表“Sheet1”

(1)将工作表“Sheet1”的A1:F1单元格合并为一个单元格,内容水平居中,利用函数计算“合计”列的数值,将工作表命名为“家用电器销售数量情况表”。

(2)选取“家用电器销售情况表”A2:E5的单元格区域,建立“带数据标记的折线图”,X轴上的项为“商品名称”(系列产生在“列”),图表标题为“家用电器销售数量情况图”,将图插入到表的A7:E18单元格区域内。

测试4-5:

请在打开的“文档.xlsx”工作簿文件(图4-114)中进行如下操作,操作完成后,请关闭 Excel 并保存工作簿。

	A	B	C	D	E
1	奖学金获得情况表				
2	班别	总奖学金	学生人数	平均奖学金	
3	一班	33680	29		
4	二班	24730	30		
5	三班	36520	31		

Sheet1 Sheet2 Sheet3

图 4-114　工作表“Sheet1”

(1)将工作表“Sheet1”的 A1:D1 单元格合并为一个单元格,内容水平居中,计算“平均奖学金”列的数值(平均奖学金 = 总奖学金/学生人数),将工作表命名为“奖学金获得情况表”。

(2)选取“奖学金获得情况表”的“班别”列和“平均奖学金”列的单元格内容,建立“三维簇状柱形图”,X 轴上的项为“班别”(系列产生在“列”),图表标题为“奖学金获得情况图”,将图插入到表的 A7:E17 单元格区域内。

测试 4-6:

请在打开的“文档. xlsx”工作簿文件(图 4-115)中进行如下操作,操作完成后,请关闭 Excel 并保存工作簿。

	A	B	C	D	E	F	G	H	I
1	学生成绩表								
2	考号	姓名	性别	地区	语文	数学	英语	文综	总成绩
3	0120001	张楠	女	北京	102	92	90	120	
4	0120002	王一楠	女	上海	112	124	80	120	
5	0120003	李涛	男	北京	120	110	125	110	
6	0120004	刘明	男	上海	90	100	110	115	
7	0120006	杜洪	男	北京	128	120	120	135	

Sheet1 Sheet2 Sheet3

图 4-115　工作表“Sheet1”

在工作表“Sheet1”中完成如下操作:

(1)合并 A1:I1 单元格,设置标题“学生成绩表”水平对齐方式为“居中”。

(2)在“杜洪”上方插入一行数据,内容为“0120005,张兰,女,上海,90,89,102,140”。

(3)设置标题“学生成绩表”字体为黑体,字号为 16,字形为加粗,将第 1 行的行高设置为 30。

(4)利用函数计算每个同学的“总成绩”并填入相应的单元格中。

(5)利用函数计算每门功课的“平均分”并填入 E9:H9 单元格区域中,设置结果保留 1 位小数。

(6)设置表格 A1:I9 外边框设为蓝色双实线,内边框设为红色最细单实线。

(7)将工作表“Sheet1”重命名为“基础数据”。

(8)建立“基础数据”工作表的副本,将其命名为“排序”,对工作表中的数据按要求进行排序,排序要求为以“文综”为主关键字进行升序排列,以“总成绩”为次关键字,进行升序排序。

(9)参考图 4 - 116,利用“基础数据”工作表中的“姓名”“语文”“数学”“英语”和“文综”数据创建图表,图表类型为“带数据标记的折线图”,并作为对象插入当前工作表中,图表标题为“各科成绩趋势图”。

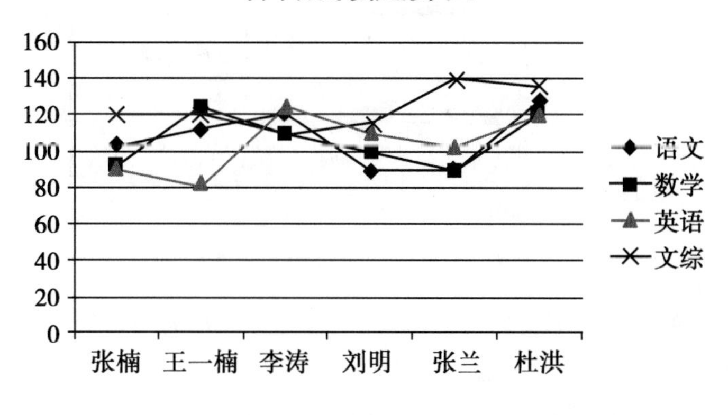

图 4 - 116　“各科成绩趋势图”样张

测试 4 - 7:

请在打开的“文档. xlsx”工作簿文件中进行如下操作,操作完成后,请关闭 Excel 并保存工作簿。

(1)在工作表“Sheet1”(图 4 - 117)中完成如下操作:

①设置表格中“借书证号”列单元格的水平对齐方式为“居中”。

②利用函数计算出总共借出的册数,并将结果放在相应的单元格中。

③筛选借书册数大于 4 本的数据。

	A	B	C	D
1				
2				
3				
4				
5				
6		图书馆读者情况		
7		借书证号	姓名	册数
8		65464	艾洁	4
9		64564	张谷语	1
10		52181	周天	7
11		45664	丁夏雨	4
12		98641	汪滔滔	2
13		46546	郭枫	2
14		54564	陶韬	2
15		02056	凌云飞	5
16		18416	唐刚	5
17		62143	龙知自	9
18		10240	占丹	0
19		总册数		

Sheet1　Sheet2　Sheet3

图 4 - 117　工作表“Sheet1”

(2)在工作表“Sheet2”(图4－118)中完成如下操作:

	A	B	C	D	E	F
1						
2						
3						
4						
5						
6		美亚华电器集团				
7		产品	年月	销售额	代理商	地区
8		电视机	Jan-92	3500	大华	北京
9		音响	Feb-92	5000	金玉	天津
10		音响	Mar-92	6000	环球	广州
11		计算机	Apr-93	1992	大华	深圳
12		空调	May-92	350	和美	北京

Sheet1 Sheet2 Sheet3

图4－118　工作表“Sheet2”

①设置标题“美亚华电器集团”单元格字号为16,字体为华文行楷。

②为D7单元格添加批注,内容为“纯利润”。

③将表格中的数据以“销售额”为关键字,按降序排序。

(3)在工作表“Sheet3”(图4－119)中完成如下操作:

①将工作表重命名为“成绩表”。

②利用“姓名”和“语文”列数据建立图表,图表标题为“语文成绩表”,图表类型为“堆积面积图”,并作为其中对象插入“成绩表”中。图表完成效果如图4－120所示。

	A	B	C	D	E
1					
2					
3					
4					
5					
6		姓名	语文	数学	英语
7		令狐冲	90	85	92
8		任盈盈	95	89	91
9		林平之	89	83	76
10		岳灵珊	80	75	83
11		仪琳	89	77	88
12		曲飞燕	79	68	84
13		田伯光	50	70	63
14		向问天	85	75	90
15		刘振峰	75	80	89
16		陆大有	78	95	65
17		劳德诺	68	56	78
18		左冷禅	78	92	77

Sheet1 Sheet2 Sheet3

图4－119　工作表“Sheet3”

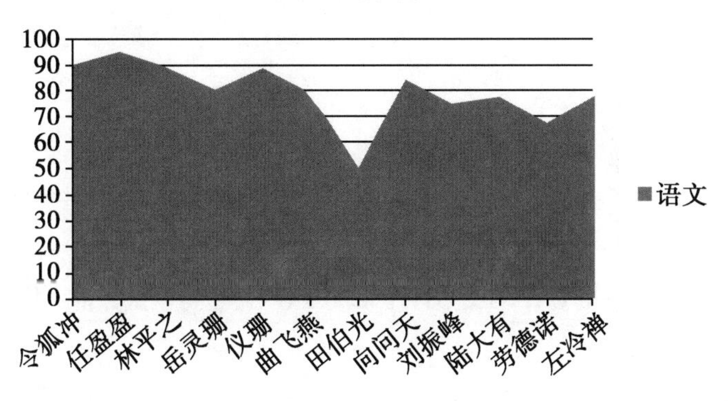

图 4－120　语文成绩表

测试 4－8：

请在打开的“文档. xlsx”工作簿文件(图 4－121)中进行如下操作，操作完成后，请关闭 Excel 并保存工作簿。

对工作表“成绩单”内的数据清单的内容进行分类汇总(提示：分类汇总前先按班级升序次序排序)，“分类字段”为“班级”，“汇总方式”为“平均值”，“选定汇总项”为“平均成绩”，汇总结果显示在数据下方。

	A	B	C	D	E	F	G
1	学号	姓名	班级	大学语文	高等数学	英语	平均成绩
2	013007	曹操	3班	94	81	90	88.33
3	013003	夏侯惇	3班	68	73	69	70.00
4	011023	关羽	1班	67	78	65	70.00
5	012011	孙权	2班	95	87	78	86.67
6	011027	刘备	1班	50	69	80	66.33
7	013011	徐晃	3班	82	84	80	82.00
8	012017	周瑜	2班	80	78	50	69.33
9	013010	许褚	3班	76	51	75	67.33
10	011028	马超	1班	91	75	77	81.00
11	011029	赵云	1班	68	80	71	73.00
12	012016	乐进	3班	52	91	66	69.67
13	012020	吕蒙	2班	84	82	77	81.00
14	012013	陆逊	2班	65	76	67	69.33
15	011022	黄忠	1班	70	67	73	70.00
16	011021	张辽	3班	78	69	95	80.67
17	011030	张飞	1班	77	53	84	71.33
18	013005	夏侯渊	3班	52	87	78	72.33
19	011024	魏延	1班	82	73	87	80.67
20	012014	黄盖	2班	87	54	82	74.33
21	011025	庞统	1班	89	90	63	80.67
22	013008	庞德	3班	78	80	82	80.00
23	013004	典韦	3班	75	65	67	69.00
24	012012	甘宁	2班	73	68	70	70.33
25	013006	张颌	3班	86	63	73	74.00
26	012019	周泰	2班	71	76	68	71.67
27	012015	凌统	2班	63	82	89	78.00
28	013009	李典	3班	66	77	69	70.67

成绩单　Sheet2　Sheet3

图 4－121　工作表“成绩单”

第5章 PowerPoint 2010 演示文稿处理软件

PowerPoint 2010 是 Office 办公软件中的一个重要组成部分,就是通常所说的 PPT,也是目前最流行的演示与播放软件。PowerPoint 2010 主要用于制作演示文稿,能满足产品展示、企业的招投标、年季度总结、教师课件、求职等需求。可以在演示文稿中插入图形、图标、声音、视频等对象,增强演示文稿的演示效果。该软件简单易学、功能强大,本章将详细介绍该软件的基本知识。

5.1 PowerPoint 2010 界面简介

PowerPoint 2010 的启动和退出与前面介绍的 Word、Excel 类似,在此不再赘述。

最常用的启动方法是单击“开始”→“所有程序”→“Microsoft Office”→“Microsoft Office PowerPoint 2010”命令,启动 PowerPoint 2010 软件。启动软件后,就会进入 PowerPoint 2010 工作窗口,在默认状态下为“普通视图”模式,如图 5-1 所示。

PowerPoint 2010 的标题栏、快速访问工具栏、功能区等窗口组成与 Word、Excel 基本相同。在此着重介绍其他几个窗格。

1. 视图窗格

视图窗格被“幻灯片”和“大纲”选项卡分为两种不同的界面。其中“大纲”界面仅显示文稿的文本内容(大纲)。按序号从小到大的顺序和幻灯片内容层次的关系,显示文稿中全部幻灯片的编号、标题和主题中的文本。在“幻灯片”界面中可以查看每张幻灯片的整体外观。

2. 幻灯片窗格(工作区)

普通视图下的幻灯片窗格也称为工作区或编辑区,位于窗口中间,其主体部分是空白的幻灯片或幻灯片模板。用户可在该窗格中对幻灯片中的非母版对象进行包括“动画设置”等几乎全部的操作。

3. 备注窗格

普通视图下的备注窗格在窗口的下部,用以显示演讲者为每张幻灯片添加的注释,演讲者可以在备注窗格中输入注释内容,该注释内容仅供演讲者使用,不能在幻灯片上显示,便于他人在翻阅幻灯片时了解其相关内容。

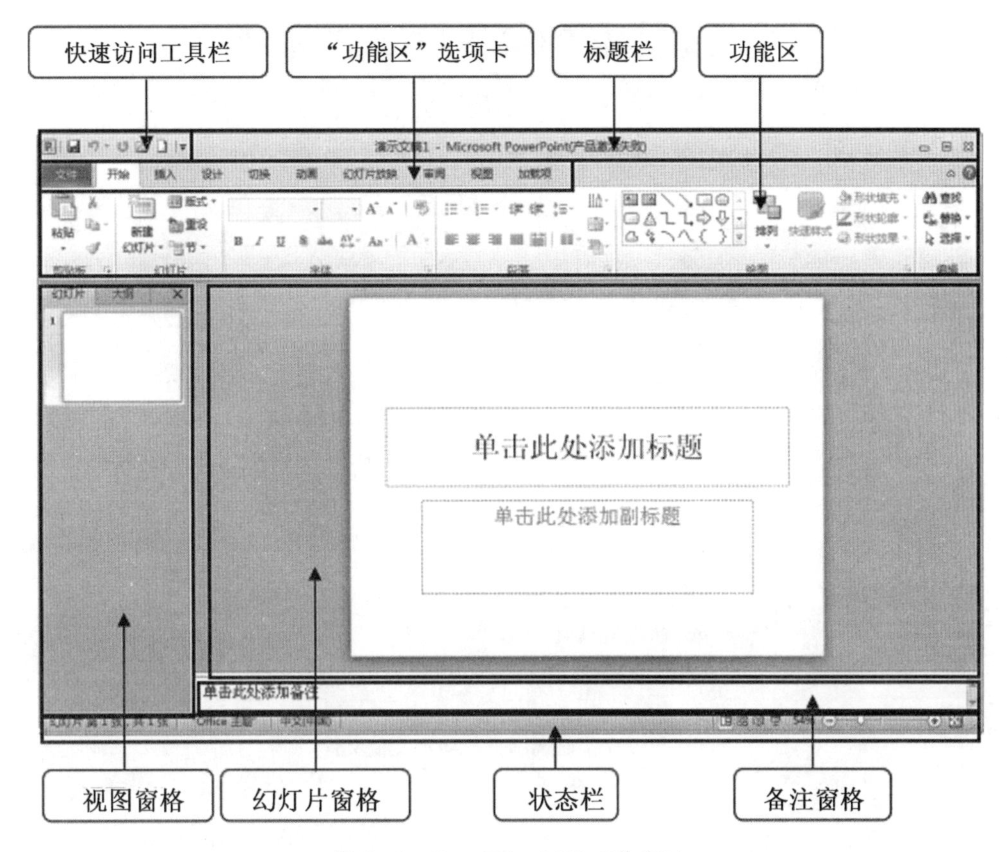

图 5－1　PowerPoint 2010 工作窗口

5.1.1　PowerPoint 2010 视图模式

视图是演示文稿在屏幕上的显示方式。PowerPoint 2010 的视图模式根据建立、编辑、浏览、放映幻灯片的需要分为两大类，即“演示文稿视图”和“母版视图”。其中“演示文稿视图”提供了 4 种视图方式：普通视图、幻灯片浏览视图、备注页视图和阅读视图。而“母版视图”则提供了幻灯片母版、讲义母版和备注母版共 3 种。用户可以根据需要在各种视图模式间切换，不同视图间的切换可以通过单击功能区中的“视图”选项卡中的命令按钮完成，可在“演示文稿视图”组及“母版视图”组中选择相应的视图模式。一般情况下，PowerPoint 2010 中所说的视图模式特指“演示文稿视图”中的 4 种，对于“母版视图”的相关知识将在后续内容中介绍。

1. 普通视图（系统默认）

启动 PowerPoint 2010 后，系统自动进入普通视图，它是为了便于编辑演示文稿的内容而设计的。该视图共有 3 个窗格，即“幻灯片窗格”“视图窗格”和“备注窗格”，如图 5－2 所示。

如果当前视图为其他视图，可以在“视图”选项卡的“演示文稿视图”组中单击“普通视图”按钮，或者单击状态栏右侧的▣按钮，将其切换到普通视图中。

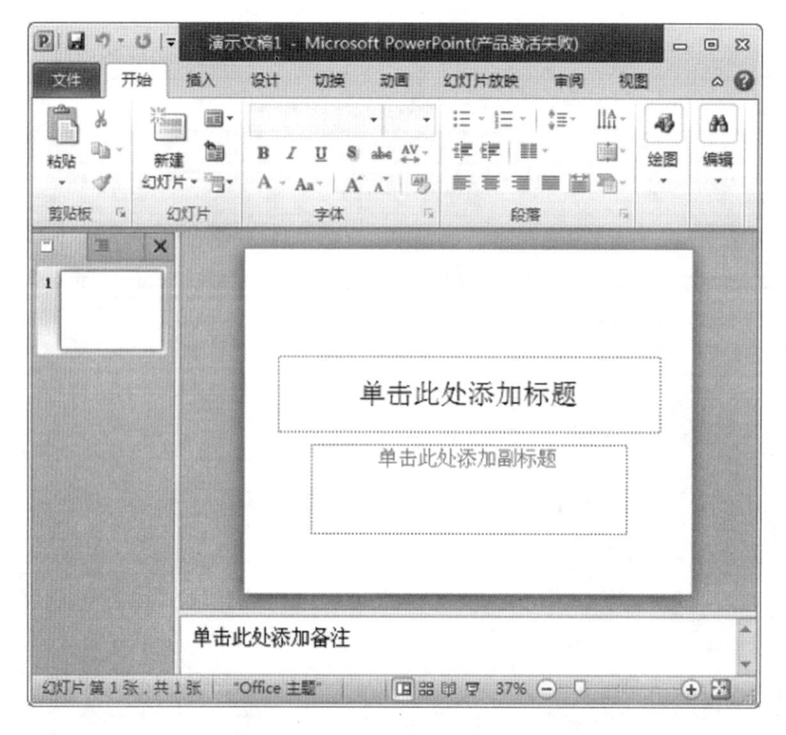

图 5 - 2　普通视图下的演示文稿文件

2. 幻灯片浏览视图

可同时显示多张幻灯片，方便对幻灯片进行移动、复制、删除、隐藏等操作。幻灯片浏览视图下的演示文稿文件如图 5 - 3 所示。

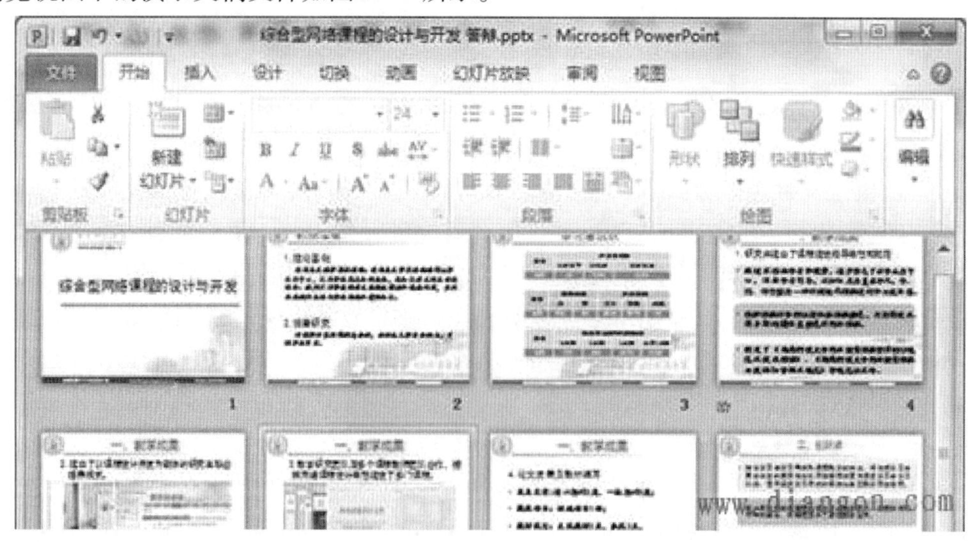

图 5 - 3　幻灯片浏览视图下的演示文稿文件

3. 备注页视图

在备注页视图中，普通视图备注窗格中添加的备注内容将以整页的格式进行显示，对于备注内容的相应设置也更加完整和灵活。备注页视图下的演示文稿文件如图 5 -4 所示。

图 5 -4　备注页视图下的演示文稿文件

4. 阅读视图

阅读视图类似于以往版本中的“幻灯片放映视图”,与“幻灯片放映视图”不同的是其以原有窗口大小放映(有标题栏),而非全屏。阅读视图下的演示文稿文件如图 5 -5 所示。阅读视图是用户对制作的演示文稿文件的内容与效果的放映,可以观看包括动画、超链接等效果。用户通过该视图模式中右下角的相应按钮进行放映操作及视图模式的切换控制。

图 5 -5　阅读视图下的演示文稿文件

此外,用户也可以单击功能区的“幻灯片放映”选项卡对演示文稿中的相应幻灯片按

顺序进行全屏幕放映。

5.1.2　PowerPoint 2010 基本概念

1. 演示文稿

利用演示文稿软件制做出来的作品，是用于介绍和说明某个问题和事件的一组多媒体材料，被称为演示文稿，其扩展名为“.pptx”。演示文稿软件提供了将各种媒体素材如文字、声音、图片、动画、视频等组织到一起的工具，除此之外还添加了动态演示效果的功能。

2. 幻灯片

演示文稿中的每一页称为幻灯片，一个演示文稿由若干张幻灯片组成，每张幻灯片都是演示文稿中既相互独立又相互联系的内容。

制作一个演示文稿的过程就是制作一张张幻灯片的过程。PowerPoint 2010 则是创建、演示和播放这些内容的工具。

3. 幻灯片对象

PowerPoint 2010 中，每张幻灯片是由若干个对象构成的，对象是幻灯片的重要组成元素。在幻灯片中插入的各种媒体元素（文本、图片、声音、图表、剪贴画、表格、组织结构图、视频等）都是对象，用户可以对这些对象进行操作（选择、修改内容和格式、移动、复制、删除等）。因此，制作一张幻灯片的过程实际上是制作其中每个被指定的对象的过程。

4. 幻灯片的布局

幻灯片的布局包括组成幻灯片的对象的种类与相互位置，好的布局能使相同的内容更具表现力和吸引力。PowerPoint 2010 通过“幻灯片版式”给出幻灯片的布局。用户选择相应的幻灯片后，在“开始”选项卡中单击“版式”按钮 **版式** ▾，打开“版式”任务窗格，即可为幻灯片设置相应的版式。打开“版式”任务窗格后的效果如图 5－6 所示。

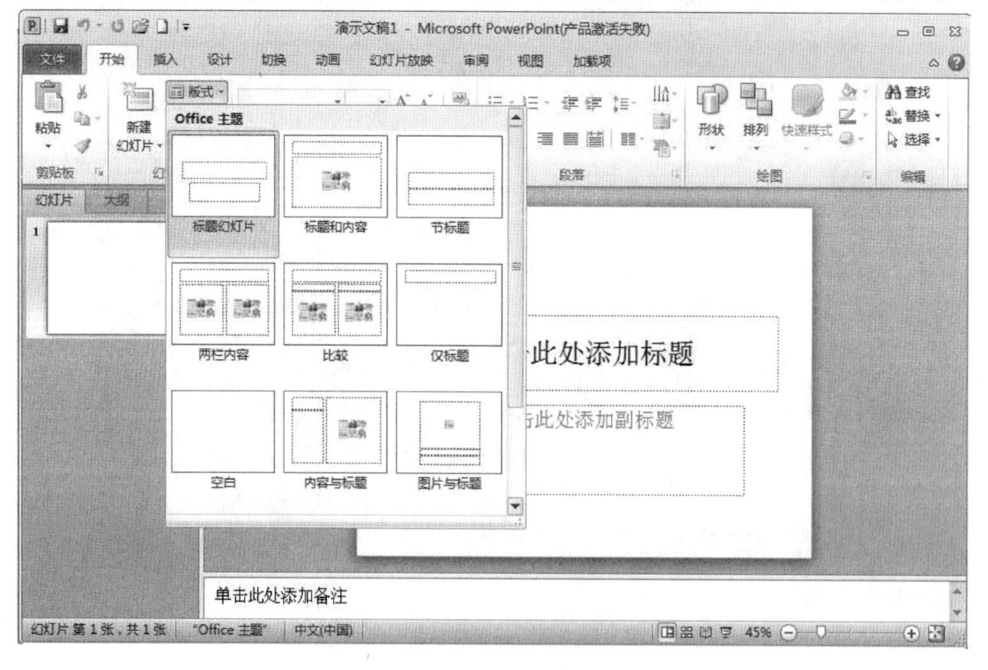

图 5－6　“版式”任务窗格

5. 占位符

“版式”指的是幻灯片内容在幻灯片上的排列方式。版式由占位符组成。占位符是一种带有虚线或阴影线边缘的框，框内有提示文字，绝大部分幻灯片版式中都有这种框。在这些框内可以添加标题文本，也可以放置文本、剪贴画、图表、表格、图片、组织结构图等对象，并能够确定对象之间的相互位置。用户可以对占位符进行选定、移动、改变大小、删除等操作。图5－7为“标题和内容”版式中的占位符，由两个占位符组成，即标题占位符和内容占位符。

图5－7　“标题和内容”版式中的占位符

5.2　制作演示文稿

演示文稿的制作，一般要经历下面5个步骤：

(1)准备素材：主要是准备演示文稿中所需要的一些图片、声音、动画等文件。

(2)确定方案：对演示文稿的整个构架作一个设计。

(3)初步制作：将文本、图片等对象输入或插入到相应的幻灯片中。

(4)装饰处理：设置幻灯片中的相关对象的要素(包括字体、大小、动画等)，对幻灯片进行装饰处理。

(5)预演播放：设置播放过程中的一些要素，然后播放查看效果，满意后正式输出播放。

5.2.1　创建演示文稿

新建演示文稿是创建一个完整的演示文稿的第一步。PowerPoint 2010 中提供的新建演示文稿的种类很多，如空白演示文稿、根据设计模板等，如图5－8所示。

新建演示文稿的方法是单击功能区的“文件”选项卡，在出现的菜单中选择中“新建”命令，打开“可用模版和主题”任务窗格，用户可根据实际情况进行选择。

1. 新建“空白演示文稿”

空白演示文稿是使用较多的新建演示文稿形式，这种形式为用户提供了更大的设计自由度。用户通过使用背景设计、配色方案和一些样式特性使演示文稿独具特色。在建立演示文稿后，用户也同样可以为其应用相应的设计模版。

图 5－8 “新建演示文稿”任务窗格

2. 根据系统安装的主题或模版新建演示文稿

PowerPoint 2010 为用户提供了多种专业的设计模板，用户可根据需要从中进行选择，所生成的幻灯片都将自动采用该模板的设计方案，这样就决定了演示文稿的基本结构，使演示文稿中的所有幻灯片具有协调一致的风格。这种形成自动、快速，节省了格式设计的时间，使用户更专注于具体内容的处理。

具体方法是在“可用的模版和主题”任务窗格中选择“最近打开的模版”“样本模版”“主题”或“我的模版”选项，在弹出的页面中选择需要的模版或主题。

3.“根据现有内容新建”演示文稿

如果对 PowerPoint 2010 提供的模板都不满意，而喜欢某个现有文稿的设计风格和布局（可由用户设计或从网上下载），用户可以通过“根据现有内容新建”的方式建立演示文稿。

具体方法是在“可用的模版和主题”任务窗格中选择“根据现有内容新建”按钮，在弹出的对话框中选择要应用的模版样式，将现有模版样式应用于新建的演示文稿中。

5.2.2 编辑演示文稿

编辑演示文稿包括两部分：对每张幻灯片中的对象进行编辑操作；对演示文稿中的幻灯片进行编辑操作。

1. 编辑幻灯片中的对象

编辑幻灯片中的对象指对幻灯片中的各个对象进行添加、删除、复制、移动、修改等操作，通常在普通视图的“幻灯片窗格”中进行。

(1)在幻灯片上添加对象。

可通过以下两种方法在幻灯片上添加对象:

方法一:建立幻灯片时,通过选择幻灯片自动版式为添加的对象提供占位符,再输入需要的对象。

方法二:根据需要在功能区的“插入”选项卡中单击“文本框”“图表”“表格”“形状”“音频”“视频”等按钮来实现对象的添加。

(2)对象的删除、复制、移动。

常用的方法是先选中一个或多个对象,在功能区的“开始”选项卡中选择“复制”“剪切”或“粘贴”等命令;也可右键单击该对象启动快捷菜单,选择相应的命令完成操作。

2. 编辑幻灯片

编辑幻灯片指对幻灯片进行插入、复制、删除、移动、隐藏等操作。通常在幻灯片浏览视图或普通视图的“视图窗格”中,通过编辑命令或编辑快捷操作方式操作。

(1)新建幻灯片。

新建一个演示文稿文件后将自动出现一张幻灯片,如果用户需要建立多张幻灯片,可以通过下面 4 种方法在当前演示文稿中的指定位置添加新的幻灯片。

方法一:通过普通视图中“视图窗格”的“幻灯片”或“大纲”选项卡中,在需要插入新幻灯片的位置按 Enter 键即可。

方法二:在功能区中“开始”选项卡的“幻灯片”组中单击“新建幻灯片”按钮。

方法三:在普通视图的“视图窗格”中单击鼠标“右键”,在快捷菜单中选择“新建幻灯片”命令。

方法四:按 Ctrl + M 组合键。

(2)复制幻灯片。

在制作演示文稿时,有时会需要两张内容基本相同的幻灯片。此时,可以利用幻灯片的复制功能,复制出一张相同的幻灯片,然后再对其进行适当的修改。用户可以通过多种“复制”和“粘贴”方式完成复制操作。

(3)调整幻灯片顺序。

在制作演示文稿时,如果需要重新排列幻灯片的顺序,就需要移动幻灯片。

具体方法是在普通视图“幻灯片”选项卡中或“幻灯片浏览”视图下,选择需要移动的幻灯片,按住鼠标左键不放,将其拖动到新的位置后放开鼠标左键;也可以使用“剪切”和“粘贴”的方式完成移动操作。

(4)删除幻灯片。

如果在对幻灯片进行编辑的过程中发现不需要某一幻灯片,则可以将它删除。

具体方法是在普通视图“幻灯片”选项卡中或“幻灯片浏览”视图下,选定需要删除的幻灯片,单击鼠标右键,在弹出的快捷菜单中选择“删除幻灯片”命令;还可以按键盘上的 Delete 键完成删除操作。

(5)隐藏幻灯片。

有时根据实际需要不必播放所有幻灯片,用户可将某几张幻灯片隐藏起来,而无须将这些幻灯片删除。被隐藏的幻灯片在放映时不播放;在“幻灯片浏览”视图中,在幻灯片的编号上有"\"标记。

具体方法是在功能区"幻灯片放映"选项卡的"设置"组中单击"隐藏幻灯片"按钮；或在普通视图的"视图窗格"中选择幻灯片，在其上单击鼠标右键，在弹出的快捷菜单中选择"隐藏幻灯片"命令。

如果想取消隐藏，只需要选择被隐藏的幻灯片，再单击隐藏幻灯片按钮即可。

5.2.3 保存和打开演示文稿

PowerPoint 2010 的保存和打开操作与前面章节介绍的 Word、Excel 类似，在此不再赘述。

最常用的保存方法是单击功能区"文件"选项卡中的"保存"命令，将生成一个扩展名为".pptx"的文件。

最常用的打开方法是单击功能区"文件"选项卡中的"打开"命令，弹出"打开"对话框，根据文件路径找到所需演示文稿文件，将其打开。

针对以上所介绍的知识点，下面举例说明幻灯片的基本制作方法。

例题 5－1 新建演示文稿"哈尔滨太阳岛简介.pptx"文档，保存到"D:\太阳岛"文件夹中（例题中的所有素材已经存于该文件夹中，如图 5－9 所示），按要求完成后如图 5－10 所示。

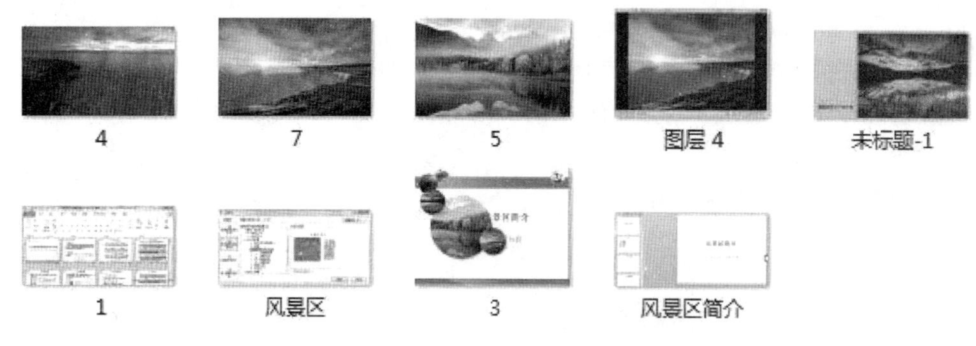

图 5－9 PPT 素材

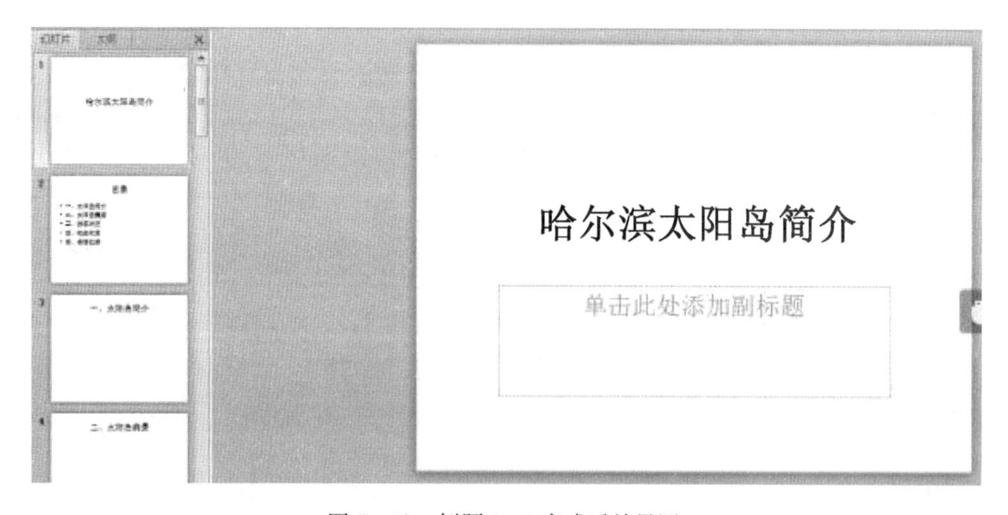

图 5－10 例题 5－1 完成后效果图

要求如下：

(1)添加空白幻灯片8张，第1张为“标题幻灯片”版式，第2张为“标题和文本”版式，第3张到第8张都为“仅标题”版式。

(2)将第1张幻灯片内容复制一份到第8张幻灯片后面作为第9张幻灯片。

(3)在第1张幻灯片中录入标题“哈尔滨太阳岛简介”，第2张幻灯片标题为“目录”，文本为“一、太阳岛简介；二、太阳岛美景；三、游客状况；四、视频欣赏；五、地理位置”，第3张幻灯片标题为“一、太阳岛简介”，第4张幻灯片标题为“三、游客状况”，第5张幻灯片标题为“二、太阳岛美景”，第6张幻灯片标题为“四、视频欣赏”，第7张幻灯片标题为“五、地理位置”。在第9张幻灯片中录入标题“谢谢大家”。

(4)将第4张幻灯片与第5张幻灯片交换位置。

(5)删除第8张幻灯片。

(6)保存演示文稿，文件名为“哈尔滨太阳岛简介.pptx”。

本例相关操作步骤如下：

(1)执行“开始”→“程序”→“Microsoft Office”→“Microsoft Office PowerPoint 2010”命令，启动 PowerPoint 2010 演示文稿软件。

(2)在功能区“开始”选项卡的“幻灯片”组中单击“新建幻灯片”按钮，或使用快捷键 Ctrl + M 完成幻灯片的插入。

(3)选择相应的幻灯片后，在“开始”选项卡的“幻灯片”组中单击“版式”按钮 版式▾，打开“版式”任务窗格，为幻灯片设置相应的版式。

也可在插入幻灯片时直接为当前幻灯片设置版式。方法为点击“新建幻灯片”按钮旁边的“下拉箭头 新建幻灯片▾，插入指定版式的幻灯片。

(4)在“视图窗格”中选中第1张幻灯片，在“开始”选项卡中单击“复制”按钮 复制▾，选择第8张幻灯片后的位置单击“粘贴”按钮。

(6)在新插入的幻灯片中录入相应的标题和文本。

(7)在“视图窗格”中选中第5张幻灯片，直接拖动到第4张幻灯片之前。对于对象的移动操作，也可以使用“剪切”和“粘贴”的方式完成。

(8)在“视图窗格”中选中第八张幻灯片，按 Delete 键将其删除。

(9)在“文件”选项卡中选择“保存”命令，在弹出的“另存为”对话框中选择保存位置为“D:\太阳岛”，输入文件名“哈尔滨太阳岛简介.pptx”，单击“保存”按钮。

5.3　PowerPoint 2010 中常用的插入对象

PowerPoint 2010 中，图片等对象的插入将带来比文字更强的视觉冲击力，也能够使页面更加简洁美观，因此在用 PowerPoint 2010 制作演示文稿时，经常会插入图片等对象，本节主要介绍常用对象的插入方法。在 PowerPoint 2010 中，要在演示文稿中插入对象通常使用功能区的“插入”选项卡来完成，如图 5 - 11 所示。

图 5－11　PowerPoint 2010 中的“插入”选项卡

5.3.1　图片对象的插入

最常用的方法是在功能区的“插入”选项卡下选择相应类型的图片，即可以完成插入图片的操作。

PowerPoint 2010 所提供的图片类型大致有剪贴画；来自文件的图片；文本框；屏幕截图；形状；图表；SmartArt 图形；艺术字。

1. 插入剪贴画

剪贴画是 Office 2010 中自带的图片，在所有的 Office 组件中都可以使用。

(1)插入方法。

在功能区“插入”选项卡的“图像”组中单击“剪贴画”按钮。在打开的“剪贴画”任务窗格的“搜索文字”文本框中输入要搜索的剪贴画类型关键字后单击“搜索”按钮，如图 5－12 所示。然后，在打开的剪贴画列表框中选择需要插入的剪贴画，即可将该剪贴画插入到当前幻灯片中。

图 5－12　“剪贴画”任务窗格

(2)格式设置。

对于插入到当前幻灯片中的剪贴画还可以进行格式的设置,PowerPoint 2010 为用户提供了“图片工具”。在选中相应剪贴画时,“图片工具”选项卡将出现在界面中,用户可用该选项卡中的各种工具按钮对剪贴画的大小、样式、位置等进行格式的设置。“图片工具”选项卡如图 5 – 14 所示。

PowerPoint 2010 中,“图片工具”选项卡下的相应设置相当于 PowerPoint 2003 等旧版本中的“图片”工具栏,但 PowerPoint 2010 中对于图片格式的设置功能更加完善,使用也更加方便。

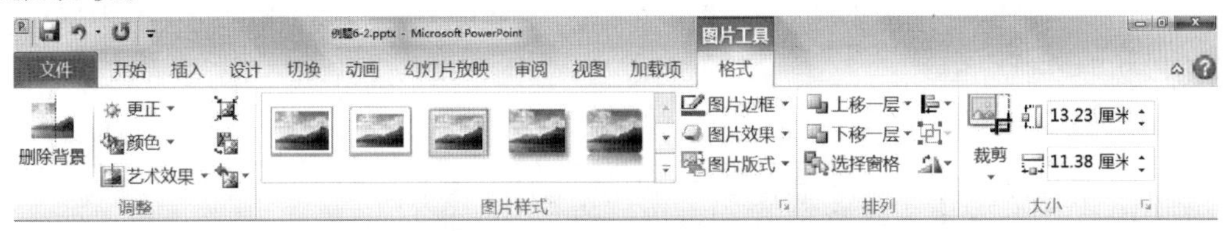

图 5 – 13　“图片工具”选项卡

2. 插入图片

为了满足个性化的需求,用户还可以将保存在计算机中的图片插入到幻灯片中。

(1)插入方法。

选择要插入图片的幻灯片,在功能区“插入”选项卡的“图像”组中单击“图片”按钮,打开“插入图片”对话框,在正确的图片路径中选择所需图片后,单击“插入”按钮即可。

(2)格式设置。

对于插入到演示文稿某一幻灯片中的图片,用户也可以通过图 5 – 13 所示的“图片工具”选项卡进行格式的设置,不仅操作方便,而且设置效果也令人非常满意。

3. 插入文本框

在幻灯片中,对于已有固定版式的幻灯片,要在没有文本占位符的位置输入文本,就需要插入“文本框”。用户可以根据需要插入“横排文本框”或“垂直文本框”。

(1)插入方法。

在功能区“插入”选项卡的“文本”组中单击“文本框”按钮。选择要插入的文本框类型。

(2)格式设置。

对于插入到当前幻灯片中的文本框同样可以进行格式的设置,PowerPoint 2010 为用户提供了“绘图工具”选项卡。在选中相应文本框时,“绘图工具”选项卡将出现在界面中,用户可用该选项卡中的各种工具按钮对文本框的大小、样式、排列等进行格式的设置。“绘图工具”选项卡如图 5 – 14 所示。

4. 插入形状

在 Office 2003 及以前的版本中,“形状”被称为“自选图形”。在进行幻灯片编辑时,经常会用到示意图形如箭头、矩形、星形等,在 Office 2010 中可以通过插入形状的方式来完成。

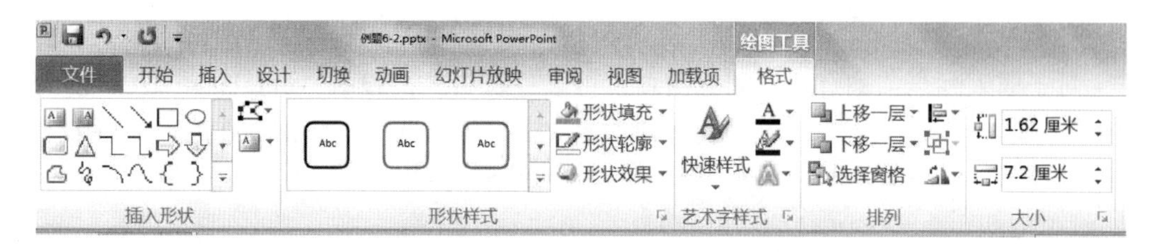

图 5 - 14 “绘图工具”选项卡

(1)插入方法。

在功能区“插入”选项卡的“插图”组中单击“形状”按钮。在弹出的列表框中选择需要的形状即可。

(2)格式设置。

同插入“文本框”一样,在选中插入到幻灯片中的“形状”时,“绘图工具”选项卡出现在界面中。同样,在该选项卡下,用户可以对插入形状的大小、样式、排列等格式进行设置。“绘图工具”选项卡如图 5 - 14 所示。

5. 插入 SmartArt 图形

SmartArt 图形在 Office 2003 及以前的版本中被称为“组织结构图”。通过在幻灯片中插入 SmartArt 图形,可以直观地表现一个企业或组织中各部门或人员的结构,Office 2010 中的结构图形式更加多样,可以满足更多的需求。

(1)插入方法。

在功能区“插入”选项卡的“插图”组中单击“SmartArt”按钮。在打开的“选择 SmartArt 图形”对话框中选择所需的图形样式,即可在幻灯片中生成相应的 SmartArt 图形。

(2)文本的编辑。

用户在插入 SmartArt 图形时一般会自动弹出“在此处键入文字”窗格,用户可在此窗格中直接输入文本,如图 5 - 15 所示。如果该窗格被隐藏,用户可通过点击“展开”按钮将其显示出来,该按钮的位置如图 5 - 16 所示。

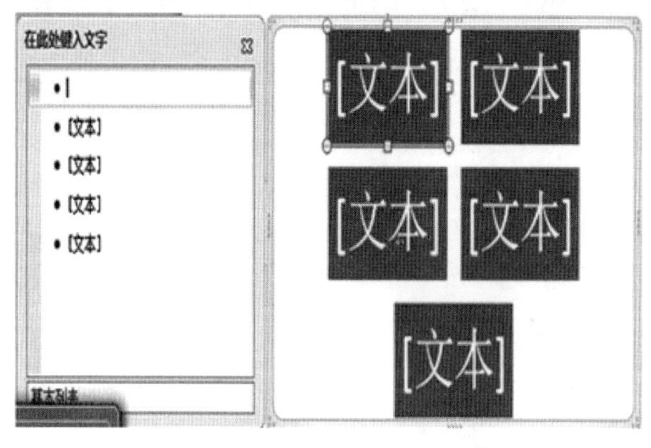

图 5 - 15 “在此处键入文字”窗格

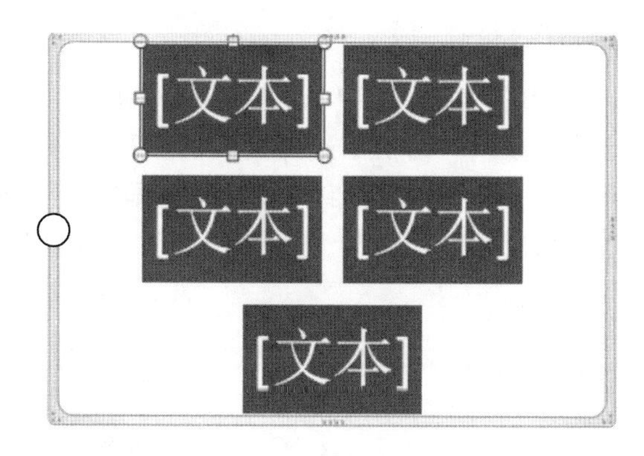

图 5 – 16　“展开”按钮的位置

当然，用户也可以在标有“文本”字样的 SmartArt 形状中直接进行文本的编辑。如果某一形状中没有标识“文本”字样，用户可在该形状上单击鼠标右键，在快捷菜单中选择“编辑文字”命令。

(3)格式设置。

PowerPoint 2010 为用户提供了“SmartArt 工具”选项卡。在选中相应的 SmartArt 图形时，该选项卡将出现在界面中，用户可用该选项卡中的各种工具按钮对 SmartArt 图形中形状的数量、样式、布局、颜色等进行格式的设置。“SmartArt 工具”选项卡如图 5 – 17 所示。

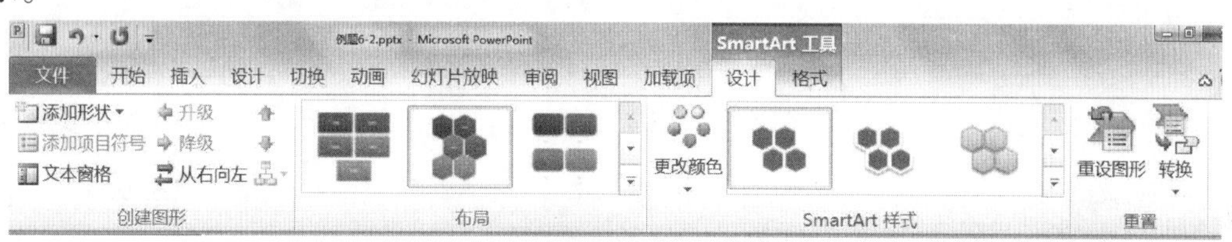

图 5 – 17　“SmartArt 工具”选项卡

6. 插入屏幕截图

屏幕截图的方法很多，其中 PowerPoint 2010 中新增的截图功能为用户提供了方便。

(1)插入方法。

在功能区“插入”选项卡的“图像”组的“屏幕截图”下拉列表中有两项，分别为“可用视窗”和“屏幕剪辑”。如果用户要将当前屏幕整个插入到当前幻灯片中，则可选择“可用视窗”。如果用户要将当前屏幕的一部分直接插入到当前幻灯片中，则可选择“屏幕剪辑”，此时鼠标指针将变为十字形，按住鼠标左键并拖动鼠标即可截取屏幕中所需区域。

(2)格式设置。

通过屏幕截图插入到幻灯片中的图片与“来自文件的图片”相同。用户也可利用如图 5 – 13 所示的“图片工具”选项卡对截取的图片。

7. 插入图表

在 PowerPoint 2010 中可以直接插入图表，在插入图表的同时，系统将自动启动Excel，用户可以对生成图表的数据做相应的修改。此时，表示对应的图表也会自动变化。

(1)插入方法。

在功能区“插入”选项卡的“插图”组中单击“图表”按钮,将打开“插入图表”对话框,如图5－18所示。用户可以在该对话框中选择图表的类型和样式。此时系统将自动启动Excel,如图5－19所示。用户可将需要生成图表的数据复制到自动启动的工作表中,对应的图表也将自动进行调整,如图5－20所示。用户还可后续对插入的图表进行相应的格式等设置。

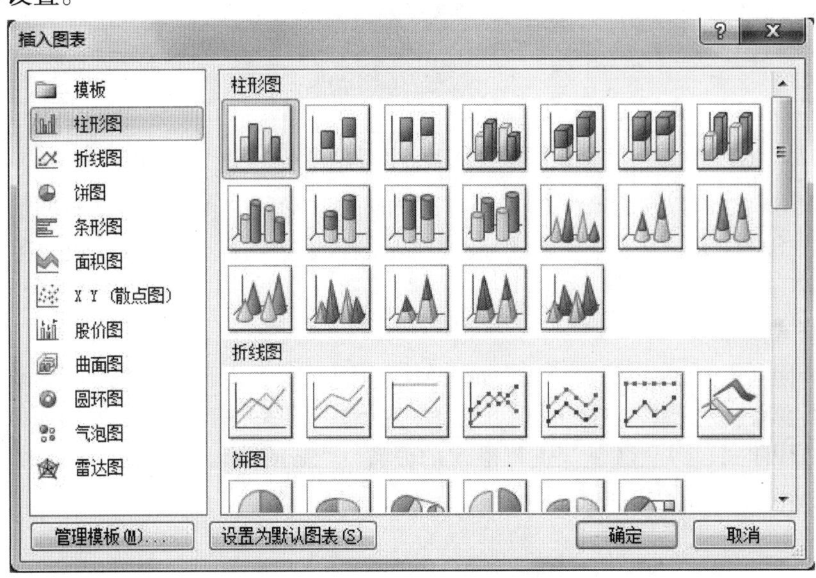

图5－18　“插入图表”对话框

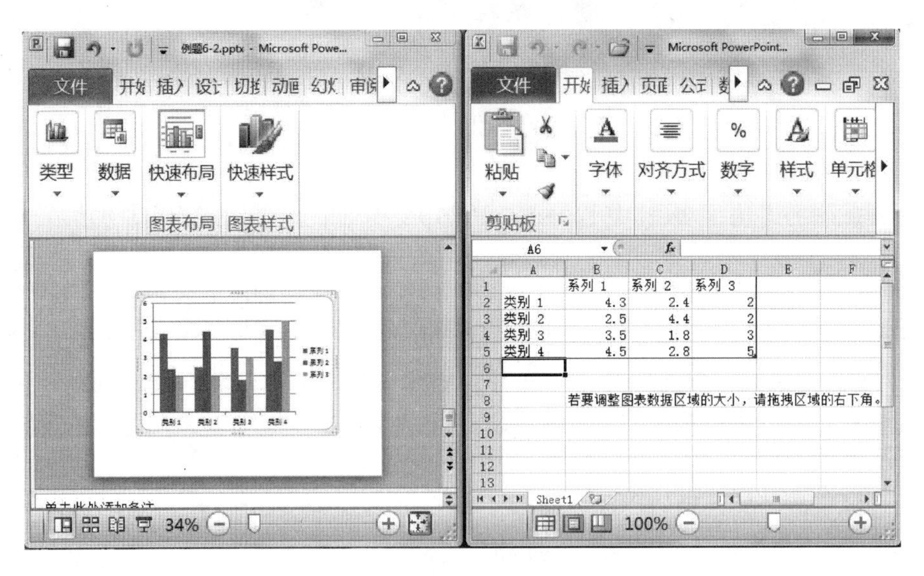

图5－19　自动启动的Excel工作表

图5－20　修改源数据后的图表变化

(2)图表的后续修改。

PowerPoint 2010 为用户提供了“图表工具”选项卡,其中包含3个子选项卡,分别为“设计”“布局”和“格式”,如图5－21所示。用户可以通过“设计”子选项卡指定图表的类型、数据源、样式等;可以通过“布局”子选项卡为指定的图表添加“图表标题”“网格线”“趋势线”等;可以通过“格式”子选项卡对指定的图表中的各组成对象进行格式的设置。PowerPoint 2010 中的图表工具比以前的版本更规范,操作上也更方便。

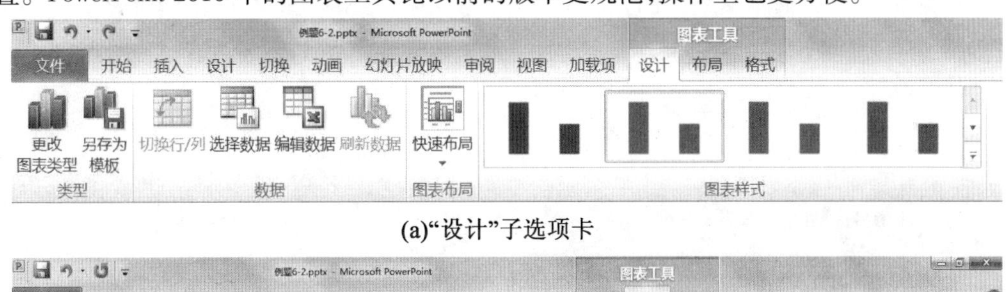

(a)“设计”子选项卡

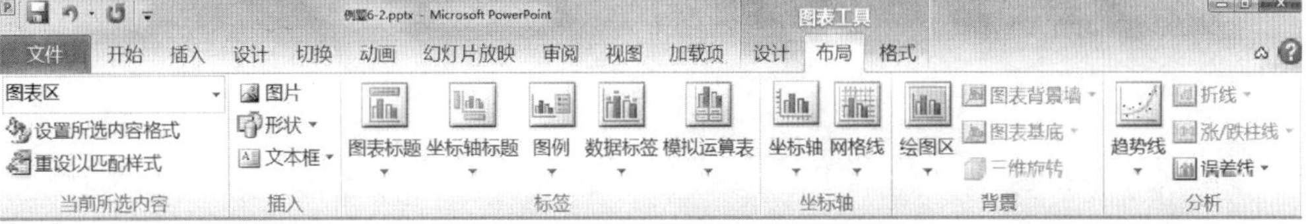

(b)“布局”子选项卡

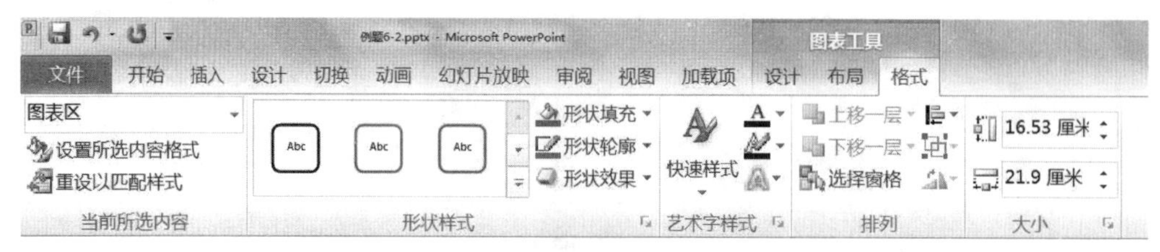

(c)"格式"子选项卡

图 5－21　"图表工具"选项卡中的各子选项卡

8. 插入艺术字

艺术字作为表示文字的图片，能够带来普通文本无法实现的美化效果。PowerPoint 2010 也将艺术字集成入"插入"选项卡。

(1)插入方法。

在功能区"插入"选项卡的"文本"组中单击"艺术字"按钮，在弹出的列表框中选择相应的艺术字样式后即可插入指定样式的艺术字。对于插入到当前幻灯片中的艺术字，用户可直接进行文本内容的编辑，如图 5－22 所示。

图 5－22　插入艺术字后效果

(2)格式设置。

选中插入的艺术字后会在功能区中出现"绘图工具"选项卡，如图 5－14 所示。用户可用该选项卡中的各种功能按钮对艺术字的大小、样式、排列等进行格式的设置。

例题 5－2　为演示文稿中的相应幻灯片添加不同类型的图片，以达到美化整个演示文稿的效果。在例题 5－1 的基础上完成该例题，按要求完成后效果如图 5－23 所示。

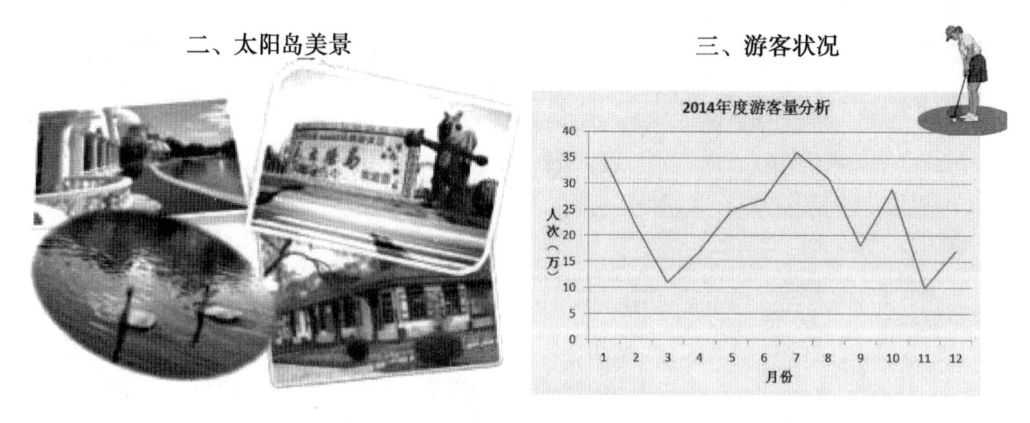

图 5－23　例题 5－2 完成后效果图

要求如下所示：

(1)为第 4 张幻灯片添加具有代表性的风景区图片。

(2)对所添加图片的位置、大小、方向、样式和叠放次序等进行设置,以达到美化的效果。

(3)在第 5 张幻灯片中插入统计全年游客量的图表。

(4)对插入图表的格式和设计布局等进行设置。

(5)在第 5 张幻灯片中相应的位置插入一幅恰当的剪贴画,以增强效果。

(6)直接保存打开的演示文稿"哈尔滨太阳岛简介. pptx"。

本例相关操作步骤如下:

(1)启动"PowerPoint 2010",在功能区"文件"选项卡中选择"打开"菜单,打开之前例题 5 - 1 所保存的演示文稿文件"哈尔滨太阳岛简介. pptx"。

注意:PowerPoint 2010 中常用的命令,一般集成在"快速访问工具栏"当中。当然,用户可以根据个人需求对"快速访问工具栏"中的按钮进行增删。例如,可以将文件"打开"按钮添加入"快速访问工具栏"中。方法是点击"快速访问工具栏"旁的按钮,在打开的菜单当中选择"打开"命令。

(2)在普通视图的"视图窗格"中选择第 4 张幻灯片。在功能区"插入"选项卡的"图像"组中单击"图片"按钮,在打开的"插入图片"对话框中选择需要插入的图片后,点击"打开"按钮。重复这一操作,将本例中所需要的 4 张图片依次插入到当前幻灯片中。

注意:本例中要插入的图片事先已放入指定的素材文件夹中。

(3)单击图片后周围将出现句柄,可用"旋转"的句柄对各张图片的方向进行调整,也可按住鼠标左键拖动整张图片调整其位置。

(4)选择"图片工具"选项卡中"格式"子选项卡下"图片样式"组中的相应按钮,依次为 4 幅图片设置边框等样式。

(6)在"视图窗格"中选中第 5 张幻灯片,在"插入"选项卡的"插图"组中单击"图表"按钮,在打开的"插入图表"对话框中选择需要插入的图表类型后点击"确定"按钮。此时,指定类型的图表已被插入到第 5 张幻灯片中,同时将自动打开生成图表数据源所在的 Excel 文件。

(7)打开要生成图表的数据源所在的实际文件。本例中该文件存放于指定的素材文件夹中,文件名为"年度游客量统计. xlsx"

(8)选择"年度游客量统计. xlsx"文件中 2014 年度各月份客流量的相关数据,将其复制到在插入图表时自动打开的 Excel 文件中的指定位置。此时,图表将会随着数据源的变化而发生相应的调整。

注意:在 Excel 工作表中,在按住 Ctrl 键的同时按住鼠标左键拖动鼠标,可以同时选取多个不连续的区域。本例步骤(8)中的指定数据区域就是通过这一方式进行选择的。

(9)插入图表后,在"图表工具"选项卡的"格式"子选项卡的"当前所选内容"组下拉列表中选择"图表区"选项。

(10)在"图表工具"选项卡的"格式"子选项卡的"形状样式"组中,单击"形状填充"按钮 形状填充 。在打开的窗格中选择填充颜色为浅绿,完成对图表区颜色的格式设置。如果对当前给出的设置项不满意,可以通过该组右下角的"对话框启动"按钮打开"设置图表区格式"对话框,在该对话框中对图表区进行设置。

注意：PowerPoint 2010 中的很多选项组中都提供了“对话框启动”按钮◲，用户通过点击这一按钮可以在打开的对话框中进行进一步设置。

（11）在“插入”选项卡的“图像”组中单击“剪贴画”按钮，在打开的“剪贴画”任务窗格中直接单击“搜索”按钮，搜索完成后选择相应的剪贴画完成插入操作。本例中选择的是“打高尔夫球”的剪贴画。

（12）调整剪贴画的位置和大小后将文件保存。

5.3.2 表格对象的插入

表格对于数据的整理将使数据的表示更加规范，利于数据的统计。在 PowerPoint 2010 中插入表格的方法和插入 SmartArt 图形的方法类似，也被集成到“插入”选项卡。而且，PowerPoint 2010 不仅为用户提供了插入表格和绘制表格的功能，还提供了插入 Excel 表格的功能。在插入的 Excel 表格中，可以如同在 Excel 环境中一样对数据进行编辑、计算、统计等操作，可以说非常方便。同时，友好的表格设计与布局功能也为用户提供了极大方便。

1. 插入表格的方法

在功能区“插入”选项卡的“表格”组中单击“表格”按钮，在打开的窗格中直接拖动鼠标来选择表格的行、列数，即可将表格插入到当前幻灯片中，如图 5－24 所示。当然，也可以在打开的窗格中选择“插入表格”命令，在弹出的插入表格对话框中输入行与列的数目，点击“确定”来完成表格的插入。

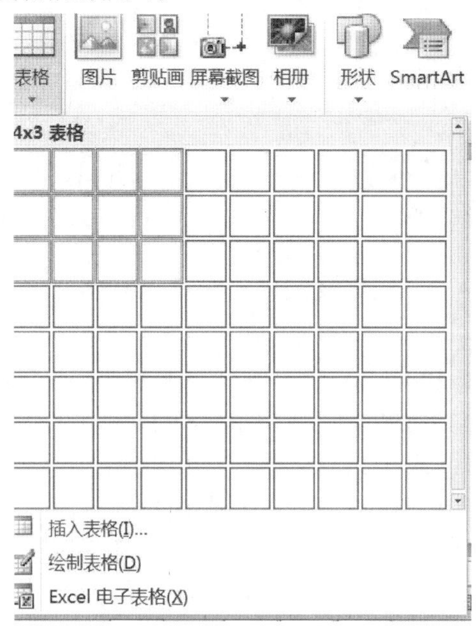

图 5－24　表格的插入

2. 绘制表格的方法

在功能区“插入”选项卡的“表格”组中单击“表格”按钮，在打开的窗格中选择“绘制表格”命令，此时鼠标将变为“笔”状，用户可在幻灯片中进行表格的绘制。此方法一般适用于不规则的表格。

3. 插入 Excel 电子表格的方法

在功能区“插入”选项卡的“表格”组中单击“表格”按钮，在打开的窗格中选择“Excel 电子表格”命令，此时将自动在当前幻灯片中插入 Excel 的一张工作表，当前的功能区也将变为 Excel 的操作环境，用户可以像编辑 Excel 电子表格一样对其进行操作，编辑完成后只需在工作表外单击鼠标即可。

注意：在演示文稿的幻灯片中插入 Excel 电子表格也可以通过“插入”选项卡的“文本”组中的“对象”按钮来完成。点击“对象”按钮后，在弹出的“插入对象”对话框中选择“Excel 工作表”即可。

4. 表格的设计与布局

插入表格之后，可以对表格进行设计与美化。PowerPoint 2010 提供的功能非常方便实用。

在选择要进行设计的表格后，就会在功能区中出现“表格工具”选项卡，其中包含“设计”和“布局”两个子选项卡，如图 5－25 所示。通过选项卡中相应的按钮，用户可以对表格的样式、行列布局等进行设置。

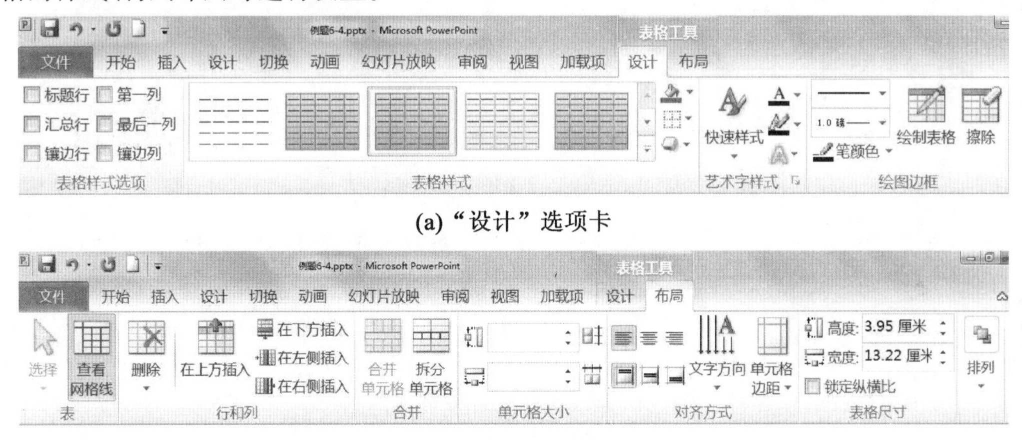

(a) “设计” 选项卡

(b) “布局” 选项卡

图 5－25　“表格工具”选项卡的“设计”和“布局”子选项卡

5.3.3　电子相册的制作

通过学习前面的内容可知，用户可以方便地将照片插入到演示文稿中进行播放。其实，通过播放来浏览照片的方法不只这一种。PowerPoint 2010 为用户提供了制作电子相册的功能。当没有制作电子相册的专用软件时，使用 PowerPoint 2010 也能轻松地制作出漂亮的电子相册。

1. 新建相册

如果相册已经存在，可以通过“编辑相册”来修改；如果没有建立过相册或要重新建立新的相册就需要通过“新建相册”命令来创建。

创建方法如下:

新建一个空白演示文稿,单击“插入”选项卡中“图像”组的“相册”按钮,弹出“相册”对话框,如图 5-26 所示。

图 5-26 “相册”对话框

在该对话框中选择“文件/磁盘”按钮,从本地磁盘或扫描仪、数码照相机等处设添加图片。

被选择插入的图片文件都会出现在“相册”对话框的“相册中的图片”文件列表中,单击图片名称可在预览框中看到相应的图片。单击图片文件列表下方的↑↓按钮可改变图片出现的先后顺序,单击 删除(V) 按钮可删除被加入的图片文件。

通过“预览”框下方提供的 6 个按钮,可以调整图片的色彩明暗、对比度与旋转角度,调整完后点击“创建”按钮完成相册的创建。新创建的相册将以每张图片为一张幻灯片的形式集成为一个统一的演示文稿。

2. 设置相册版式

对于建立的相册,如果不满意它所呈现的效果,选择某一张相片后在“图片工具”的“格式”选项卡中可以调整每一张图片的格式。如果想要再次调整已生成相册的图片顺序等内容,可以通过执行“插入”→“图像”→“相册”→“编辑相册”命令,在打开的“编辑相册”对话框中进行调整。

5.3.4 音频对象的插入

PowerPoint 2010 可以使用多种格式的声音文件(如 wav、MID、mp3、wma、RMI 等),wav 文件播放的是实际的声音;MID 文件表示的是 MIDI 音乐;wma 是微软推出的与 mp3 齐名的一种新的音频格式;RMI 表示资源交换文件格式的 MIDI 电子音乐。用户可以在幻灯片中插入自己录制的声音、添加 CD 乐曲,还可以在演示文稿中录制自己的旁白。

插入声音文件时,需要考虑到在演讲时的实际需要,不能因为插入的声音影响演讲及观众的收听。

1. 插入文件中的音频

首先,在演示文稿设计中最常用的就是插入来自文件的音频。在需要出现声音的第 1 张幻灯片中单击“插入”选项卡中“媒体”组的“音频”按钮,或点击按钮下方的向下箭头,选择“文件中的音频”选项,打开“插入音频”对话框,如图 5 – 27 所示。在该对话框中选择合适的声音文件,点击“插入”按钮,指定的音频文件就被插入到当前幻灯片中。

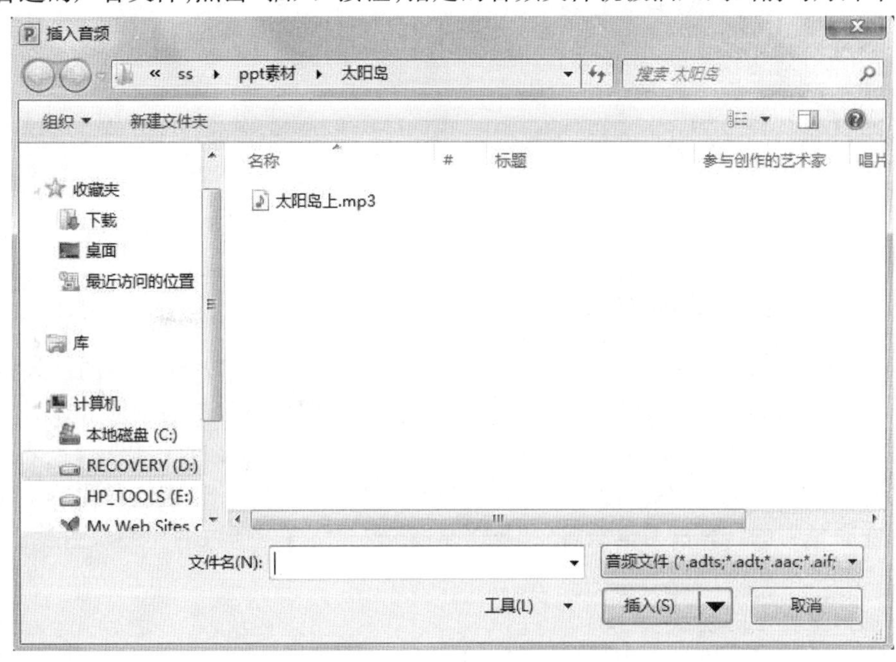

图 5 – 27　“插入音频”对话框

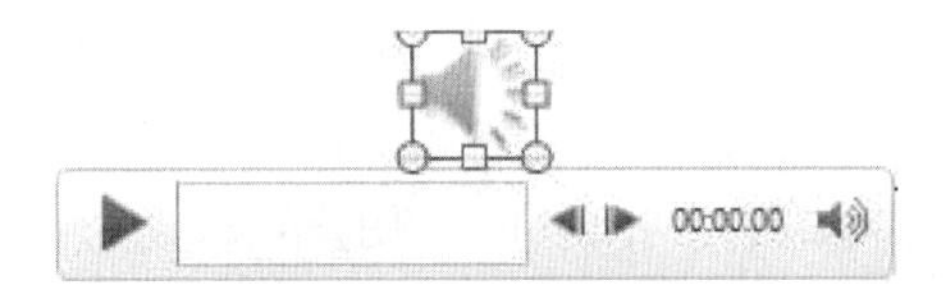

图 5 – 28　插入到幻灯片中的音频对象

插入完声音文件之后,系统会自动创建“喇叭”图标和对应的播放器,如图 5 – 28 所示。用户可以通过播放器中的“播放”等按钮对音频文件的播放进行控制。

2. 插入剪贴画音频和录制的音频

在 PowerPoint 2010 中,还可以在幻灯片中插入剪辑管理器中的声音以及自己录制的声音,从而增强幻灯片的艺术效果,也更好地体现了演示文稿的个性化特点。单击“插入”选项卡中“媒体”组的“音频”按钮下方的向下箭头,选择“剪贴画音频”或“录制音频”选项,完成相关音频文件的插入。

3. 设置音频在演示文稿中的播放效果

用户可以根据自己的需要设置音频在演示文稿中播放的效果参数。例如，播放时是否隐藏音频图标、是否需要跨多张幻灯片播放音频、是否需要循环播放、是否需要对音频进行剪辑等。这些设置都可以通过"音频工具"选项卡中的设置项来完成。

具体方法是选择插入到幻灯片中的音频图标后，在功能区"音频工具"选项卡的"播放"子选项卡中选择相应的按钮，即可完成对音频播放效果的设置，其中具体的设置将在后续的例题中详细介绍，播放设置界面如图 5-29 所示。

图 5-29 "音频工具"选项卡中"播放"子选项卡

5.3.5 视频对象的插入

PowerPoint 2010 中的影片包括视频和动画，用户可以在幻灯片中插入的视频格式有十几种，如 avi、mov、mpg、dat 等。avi 是采用 Intel 公司的 Indeo 视频有损压缩技术生成的视频文件；mov 是 QuickTime for Windows 视频处理软件所用的文件格式；mpeg 是一种全屏幕运动视频标准文件；dat 是 VCD 专用的视频文件格式。如果想让带有视频文件的演示文稿在其他人的计算机上也能播放，首选 avi 格式。而可以插入的动画则主要是 gif 动画。

1. 插入文件中的视频

在演示文稿设计中最常用的就是插入来自文件的视频。同插入音频一样，在需要出现视频画面的幻灯片中选择"插入"选项卡中"媒体"组的"视频"按钮，或点击按钮下方的向下箭头，选择"文件中的视频"选项，打开"插入视频文件"对话框，在该对话框中选择合适的视频文件，点击"插入"按钮，指定的音频文件就被插入到当前幻灯片中。

插入视频文件后的效果如图 5-30 所示。用户可以通过播放器中的"播放"等按钮对音频文件的播放进行控制。

在 PowerPoint 2010 中，还可以在幻灯片中插入"来自网站的视频"等，但许多用户并不常用此功能，在此不做过多介绍。

2. 设置视频在演示文稿中的播放效果

用户可以根据自己的需要设置视频在演示文稿中播放的效果参数。例如，不播放时是否隐藏视频对象、是否需要自动播放、是否需要循环播放、是否需要对视频进行剪辑等。这些设置都可以通过"视频工具"选项卡中的设置项来完成。

具体方法是选择插入到幻灯片中的音频图标后，在功能区"视频工具"选项卡的"播放"子选项卡中选择相应的按钮即可以完成视频播放效果的设置，其中具体的设置将在后续的例题中详细介绍，播放设置界面如图 5-31 所示。

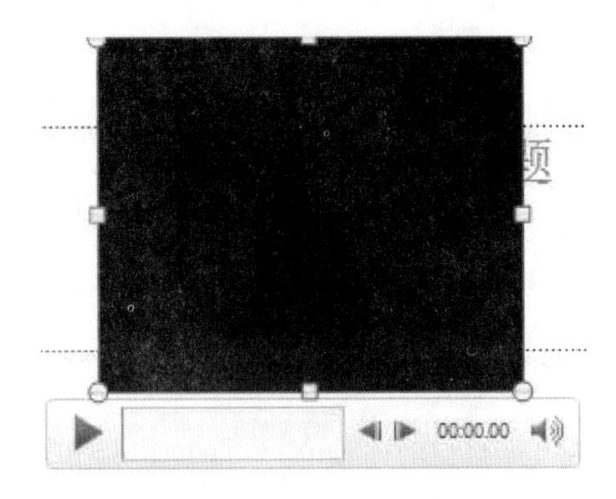

图 5－30　插入到幻灯片中的视频对象

图 5－31　“视频工具”选项卡中“播放”子选项卡

注意：与声音文件相同，视频文件同对应的演示文稿文件应放在同一个文件夹中。

例题 5－3　在第 1 张幻灯片中插入音频“太阳岛上. mp3”。在第 6 张幻灯片中，插入视频“太阳岛公园. mpeg”。在例题 5－2 的基础上完成该例题。

要求如下：

(1)要求音频文件“太阳岛上. mp3”能在整个演示文稿的所有幻灯片中循环播放。

(2)播放时隐藏音频图标。

(3)要求视频文件“太阳岛公园. mpeg”全屏播放，并设置其为“自动”播放。

(4)直接保存打开的演示文稿“哈尔滨太阳岛简介. pptx”。

本例相关操作步骤如下：

(1)启动“PowerPoint 2010”，在功能区“文件”选项卡中选择“打开”菜单，打开之前例题 5－2 所保存的演示文稿文件“哈尔滨太阳岛简介. pptx”。

(2)在普通视图的“视图窗格”中选择第 1 张幻灯片。在功能区“插入”选项卡的“媒体”组中单击“音频”按钮，在打开的“插入音频”对话框中选择音频文件“太阳岛上. mp3”，然后点击“插入”按钮。

注意：本例中要插入的音频文件事先已放入“哈尔滨太阳岛简介. pptx”文件所在文件夹中。

(3)在“音频工具”选项卡中“播放”子选项卡的“音频选项”组中，将“放映时隐藏”和“循环播放，直到停止”两个复选框进行勾选。选择“开始”下拉列表框中的“跨幻灯片播放”选项。操作后效果如图 5－32 所示。

(4)在普通视图的“视图窗格”中选择第 6 张幻灯片。在功能区“插入”选项卡的“媒体”组中单击“视频”按钮，在打开的“插入视频文件”对话框中选择视频文件“太阳岛

公园.mpeg”,然后点击“插入”按钮。

注意:本例中要插入的视频文件事先已放入“哈尔滨太阳岛简介.pptx”文件所在文件夹中。

(5)在“视频工具”选项卡中“播放”子选项卡的“音频选项”组中,将“全屏播放”复选框进行勾选。选择“开始”下拉列表框中的“自动”选项。操作后效果如图5-33所示。

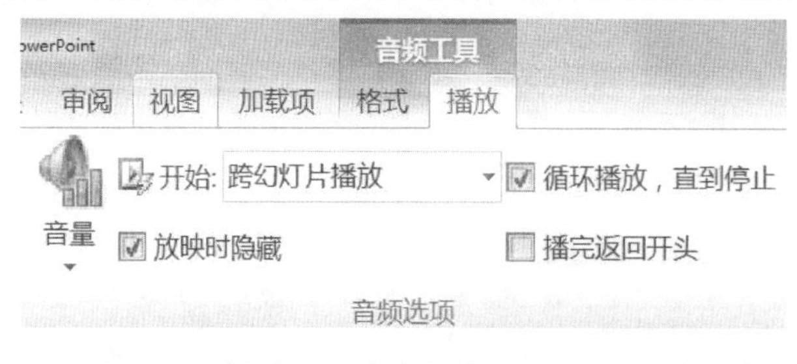

图5-32　例题5-3中音频播放选项的设置效果

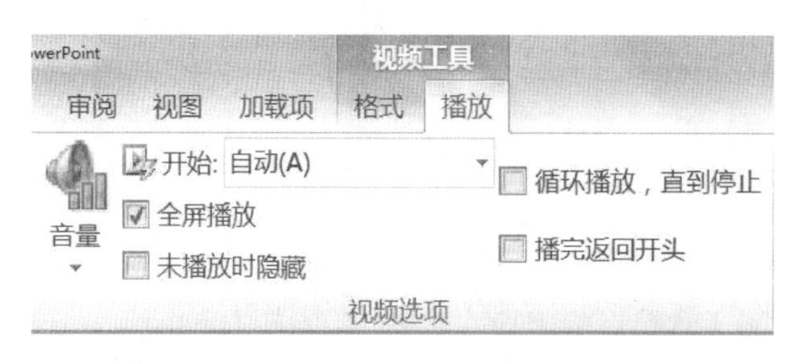

图5-33　例题5-3中视频播放选项的设置效果

(6)设置完成后,在“幻灯片放映”选项卡的“开始放映幻灯片”组中点击“从头开始”按钮,从头开始放映演示文稿的所有幻灯片,观察所插入音频与视频的放映效果。

(7)将完成题目要求的演示文稿文件直接保存。

5.3.6　插入页眉、页脚

PowerPoint 2010中,页眉与页脚的插入也被集成入“插入”选项卡。PowerPoint 2010中的页眉和页脚一般是在每张幻灯片的固定位置添加“幻灯片编号”“日期和时间”等内容,被添加的内容将以占位符的形式出现,用户可以像操作文本框一样对相应占位符进行格式的设置。需要说明的是,在PowerPoint 2010中,如果要设置页眉与页脚的格式一致,需要通过母版视图来完成。如果只是对某一张幻灯片中的页眉、页脚进行格式设置,则可以在普通视图中直接操作。对于母版视图的详细介绍将在以后的内容中给出,请读者结合后续内容来学习。

1. 插入页眉、页脚的方法

在功能区“插入”选项卡的“文本”组中单击“页眉和页脚”按钮,弹出“页眉和页脚”对话框,如图5-34所示。用户可以在该对话框中设置需要添加的页眉和页脚。设置完成后,如果用户点击“全部应用”按钮,则设置将体现在整个演示文稿的全部幻灯片中。如果用户点击“应用”按钮,则设置将只在当前幻灯片中生效。

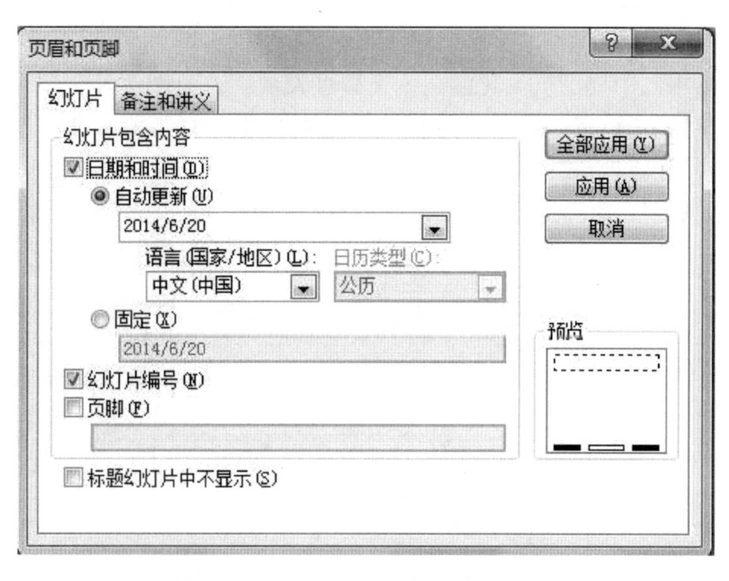

图 5－34　“页眉和页脚”对话框

2. 页眉、页脚的格式设置

添加页眉和页脚后，可以像美化文本框一样对所添加的页眉和页脚进行设计。根据格式设置应用范围的不同，将对页眉、页脚的格式设置分为“通过母版视图设置”和“在普通视图中设置”两种。

(1)通过母版视图设置。

在功能区“视图”选项卡的“母版视图”组中选择“幻灯片母版”按钮，进入“幻灯片母版”视图模式。在该视图中选择要设置效果的页眉或页脚占位符，“绘图工具”选项卡将出现在功能区中，用户可利用该选项卡中各种功能按钮对页眉和页脚所在占位符的位置、样式等进行格式设置。设置完成后，效果将一致性地体现在所有应用该母版的幻灯片中。可参照“绘图工具”选项卡，幻灯片母版视图中页眉和页脚格式设置的效果如图 5－35 所示。

单击此处编辑母版标题样式

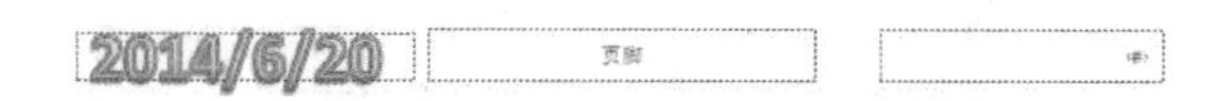

图 5－35　幻灯片母版视图中页眉和页脚格式设置的效果

(2)通过普通视图设置。

在普通视图中选中要进行美化的某一页眉页脚项后,"绘图工具"选项卡也将出现在功能区中,用户可利用该选项卡中各种功能按钮对页眉和页脚所在文本框的大小、样式等进行格式设置。经过美化的页眉、页脚如图 5 - 36 所示。值得注意的是,通过普通视图设置的页眉、页脚优先于通过母版视图所进行的设置。

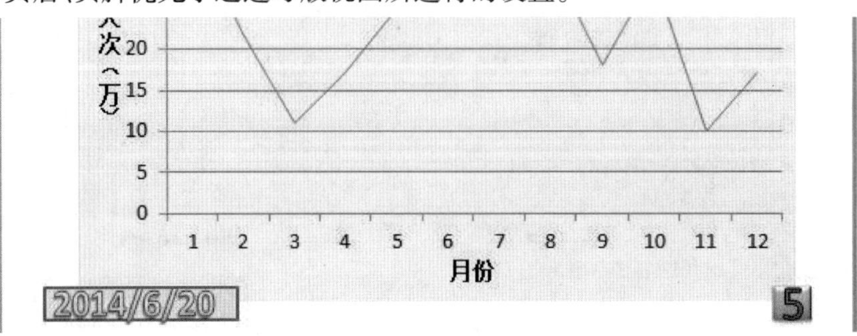

图 5 - 36　普通视图中页眉和页脚格式设置效果

5.3.7　添加超链接和动作

在播放演示文稿时,与上网时通过点击超链接来打开对应网页类似,可通过点击事先插入在文档中的超链接或动作来播放或打开指定的程序、其他文件、电子邮件地址、Web 页等,从而提高演示文稿的交互性。用户需将幻灯片中的文本、图形、图片等对象设置为超链接点或为其添加动作效果。通过设置超链接和动作可以在幻灯片放映时突出内容效果、改变默认的播放顺序,但二者只在幻灯片放映时才有效。

1. 插入超链接

选择要设置超链接的对象,可以是文本、图形、图片等。在功能区"插入"选项卡的"链接"组中单击"超链接"按钮,将弹出"插入超链接"对话框,如图 5 - 37 所示。

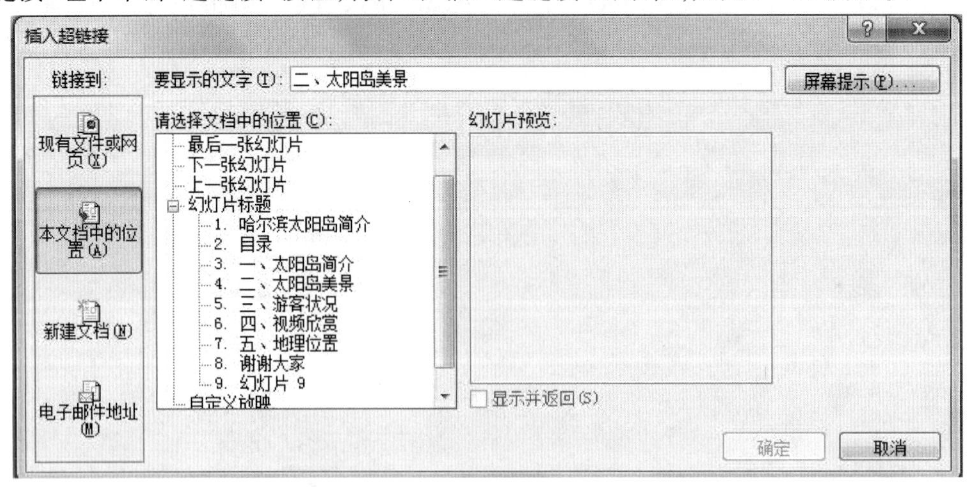

图 5 - 37　"插入超链接"对话框

用户根据需要,可以建立的超链接有以下 4 种:

(1)链接到其他演示文稿、文件或网页。

(2)本文档中的位置。

(3)新建文档。

(4)电子邮件地址。

2. 编辑超链接

创建好超链接后,右键单击设置超链接的对象(文本、图形或图片),在弹出的快捷菜单中选择"编辑超链接"命令,可以对已建立的超链接进行修改。

3. 打开超链接

右键单击设置超链接的对象,在弹出的快捷菜单中选择"打开超链接"命令,系统将打开超链接目标(链接到的文件、网站、本文稿中的幻灯片等)。

4. 取消超链接

右键单击已设置超链接的对象,在弹出的快捷菜单中选择"取消超链接"命令,将取消当前指定的超链接。

5. 插入动作

选择要设置动作的对象,同超级链接一样可以是文本、图形、图片等。在功能区"插入"选项卡的"链接"组中单击"动作"按钮,将弹出"动作设置"对话框,如图 5－38 所示。该对话框中有两个选项卡,分别为"单击鼠标"和"鼠标移过"。由该对话框可看出,"动作"的设置与超链接类似,可以是本文稿中的其他幻灯片、其他文件、电子邮件地址、Web 页等。与超链接不同的是,动作不仅可以完成"转到"的功能,还可以设置声音等效果。同时,不仅在单击鼠标时可以"转到",在鼠标移过时也可以完成相应的功能。

需要知道的是,动作的取消与编辑要通过"动作设置"对话框来完成。用户选择要进行编辑或取消的动作后,在"插入"选项卡的"链接"组中单击"动作"按钮,在对话框中进行相应的设置。

图 5－38　"动作设置"对话框

除上述可以用功能区“插入”选项卡来插入图片、声音等对象外,“公式”与“符号”的插入也被集成在该选项卡中。

例题 5－4　为演示文稿文件“哈尔滨太阳岛简介.pptx”添加幻灯片编号,为第2张幻灯片中的目录项建立相关的超链接。在例题5－3的基础上完成该例题,按要求完成后效果如图5－39所示。

要求如下:

(1)为各目录项建立超链接,链接到的目标都是该目录项所对应的幻灯片。

(2)为每一张链接到的目标幻灯片建立返回到目录幻灯片的动作按钮。

(3)要求鼠标在点击到动作按钮上时要播放声音“风铃”,并设置按钮的格式。

(4)为除第1张幻灯片之外的每一张幻灯片添加幻灯片编号,并修改其样式。

图5－39　例题5－4完成后效果图

本例相关操作步骤如下:

(1)在功能区“文件”选项卡中选择“打开”菜单,打开之前例题5－3所保存的演示文稿文件“哈尔滨太阳岛简介.pptx”。

(2)在普通视图的“视图窗格”中,选择第2张幻灯片的目录文本“一、太阳岛简介”,在功能区“插入”选项卡的“链接”组中单击“超链接”按钮,在打开的“插入超链接”对话框的“链接到”窗格中选择“本文档中的位置”,如图5－40所示。在“请选择文档中的位置”列表框中选择“3.一、太阳岛简介”。此时,在该对话框中的“幻灯片预览”窗格中将显示链接到的目标幻灯片。点击“确定”按钮完成设置。

(3)重复“步骤(2)”中的操作,依次为目录项中的其他文本建立对应的超链接。

(4)在“插入”选项卡的“文本”组中单击“文本框”按钮,在第3张幻灯片的右下角插入文本框,并在其中输入“返回”二字。

(5)选择该文本框后,在“开始”选项卡的“字体”组设置“返回”二字的字形为加粗,字体为幼圆。

图 5－40　“插入超链接”对话框

(6)在“绘图工具”选项卡中“格式”子选项卡的“形状样式”组中点击“形状填充”按钮 形状填充▾,设置该文本框的填充颜色为“深色 15%”。再选择“形状效果”按钮 形状效果▾,在打开的列表中选择“棱台”中的“角度”效果,如果 5－41 所示。之后,再次打开该列表,选择列表最底端的“三维选项”按钮,打开如图 5－42 所示的“设置形状格式”对话框,在左窗格中选择“三维格式”,在右窗格的“棱台”组中设置“顶端”的宽度与高度均为 10 磅,点击“关闭”按钮。

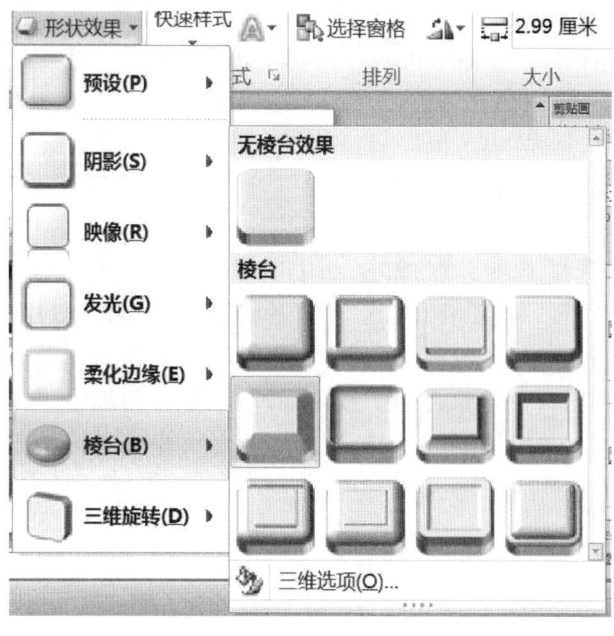

图 5－41　“棱台”中的“角度”效果

图 5－42 “设置形状格式”对话框

注意:图 5－42 所示的“设置形状格式”对话框也可通过“绘图工具”选项卡中“格式”子选项卡的“形状样式”组右下角的“对话框启动”按钮来打开。

(7)选择“返回”文本框,在“插入”选项卡的“链接”组中单击“动作”按钮,在弹出的“动作设置”对话框中选择“单击鼠标”选项卡,在其中选择“单击鼠标时的动作”为超链接到“目录”幻灯片,选择播放的声音为“风铃”。

(8)将设置好的“返回”文本框依次复制到第 4 到第 7 张幻灯片中。

(9)在功能区“插入”选项卡的“文本”组中单击“页眉和页脚”按钮,在弹出的“页眉和页脚”对话框的“幻灯片”选项卡中勾选“幻灯片编号”和“标题幻灯片中不显示”复选框。

(10)在“视图”选项卡的“母版视图”组中单击“幻灯片母版”按钮,在幻灯片母版模式下将母版幻灯片中编号占位符的字号设置为 20,字形为加粗,并将其位置移动至底部中间,完成后如图 5－43 所示。

(11)直接保存修改过的演示文稿文件“哈尔滨太阳岛简介. pptx”。

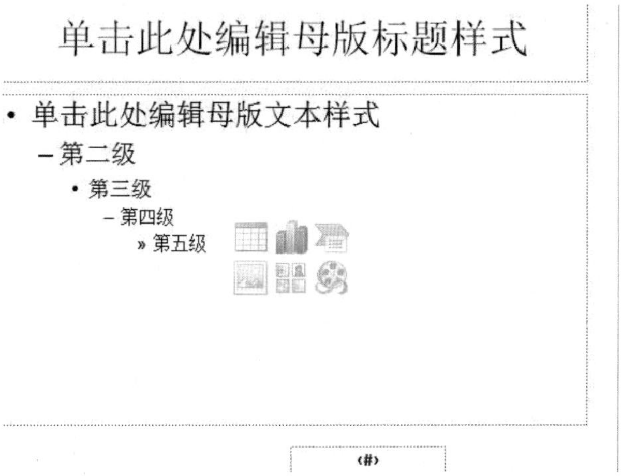

单击此处编辑母版标题样式

• 单击此处编辑母版文本样式
  – 第二级
    • 第三级
      – 第四级
        » 第五级

‹#›

图 5 – 43　母版中“幻灯片编号”占位符的格式修改效果

5.4　演示文稿的整体设计

美化和修饰演示文稿包括两部分:一是对每张幻灯片中的对象分别进行美化;二是设置演示文稿中幻灯片的外观及演示文稿的整体效果。前述内容中的设计与美化主要指代插入到幻灯片中的对象,本节将讲述如何对幻灯片乃至演示文稿整体的设计。由于通常情况下整个演示文稿要讲求风格的统一,因此对演示文稿的整体设计就显得更为重要。对演示文稿的整体格式设计包括母版的使用;背景的使用;应用主题的设置。

5.4.1　母版的使用

母版是一种特殊的视图模式,可以将其看作一种特殊的幻灯片,在其中存储了有关应用的设计模板信息,包括幻灯片的字形、占位符大小和位置、背景设计和配色方案等。在母版上的更改将反映在演示文稿中应用该母版的每张幻灯片上。

PowerPoint 2010 的母版分为 3 类:幻灯片母版、讲义母版和备注母版。幻灯片母版是最常用的母版模式,用于设置应用该母版的所有幻灯片的格式;讲义母版用于设置幻灯片以讲义形式打印的格式;备注母版用于设置备注幻灯片的格式。母版视图模式都是通过点击“视图”选项卡的“母版”组中对应的按钮进入的,功能区“视图”选项卡如图 5 – 44 所示。

1. 幻灯片母版

幻灯片母版视图可以通过在“视图”选项卡的“母版视图”组中单击“幻灯片母版”按钮的方式进入。该母版中默认只有占位符组成,对幻灯片母版的操作在“幻灯片母版”选项卡下完成,该选项卡如图 5 – 45 所示。

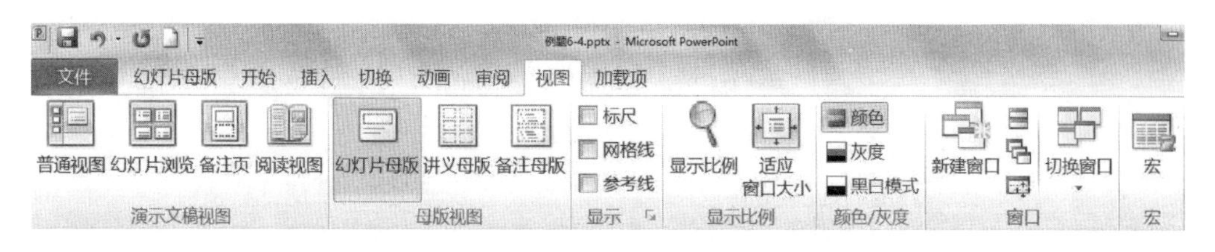

图 5 – 44　功能区“视图”选项卡

图 5 – 45　“幻灯片母版”选项卡

通常使用幻灯片母版进行下列操作：

（1）更改文本样式。

在幻灯片母版中选择对应的占位符，如标题样式或文本样式等，更改其字符和段落格式。注意：记住母版上的文本只用于样式，实际的文本内容应在普通视图的幻灯片上输入。修改母版中的某一对象格式，就是同时修改应用该母版的所有幻灯片的对应对象的格式。

（2）设置页眉和页脚的格式。

该问题已在前述内容中给出，在此不再赘述。

2. 讲义母版

讲义母版是为制作讲义而准备的，通常需要打印输出，因此讲义母版的设置大多和打印页面有关。它允许设置一页讲义中包含几张幻灯片，设置页眉、页脚、页码等基本信息。在讲义母版中插入新的对象或更改版式时，新的页面效果不会反映在其他母版视图中。

讲义母版视图可以通过在“视图”选项卡的“母版视图”组中单击“讲义母版”按钮的方式进入。对讲义母版的操作在“讲义母版”选项卡中完成，该选项卡如图 5 – 46 所示。

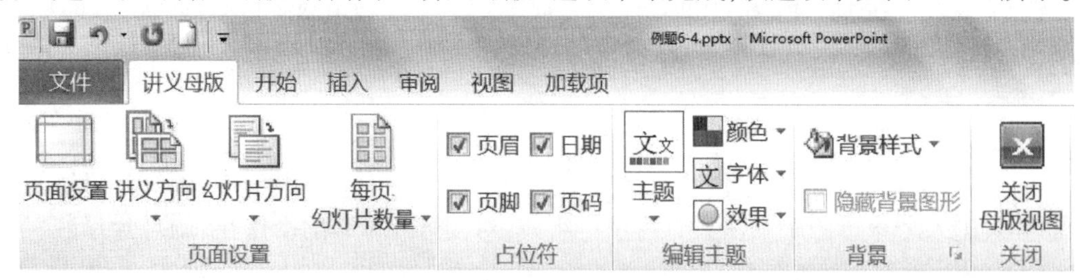

图 5 – 46　“讲义母版”选项卡

3. 备注母版

备注母版主要用于设置幻灯片的备注格式，一般也是用来打印输出的，所以备注母版的设置大多也和打印页面有关。

备注母版视图可以通过在“视图”选项卡的“母版视图”组中单击“备注母版”按钮的方式进入。对备注母版的操作在“备注母版”选项卡中完成，该选项卡如图 5 – 47 所示。

图 5 – 47　“备注母版”选项卡

例题 5 – 5　修改标题母版与幻灯片母版，在母版的合适位置使用图片，使幻灯片更加协调、美观。在例题 5 – 4 的基础上完成该例题，按要求完成后效果如图 5 – 48 所示。

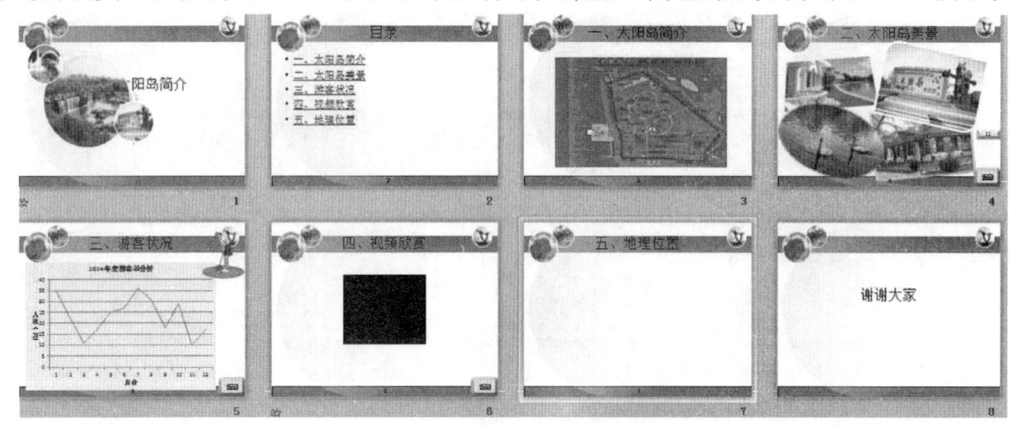

图 5 – 48　例题 5 – 5 完成后效果

要求如下：

(1)在幻灯片母版视图模式下的幻灯片母版中，添加 3 个椭圆和 2 个矩形对象，调整其大小、位置及叠放次序。设置各个自选图形的填充效果，设置效果如图 5 – 49 所示。

(2)在普通视图模式下为第 1 张幻灯片再添加 3 个椭圆，调整其大小、位置、填充效果和叠放次序，设置效果如图 5 – 50 所示。

本例相关操作步骤如下：

(1)在“视图”选项卡的“母版”组中单击“幻灯片母版”按钮进入幻灯片母版视图。

(2)在该视图模式下选择“插入”选项卡中“插图”组的“形状”按钮，选择“椭圆”工具为幻灯片母版添加 3 个椭圆对象，同样方法添加 2 个矩形对象。

(3)用“绘画工具”选项卡中相应的按钮为步骤(2)中所添加的图形设置大小、位置、叠放次序及填充效果。

注意：为图形设置填充效果的图片事先已被放入指定文件夹中。

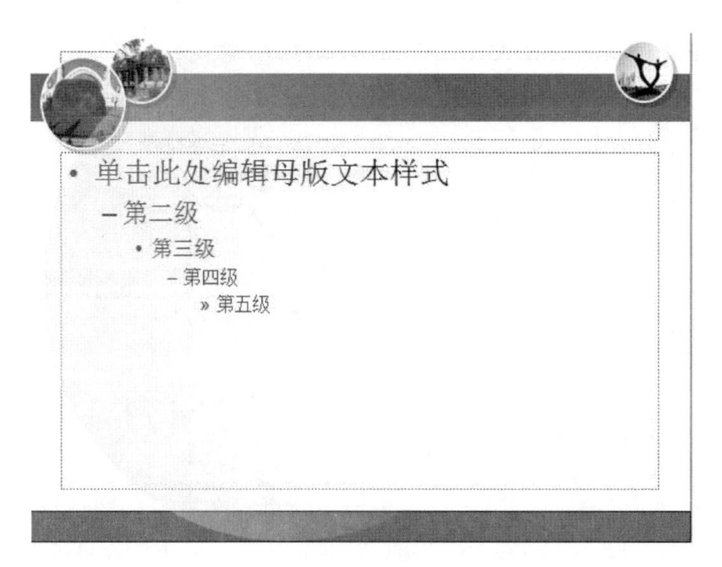

图 5 – 49　幻灯片母版设置效果

图 5 – 50　第 1 张幻灯片设置效果

(4) 在幻灯片母版功能区中单击“关闭母版视图”按钮，回到普通视图模式，为第 1 张幻灯片再添加 3 个椭圆对象，并设置其大小、位置、叠放次序及填充效果。

(5) 直接保存修改过的演示文稿文件“哈尔滨太阳岛简介. pptx”。

通过例题 5 – 5 可以看出，在幻灯片母版中所设置的格式及添加的对象都会一致性地应用到演示文稿的应用该母版的所有幻灯片中，使整个文稿的设计更加统一，也简化了操作过程。

5.4.2　主题的应用

利用母版可以对演示文稿进行统一的格式设计，达到美观和个性化的目的，但也较费时。PowerPoint 2010 为用户提供了“主题”这一功能，通过应用主题，用户可以快速地得到美观的文稿设计。其实主题是一种用来快速制作幻灯片的文件，它涵盖了项目符号和字体的类型及大小、占位符的大小和位置、背景设计、色彩及效果设计等。主题与以往版本中的“模版”类似。

1. 套用主题

PowerPoint 2010 为用户提供了许多漂亮的主题，这些主题以文件的形式存储在默认的文件夹下，被称为套用主题。用户可以在创建演示文稿时使用套用主题，也可以在编辑演示文稿的过程中应用。

(1)在创建时应用。

参照“5.2.1 创建演示文稿”中的内容进行操作。

(2)在编辑时应用。

在设计过程中，如果对整体设计效果不满意也可以应用主题。

具体方法是在功能区“设计”选项卡的“主题”组中单击右侧的“其他”按钮 。在打开的列表框中选择需要的主题即可，如图 5－51 所示。

图 5－51　打开的主题列表框

2. 应用创建主题

(1)创建主题。

如果用户认为套用主题及网上的主题均不符合要求，也可以自己创建主题。创建主题的过程与创建演示文稿一样。在设计过程中，用户可以不给出具体的文本内容(根据需要)，在保存时选择“设计”选项卡中“主题”组右侧的“其他”按钮 ，在打开的列表框中选择“保存当前主题”，参照图 5－51。

(2)在创建时应用。

如果对套用主题不满意用户可以自己创建主题或从网上下载主题。具体内容参照

“5.2.1 创建演示文稿”中的相关内容。

(3)在编辑时应用。

用户可以在功能区“设计”选项卡的“主题”组中单击右侧的“其他”按钮 。在打开的列表框中选择“浏览主题”,如图所示。在打开的“选择主题或主题文档”对话框中选择相应的主题(模版),如图 5-52 所示。

图 5-52 “选择主题或主题文档”对话框

3. 主题的修改与编辑

对应用的主题也可以进行更改,更改的内容主要包括配色、字体、效果。

(1)主题配色的修改。

在 PowerPoint 2010 中取消了配色方案,而是将这一功能放在了“设计”选项卡“主题”组中。可单击功能区“设计”选项卡中“主题”组的“颜色”按钮,在打开的列表框中选择某一主题颜色,如图 5-53 所示。如果只是想对当前主题中某一对象的颜色进行修改,则可以在列表中选择“新建主题颜色”命令,打开如图 5-54 所示的“新建主题颜色”对话框。在该对话框中,用户可以根据需要对所使用的主题中各对象的颜色进行修改,修改结果将一致性地体现在演示文稿的所有幻灯片中。

(2)主题字体的修改。

在 PowerPoint 2010 中可以为主题中的文字设置字体。可单击功能区“设计”选项卡中“主题”组的“字体”按钮,在打开的列表框中选择某一字体,如图 5-55 所示。用户可以通过选择一种效果更改演示文稿中当前主题的“标题字体”和“正文字体”。当然,用户也可以通过选择“新建主题字体”来保存自己定义的主题字体效果,以备以后使用。

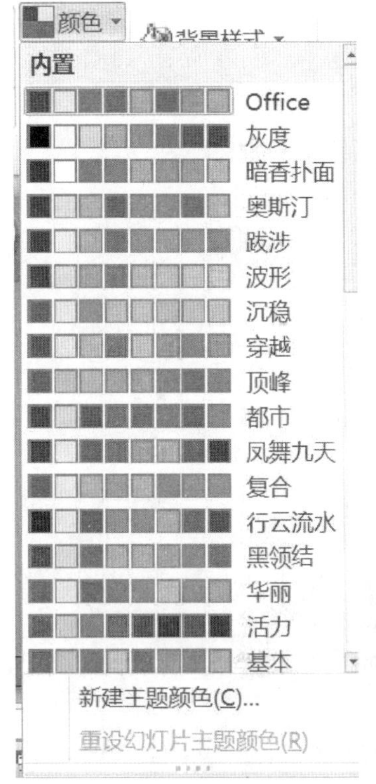

图 5－53 主题“颜色”列表框

图 5－54 “新建主题颜色”对话框

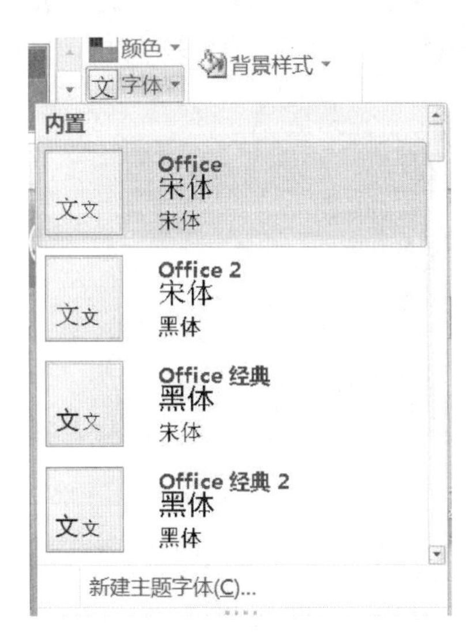

图 5－55 主题“字体”列表框

5.4.3 演示文稿的其他设计项

1. 页面设置

PowerPoint 2010 将“页面设置”放在了“设计”选项卡中。很显然，这种集成更符合设

计的需要。通过功能区“设计”选项卡中“页面设置”组的“页面设置”按钮,用户可以在在打开的“页面设置”对话框中设置演示文稿中幻灯片的高度、宽度、方向等,如图5-56所示。

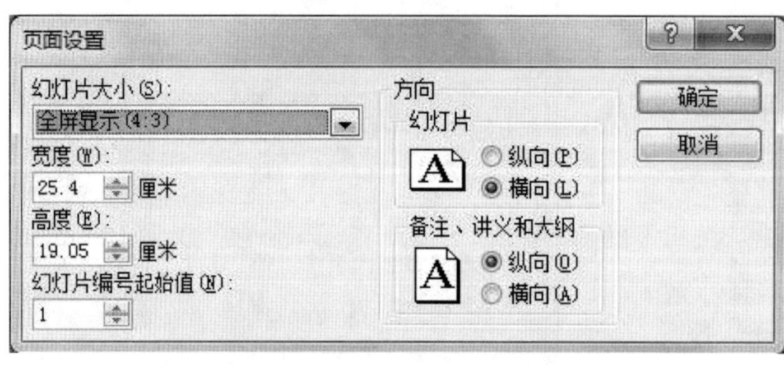

图5-56 “页面设置”对话框

2. 背景样式

背景样式不仅可以为演示文稿中的幻灯片设置背景颜色,还可以为幻灯片设置图案、纹理和图片等背景效果。通过该功能不仅可以为单张或多张幻灯片设置背景,还可以为母板设置背景,控制母版中的背景图片是否显示,从而快速改变演示文稿中所有幻灯片的背景。

用户可以通过功能区“设计”选项卡中“背景”组的“背景样式”按钮,在打开的列表框中选择某一合适的背景样式,如图5-57所示。如果对已有的背景样式不满意,用户还可以在列表中选择“设置背景格式”命令,打开“设置背景格式”对话框,并自定义背景效果;如果点击“全部应用”按钮,背景设置将体现在所有幻灯片中。

图5-57 “设置背景格式”对话框

注意：可以为母版设置背景样式，方法是在母版视图后中，通过单击“幻灯片母版”选项卡中的“背景样式”按钮进行设置。

例题 5 - 6　为演示文稿设置套用主题，并修改第 1 张幻灯片的背景。在例题 5 - 5 的基础上完成该例题，按要求完成后效果如图 5 - 58 所示。

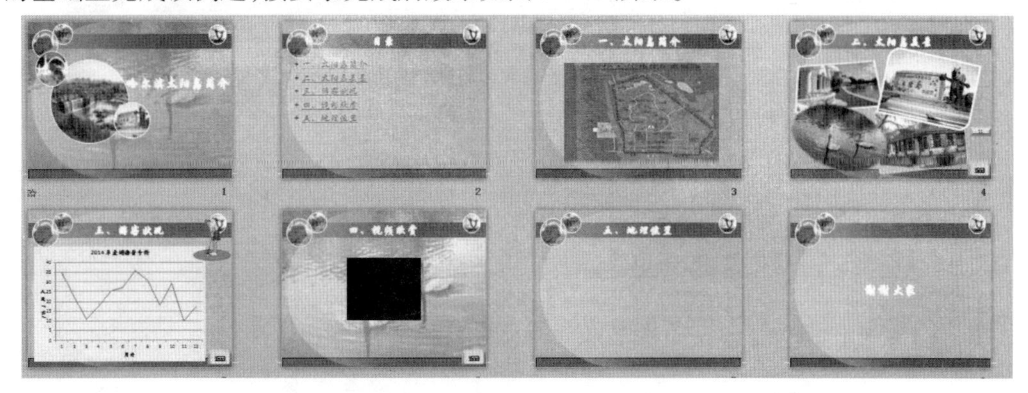

图 5 - 58　例题 5 - 6 完成后效果

要求如下：

(1) 为演示文稿应用套用主题“行云流水”。

(2) 应用主题后对现有演示文稿中不恰当的对象位置进行调整。

(3) 将第 1 张幻灯片的背景样式修改为来自文件的图片，并设置相应的参数。

本例相关操作步骤如下：

(1) 打开“哈尔滨太阳岛简介. pptx”。

(2) 在功能区“设计”选项卡中“主题”组的“所有主题”列表中选择套用主题“行云流水”。

(3) 应用主题后，原有对象的位置等设置都应用主题中给定的默认设置。有的原有对象的位置和颜色不恰当，拖动相应的对象完成对位置的调整；通过功能区“设计”选项卡中“主题”组的“颜色”按钮对主题中指定对象的配色进行修改。

(4) 选择第 1 张幻灯片，点击功能区“设计”选项卡中“背景”组的“背景样式”，在打开的列表中选择“设置背景格式”命令，在打开的“设置背景格式”对话框中选择“图片或纹理填充”，选定图片并设置透明度为 50%，图片颜色为“红色”，设置参数表示如图 5 - 59 所示。

(5) 直接保存修改的演示文稿文件。

(a)背景的填充

(b)背景图片颜色的调整

图 5-59　第 1 张幻灯片背景参数设置

5.5　演示文稿中的动画效果

演示文稿最终目的是为了在观众面前展示。制作过程中,除了精心组织内容,合理安排布局,还需要应用动画效果控制幻灯片中的声、文、图像等各种对象的进入方式和顺序,以突出重点、控制信息的流程、提高演示的趣味性。但动画的应用不能太多,要符合 PPT 整体的风格和基调,否则容易分散观众的注意力。

设计动画效果包括两部分:设计幻灯片中对象的动画效果;设计幻灯片间切换的动画效果。

5.5.1　设置幻灯片中对象的动画效果

设置幻灯片中对象的动画效果可以通过功能区“动画”中的相应功能来实现。PowerPoint 2010 中“动画”选项卡如图 5－60 所示。

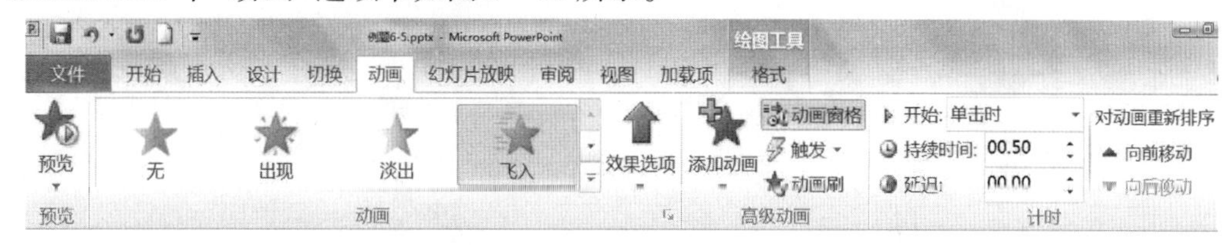

图 5－60　“动画”选项卡

1. 动画效果的添加

在选择了要设置动画的对象后点击“动画”选项卡，在“动画”组中点击下拉箭头，打开的列表如图 5－61 所示。在该列表中，用户可以选择相应的动画效果；如果对列表中的效果不满意，用户还可以在该列表下方选择其他更多的动画效果。同样的功能也可以通过“高级动画”组中的“添加动画”按钮来完成。

图 5－61　动画效果列表

2. 动画效果的修改

(1)基本效果的修改。

通过“动画”组中的“效果选项”按钮可以对当前动画最基本的内容做修改。例如，对某一对象设置“飞入”效果时，该按钮所打开的下拉列表中的项目，如图 5－62 所示。如果设置的效果是“轮子”，该按钮所打开的下拉列表中的项目，如图 5－63 所示。

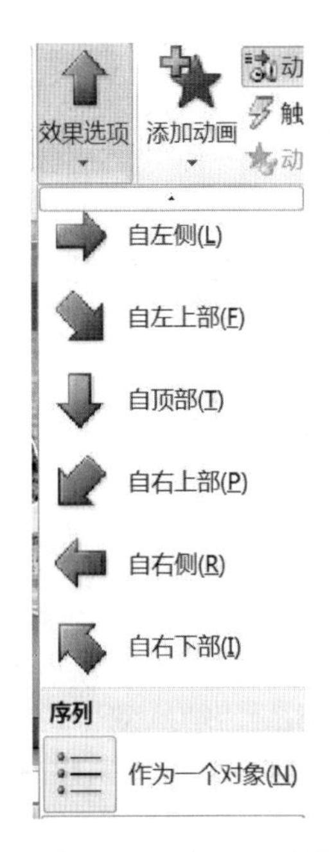

图 5－62　添加“飞入”动画后“效果选项”按钮所打开的列表项

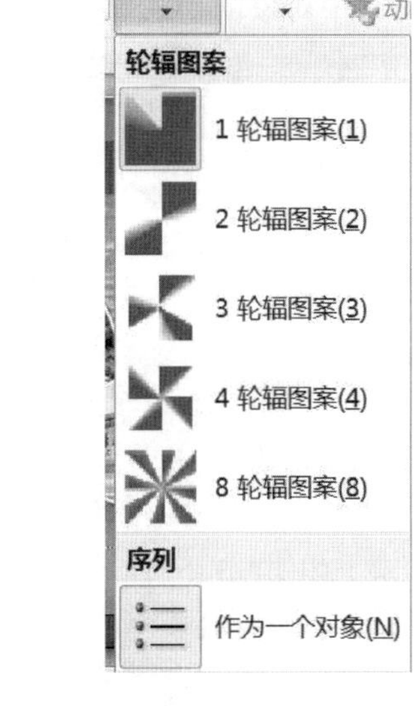

图 5－63　添加“轮子”动画后“效果选项”按钮所打开的列表项

(2)计时效果的修改。

通过“动画”选项卡中“计时”组的相应按钮可以对当前动画的播放时间进行控制。主要设置项包括触发动作;持续时间;延时;播放顺序。

动画的触发通过“开始”按钮完成,其打开的列表如图 5－64 所示。“计时”组中的“持续时间”和“延迟”项可以调整动画播放的时间,其中对“持续时间”的调整可以控制指定动画播放的快慢,“延迟”可以控制上一动作结束后等待多长时间开始播放当前动画。通过“计时”组中的“向前移动”和“向后移动”项可以修改当前幻灯片中多个动画的播放先后顺序。

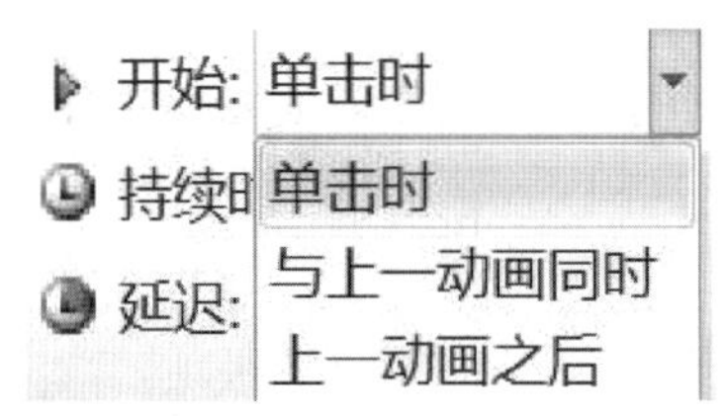

图 5－64　动画动作“开始”列表

(3)其他高级效果的修改。

通过“动画”选项卡中“动画”组的“对话框启动”按钮,用户可以打开当前动画的效果选项对话框。例如,当前标题占位符所添加的动画效果为“飞入”,点击该按钮后将打开“飞入”对话框,该对话框有 3 个选项卡。用户可以在该对话框中对该动画设置更多的效果,不仅包括之前所讲述的基本设置与计时设置,还可以为动画加入声音或将文本设置为按字母、词或段落出现,达到不一样的视觉效果。“飞入”效果选项设置对话框如

图 5 – 65 所示。

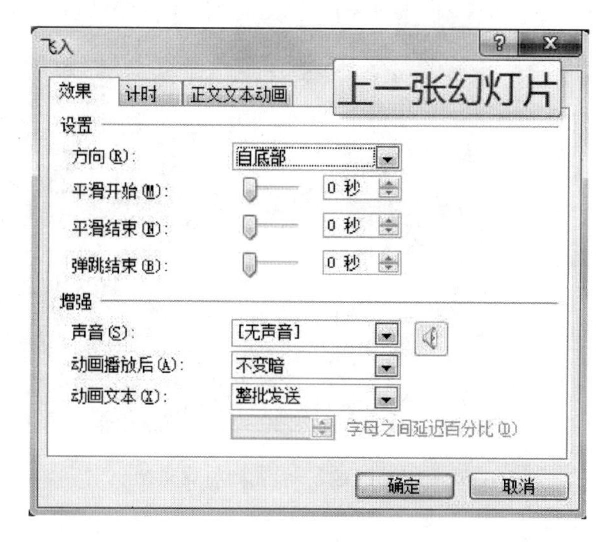

图 5 – 65　“飞入”效果选项设置对话框

注意:通过“动画”选项卡中“高级动画”组的“动画窗格”按钮可以打开“动画窗格”。单击此窗格中的某一动画对象,将出现设置该动画效果的下拉列表,如图 5 – 66 所示。该窗格中包含了所有的动画效果设置,这一功能在以前的版本中就有体现。

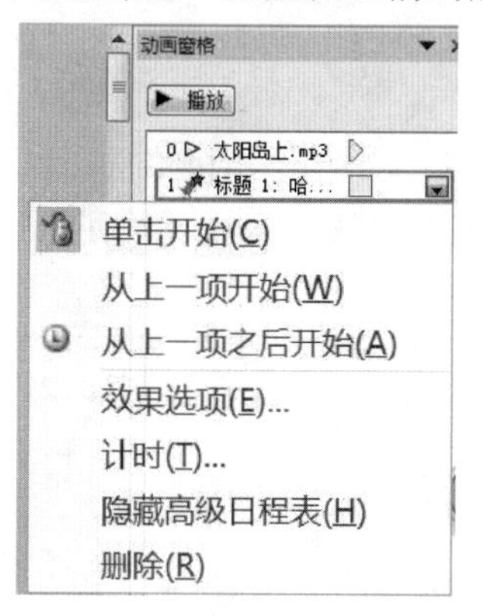

图 5 – 66　“动画窗格”中的设置项

例题 5 – 7　在幻灯片首页的底部添加从右到左循环滚动的字幕“哈尔滨太阳岛欢迎您”。在例题 5 – 6 的基础上完成该例题,按要求完成后效果如图 5 – 67 所示。

要求:

(1)在第 1 张幻灯片的底部添加一个文本框,在文本框中输入“哈尔滨太阳岛欢迎您”,文字大小设为 24 号,颜色设为红色,字体为华文行楷。

(2)为该文本框对象添加动画效果 “飞入”。

(3)修改“飞入”的动画效果。设置触发动作为 “上一动画之后”;方向为“自右侧”;速度为 5 秒;设置重复播放,效果为“直到下一次单击”。

(4)使动画达到如同字幕一样的播放效果。

图 5－67　例题 5－7 完成后效果图

本例相关操作步骤如下：

(1)选中第 1 张幻灯片。

(2)选择“插入”选项卡中“文本”组的“文本框”，插入一个水平文本框。录入“哈尔滨太阳岛欢迎您”，按例题要求设置文字格式。

(3)选中该文本框后，选择“动画”选项卡中“动画”组的“飞入”。

(4)选择“动画”选项卡中“动画”组的“效果选项”，在打开的列表中选择“自右侧”。

(5)在“计时”组中将“开始”设为“上一动画之后”，“持续时间”设为“05.00”。

(6)在选择该动画对象的前提下，单击“动画”选项卡中“动画”组的“对话框启动”按钮打开“飞入”对话框。在“计时”选项卡中将“重复”设为“直到下一次单击”，如图 5－68所示，单击“确定”按钮。

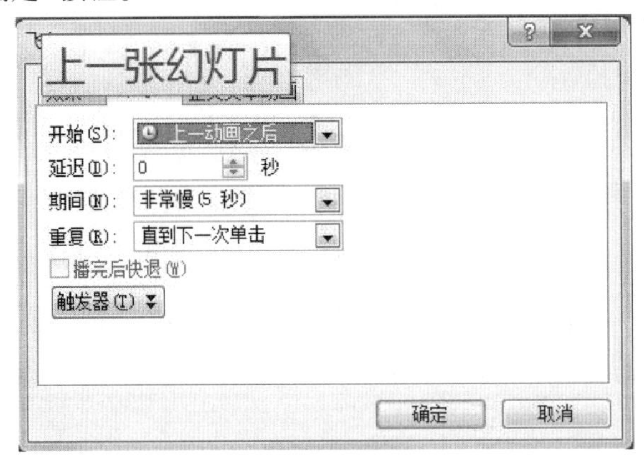

图 5－68　飞入“对话框”中“计时”选项卡参数设置

(7)将文本框拖动到幻灯片的左边，使得最后一个字刚好拖出当前幻灯片，以达到模拟字幕的效果。

5.5.2　设置幻灯片间切换的动画效果

幻灯片切换效果是指一张幻灯片如何从屏幕上消失，以及下一张幻灯片如何显示在屏幕上的方式。幻灯片切换方式可以是简单地以一个幻灯片代替另一个幻灯片，这被称为“无”；也可以使幻灯片以特殊的效果出现在屏幕上。可以为一组幻灯片设置同一种切换方式，也可以为每张幻灯片设置不同的切换方式。演示文稿中幻灯片的切换效果均是通过“切换”选项卡完成的，“切换”选项卡如图 5－69 所示。

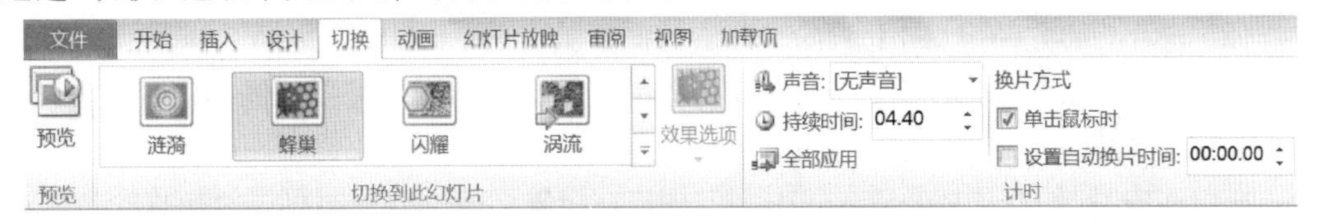

图 5－69　功能区“切换”选项卡

设置切换效果的操作过程如下：

（1）在幻灯片浏览视图下选择一张或多张要添加切换效果的幻灯片。

（2）在功能区“切换”选项卡的“切换到此幻灯片”组中，点击下拉箭头打开列表，选择想要的切换效果。

（3）在该选项卡的相应组中对切换效果（速度、声音、换片方式等）进行设置。

如果希望将幻灯片切换效果应用到演示文稿的所有幻灯片上，可以在“切换”选项卡的“计时”组中单击“全部应用”按钮。否则，所设置的切换效果只作用于所选定的幻灯片之间。

5.6　演示文稿的放映

PowerPoint 2010 提供了多种放映和控制幻灯片的方法，如手动放映、计时放映、录音放映、跳转放映等。用户可以选择最理想的放映速度与放映方式，使幻灯片放映结构清晰、节奏明快、过程流畅。另外，在放映时还可以利用绘图笔在屏幕上随时进行标示或强调，使重点更为突出。与演示文稿放映有关的功能设置被集成在“幻灯片放映”选项卡中，该选项卡如图 5－70 所示。

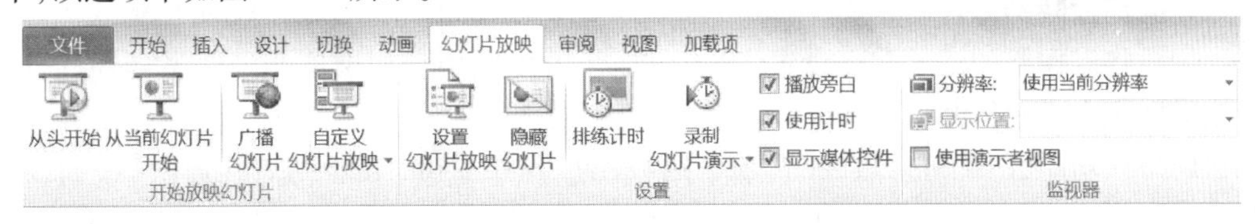

图 5－70　功能区“幻灯片放映”选项卡

5.6.1　演示文稿的放映

在不同的场合中和不同的需求下，演示文稿需要有不同的放映方式，PowerPoint 2010 提供了多种演示文稿的放映方式。

1. 手动放映

手动放映是最常见的一种放映方式。在放映过程中，幻灯片全屏显示，采用人工的方式控制幻灯片。

用户在功能区“幻灯片放映”选项卡的“开始放映幻灯片”组中选择“从头开始”（或按 F5 键）或“从当前幻灯片开始”（或按 Shift + F5 组合键）。在这种放映方式下，用户可以使用以下方式控制幻灯片的换片。

(1)单击鼠标（向下换片）。

(2)键盘上的方向键（向下和向右箭头为向下换片，向上和向左为向上换片）。

(3)放映时在屏幕上任意处单击右键，在快捷菜单中选择要切换到的幻灯片。

2. 定时放映

在前述内容“幻灯片切换效果”中提到，用户在设置切换的效果时可以对换片的方式进行设置。方法是在“切换”选项卡的“计时”组中进行设置。例如，如果要将当前幻灯片的换片方式设置为“自动换片时间为 5 s”并支持手动换片，则设置的效果可如图 5 – 71 所示。为不同的幻灯片设置不同的自动换片时间，在播放时就能达到定时放映的效果。

图 5 – 71　幻灯片切换中换片方式的设置示例

注意：如图 5 – 71 所示，在换片方式中将“单击鼠标时”和“设置自动换片时间”均进行勾选设置后，单击鼠标的换片操作优先。

3. 自动放映

在为当前选定的幻灯片“设置自动换片时间”后，在“计时”组中单击“全部应用”按钮，将为演示文稿中的每张幻灯片设定相同的切换时间，这样就实现了幻灯片的自动放映。

需要注意的是，由于每张幻灯片的内容不同，放映的时间可能不同，所以设置自动放映时最常见的方法是通过“排练计时”完成。

4. 循环放映幻灯片

用户将制作好的演示文稿设置为循环放映，可以应用于如展览会场的展台等场合，让演示文稿自动运行并循环播放。

用户在功能区“幻灯片放映”选项卡的“设置”组中选择“设置幻灯片放映”按钮，将打开“设置放映方式”对话框，如图 5 – 72 所示。在“放映选项”选项区域中选中“循环放映，按 Esc 键终止”复选框，则在播放完最后一张幻灯片后，会自动跳转到第 1 张幻灯片，而不是结束放映，直到用户按 Esc 键退出放映状态。

5. 自定义放映幻灯片

自定义放映是指用户可以自定义演示文稿放映的张数，使一个演示文稿适于多种类型的观众，即可以将一个演示文稿中的多张幻灯片进行分组，以便为特定的观众放映演示文稿中的特定部分。用户可以用超链接分别指向演示文稿中的各个自定义放映组，也可以在放映整个演示文稿时只放映某个自定义放映组。

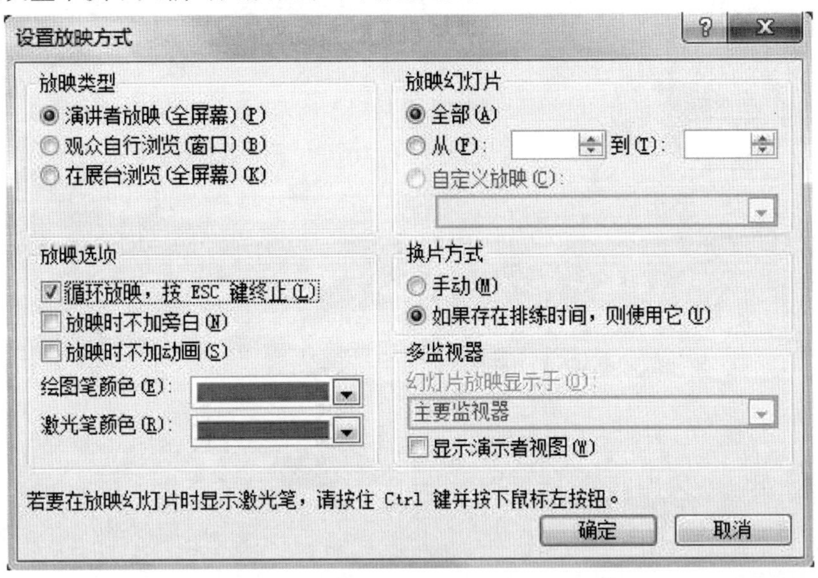

图 5－72　“设置放映方式”对话框

用户可在功能区打开如图 5－73 所示的“自定义放映”对话框，并可在该对话框中创建、编辑、删除自定义放映组。

图 5－73　“自定义放映”对话框

单击“新建”按钮，弹出“定义自定义放映”对话框，如图 5－74 所示。在该对话框的左边列出了演示文稿中所有幻灯片的标题或序号。依次选中要添加到一组的幻灯片，单击“添加”按钮，使其都出现在右侧框中，也可通过⬆、⬇箭头调整顺序。通过“删除”按钮可将已添加的幻灯片从自定义放映组中删除。在该对话框中可根据要求修改所创建的自定义放映组的名称，单击“确定”完成自定义放映组的创建。

由图 5－75 可看出当前创建了 2 个放映组。用户在“幻灯片放映”选项卡的“开始放映幻灯片”组中单击“自定义幻灯片放映”按钮，在打开的列表中选择要放映的组即可以对指定的放映组进行放映。

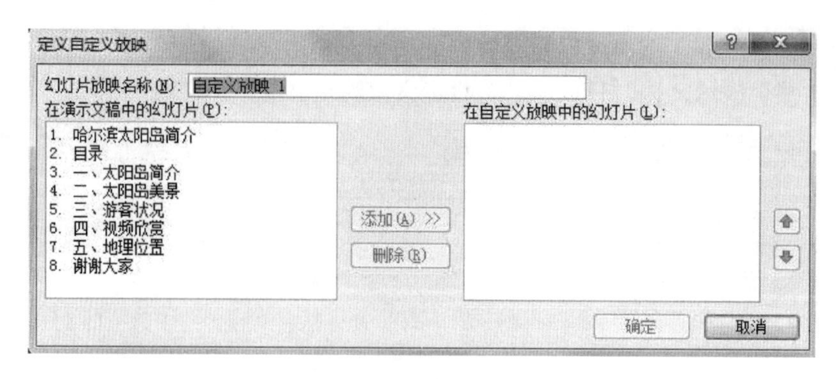

图 5-74 “定义自定义放映”对话框

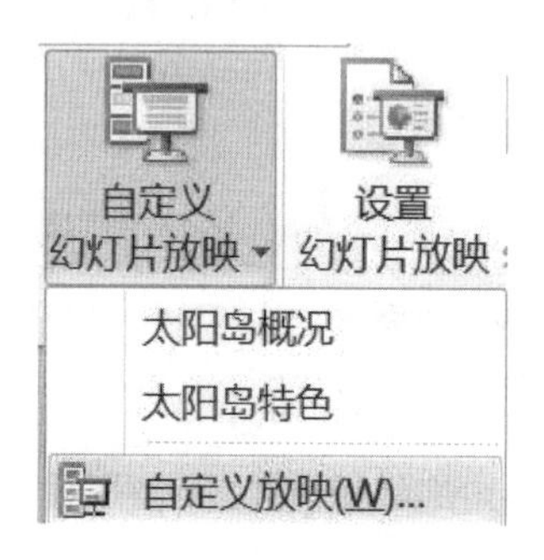

图 5-75 “自定义幻灯片放映”下拉列表

5.6.2 演示文稿其他与放映相关的操作

1. 排练计时

当完成演示文稿内容的制作后，可以运用 PowerPoint 2010 的“排练计时”功能来统计放映整个演示文稿的时间。在“排练计时”的过程中，演讲者可以确切地了解每一页幻灯片需要讲解的时间，以及整个演示文稿的总放映时间。

用户可以在播放状态下进行排练，完成后保存排练结果。

通过这一设置，用户在放映演示文稿时就可以按照排练的时间进行幻灯片的播放。

2. 录制幻灯片演示

如果对排练计时的时间分配不满意，用户可以重新进行排练计时的录制。其实 PowerPoint 2010 还为用户提供了方便的“录制幻灯片演示”功能。

用户可以通过“幻灯片放映”选项卡中“设置”组的“录制幻灯片演示”列表中的相应命令对演示文稿进行录制、设置录制、编辑录制、删除录制项等操作。“录制幻灯片演示”列表如图 5-76 所示。

通过“录制幻灯片演示”这一功能可以为幻灯片放映录制旁白，对幻灯片进行解说配音，这适用于某些需要重复放映幻灯片的场合。

在“幻灯片放映”选项卡的“设置”组中对“播放旁白”和“使用计时”复选框进行勾选，调整好麦克风。选择“幻灯片放映”选项卡中“设置”组的“录制幻灯片演示”列表中的“开始录制”命令，可进行带有旁白的计时录制。

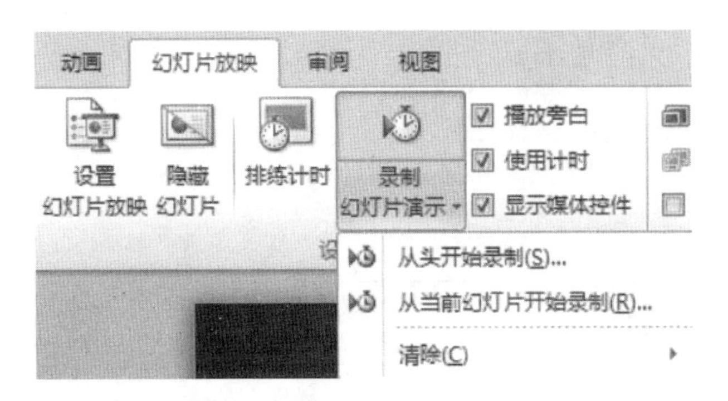

图 5－76　“录制幻灯片演示”对话框

录制完成后，在演示文稿放映时就会以用户设置的计时时间，并以带有旁白的效果进行放映。

上面提到，如果对计时或旁白效果不满意，可以通过图 5－77 所示的“录制幻灯片演示”列表中的“清除”命令进行清除。

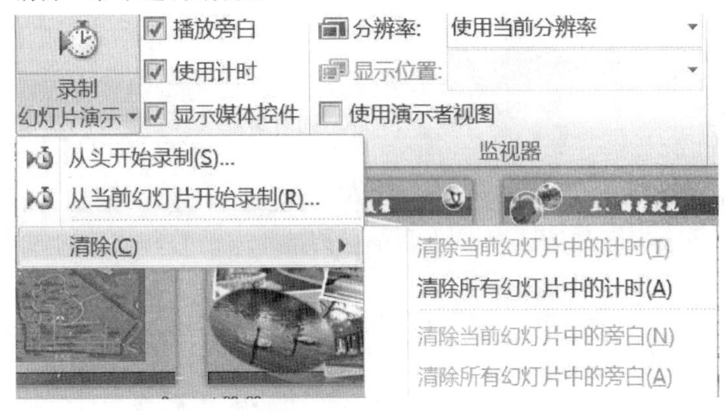

图 5－77　“录制幻灯片演示”列表

3. 绘图笔

绘图笔的作用类似于板书笔，常用于强调或添加注释。在 PowerPoint 2010 中，用户可以选择绘图笔的形状和颜色，也可以随时擦除绘制的笔迹。

用户在播放幻灯片时，可在屏幕上单击右键并在弹出的快捷菜单中选择“指针选项”命令，选择一种绘图笔（圆珠笔、毡尖笔、荧光笔），如图 5－78 所示。要擦除屏幕上的痕迹，只要按 E 键即可。放映结束后程序会提示是否保存书写的墨迹。

此外，PowerPoint 2010 还为用户提供了“广播幻灯片”的功能，向可以在 Web 浏览器中观看的远程用户播放幻灯片。

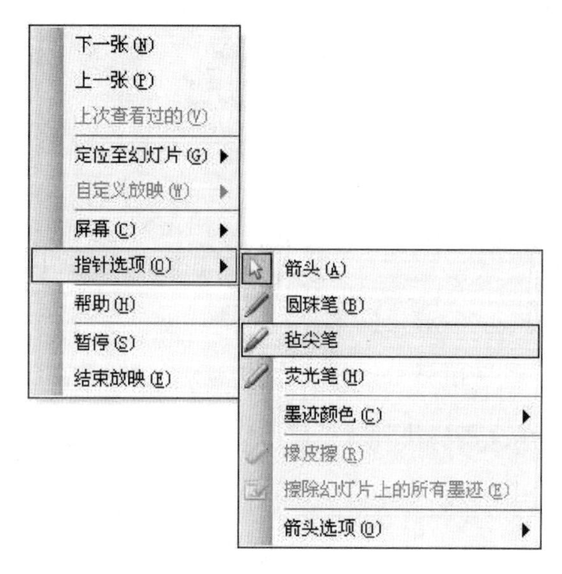

图 5-78　绘图笔

5.7　演示文稿的打印

PowerPoint 2010 提供了多种保存、输出演示文稿的方法,用户可以将制做出来的演示文稿输出、打印。在打印时,根据不同的目的可将演示文稿打印成不同的形式,常用的打印稿形式有幻灯片、讲义和备注视图。

PowerPoint 2010 中为用户提供的打印和打印预览功能被集成为一个命令,即“打印预览和打印”。通过“文件”选项卡中的“打印”命令就可以打开“打印预览和打印”界面,如图 5-79 所示。用户在该界面中就可以进行打印的预览、设置和打印操作。

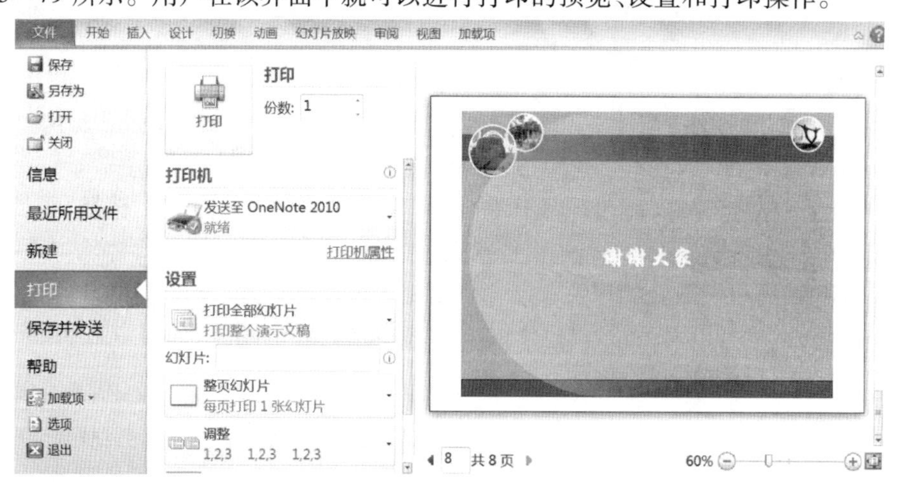

图 5-79　“打印预览和打印”界面

可以设置打印演示文稿的不同视图模式、打印全部或部分幻灯片等,部分打印参数设置界面如图 5-80 所示。

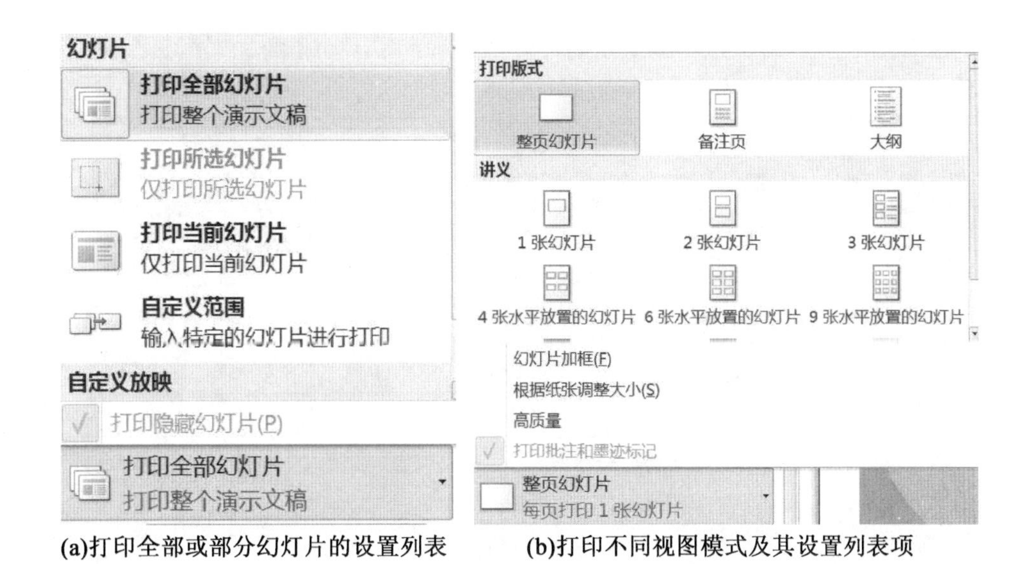

(a)打印全部或部分幻灯片的设置列表　　**(b)打印不同视图模式及其设置列表项**

图 5－80　演示文稿的部分打印参数设置

用户也可以将“打印预览和打印”功能添加到“快速访问工具栏”中，如图 5－81 所示。

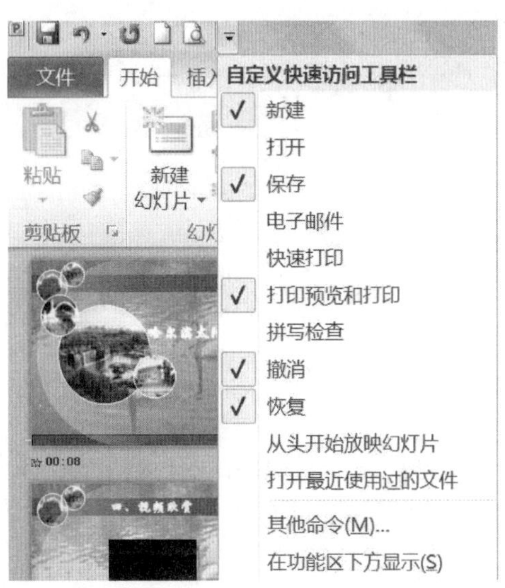

图 5－81　“快速访问工具栏”中命令的添加

5.8　演示文稿自定义功能的设置

PowerPoint 2010 中将普通用户不常用的功能进行了隐藏，但这些不常用的功能对于一些用户来说可能又十分需要。因此，用户可以根据个人需要将自己常用的功能放置在 PowerPoint 2010 的正常界面中。

下面对于 PowerPoint 2010 的这一特点以例题的形式加以说明。

例题 5 - 8 给演示文稿中第 3 张幻灯片添加一个带滚动条的文本框。在例题 5 - 7 的基础上完成该例题,按要求完成后效果如图 5 - 82 所示。

图 5 - 82 例题 5 - 7 完成后效果图

注意:由例题 5 - 8 的说明中可以看出,类似带滚动条文本框的这种控件并不在 PowerPoint 2010 默认的“功能区”选项卡中。

本例相关操作步骤如下:

(1)在普通视图的“视图窗格”中选中第 3 张幻灯片。

(2)选择“文件”选项卡中的“选项”命令,在 PowerPoint 2010 选项对话框左窗格中选择“自定义功能区”命令,在右侧“自定义功能区”下拉列表中选择“主选项卡”,对“开发工具”复选框进行勾选,点击“确定”。此时,将在 PowerPoint 2010 主界面中加入“开发工具”选项卡功能区,如图 5 - 83 所示。

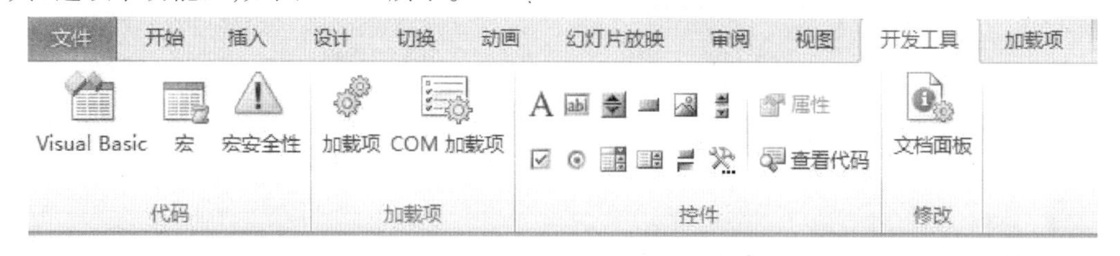

图 5 - 83 “开发工具”选项卡

(3)在功能区“开发工具”选项卡的“控件”组中单击“文本框”按钮 abl 并在幻灯片中绘出文本框,右键单击该文本框并在弹出的快捷菜单中选择“属性”命令,打开文本框属性设置窗口,如图 5－84 所示。

(4)把“太阳岛简介.txt”的内容复制到“Text”或“Value”属性文本框中,设置“ScrollBars”属性为“2－fmScrollBarsVertical”,设置“MultiLine”属性为“True”,此时带滚动条的文本框制作完成。

由例题 5－8 可以看出,对于 PowerPoint 2010 默认设置的修改可以通过“文件”选项卡中的“选项”命令来完成。

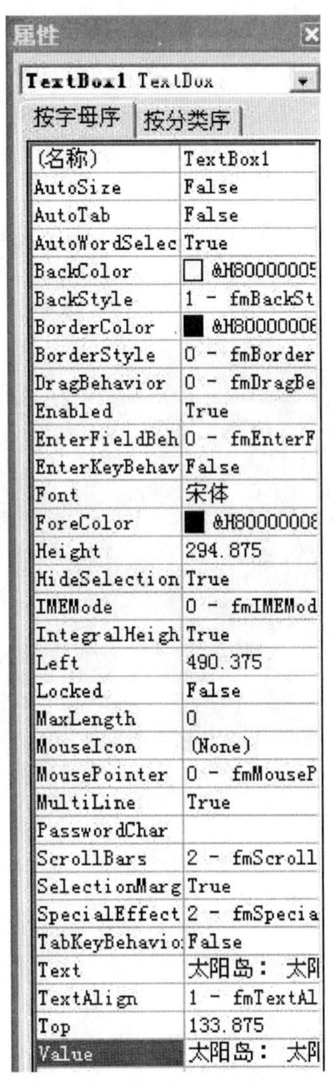

图 5－84　“属性”窗口

实验1:创建一个电子相册

一、实验目的

(1) 掌握创建演示文稿的方法。
(2) 掌握编辑幻灯片的基本方法。
(3) 掌握幻灯片内容的修改方法。
(4) 掌握保存演示文稿的方法。

二、实验内容

利用自己积累的照片(可以是学校的风景照片、个人游玩照片,或者学习、生活的照片)创建一个基于模板的电子相册,效果如图5-85所示。

图5-85　电子相册效果

三、实验要求

电子相册的创建要求如下:

(1)基于“古典型相册”模板新建一个PPT演示文稿,保存在“D:\学号-姓名”文件夹中,命名为“校园风光电子相册.pptx”。

(2)根据要求编辑现有的幻灯片(默认的演示文稿中有7张幻灯片)。

①删除第4、5、6张幻灯片。

②删除指定的幻灯片以后,再复制第4张幻灯片。

③在最后插入一张空白的幻灯片(此时共有6张幻灯片)。

(3)编辑每一张幻灯片中的内容。

①在第1张幻灯片中更换图片,适当调整大小并输入文字,如图5-86所示。

②在第 2 张幻灯片中更换图片，调整大小并进行裁剪，最后输入说明文字，如图 5－87 所示。

图 5－86　第 1 张幻灯片效果

图 5－87　第 2 张幻灯片效果

③在第 3 张幻灯片中更换图片并输入说明文字，如图 5－88 所示。

④在第 4、5 张幻灯片中更换图片即可。

⑤在第 6 张幻灯片中插入图片，并调整到满屏显示，如图 5－89 所示。

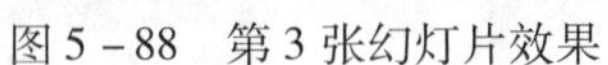

图 5－88　第 3 张幻灯片效果

图 5－89　第 6 张幻灯片效果

(4)重新应用主题"跋涉"，然后切换到幻灯片浏览视图进行观察，最后进行幻灯片放映，观看电子相册的效果。

四、实验步骤

电子相册的创建步骤如下：

(1)启动 PowerPoint 2010。

(2)切换到"文件"选项卡，选择"新建"命令，单击"样本模板"后在"模板样本"列表中选择"古典型相册"模板，然后单击右侧的"创建"按钮，则基于模板新建了一个演示文稿。

(3)按下 Ctrl + S 键，将演示文稿保存到"D:\学号－姓名"文件夹中，命名为"校园风光电子相册. pptx"，这时演示文稿中共有 7 张幻灯片。

(4)在视图窗格的“幻灯片”选项卡中单击幻灯片缩略图,在右侧的幻灯片窗格中可以浏览幻灯片,如图 5 - 90 所示。

(5)按住 Ctrl 键的同时,在“幻灯片”选项卡中选择第 4、5、6 张幻灯片,按下 Delete 键将其删除,这时 PowerPoint 2010 会重新对剩余的幻灯片进行编号。

(6)选择第 4 张幻灯片,按下 Ctrl + C 键复制幻灯片,再按下 Ctrl + V 键,粘贴已复制的幻灯片。

(7)在第 5 张幻灯片缩略图下方的空白处单击鼠标右键,从弹出的快捷菜单中选择“新建幻灯片”命令,在最后插入一张空白幻灯片,如图 5 - 91 所示。

(8)在“幻灯片”选项卡中单击第 1 张幻灯片缩略图,在幻灯片窗格中的图片上单击鼠标右键,在弹出的快捷菜单中选择“更改图片”命令,在弹出的“插入图片”对话框中选择一幅图片(这里选择“素材”文件夹中的“H01. jpg”文件),单击“插入”按钮,则将原图片更改为选择的图片。

(9)选择更改后的图片,在“格式”选项卡的“大小”组中设置高度与宽度,并调整好位置,如图 5 - 92 所示。

图 5 - 90 “幻灯片”选项卡

图 5 - 91 新插入的幻灯片

(10)在图片下方的两个文本占位符中单击鼠标,输入相册标题和日期文字。

(11)用同样的方法,更换第 2 张幻灯片中的图片(这里选择“素材”文件夹中的“H02. jpg”文件),然后在“格式”选项卡的“大小”组中单击“裁剪”按钮,向左拖动裁剪框右侧中间的控制点,对图片进行裁剪,如图 5 - 93 所示,然后适当调整图片的大小和位置。

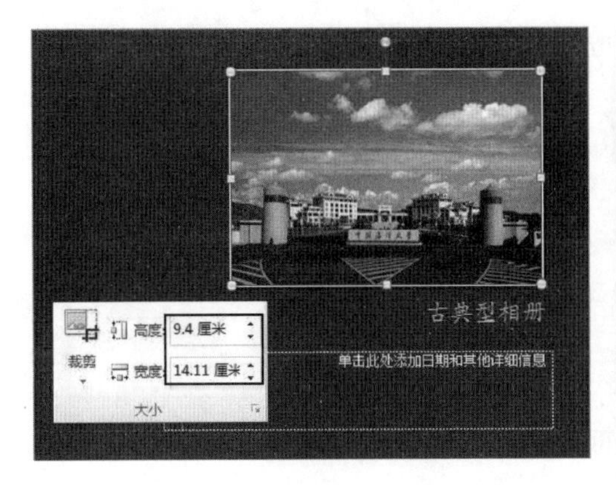

图 5－92　调整图片的大小和位置

图 5－93　裁剪图片

(12)在文本占位符中输入相关的说明文字,删除多余的占位符。

(13)继续更换第 3 张幻灯片中的图片(这里选择“素材”文件夹中的“H03. jpg”～“H05. jpg”文件),然后输入说明文字并删除多余的占位符。

(14)用同样的方法,继续更换第 4 张和第 5 张幻灯片中的图片(这里选择“素材”文件夹中的“H06. jpg”“H07. jpg”文件)。

(15)选择第 6 张幻灯片,单击页面中间的图标,插入一张图片(这里选择“素材”文件夹中的“H08. jpg”文件)。

(16)在“设计”选项卡的“主题”组中单击“跋涉”主题,重新应用主题。

(17)单击状态栏右侧的“幻灯片浏览”按钮,进入幻灯片浏览视图,在这里可以观察整个演示文稿中的所有幻灯片,如图 5－94 所示。

图 5－94　幻灯片浏览视图

(18)切换到“幻灯片放映”选项卡,在“开始放映幻灯片”组中单击“从头开始”按钮,可以从头开始播放幻灯片。

(19)按下 Esc 键结束幻灯片放映,然后按下 Ctrl + S 键保存演示文稿。

实验 2:我们的大家庭

一、实验目的

1. 掌握幻灯片的创建方法。
2. 掌握插入音频与视频的方法。
3. 掌握插入表格、图表与 SmartArt 图形的方法。
4. 熟练掌握主题的应用。

二、实验内容

围绕班级事务创建一个演示文稿(内容可以自由发挥),效果如图 5 - 95 所示。

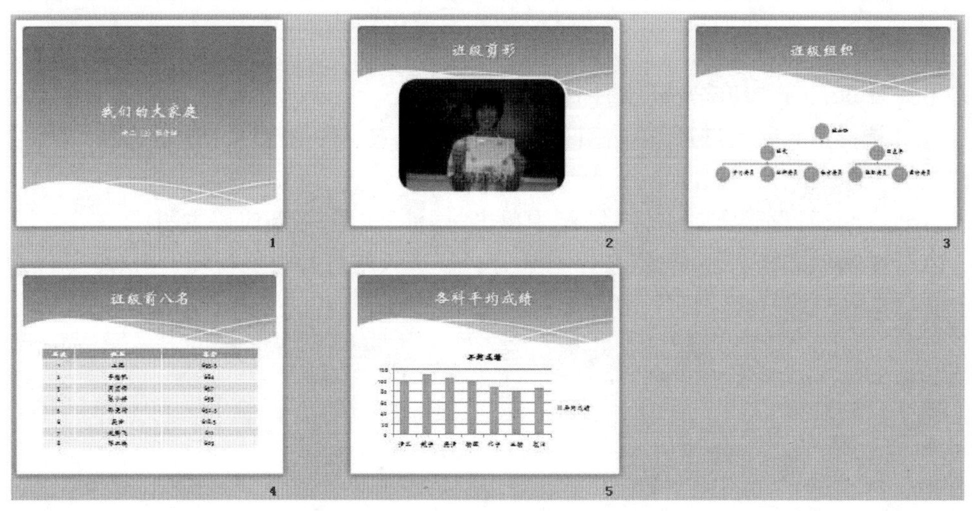

图 5 - 95　演示文稿效果

三、实验要求

演示文稿创建要求如下:

(1)创建一个新的 PPT 演示文稿,保存在“D:\学号 - 姓名”文件夹中,命名为“实验 2:我们的大家庭.pptx”。

(2)为幻灯片应用“波形”主题,然后创建 4 张新的幻灯片。

(3)编辑第 1 张幻灯片。

①在标题占位符处输入“我们的大家庭”,在副标题占位符处输入“高二(3)班介绍”。

②插入一个声音文件“MUSIC.mp3”,设置为背景音乐。

(4)编辑第 2 张幻灯片。

①在标题占位符处输入“班级剪影”。

②在文本占位符处插入一段关于班级的视频,添加简单框架,设置为圆角形状,如图 5 - 96 所示。

(5)编辑第 3 张幻灯片。

①在标题占位符处输入“班级组织”。

②在文本占位符处插入 SmartArt 图形,如图 5 - 97 所示。

(6)编辑第 4 张幻灯片。

①在标题占位符处输入“班级前八名”。

②在文本占位符处插入一个 9 行 3 列的表格,输入班级学习成绩排名前 8 位的学生姓名及其成绩,如图 5 - 98 所示。

(7)编辑第 5 张幻灯片。

①在标题占位符处输入“各科平均成绩”。

②在文本占位符处插入一个图表,列出班级各科的平均成绩,如图 5 - 99 所示。

图 5 - 96　第 2 张幻灯片效果

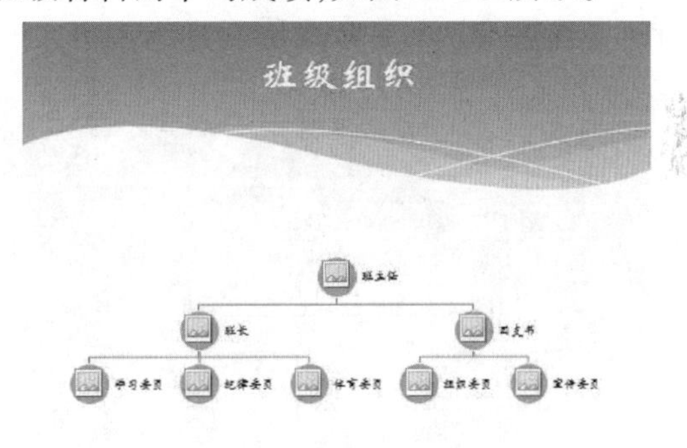

图 5 - 97　第 3 张幻灯片效果

名次	姓名	总分
1	王廷	693.5
2	李杨帆	684
3	周宏伟	657
4	张小婷	655
5	孙美琦	632.5
6	吴晗	618.5
7	赵腾飞	612
8	陈亚楠	609

图 5 - 98　第 4 张幻灯片效果

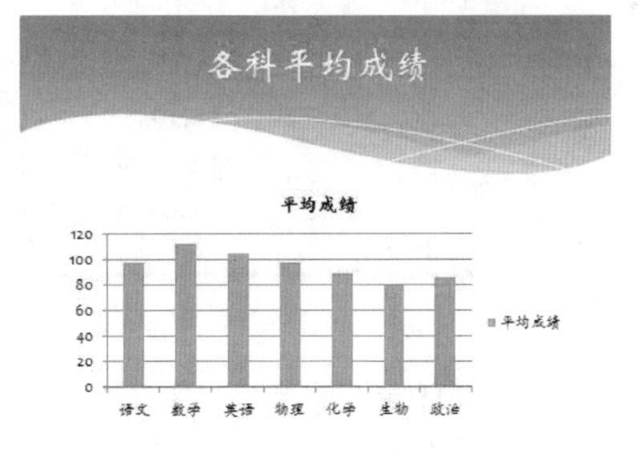

图 5 - 99　第 5 张幻灯片效果

四、实验步骤

演示文稿创建步骤如下:

(1)启动 PowerPoint 2010,创建一个演示文稿。

(2)按下 Ctrl + S 键,将演示文稿保存到“D:\学号 - 姓名”文件夹中,命名为“实验 2:我们的大家庭. pptx”。

(3)在“设计”选项卡的“主题”组中单击“波形”主题,为演示文稿应用主题。

(4)在“幻灯片”选项卡中的空白处单击鼠标右键,从弹出的快捷菜单中选择“新建幻灯片”命令,在第 1 张幻灯片的下方插入一张空白幻灯片;用同样的方法,再插入 3 张空白幻灯片。

(5)在“幻灯片”选项卡中选择第 1 张幻灯片,在标题占位符处输入文字“我们的大家庭”,再在副标题占位符处输入文字“高二(3)班介绍”,如图 5 - 100 所示。

(6)在“插入”选项卡的“媒体”组中单击“音频”按钮下方的三角箭头,在打开的下拉列表中选择“文件中的音频”选项,在弹出的“插入音频”对话框中双击 “MUSIC. mp3”声音文件,这时在页面中插入了一个声音文件并出现声音图标,如图 5 - 101 所示。

(7)切换到“播放”选项卡,在“音频选项”组中设置各项参数,如图 5 - 102 所示,将插入的声音设置为背景音乐。

图 5 - 100 输入标题与副标题

图 5 - 101 插入的声音文件

图 5 - 102 设置音频选项

(8)在“幻灯片”选项卡中选择第 2 张幻灯片,在标题占位符处输入文字“班级剪影”;在文本占位符中单击“插入媒体剪辑”图标,在弹出的“插入视频文件”对话框中双击选择插入一个关于班级的视频文件。

(9)在“格式”选项卡的“视频样式”组中,单击“简单框架,白色”样式,为视频添加框架。然后单击“视频形状”按钮,在打开的列表中选择“圆角矩形”形状,结果如图 5 - 103 所示。

(10)在“幻灯片”选项卡中选择第 3 张幻灯片,在标题占位符处输入文字“班级组织”;在文本占位符中单击“插入 SmartArt 图形”图标,在弹出的“选择 SmartArt 图形”对话框中选择“层次结构”类型中的“圆形图片层次结构”，单击“确定”按钮，结果如图 5 – 104 所示。

图 5 – 103　更改形状后的视频

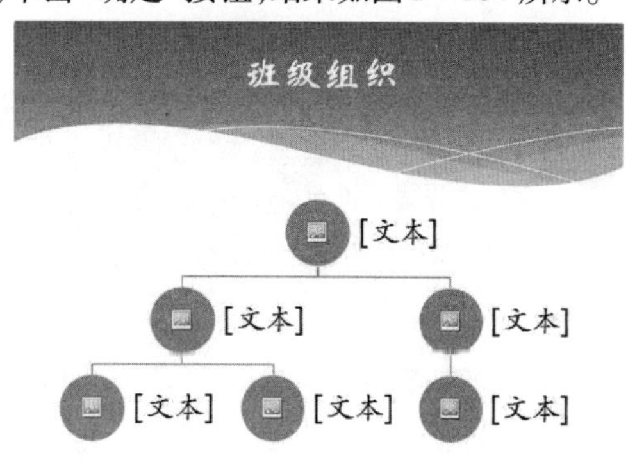

图 5 – 104　插入的 SmartArt 图形

（11）在文本占位符中输入对应的内容，如图 5 – 105 所示。

（12）在“纪律委员”形状上单击鼠标右键，在弹出的快捷菜单中选择“添加形状”→“在后面添加形状”命令，添加一个新形状，在文本占位符中输入“体育委员”；用同样的方法，在“组织委员”形状的后面再添加一个新形状“宣传委员”，如图 5 – 106 所示。

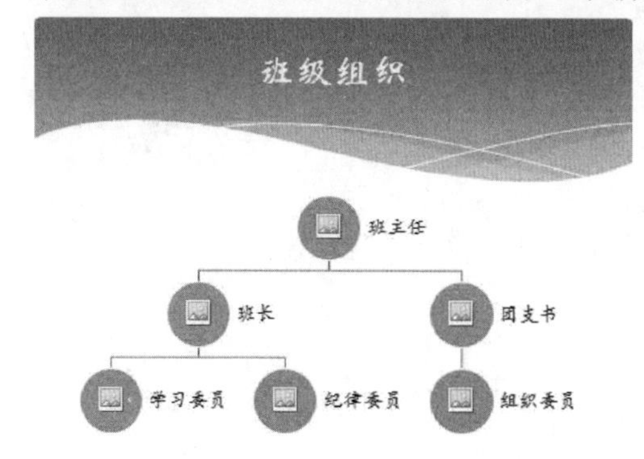

图 5 – 105　输入的文字

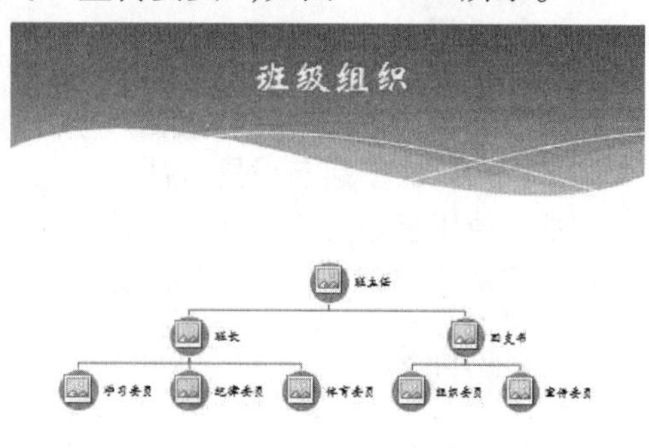

图 5 – 106　添加形状后的效果

（13）在“幻灯片”选项卡中选择第 4 张幻灯片，在标题占位符处输入文字“班级前八名”；在文本占位符中单击“插入表格”图标，在弹出的“插入表格”对话框中设置“行数”为 9，“列数”为 3，结果如图 5 – 107 所示。

（14）在表格中输入班级学习成绩排名前 8 位的学生姓名及其成绩。

（15）在“幻灯片”选项卡中选择第 5 张幻灯片，在标题占位符处输入文字“各科平均成绩”；在文本占位符中单击“插入图表”图标，在弹出的“插入图表”对话框中选择“簇状柱形图”，单击“确定”按钮后则在幻灯片中插入了图表，同时打开了 Excel 用于编辑数据。

（16）在 Excel 工作表中修改数据，然后调整图表数据区域的大小，如图 5 – 108 所示，关闭 Excel 则完成了图表的插入。

（17）按 Ctrl + S 键保存演示文稿。

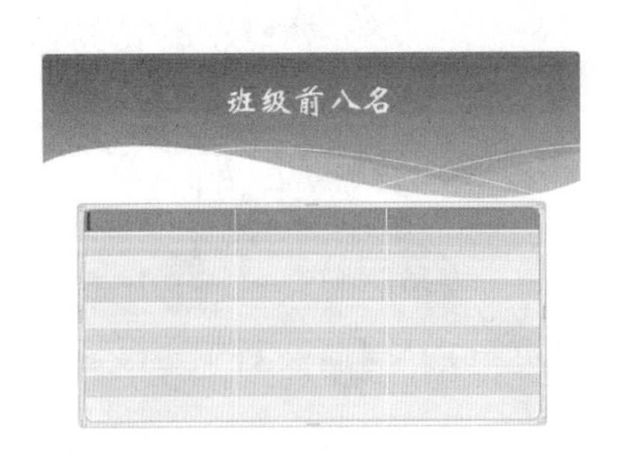

	A	B	C	D	E
1		平均成绩	系列 2	系列 3	
2	语文	98	2.4	2	
3	数学	112	4.4	2	
4	英语	105	1.8	3	
5	物理	98	2.8	5	
6	化学	89			
7	生物	80			
8	政治	86			
9					

图 5－107　插入的表格

图 5－108　调整图表数据区域的大小

实验 3:京剧介绍

一、实验目的

1. 使用艺术字美化幻灯片效果。
2. 掌握按钮的创建与设置方法。
3. 学会使用超链接增加演示文稿的交互性。
4. 熟练掌握幻灯片切换效果的设置。

二、实验内容

利用提供的素材制作一个“京剧介绍”的教学课件,效果如图 5－109 所示。

图 5－109　“京剧介绍”教学课件效果

三、实验要求

“京剧介绍”教学课件的制作要求如下：

(1)创建一个新的PPT演示文稿，保存在“D:\学号－姓名”文件夹中，命名为“实验3:京剧介绍.pptx”。

(2)连续新建5张空白幻灯片，在第1～5张幻灯片中分别插入图片(“素材”文件夹中的“J01.jpg”～“J05.jpg”文件)。

(3)插入艺术字。

①在第1张幻灯片中插入艺术字“京剧介绍”，字体为华康俪金黑W8(P)，艺术字样式为“渐变填充－黑色，轮廓－白色，外部阴影”，大小为96磅，文字方向为竖排；然后再使用文本框输入“主讲:张老师”，字体为华康俪金黑W8(P)，大小28磅，颜色为青色，如图5－110所示。

②在第2张幻灯片中插入艺术字“京剧的乐器”“京剧的服饰”和“京剧的脸谱”，大小为28磅，其他设置与艺术字“主讲:张老师”相同，如图5－111所示。

图5－110　第1张幻灯片效果　　图5－111　第2张幻灯片效果

(4)编辑第6张幻灯片。

①设置幻灯片背景为“漫漫黄沙”。

②插入艺术字“欲了解更多京剧知识请点击此处”，输入文字时分两行输入，字体为“宋体”，大小为54磅，加粗、清除艺术字样式，设置转换效果为“左近右远”。

③继续插入艺术字“给作者发邮件”，字体为“隶书”，艺术字样式为“填充－白色，暖色粗糙棱台”，大小为36磅，如图5－112所示。

(5)创建超链接。

①为第2张幻灯片中的3组艺术字创建超链接，分别链接到本演示文稿的第3、4、5张幻灯片上。

②在第3张幻灯片上创建一个按钮，建立超链接，链接到第2张幻灯片，如图5－113所示，然后将该按钮复制到第4～6张幻灯片上。

③为第6张幻灯片中上方的艺术字建立超链接，链接到http://art.china.cn，为下方的艺术字建立超链接，链接到电子邮箱teacherzh@sina.com。

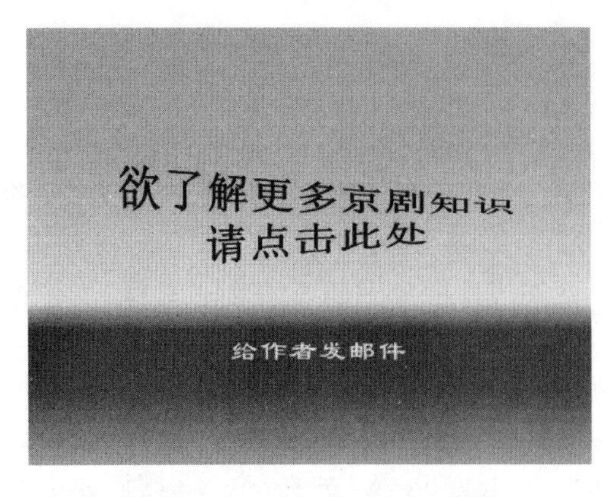

图 5－112　第 6 张幻灯片效果

图 5－113　复制的按钮

(6)为每一张幻灯片设置不同的切换效果,可以自由指定。

四、实验步骤

“京剧介绍”教学课件的制作步骤如下:

(1)启动 PowerPoint 2010。

(2)按下 Ctrl＋S 键,将演示文稿保存到“D:\学号－姓名”文件夹中,命名为“实验 3:京剧介绍. pptx”。

(3)在“开始”选项卡的“幻灯片”组中打开“新建幻灯片”按钮下方的下拉列表,选择“空白”幻灯片版式,在第 1 张幻灯片的下方插入一张空白幻灯片;用同样的方法,再插入 4 张空白幻灯片。

(4)在“幻灯片”选项卡中选择第 1 张幻灯片,选择其中的两个标题占位符,按下 Delete键将其删除。

(5)在“插入”选项卡的“图像”组中单击“图片”按钮,在弹出的“插入图片”对话框中选择一幅图片(这里选择“素材”文件夹中的“J01. jpg”文件),单击“插入”按钮,将其插入到幻灯片中,调整其与幻灯片的右侧对齐,如图 5－114 所示。

图 5－114　调整图片的位置

(6)用同样的方法,在第 2～5 张幻灯片中分别插入图片(这里选择“素材”文件夹中的“J02. jpg” ~“J05. jpg”文件)，如图 5 – 115 所示。

(7)在“幻灯片”选项卡中选择第 1 张幻灯片，在“插入”选项卡的“文本”组中单击“艺术字”按钮，在打开的下拉列表中选择 4 排 3 列中的“渐变填充 – 黑色，轮廓 – 白色，外部阴影”样式，然后在艺术字占位符中输入内容“京剧介绍”。

(8)选择艺术字“京剧介绍”，在“开始”选项卡的“字体”组中设置字体为华康俪金黑W8(P)，大小为 96 磅；在“段落”组中单击“文字方向”按钮，在打开的列表中选择“竖排”，然后将艺术字调整到幻灯片的左侧，如图 5 – 116 所示。

(9)在“插入”选项卡的“文本”组中单击“文本框”按钮，在打开的列表中选择“横排文本框”选项，然后在幻灯片的左下角拖动鼠标，绘制一个文本框，在其中输入文字“主讲:张老师”。

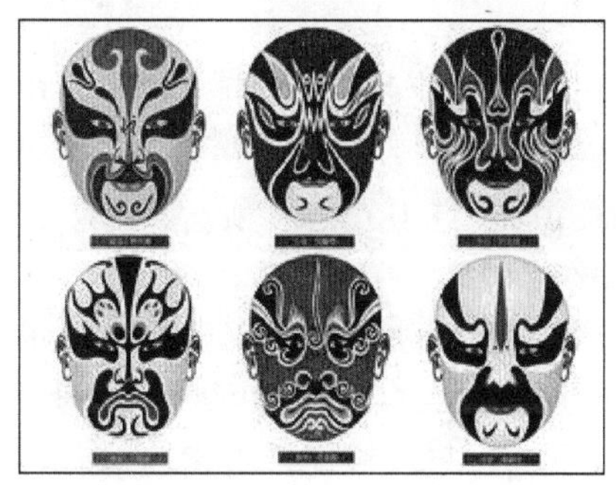

图 5 – 115　第 2 ~5 张幻灯片中的图片

图 5 – 116　调整后的艺术字效果

(10)选择文字“主讲:张老师”,设置字体为华康俪金黑 W8(P),大小为 28 磅,颜色为青色。

(11)在“幻灯片”选项卡中选择第 2 张幻灯片,参照刚才的操作方法,在幻灯片的左下方插入艺术字“京剧的乐器”,设置艺术字大小为 28 磅,其他设置与“京剧介绍”艺术字相同。

(12)选择艺术字“京剧的乐器”,按住 Ctrl 键的同时向右拖动鼠标,复制两组艺术字,分别修改其中的文字为“京剧的服饰”和“京剧的脸谱”,然后适当调整 3 组艺术字的位置,如图 5 - 117 所示。

图 5 - 117　调整艺术字的位置

(13)在“幻灯片”选项卡中选择第 6 张幻灯片,在幻灯片上单击鼠标右键,在弹出的快捷菜单中选择“设置背景格式”选项,则弹出“设置背景格式”对话框。在对话框右侧选择“渐变填充”选项,设置“预设颜色”为“漫漫黄沙”,如图 5 - 118 所示,单击“关闭”按钮确认操作。

(14)参照刚才的方法,在幻灯片中插入任意样式的艺术字“欲了解更多京剧知识请点击此处”,输入文字时分两行输入,设置字体为宋体,大小为 54 磅,加粗显示。

(15)选择艺术字,在“格式”选项卡的“艺术字样式”组中打开下拉列表,选择“清除艺术字”选项,清除艺术字样式,然后单击“文本效果”按钮,在打开的列表中选择“转换”选项,在“弯曲”列表中选择“左近右远”效果,则艺术字效果如图 5 - 119 所示。

(16)用同样的方法,继续插入艺术字“给作者发邮件”,选择艺术字样式为“填充 - 白色,暖色粗糙棱台”,字体为隶书,大小为 36 磅,放置在幻灯片的下方位置。

(17)在“幻灯片”选项卡中选择第 2 张幻灯片,选择其中的“京剧的乐器”艺术字,在“插入”选项卡的“链接”组中单击“超链接”按钮,在打开的“插入超链接”对话框中选择链接目标为“本文档中的位置”,然后选择第 3 张幻灯片,如图 5 - 120 所示,然后单击“确定”按钮。

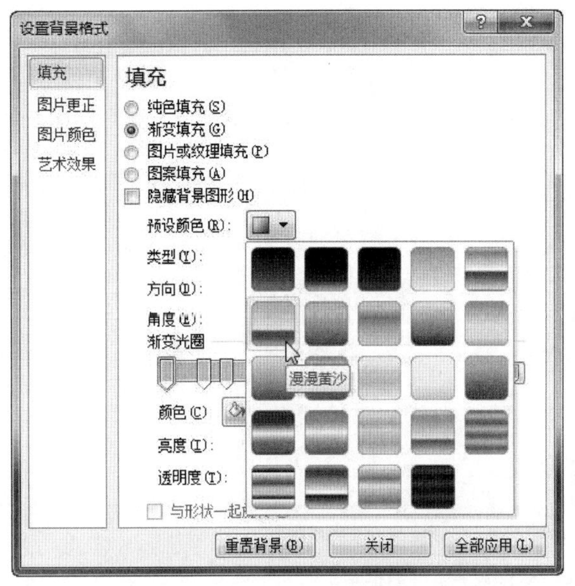

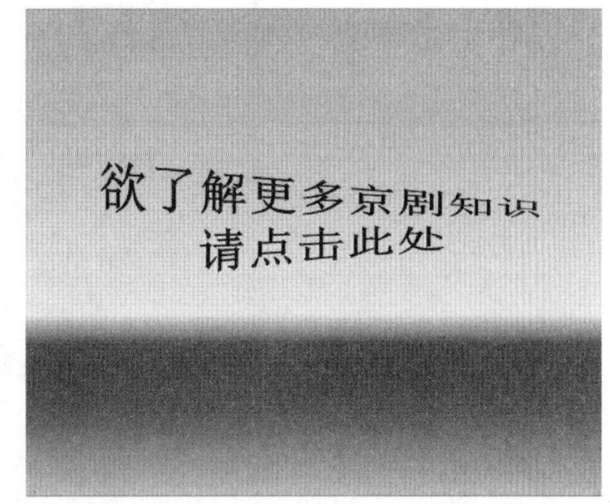

图 5－118　设置幻灯片背景颜色

图 5－119　艺术字效果

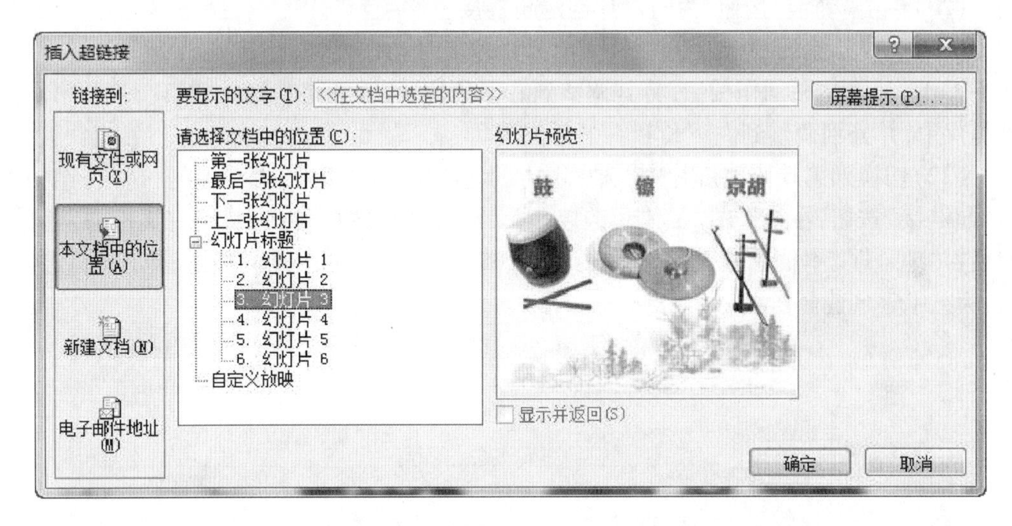

图 5－120　连接到文档内部的幻灯片

(18)用同样的方法,分别选择“京剧的服饰”和“京剧的脸谱”艺术字,将它们分别链接到第 4、5 张幻灯片上。

(19)在“幻灯片”选项卡中选择第 3 张幻灯片,在“插入”选项卡的“插图”组中打开“形状”按钮下方的列表,单击列表最下方的“动作按钮:第一张”按钮,然后在幻灯片的左下角拖动鼠标绘制一个按钮,则弹出“动作设置”对话框,设置链接选项如图 5－121 所示。

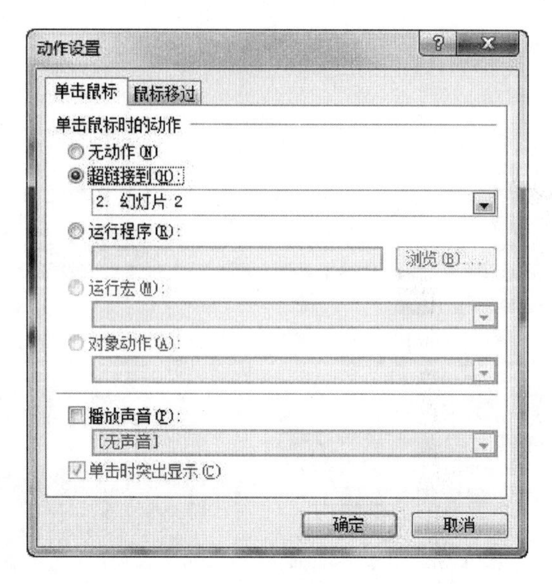

图 5－121 “动作设置”对话框

(20)单击“确定”按钮,为幻灯片创建超链接。

(21)选择绘制的动作按钮,按下 Ctrl + C 键复制动作按钮;切换到第 4 张幻灯片中,按下 Ctrl + V 键粘贴动作按钮,将其调整到右下角位置;继续将其粘贴到第 5 张和第 6 张幻灯片中,并分别调整到左下角和右下角位置。

(22)切换到第 6 张幻灯片中,选择上方的艺术字,在“插入”选项卡的“链接”组中单击“超链接”按钮,在打开的“插入超链接”对话框中选择链接目标为“现有文件或网页”,然后在“地址”文本框中输入网址 http://art. china. cn,如图 5－122 所示,单击“确定”按钮,为艺术字创建超链接。

图 5－122 插入网站链接

(23)用同样的方法,为幻灯片下方的艺术字建立超链接,在“插入超链接”对话框中选择链接目标为“电子邮件地址”,在“电子邮件地址”文本框中输入电子邮箱地址 mailto:teacherzh@ sina. com,在“主题”文本框中输入“给作者的建议”,如图 5－123 所示,然后单击“确定”按钮。

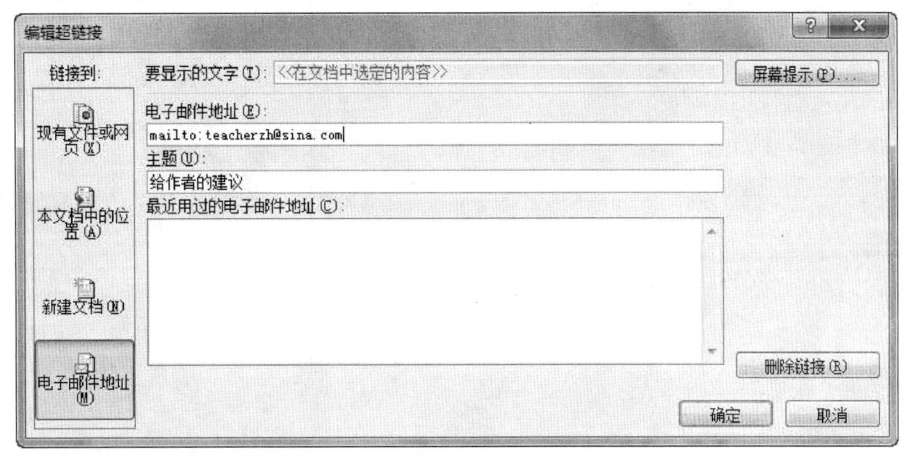

图 5－123　插入电子邮件链接

(24)在“幻灯片”选项卡中选择第 1 张幻灯片，在“切换”选项卡的“切换到此幻灯片”组中单击“百叶窗”切换效果。

(25)单击“效果选项”按钮，在打开的列表中选择“垂直”，如图 5－124 所示。

图 5－124　设置动画效果选项

(26)用同样的方法，为其他幻灯片设置不同的切换效果。

实验 4：制作动画效果

一、实验目的

1. 掌握设置对象动画效果的方法。
2. 学会设置动画选项。
3. 掌握自定义路径动画的设置及路径的编辑。
4. 学会演示文稿的打包方法。

二、实验内容

根据要求为每一张幻灯片设置动画效果，效果如图 5－125 所示。

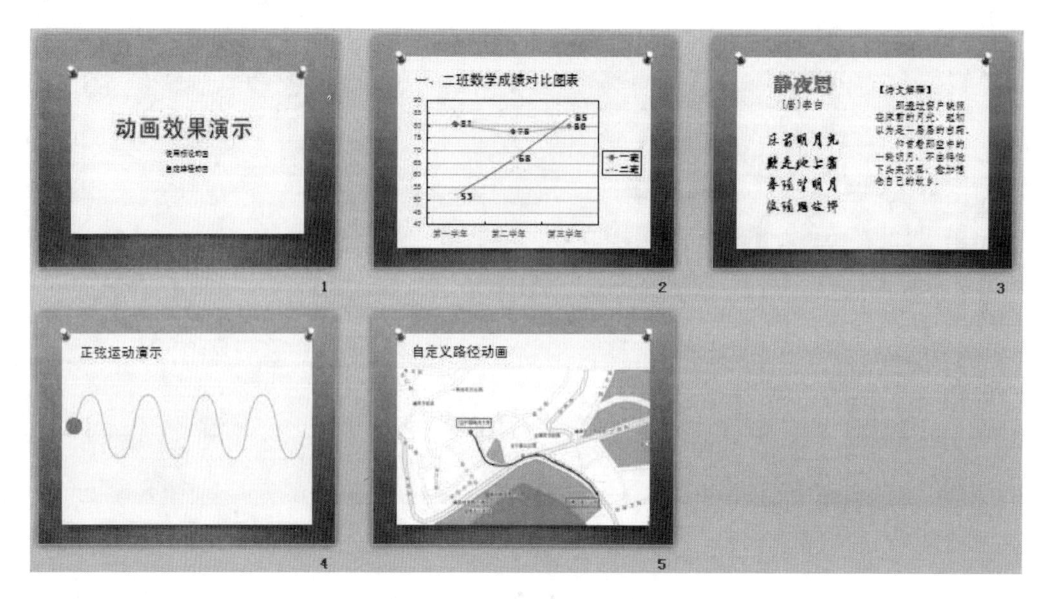

图 5－125　幻灯片设置动画效果

三、实验要求

制作动画效果的要求如下：

(1)打开素材中提供的“动画.pptx”文件，将其重新保存在“D:\学号－姓名”文件夹中，命名为“实验4:动画演示.pptx”。

(2)设置动画。

①在第1张幻灯片中设置标题由右侧飞入、副标题自左侧擦除，播放方式为单击播放。

②在第2张幻灯片中设置一、二班数学成绩趋势线均为阶梯状动画，一班数学成绩趋势线的播放方式为单击播放，二班数学成绩趋势线自动在一班数学成绩趋势线之后播放。

③在第3张幻灯片中设置唐诗文字从下方飞入，播放方式为进入页面自动播放；解释文字为从右侧切入，播放方式为单击播放。

④在第4张幻灯片中设置红色圆形以正弦路径方式播放，播放方式为单击播放。

⑤在第5张幻灯片中设置红色圆形同时运行3种动画：一是沿自定义路径运动，播放方式为单击播放；二是“彩色脉冲”动画，并使圆形在运动过程中红、黄色相间不断闪动；三是“放大/缩小”强调动画，持续时间为0.5秒，在运动过程中不断重复动画。

(3)对每一张幻灯片中的对象设置完动画以后，将演示文稿打包发行，CD名称为“打包练习”，目标文件夹为“D:\学号－姓名”文件夹。

四、实验步骤

制作动画效果的步骤如下：

(1)启动PowerPoint 2010，按下Ctrl＋O键，打开“素材”文件夹中的“动画.pptx”。

(2)切换到“文件”选项卡，执行“另存为”命令，将其重新保存在“D:\学号－姓名”文件夹中，命名为“实验4:动画演示.pptx”。

(3)选择第 1 张幻灯片中的标题“动画效果演示”,在“动画”选项卡的“动画”组中单击“飞入”进入效果;打开“效果选项”按钮下方的下拉列表,选择“自右侧”选项;在“计时”组中设置播放方式为单击播放,如图 5－126 所示。

图 5－126　设置动画选项

(4)用同样的方法,选择两个副标题,在“动画”选项卡的“动画”组中单击“擦除”进入效果,在“效果选项”下拉列表中选择“自左侧”选项,设置播放方式为单击播放。

(5)在“幻灯片”选项卡中切换到第 2 张幻灯片,选择一班数学成绩趋势线,在“动画”选项卡的“动画”组中单击右侧的 按钮,在打开的动画效果列表中选择“更多进入效果”选项,在“更改进入效果”对话框中选择“阶梯状”进入效果,如图 5－127 所示。

(6)单击“确定”按钮,然后在“动画”选项卡中设置“效果选项”为“右下”,播放方式为单击播放,并延长动画持续时间为 2 秒,如图 5－128 所示。

(7)用同样的方法,设置二班数学成绩趋势线为“阶梯状”动画,“效果选项”为“右上”,播放方式为“上一动画之后”,并延长动画持续时间,如图 5－129 所示。

图 5－127　“更改进入效果”对话框

图 5－128　延长动画持续时间

图 5－129　设置二班数学成绩趋势线的动画选项

(8)在“幻灯片”选项卡中切换到第3张幻灯片，选择左侧的唐诗文字，设置为“飞入”进入动画，“效果选项”为“自底部”，播放方式为“上一动画之后”，设置动画持续时间为2秒；继续选择右侧的解释文字，设置为“切入”进入动画，“效果选项”为“自右侧”，播放方式为单击播放。

(9)在“幻灯片”选项卡中切换到第4张幻灯片，选择红色圆形，在“动画”选项卡的“动画”组中单击右侧的按钮，在打开的动画效果列表中选择“其他动作路径”选项，在“更改动作路径”对话框中选择“正弦波”动作路径，如图5－130所示。

(10)单击“确定”按钮，则圆形的右侧出现了“正弦波”动作路径，如图5－131所示。

(11)单击选择动作路径，拖动路径周围的控制点调整正弦波的大小和位置，使其与下方的底图相吻合，如图5－132所示。

(12)选择红色圆形，在“动画”选项卡中设置播放方式为单击播放，设置动画持续时间为3秒。

(13)在“幻灯片”选项卡中切换到第5张幻灯片，选择红色圆形，在“动画”选项卡的“动画”组中选择“自定义路径”选项，此时光标变为十字形，参照底图，以“中国海洋大学”为开始点，以“第一海水沙场”为结束点，绘制一条光滑的曲线作为动画运动的路径(注意绘制到结束点时要双击鼠标)，如图5－133所示，然后设置播放方式为单击播放，并设置动画持续时间为5秒。

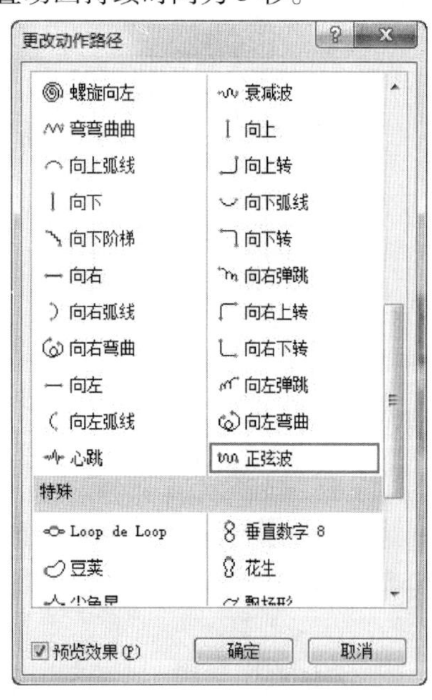

图5－130 “更改动作路径”对话框

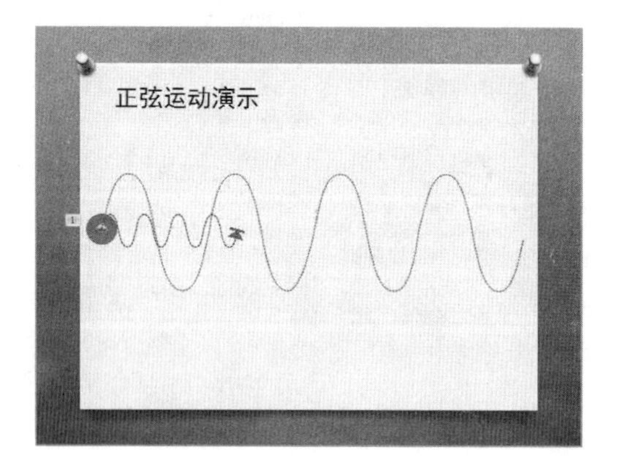

图5－131 “正弦波”动作路径

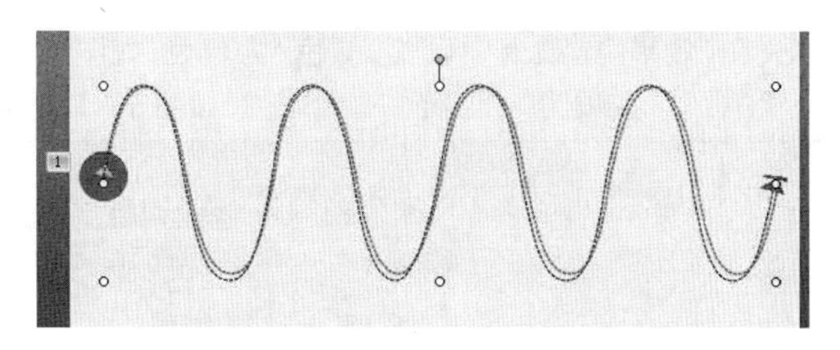

图 5 - 132　调整正弦波的大小和位置

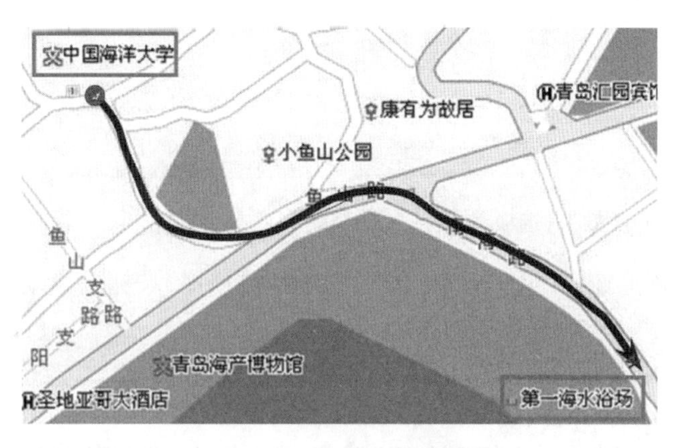

图 5 - 133　绘制的运动路径

(14)再次选择红色圆形,在“动画”选项卡的“高级动画”组中单击“添加动画”按钮,在打开的下拉列表中选择“彩色脉冲”强调动画,然后设置播放方式为“与上一动画同时”。

(15)单击“预览”组中的“预览”按钮预览动画效果,可以看到红色圆形只闪动了一次,而我们需要让其在运动过程中不断闪动,下面进行修改。

(16)在“高级动画”组中单击“动画窗格”按钮,打开“动画窗格”,在这里可以看到已经添加了 2 个动画效果,如图 5 - 134 所示。

图 5 - 134　动画窗格

(17)单击第 2 个动画效果右侧的小箭头,在打开的菜单中选择“效果选项”命令,打

开“彩色脉冲”对话框，在“效果”选项卡中设置“颜色”为黄色，如图 5－135 所示；切换到“计时”选项卡中，设置“重复”选项为“直到下一次单击”，如图 5－136 所示。

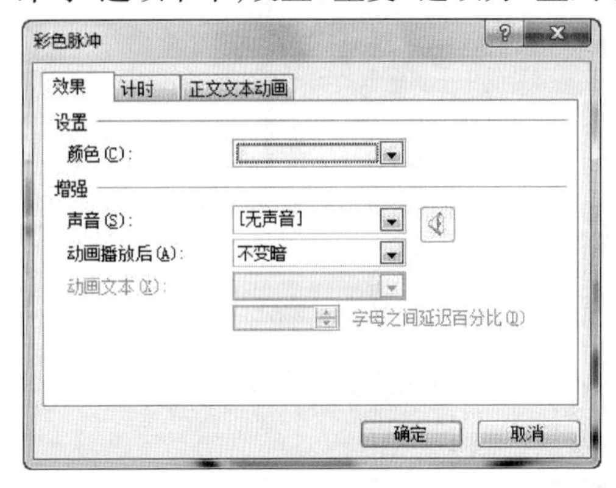

图 5－135 “效果”选项卡

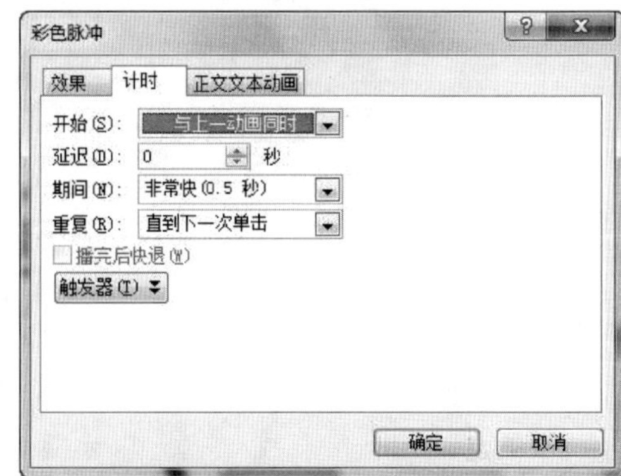

图 5－136 “计时”选项卡

（18）单击“确定”按钮，再次单击“预览”组中的“预览”按钮预览动画效果，可以看到红色圆形在运动过程中红、黄色相间不断闪动。

（19）再次选择红色圆形，参照前面的操作方法，为其添加“放大/缩小”强调动画，并设置播放方式为“与上一动画同时”，持续时间为 0.5 秒。

（20）在“动画窗格”中单击第 3 个动画右侧的小箭头，在打开的菜单中选择“效果选项”命令，打开“放大/缩小”对话框，在“计时”选项卡中设置“重复”选项为“直到下一次单击”。

（21）按下 Ctrl + S 键，保存演示文稿。

（22）切换到“文件”选项卡，选择“保存并发送”→“将演示文稿打包成 CD”命令，然后单击“打包成 CD”按钮，则弹出“打包成 CD”对话框，设置选项如图 5－137 所示。

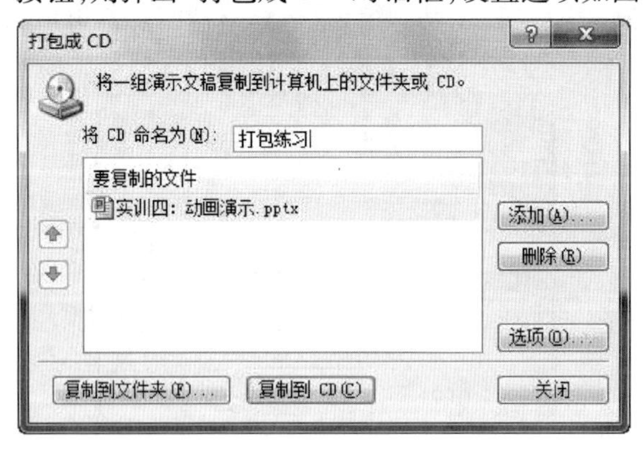

图 5－137 “打包成 CD”对话框

（23）单击“复制到文件夹”按钮，在弹出的“复制到文件夹”对话框中指定位置为“D:\学号－姓名”文件夹。

（24）单击“确定”按钮，在弹出的提示复制链接文件的对话框中单击“是”按钮，则开始打包演示文稿，完成后在指定的文件夹中可以看到打包后的文件。

第 6 章 计算机网络与应用

在当今社会生活中,计算机网络已成为人们日常工作、学习、生活中不可缺少的一部分,不仅为人们的生活带来了极大的便利,同时也改变了人类社会的生活方式。现在,计算机网络的应用几乎覆盖各个领域,从某种意义上说,计算机网络的应用水平已成为一个国家信息化水平的重要标志,反映了一个国家的现代化程度。因此,对计算机网络的研究、开发和应用越来越受到各国的重视。

6.1 数据通信基础

数据通信是通信技术和计算机技术相结合而产生的一种新的通信方式。要在两地间传输信息必须有传输信道,通过传输信道将数据终端与计算机联结起来,使不同地点的数据终端实现软、硬件和信息资源的共享。

6.1.1 数据通信

1. 通信

通信指人与人或人与自然之间通过某种行为或媒介进行的信息交流与传递。从广义上来说,是指需要信息的双方或多方在不违背各自意愿的情况下,采用任意方法、任意媒介,将信息从某方准确、安全地传送到另一方。通信的方式包括以视觉、声音传递为主(如古代的烽火台、击鼓、旗语等)、以实物传递为主(如驿站、信鸽、邮政通信等)和以电信方式为主的现代通信(如电报、电话、短信、E - mail 等),无论采用何种方式,通信的根本目的就是传递信息。

2. 数据通信

数据通信指依照通信协议,利用数据传输技术在两个功能单元之间传递数据信息。数据通信包含两方面内容,即数据传输和数据传输前后的处理,数据传输是数据通信的基础,数据传输前后的处理则使数据的远距离交互得以实现。

数据通信是通信技术和计算机技术相结合而产生的一种新的通信方式。由于现在的信息传输与交换大多是在计算机之间或计算机与外围设备之间进行的,所以数据通信有时也称为计算机通信。

3．通信信号

信号是数据的载体，通常可以分为数字信号和模拟信号两类，从时间的角度来看，数字信号是一种离散信号，模拟信号是一组连续变化的信号。数据既可以是模拟的，也可以是数字的，不同的数据必须转换为相应的信号才能进行传输，模拟数据一般采用模拟信号，数字数据则采用数字信号，模拟信号和数字信号之间可以进行相互转换。

4．通信信道

通信信道是数据传输的通路，根据传输介质的不同可分为有线信道和无线信道，按传输数据类型的不同可分为数字信道和模拟信道。

5．数据通信系统

数据通信系统指的是通过数据电路将分布在远地的数据终端设备（DTE）与计算机系统连接起来，实现数据传输、交换、存储和处理的系统。典型的数据通信系统主要由中央计算机系统、数据终端设备、数据电路3部分构成。

6.1.2 数据通信主要技术指标

1．传输速率

在数字信道中，传输速率用“比特率”表示，比特率用单位时间内传输的二进制代码的有效位数来表示，其单位为每秒比特数[bit/s(bps)]；在模拟信道中，传输速率用“波特率”表示，波特率指数据信号对载波的调制速率，它用单位时间内载波调制状态改变次数来表示，其单位为波特（Baud）。

波特率与比特率的关系为

$$比特率 = 波特率 \times 单个调制状态对应的二进制位数$$

2．信道带宽

带宽即传输信号的最高频率与最低频率之差。

3．误码率

误码率指在数据传输中的错误率。

6.1.3 通信介质

通信介质（即传输介质）是指网络通信的线路，是网络中传输信息的载体。常用的传输介质分为有线传输介质和无线传输介质两大类，有线传输介质包括同轴电缆、双绞线、光纤等，无线传输介质包括无线电波、微波、红外线、蓝牙、激光、卫星通信等。

6.1.4 数据传输方式

数据传输方式是指数据在信道上传送所采取的方式。若按数据传输的顺序可以分为并行传输和串行传输；若按数据传输的同步方式可分为同步传输和异步传输；若按数据传输的流向和时间关系可以分为单工数据传输、半双工数据传输和全双工数据传输；若按被传输的数据信号特点可以分为基带传输、频带传输和数字数据传输。

1．串行传输和并行传输

串行传输是数据流以串行方式在一条信道上传输。该方法易于实现，缺点是解决收、发双方码组或字符的同步问题需外加同步措施。当前串行传输应用较多。

并行传输是将数据以成组的方式在两条以上的并行信道上同时传输。该方法不需另外措施就实现了收发双方的字符同步,缺点是传输信道多,设备复杂,成本较高。当前并行传输应用较少。

2. 同步传输和异步传输

同步传输是以同步的时钟节拍来发送数据信号的,因此在一个串行的数据流中,各信号码元之间的相对位置都是固定的(即同步的)。在同步传输的模式下,数据的传送是以一个数据区块为单位的,因此同步传输又称为区块传输。

异步传输一般以字符为单位,不论所采用的字符代码长度为多少位,在发送每一字符代码时,前面均加上一个“起”信号,字符代码后面均加上一个“止”信号,作用就是区分串行传输的字符,也就是实现了串行传输收、发双方码组或字符的同步。

同步传输方式中发送方和接收方的时钟是统一的、字符与字符间的传输是同步无间隔的;异步传输方式并不要求发送方和接收方的时钟完全一样,字符与字符间的传输是异步的。

3. 单工数据传输、半双工数据传输和全双工数据传输

单工数据传输是两数据站之间只能沿一个指定的方向进行数据传输,即一端的数据终端设备固定为数据源,另一端的数据终端设备固定为数据宿。例如,无线电广播和电视信号传播都是单工数据传输。

半双工数据传输是两数据站之间可以在两个方向上进行数据传输,但不能同时进行,即每一端的数据终端设备既可作为数据源,也可作为数据宿,但不能同时作为数据源与数据宿。例如,对讲机是半双工数据传输。

全双工数据传输是在两数据站之间,可以在两个方向上同时进行传输,即每一端的数据终端设备均可同时作为数据源与数据宿。例如,电话、计算机与计算机通信都是全双工数据传输。

4. 基带传输、频带传输和数字数据传输

未对载波调制的待传信号称为基带信号,它所占的频带称为基带。基带传输就是一种不搬移基带信号频谱的传输方式。基带传输的优点是设备较简单,线路衰减小,有利于增加传输距离。

频带传输是一种利用调制器对传输信号进行频率变换,通过模拟通信信道传输数字信号的方法,频带传输是在计算机网络系统的远程通信中常采用的一种传输技术。

数字数据传输是采用数字信道来传输数据信号的传输方式。与采用模拟信道的传输方式相比,数字数据传输方式传输质量高,信道利用率高,不需要模拟信道传输用的调制解调器。

6.1.5 数据交换方式

在数据通信系统中,当终端与计算机之间,或者计算机与计算机之间不是直通专线连接,而是要经过通信网的接续过程来建立连接的时候,那么两端系统之间的传输通路就是通过通信网络中若干节点转接而成的所谓的“交换线路”。在一种任意拓扑的数据通信网络中,通过网络节点的某种转接方式来实现从任意一端系统到另一端系统之间接通数据通路的技术,就称为数据交换技术。数据交换技术主要包括电路交换、报文交换和分组交换。

1. 电路交换

电路交换是通过交换节点在一对站点之间建立专用通信通道而进行直接通信的方式。电话网中就是采用电路交换方式。

2. 报文交换

报文交换是以报文为数据交换的单位,报文携带有目标地址、源地址等信息,在交换结点采用"存储—转发"的传输方式,不需要在两个通信节点之间建立专用的物理线路。电报的发送、电子邮件系统(E－mail)适合采用报文交换方式。

3. 分组交换

分组交换不需要事先建立物理通路,只要前方线路空闲,就以分组为单位发送,中间节点接收到一个分组后,不必等到所有的分组都收到就可以转发。分组交换是通过标有地址的分组进行路由选择传送数据,使信道仅在传送分组期间被占用的一种交换方式。因特网采用的就是典型的分组交换方式。

6.1.6 多路复用技术

在数据通信系统或计算机网络系统中,传输媒体的带宽或容量往往会大于传输单一信号的需求,为了有效地利用通信线路,希望一个信道能同时传输多路信号,这就是所谓的"多路复用技术"。采用多路复用技术能把多个信号组合起来在一条物理信道上进行传输,在远距离传输时可大大节省电缆的安装和维护费用。

1. 频分多路复用

频分多路复用是一种将多路基带信号调制到不同频率载波上再进行叠加形成一个复合信号的多路复用技术。在物理信道的可用带宽超过单个原始信号所需带宽的情况下,可将该物理信道的总带宽分割成若干个与传输单个信号带宽相同(或略宽)的子信道,每个子信道传输一种信号,这就是频分多路复用。

2. 时分多路复用

时分多路复用适用于数字信号的传输。由于信道的位传输率超过每一路信号的数据传输率,因此可将信道按时间分成若干片段并轮换地给多个信号使用,每一时间片段由复用的一个信号单独占用,在规定的时间内,多个数字信号都可按要求传输到达,从而也实现了在一条物理信道上传输多个数字信号。

3. 波分多路复用

将两种或多种不同波长的、携带各种信息的光载波信号在发送端经复用器(也称合波器)汇合在一起,并耦合到光线路的同一根光纤中进行传输;在接收端,经解复用器(也称分波器或去复用器)将各种波长的光载波分离,然后由光接收机做进一步处理以恢复原信号,这种在同一根光纤中同时传输两个或多种不同波长光信号的技术,称为波分复用。

6.2　计算机网络基础

计算机网络(Computer Network)是计算机技术和通信技术相结合的产物,是信息高速公路的重要组成部分,是一种涉及多门学科和多个技术领域的综合性技术。

6.2.1　计算机网络的概念

关于计算机网络的定义有很多,最简单的定义是指一些相互连接的、以共享资源为目的的、自治的计算机的集合。

从逻辑功能上看,计算机网络是以传输信息为基础目的,用通信线路将多个计算机连接起来的计算机系统的集合。一个计算机网络由传输介质和通信设备组成。

从用户角度看,计算机网络是指存在着一个能为用户自动管理的网络操作系统,由它调用完成用户所需的资源,而整个网络像一个大的计算机系统一样,对用户而言是透明的。

从整体上来说,计算机网络就是把分布在不同地理区域的计算机与专门的外部设备用通信线路互联成一个规模大、功能强的系统,从而使众多的计算机可以方便地互相传递信息,共享硬件、软件、数据信息等资源。简单来说,计算机网络就是由通信线路互相连接的、许多自主工作的计算机构成的集合体。

通过以上分析,可以给计算机网络下定义:计算机网络是指将地理位置不同的、具有独立功能的多台计算机及其外部设备,通过通信线路连接起来,在网络操作系统、网络管理软件及网络通信协议的管理和协调下,实现资源共享和信息传递的计算机系统。

6.2.2　计算机网络的形成与发展

20世纪60年代,美国国防部为了保证美国本土防卫力量和海外防御武装在受到打击以后仍然具有一定的生存和反击能力,认为有必要设计出一种分散的指挥系统。它由一个个分散的指挥点组成,当部分指挥点被摧毁后,其他指挥点仍能正常工作,并且在这些指挥点之间能够绕过那些已被摧毁的指挥点而继续保持联系。为了对这一构思进行验证,1969年,美国国防部国防高级研究计划署资助建立了一个名为ARPAnet(即"阿帕网")的网络,这个网络把位于洛杉矶的加利福尼亚大学、位于圣塔芭芭拉的加利福尼亚大学、斯坦福大学,以及位于盐湖城的犹他州州立大学的计算机主机联结起来,位于各个结点的大型计算机采用分组交换技术,通过专门的通信交换机和专门的通信线路相互连接。这个"阿帕网"就是Internet最早的雏形。

20世纪80年代初,ARPAnet取得了巨大成功,但没有获得美国联邦机构合同的学校仍不能使用。为解决这一问题,美国国家科学基金会(NSF)开始着手建立提供给各大学计算机系使用的计算机科学网(CSnet)。1986年,NSF投资在美国普林斯顿大学、匹兹堡大学、加州大学圣地亚哥分校、依利诺斯大学和康纳尔大学建立5个超级计算中心,并通过56 kbps的通信线路连接形成NSFNet的雏形。从1986年至1991年,NSFNet的子网从100个迅速增加到3 000多个。NSFNet的正式营运及实现与其他已有网络和新建网络的连接开始真正成为 Internet 的基础。

Internet 的迅速崛起引起了全世界的瞩目,我国也非常重视信息基础设施的建设,注重与 Internet 的连接。

1987 年至 1993 年是 Internet 在中国的起步阶段,国内的科技工作者开始接触 Internet 资源。在此期间,以中国科学院高能物理研究所为首的一批科研院所与国外机构合作开展了一些与 Internet 联网的科研课题,通过拨号方式使用 Internet 的 E - mail 电子邮件系统,并为国内一些重点院校和科研机构提供了国际 Internet 电子邮件服务。1990 年 10 月,中国正式向国际互联网络信息中心(InterNIC)登记注册了最高域名“CN”,从而开通了使用自己域名的 Internet 电子邮件服务。1994 年 1 月,美国国家科学基金会接受我国正式接入 Internet 的要求。同年 3 月,我国开通并测试了 64 kbps 专线,中国获准加入 Internet。同年 4 月初,胡启恒院士在中美科技合作联委会上,代表中国政府向美国国家科学基金会(NSF)正式提出要求连入 Internet 并得到认可。

从 1994 年开始至今,中国实现了和 Internet 的 TCP/IP 连接,从而逐步开通了 Internet 的全功能服务。大型计算机网络项目的正式启动,Internet 在我国进入了飞速发展时期。1995 年 1 月,中国电信分别在北京、上海设立的 64 kbps 专线开通,并且通过电话网、DDN 专线及 X.25 网等方式开始向社会提供 Internet 接入服务。同年 4 月,中国科学院启动京外单位联网工程(俗称“百所联网”工程),取名“中国科技网”(CSTNet),其目标是把网络扩展到全国 24 个城市,实现国内各学术机构的计算机互联并和 Internet 相连,该网络逐步成为一个面向科技用户、科技管理部门及与科技有关的政府部门服务的全国性网络。同年 5 月,ChinaNET 全国骨干网开始筹建。同年 7 月,CERNet 连入美国的 128 kbps 国际专线开通。同年 12 月,中国科学院“百所联网”工程完成。1996 年 1 月,ChinaNET 全国骨干网建成并正式开通,全国范围的公用计算机互联网络开始提供服务。同年 9 月 6 日,中国金桥信息网宣布开始提供 Internet 服务。

1997 年 5 月 30 日,国务院信息化工作领导小组办公室发布《中国互联网络域名注册暂行管理办法》,授权中国科学院组建和管理中国互联网络信息中心(CNNIC),授权中国教育和科研计算机网网络中心与 CNNIC 签约并管理二级域名“.edu.cn”。1997 年 6 月 3 日,受国务院信息化工作领导小组办公室的委托,中国科学院在中国科学院计算机网络信息中心组建了中国互联网络信息中心(CNNIC),行使国家互联网络信息中心的职责。

计算机网络从无到有,从小到大,从局部应用发展到现在的全球互联,其发展过程大致分为 3 个阶段。

(1)第一阶段:以单个计算机为中心的联机终端系统。

在 20 世纪 50 年代以前,因为计算机主机相当昂贵,而通信线路和通信设备相对便宜,为了共享计算机主机资源和进行信息的综合处理,形成了第一代的以单主机为中心的联机终端系统。在第一代计算机网络中,因为所有的终端共享主机资源,因此终端到主机都单独占一条线路,所以使得线路利用率低。因为主机既要负责通信又要负责数据处理,因此主机的效率低。而且这种网络组织形式是集中控制形式,如果主机出问题,所有终端都被迫停止工作,所以可靠性较低。面对这样的情况,当时人们提出了一种改进方法,就是在远程终端聚集的地方设置一个终端集中器,把所有的终端聚集到终端集中器内，而且终端与集中器之间是低速线路，而终端与主机之间是高速线路，这样使得主机只需负责数据处理而不需负责通信工作，大大提高了主机的利用率。

(2)第二阶段：以通信子网为中心的主机互联。

到 20 世纪 60 年代中期，计算机网络不再局限于单计算机网络，许多单计算机网络相互连接形成了由多个单主机系统相连接的计算机网络。这样连接起来的计算机网络体系有 2 个特点：多个终端主机系统互联，形成了多主机互联网络；网络结构体系由主机到终端变为主机到主机。后来这样的计算机网络体系在慢慢演变，向两种形式演变，第一种就是把主机的通信任务从主机中分离出来，由专门的通信控制处理机（CCP）来完成，CCP 组成了一个单独的网络体系，称它为通信子网，而在通信子网基础上连接起来的计算机主机和终端则形成了资源子网，导致两层结构体系出现；第二种就是通信子网规模逐渐扩大成为社会公用的计算机网络，原来的 CCP 成为了公共数据通用网。

(3)第三阶段：计算机网络体系结构标准化。

随着计算机网络技术的飞速发展，以及计算机网络的逐渐普及，各种计算机网络要如何连接起来就显得相当复杂，需要为计算机网络制定一个统一的标准，使之更好地连接，因此网络体系结构标准化就显得相当重要。也正是在这样的背景下形成了体系结构标准化的计算机网络。计算机结构标准化有两个原因：一是为了使不同设备之间的兼容性和互操作性更加紧密；二是为了更好地实现计算机网络的资源共享。所以，计算机网络体系结构标准化具有相当重要的作用。

6.2.3　计算机网络的功能与分类

1. 计算机网络功能

计算机网络如今已经广泛应用于人们的生活、学习和工作中，其功能主要体现在以下几个方面：

(1)数据通信。

数据通信是依照一定的通信协议，利用数据传输技术在两个终端之间传递数据信息的一种通信方式和通信业务，它可实现计算机和计算机、计算机和终端，以及终端与终端之间的数据信息传递，是继电报、电话业务之后的第三大通信业务。

(2)资源共享。

计算机网络中的资源包括硬件资源、软件资源、数据资源、信道资源。共享是指计算机网络中的用户都能够部分或全部地使用这些资源。

硬件资源包括各种类型的计算机、大容量存储设备、计算机外部设备（如彩色打印机、静电绘图仪等）；软件资源包括各种应用软件、工具软件、系统开发所用的支撑软件、语言处理程序、数据库管理系统等；数据资源包括数据库文件、数据库、办公文档资料、企业生产报表等；信道资源（通信信道）可以理解为电信号的传输介质。

(3)分布式处理。

一个大的程序可通过计算机网络进行分布处理，由不同地点的计算机来协助处理这个大的程序。目前来讲，计算机网络达到了数据通信和资源共享的功能，分布处理只是在一部分计算机网络中得以实现，普遍实现还存在一定的困难。

2. 计算机网络分类

从不同角度观察网络、划分网络,有利于全面了解网络系统的各种特性。

(1)按地理范围分类。

①局域网 LAN(Local Area Network)。

局域网是最常见且应用最广的一种网络。现在局域网随着计算机网络技术的发展和提高得到了充分的应用和普及,几乎每个单位都有自己的局域网,甚至有的家庭也建立了自己的小型局域网。所谓“局域网”就是在局部范围内的网络,它所覆盖的地区范围较小。局域网在计算机数量配置上没有太多的限制,少的可以只有两台,多的可达几百台。一般来说,在企业局域网中,工作站的数量在几十台到两百台。在网络所涉及的地理距离上,可以是几米至10千米。局域网一般位于一个建筑物或一个单位内,不存在寻径问题,不包括网络层的应用。局域网最主要的特点是网络为一个单位所拥有,且地理范围和站点数目均有限。

此外,局域网还具有如下的一些主要特点:

a. 共享传输信道。

b. 传输速率较高,延时较低。

c. 误码率较低。

d. 支持多种媒体访问协议。

e. 能进行广播或组播。

②城域网 MAN(Metropolitan Area Network)。

城域网一般来说是在一个城市,但不在同一地理小区范围内的计算机的互联。这种网络的连接距离在10~100千米,它采用的是IEEE 802.6标准。MAN与LAN相比,扩展距离更长,连接计算机的数量更多,在地理范围上可以说是LAN网络的延伸。在一个大型城市等地区,一个MAN网络通常连接着多个LAN网,如连接政府机构的LAN、医院的LAN、电信的LAN、公司企业的LAN等。光纤连接的引入使MAN中高速的LAN互连成为可能。

城域网具有如下一些主要特点:

a. 传输速率高。

b. 用户投入少,接入简单。

c. 技术先进、安全。

d. 采用光纤直连技术。

e. 多任务传送平台应用广泛。

③广域网 WAN(Wide Area Network)。

广域网也称为远程网,所覆盖的范围比城域网(MAN)更广,它一般是不同城市之间的LAN或MAN网络互联,地理范围可从几百千米到几千千米。因为距离较远,信息衰减比较严重,所以这种网络一般是要租用专线,通过IMP(接口信息处理)协议和线路连接起来,构成网状结构,解决寻径问题。这种网络因为所连接的用户多,总出口带宽有限,所以用户的终端连接速率一般较低,通常为9.6 kbps~45 Mbps,如邮电部的ChinaNET,ChinaPAC和ChinaDDN网。

广域网具有如下的一些主要特点：

a. 适应大容量与突发性通信。

b. 适应综合业务服务。

c. 开放的设备接口与规范化的协议。

d. 完善的通信服务与网络管理。

(2)按传输速率分类。

网络的传输速率有快有慢，传输速率的单位是 bps(每秒比特数)，一般将传输速率在 300 kbps ~ 1.4 Mbps 的网络称为低速网；在 1.5 ~ 45 Mbps 的网络称为中速网，在 50 ~ 750 Mbps的网络称为高速网。

(3)按传输介质分类。

传输介质是指数据传输系统中发送装置和接收装置间的物理媒体，按其物理形态可以划分为有线和无线两大类。

①有线网。

传输介质采用物理介质连接的网络称为有线网，常用的有线传输介质有双绞线、同轴电缆和光导纤维。

双绞线是由两根绝缘金属线互相缠绕而成，这样的一对线作为一条通信线路，由 4 对双绞线构成双绞线电缆。目前，计算机网络上使用的双绞线按其传输速率分为三类线、五类线、六类线、七类线等，传输速率在 10 ~ 600 Mbps，双绞线电缆的连接器一般为 RJ - 45，双绞线点到点的通信距离一般不能超过 100 米。

同轴电缆是由内、外两个导体组成，内导体可以由单股或多股线组成，外导体一般由金属编织网组成。同轴电缆分为粗缆和细缆，粗缆用 DB - 15 连接器，细缆用 BNC 和 T 型连接器。

光缆又称光纤，由两层折射率不同的材料组成，内层由具有高折射率的单根玻璃纤维体组成，外层为一层折射率较低的材料。光纤的优点是不会受到电磁波的干扰，传输的距离也比电缆远，传输速率高，但安装和维护比较困难，需要专用的设备。光纤分为单模光纤和多模光纤，单模光纤的传输距离为几十千米，多模光纤为几千米，传输速率可达到每秒几百兆位，光纤用 ST 或 SC 连接器。

②无线网。

采用无线介质连接的网络称为无线网。目前无线网主要采用 3 种技术：微波通信、红外线通信和激光通信。目前的卫星网就是一种特殊形式的微波通信，它利用地球同步卫星作为中继站来转发微波信号，一个同步卫星可以覆盖地球表面的 1/3，3 个同步卫星就可以覆盖地球上的全部通信区域。

无线网特别是无线局域网有很多优点，如易于安装和使用；但无线局域网也有许多不足之处，如数据传输率一般比较低，远低于有线局域网，另外无线局域网的误码率也比较高，而且站点之间相互干扰比较厉害等。

(4)按拓扑结构分类。

网络拓扑是指网络中各个端点间相互连接的方法和形式，网络拓扑结构反映了组网的一种几何形式。局域网的拓扑结构主要有总线型、星型、环型及树型。

①总线型拓扑结构。

总线型拓扑结构采用一个信道作为传输媒体,所有站点都通过相应的硬件接口直接连到这一个公共传输媒体上,该公共传输媒体即称为总线。任何一个站点发送的信号都沿着传输媒体传播,而且能被其他所有站点接收。因为所有站点共享一条公用的传输信道,所以一次只能由一个设备传输信号,通常采用分布式控制策略来确定哪个站点可以发送。发送时,发送站点将报文分组,然后逐个依次发送这些分组,有时还要与其他站点的分组交替地在媒体上传输。当分组经过各站点时,其中的目的站点会识别到分组所携带的目的地址,然后复制下这些分组的内容。图 6－1 所示为总线型拓扑结构示意图。

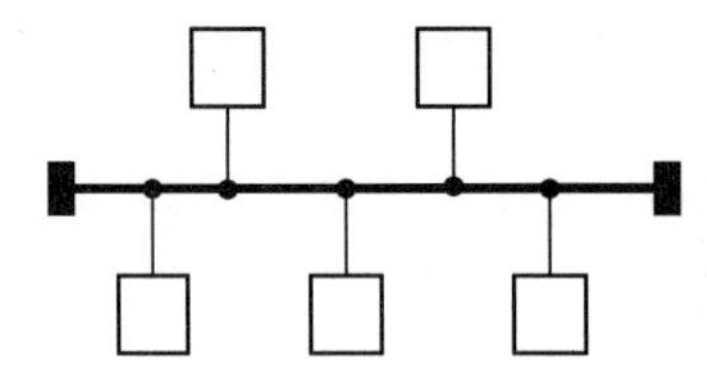

图 6－1　总线型拓扑结构

总线型拓扑结构的优点:总线结构所需要的电缆数量少,线缆长度短,易于布线和维护;总线结构简单,又是元源工作,有较高的可靠性;传输速率高,可达 1～100 Mbps;易于扩充,增加或减少用户比较方便;结构简单,组网容易,网络扩展方便;多个节点共用一条传输信道,信道利用率高。

总线拓扑结构的缺点:总线的传输距离有限,通信范围受到限制;故障诊断和隔离较困难;分布式协议不能保证信息的及时传送,不具有实时功能;站点必须是智能的,要有媒体访问控制功能,从而增加了站点的硬件和软件开销。

②星型拓扑结构。

星形拓扑结构是由中央节点和通过点到点通信链路连接到中央节点的各个站点组成。中央节点执行集中式通信控制策略,因此中央节点相当复杂,而各个站点的通信处理负担都很小。星型拓扑结构采用的交换方式有电路交换和报文交换,尤以电路交换更为普遍。这种结构一旦建立了通道连接,就可以无延迟地在连通的两个站点之间传送数据。图 6－2 所示为星型拓扑结构示意图。

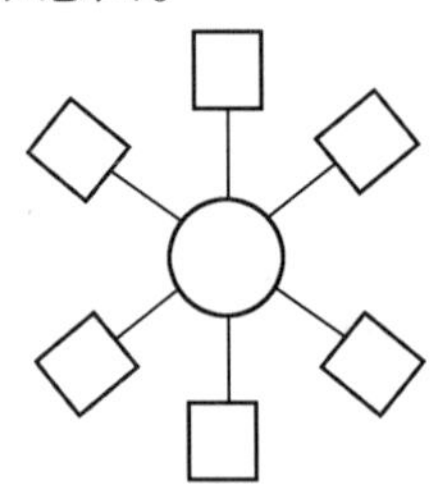

图 6－2　星型拓扑结构

星型拓扑结构的优点:结构简单,连接方便,管理和维护都相对容易,扩展性强;网络延迟时间较小,传输误差低;在同一网段内支持多种传输介质,除非中央节点故障,否则网络不会轻易瘫痪;每个节点直接连接到中央节点,故障容易检测和隔离,可以很方便地排除有故障的节点。

星型拓扑结构的缺点:安装和维护的费用较高;共享资源的能力较差;一条通信线路只被该线路上的中央节点和边缘节点使用,通信线路利用率不高;对中央节点要求相当高,一旦中央节点出现故障,则整个网络将瘫痪。

③环型拓扑结构。

在环型拓扑结构中,各节点通过环路接口连在一条首尾相连的闭合环形通信线路中,环路上任何节点均可以请求发送信息,请求一旦被批准,便可以向环路发送信息。环型拓扑结构中的数据可以是单向传输,也可以是双向传输。由于环线公用,一个节点发出的信息必须穿越环中所有的环路接口,信息流中目的地址与环上某节点地址相符时,信息被该节点的环路接口接收,而后信息继续流向下一环路接口,一直流回到发送该信息的环路接口节点为止。图6-3所示为环型拓扑结构示意图。

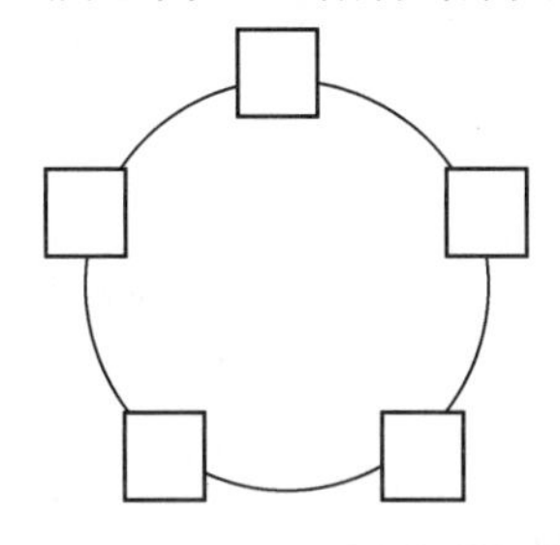

图6-3　环型拓扑结构

环型拓扑结构的优点:电缆长度短;增加或减少工作站时,仅需简单的连接操作;可使用光纤。

环型拓扑结构的缺点:节点的故障会引起全网故障;故障检测困难;环型拓扑结构的媒体访问控制协议都采用令牌传递的方式,在负载很轻时,信道利用率相对来说比较低。

④树型拓扑结构。

树型拓扑结构可以认为是由多级星型结构组成的,只不过这种多级星型结构自上而下呈三角形分布,就像一棵树一样,最顶端的枝叶少些,中间枝叶的多些,而最下面的枝叶最多。树的最下端相当于网络中的边缘层,树的中间部分相当于网络中的汇聚层,而树的顶端则相当于网络中的核心层。它采用分级的集中控制方式,其传输介质可有多条分支,但不形成闭合回路,每条通信线路都必须支持双向传输。图6-4所示为树型拓扑结构示意图。

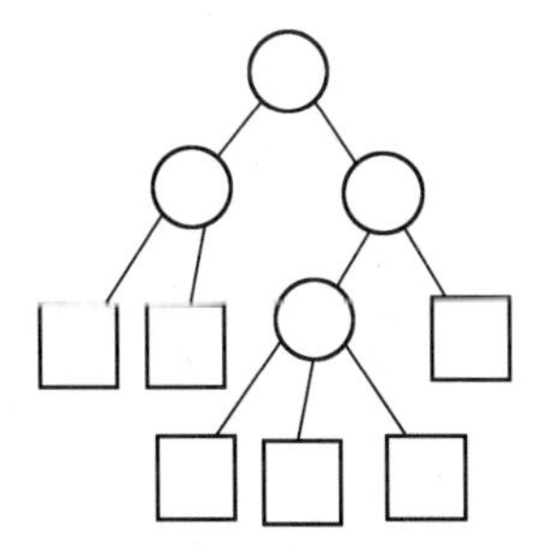

图6-4　树型拓扑结构

树型拓扑结构的优点:易于扩展;故障隔离较容易。

树型拓扑结构的缺点:各个节点对“根”的依赖性太大,如果“根”发生故障,则全网不能正常工作。

此外,还有将两种单一拓扑结构混合起来,取两者的优点构成的混合型拓扑结构;节点之间有许多条路径相连,可以为数据流的传输选择适当的路由,从而绕过失效的部件或过忙节点的网状拓扑结构等。

6.2.4 计算机网络体系结构

计算机网络体系结构可以从网络组织、网络配置、网络体系结构 3 个方面来描述,网络组织从网络的物理结构和网络的实现两方面来描述计算机网络;网络配置从网络应用方面来描述计算机网络的布局,从硬件、软件和通信线路来描述计算机网络;网络体系节构从功能上来描述计算机网络结构。计算机网络由多个互连的节点组成,节点之间不断地交换数据和控制信息。要做到有条不紊地交换数据,每个节点就必须遵守一整套合理而严谨的结构化管理体系。计算机网络就是按照高度结构化设计方法采用功能分层原理来实现的,各层功能相对独立,各层因技术进步而做的改动不会影响到其他层,从而保持体系结构的稳定性。

计算机网络体系结构可以定义为是网络协议的层次划分与各层协议的集合,同一层中的协议根据该层所要实现的功能来确定。各对等层之间的协议功能由相应的底层提供服务完成。

国际标准化组织 ISO(International Standards Organization)在 20 世纪 80 年代提出的开放系统互联参考模型 OSI(Open System Interconnection)是一个定义异构计算机连接标准的框架结构,这个模型将计算机网络通信协议分为以下 7 层:

(1)物理层(Physical Layer)。

物理层建立在物理通信介质的基础上,作为系统和通信介质的接口,用来实现数据链路实体间透明的比特 (bit)流传输。只有该层为真实物理通信,其他各层为虚拟通信。物理层实际上是设备之间的物理接口,物理层传输协议主要用于控制传输媒体。主要协议有 FDDI、E1A/T1A RS－232、V. 35、RJ－45 等。

(2)数据链路层(Data Link Layer)。

数据链路层为网络层相邻实体间提供传送数据的功能和过程;提供数据流链路控制;检测和校正物理链路的差错。物理层不考虑位流传输的结构,而数据链路层的主要职责是控制相邻系统之间的物理链路,传送数据以帧为单位,规定字符编码、信息格式,约定接收和发送过程,在一帧数据开头和结尾附加特殊二进制编码作为帧界识别符,在发送端处理接收端送回的确认帧,保证数据帧传输和接收的正确性,以及发送和接收速度的匹配,流量控制等。主要协议有 Frame Relay、HDLC、PPP、IEEE802. 3/802. 2、FDDL、ATM、Wi－Fi 等。

(3)网络层(Network Layer)。

广域网络一般都划分为通信子网和资源子网,物理层、数据链路层和网络层组成通信子网,网络层是通信子网的最高层,完成对通信子网的运行控制。网络层和传输层的界面,既是层间的接口,又是通信子网和用户主机组成的资源子网的界限,网络层利用本层和数据链路层、物理层的功能向传输层提供服务。

网络层控制分组传送操作，即路由选择、拥塞控制、网络互连等功能，根据传输层的要求来选择服务质量，向传输层报告未恢复的差错。网络层传输的信息以报文分组为单位，它将来自源的报文转换成包文，经路径选择算法确定路径并送往目的地。网络层协议用于实现这种传送中涉及的中继节点路由选择、子网内的信息流量控制及差错处理等。主要协议有 IP、IPX、ARP、RARP、RIP、OSPF、BGP 等。

(4)传输层(Transport Layer)。

传输层是网络体系结构中最核心的一层，传输层将实际使用的通信子网与高层应用分开。从这层开始，各层通信全部是在源与目标主机上的各进程间进行的，通信双方可能经过多个中间节点。传输层为源主机和目标主机之间提供性能可靠、价格合理的数据传输。具体实现上是在网络层的基础上再增添一层软件，使之能屏蔽掉各类通信子网的差异，向用户提供一个通用接口，使用户进程通过该接口，方便地使用网络资源并进行通信。主要协议有 TCP、UDP、SPX 等。

(5)会话层(Session Layer)。

会话是指两个用户进程之间的一次完整通信。会话层提供不同系统间两个进程建立、维护和结束会话连接的功能；提供交叉会话的管理功能，有一路交叉、两路交叉和两路同时会话的 3 种数据流方向控制模式。会话层是用户连接到网络的接口。

(6)表示层(Presentation Layer)。

表示层的目的是处理信息传送中数据表示的问题。由于不同厂家的计算机产品常使用不同的信息表示标准，因此，表示层要完成信息表示格式转换。转换可以在发送前，也可以在接收后，也可以要求双方都转换为某标准的数据表示格式。表示层的主要功能是完成被传输数据表示的解释工作，包括数据转换、数据加密和数据压缩等。表示层协议的主要功能有为用户提供执行会话层服务原语的手段；提供描述负载数据结构的方法；管理当前所需的数据结构集和完成数据的内部与外部格式之间的转换。表示层提供了标准应用接口所需要的表示形式。

(7)应用层(Application Layer)。

应用层作为用户访问网络的接口层，给应用进程提供了访问 OSI 环境的手段。应用进程借助应用实体(AE)、应用协议和表示服务来交换信息，其作用是在实现应用进程相互通信的同时，完成一系列业务处理所需的服务功能。应用进程使用 OSI 定义的通信功能，这些通信功能是通过 OSI 参考模型各层实体来实现的。应用实体是应用进程利用 OSI 通信功能的唯一窗口。它按照应用实体间约定的通信协议(应用协议)，传送应用进程的要求，并按照应用实体的要求在系统间传送应用协议控制信息，有些功能可由表示层和表示层以下各层实现。主要协议有 FTP、WWW、Telnet、NFS、SMTP、SNMP、Mail 等。

6.2.5　TCP/IP 协议

TCP/IP 协议(Transmission Control Protocol/Internet Protocol)，即传输控制协议/因特网互联协议，又名网络通信协议，是 Internet 最基本的协议，也是 Internet 国际互联网络的基础，由网络层的 IP 协议和传输层的 TCP 协议组成。TCP/IP 协议定义了电子设备如何连入 Internet,以及数据如何在它们之间传输的标准。

TCP/IP 协议采用了 4 层的层级结构,从下到上分别为网络接口层、互联网络层、传输层和应用层,每一层都呼叫它的下一层所提供的协议来完成自己的需求。其中,网络访问层(Network Access Layer)指出主机必须使用某种协议与网络相连;互联网络层(Internet Layer)使主机可以把分组发往任何网络,并使分组独立地传向目标;传输层(Transport Layer)使源端和目的端机器上的对等实体可以进行会话,在这一层定义了 2 个端到端的协议,即面向连接的传输控制协议(TCP)和面向无连接的用户数据报协议(UDP);应用层(Application Layer)包含所有的高层协议,包括虚拟终端协议(TELNET)、文件传输协议(FTP)、电子邮件传输协议(SMTP)、域名服务(DNS)、网上新闻传输协议(NNTP)和超文本传送协议(HTTP)等。

6.2.6 IP 地址和域名

在 Internet 中,为了实现与其他用户的通信,使用 Internet 上的资源,需要为互联网上的每一个网络和每一台主机分配一个逻辑地址,以此来屏蔽物理地址的差异,这就是 IP 地址,它是能使连接到网上的所有计算机网络实现相互通信的一套规则,规定了计算机在 Internet 上进行通信时应当遵守的规则。由于 IP 地址是数字标识,使用时难以记忆和书写,因此在 IP 地址的基础上又发展出一种符号化的地址方案,来代替数字型的 IP 地址,每一个符号化的地址都与特定的 IP 地址对应,这样网络上的资源访问起来就容易得多了,这个与网络上的数字型 IP 地址相对应的字符型地址,就被称为域名。

1. IP 地址

IPv4,是互联网协议的第 4 版,也是第一个被广泛使用,构成现今互联网技术基础的协议,但是 IPv4 最大的问题是网络地址资源有限,从理论上讲,IPv4 可以编址 1 600 万个网络、40 亿台主机。虽然用动态 IP 及 NAT 地址转换等技术实现了一些缓冲,但 IPv4 地址枯竭已经成为不争的事实,为此,专家又提出并推行 IPv6 的互联网技术。IPv4 中规定 IP 地址长度为 32 位,而 IPv6 中规定 IP 地址的长度为 128 位,不仅能解决网络地址资源数量的问题,而且也解决了多种接入设备连入互联网的障碍。当然,IPv6 并非十全十美、一劳永逸,不可能解决所有问题,也不可能在一夜之间发生,过渡需要时间和成本,因此只能在发展中不断完善。

IPv4 地址是一个 32 位的二进制数,通常被分割为 4 个“8 位二进制数”(也就是 4 个字节),通常用“点分十进制”表示成“a. b. c. d”的形式,其中,a、b、c、d 都是 0 ~ 255 之间的十进制整数。例如,某个 IPv4 地址为“01000001100000110000011000001100”,其点分十进制表示为“65. 131. 6. 12”。每个 IP 地址包括 2 个 ID(标识码),即网络 ID 和宿主机 ID。同一个物理网络上的所有主机都用同一个网络 ID,网络上的一个主机(工作站、服务器和路由器等)对应有一个主机 ID。这样的 32 位地址又分为 5 类,分别对应于 A 类、B 类、C 类、D 类和 E 类 IP 地址。

(1)A 类 IP 地址。

一个 A 类 IP 地址由 1 个字节的网络地址和 3 个字节的主机地址组成,网络地址的最高位必须是“0”,即第一个字节的数字范围为 1 ~ 127。每个 A 类地址可连接 16 387 064

台主机,Internet 有 126 个 A 类地址。例如,“68.0.12.5”(“01000100 00000000 00001100 00000101”)就是 A 类 IP 地址。

(2)B 类 IP 地址。

一个 B 类 IP 地址由 2 个字节的网络地址和 2 个字节的主机地址组成,网络地址的最高位必须是“10”,即第一个字节的数字范围为 128 ~ 191。每个 B 类地址可连接 64 516 台主机,Internet 有 16 256 个 B 类地址。例如,“168.0.12.5”(“10101000 00000000 00001100 00000101”)就是 B 类 IP 地址。

(3)C 类 IP 地址。

一个 C 类 IP 地址是由 3 个字节的网络地址和 1 个字节的主机地址组成,网络地址的最高位必须是“110”,即第一个字节的数字范围为 192 ~ 223。每个 C 类地址可连接 254 台主机,Internet 有 2 054 512 个 C 类地址。例如,“200.0.12.5”(“11001000 00000000 00001100 00000101”)就是 C 类 IP 地址。

(4)D 类 IP 地址。

D 类 IP 地址用于多点播送,第一个字节以“1110”开始,即第一个字节的数字范围为 224 ~ 239,是多点播送地址,用于多目的地信息的传输和作为备用。全零地址“0.0.0.0”对应于当前主机,全“1”的 IP 地址“255.255.255.255”是当前子网的广播地址。

(5)E 类 IP 地址。

E 类 IP 地址以“11110”开始,即第一个字节的数字范围为 240 ~ 254。E 类地址保留,仅作实验和开发用。

(6)几种用作特殊用途的 IP 地址。

①主机段(即宿主机)ID 全部设为“0”的 IP 地址称为网络地址,如“129.45.0.0”就是 B 类网络地址。

②主机 ID 部分全部设为“1”的 IP 地址称为广播地址,如“129.45.255.255”就是 B 类的广播地址。

③网络 ID 不能以十进制“127”开头,在地址中数字 127 保留给诊断用。如“127.1.1.1”用于回路测试,同时网络 ID 的第一个字节也不能全置为“0”,全置为“0”表示本地网络。网络 ID 部分全为“0”和全部为“1”的 IP 地址被保留使用。

2. 域名系统

域名是 IP 地址的字符表示法,当用户键入某个域名的时候,这个信息首先到达提供此域名解析的服务器上,再将此域名解析为相应网站的 IP 地址,完成这一任务的过程就称为域名解析。域名解析的过程是当一台机器 a 向其域名服务器 A 发出域名解析请求时,如果 A 可以解析,则将解析结果发给 a,否则,A 将向其上级域名服务器 B 发出解析请求,如果 B 能解析,则将解析结果发给 a,如果 B 无法解析,则将请求发给再上一级域名服务器 C……如此下去,直至解析出结果为止。

域名简单地说就是 Internet 上主机的名字,它采用层次结构,每一层构成一个子域名,子域名之间用圆点隔开,自左至右分别为计算机名、网络名、机构名、最高域名。Internet 域名系统是一个树型结构,以机构区分的最高域名原来有 7 个:com(商业机构)、net(网络服务机构)、gov(政府机构)、mil(军事机构)、org(非盈利性组织)、edu(教育部门)、

int(国际机构)。1997 年又新增 7 个最高级标准域名:firm(企业和公司)、store(商业企业)、web(从事与 WEB 相关业务的实体)、arts(从事文化娱乐的实体)、REC(从事休闲娱乐业的实体)、info(从事信息服务业的实体)、nom(从事个人活动的个体、发布个人信息)。

6.3 局域网基本技术

局域网是计算机网络的重要组成部分,是当今计算机网络技术应用与发展非常活跃的一个领域。公司、企业、政府部门及住宅小区内的计算机都通过局域网连接起来,以达到资源共享、信息传递和数据通信的目的,而信息化进程的加快,更是刺激了通过局域网进行网络互连需求的剧增,因此,理解和掌握局域网技术也就显得非常重要了。

6.3.1 局域网拓扑结构

由于局域网设计的主要目标是覆盖一个公司、一所大学或一幢甚至几幢大楼的有限的地理范围,因此它在基本通信机制上选择了"共享介质"方式和"交换"方式,其在传输介质的物理连接方式、介质访问控制方法上形成了自己的特点。局域网在网络拓扑上主要有总线型拓扑结构、星型拓扑结构、环型拓扑结构和树型拓扑结构等。

拓扑结构的选择往往和传输介质的选择及介质访问控制方法的确定紧密相关,选择拓扑结构时,应该考虑的主要因素有经济性、灵活性和可靠性。

6.3.2 局域网组成

局域网由网络硬件和网络软件两部分组成。网络硬件主要有服务器、工作站、传输介质和网络连接部件(包括网卡、中继器、集线器和交换机等)等;网络软件包括网络操作系统、控制信息传输的网络协议及相应的协议软件、大量的网络应用软件等。

1. 网卡

台式机的网卡分为有线网卡(图 6-5)和无线网卡(图 6-6)。此外,很多笔记本计算机已经集成无线网卡,但大多数的传输速率为 54 Mbps。

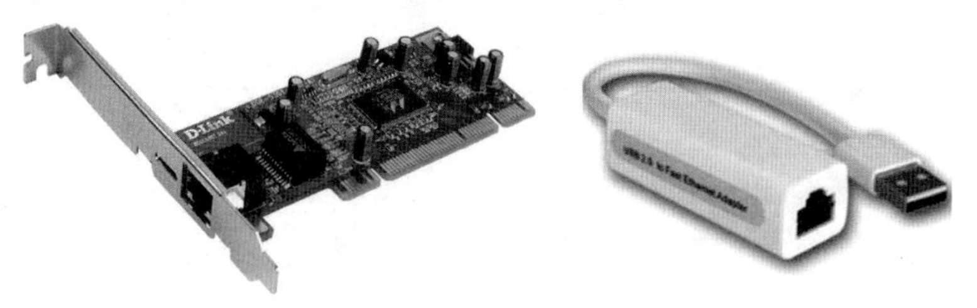

图 6-5 有线网卡

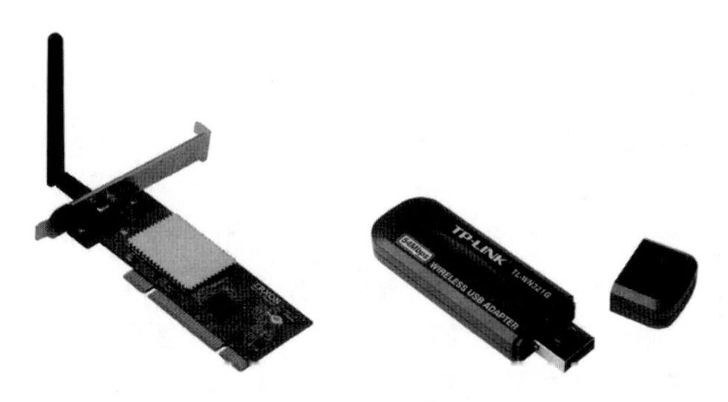

图6-6 无线网卡

2. **中继器**

中继器(Repeater)是连接网络线路的一种装置,常用于两个网络节点之间物理信号的双向转发工作,如图6-7所示。中继器主要完成物理层的功能,负责在两个节点的物理层上按位传递信息,完成信号的复制、调整和放大功能,以此来延长网络的长度。一般情况下,中继器的两端连接的是相同的媒体,但有的中继器也可以完成不同媒体的转接工作。

图6-7 中继器

3. **交换机**

交换机(Switch)是一种基于网卡的硬件地址 MAC 进行识别,能完成封装、转发数据包功能的网络设备,外形如图6-8所示。交换机可以"学习"MAC 地址,并把其存放在内部地址表中,通过在数据帧的始发者和目标接收者之间建立临时的交换路径,使数据帧直接由源地址到达目的地址。交换机分为二层交换机、三层交换机或是更高层的交换机。三层交换机同样可以有路由的功能,而且比低端路由器的转发速率更快,它的主要特点是一次路由,多次转发。

图6-8 交换机

4. **网络传输介质**

常见的网络传输介质包括有线介质(如光纤、同轴电缆、双绞线)和无线介质(如微波、红外线、激光),局域网中最常用到的就是双绞线。

(1)双绞线的两种国际标准。

①T568A 标准:绿白,绿,橙白,蓝,蓝白,橙,棕白,棕。

②T568B 标准:橙白,橙,绿白,蓝,蓝白,绿,棕白,棕。

(2)双绞线的做法。

有交叉线和直通线两种:交叉线的做法是一头采用 T568A 标准,另一头采用 T568B 标准;直通线的做法是两头同为 T568A 标准或同为 T568B 标准。

交叉线常用于交换机与交换机之间、路由器与交换机之间或计算机与计算机之间的连接;直通线一般用于计算机与交换机之间或计算机与路由器之间的连接。办公室的局域网通常是将计算机直接通过网线连接到交换机或路由器上,因此应该选择使用直通线。

5. 网络软件

组建局域网的基础是网络硬件,而对网络的使用和维护则要依赖于网络软件,其中,网络操作系统是网络环境下用户与网络资源之间的接口,用以实现对网络的管理和控制;网络协议软件主要任务是完成相应层协议所规定的功能,以及与上、下层的接口功能;网络应用软件的任务是实现网络总体规划所规定的各项业务,提供网络服务和资源共享。

6.4 Internet 应用

今天的 Internet 已不再是计算机人员和军事部门进行科研的领域,而是变成了一个开发和使用信息资源的覆盖全球的信息"海洋",覆盖了社会生活的方方面面,构成了一个信息社会的缩影。

6.4.1 Internet 基础

1. 什么是 Internet

互联网(Internet)又称因特网,即广域网、城域网、局域网及单机按照一定的通信协议组成的国际计算机网络。互联网是指将两台计算机或者是两台以上的计算机终端、客户端、服务端通过计算机信息技术的手段互相联系起来的结果,人们可以与远在千里之外的朋友相互发送邮件、共同完成一项工作、共同娱乐。

如果从技术的角度来定义,互联网是计算机通过全球唯一的网络逻辑地址,在网络媒介基础之上逻辑地连接在一起,地址是建立在互联网协议(IP)或其他协议基础之上的。可以通过 TCP/IP 或其他接替的协议或兼容的协议来进行通信。公共用户或私人用户可享受现代计算机信息技术带来的高水平、全方位的服务,这种服务是建立在上述通信及相关的基础设施之上的。这个定义至少揭示了 3 个方面的内容:首先,互联网是全球性的;其次,互联网上的每一台主机都需要有地址;最后,这些主机必须按照共同的规则(协议)连接在一起。

2. Internet 的历史

Internet 是全世界最大的计算机网络,它起源于美国国防部高级研究计划局主持研制的、用于支持军事研究的计算机实验网 ARPAnet。ARPAnet 不仅能为各站点提供可靠连接，而且在部分物理部件受损的情况下仍能保持稳定，在网络的操作中可以不费力地增删节点。ARPAnet 可以在不同类型的计算机间互相通信。ARPAnet 做出了两大贡献：一是“分组交换”概念的提出；二是产生了今天的 Internet，即产生了 Internet 最基本的通信基础——传输控制协议/因特网互联协议（TCP/IP）。

1985 年，当时的美国国家科学基金会 NSF 利用 ARPAnet 发展出 TCP/IP 通信协议并自己出资建立名叫 NSFNet 的广域网。由于美国国家科学基金会的鼓励和资助，许多研究机构纷纷把自己的局域网并入 NSFNet，这样使 NSFNet 在 1986 年建成后取代 ARPANet 成为 Internet 的主干网。

在 20 世纪 90 年代以前，Internet 是由美国政府资助的，主要供大学和研究机构使用。但近年来，该网络商业用户数量日益增加，并逐渐从研究教育网络向商业网络过渡。Internet的商业化开拓了其在通信、信息检索、客户服务等方面的巨大潜力，使 Internet 有了新的发展并最终走向全球。

3．中国互联网

中国互联网的产生虽然比较晚，但是经过几十年的发展，依托于中国国民经济和政府体制改革的成果，已经显露出巨大的发展潜力。Internet 在中国的发展经历了两个阶段：第一阶段是 1987 ~ 1993 年。这一阶段实际上只是为少数高等院校、研究机构提供了 Internet 的电子邮件服务，还谈不上真正的 Internet；第二阶段从 1994 年开始，实现了和 Internet 的 TCP/IP 连接，从而开通了 Internet 的全功能服务。

中国和国际 Internet 网络互联的主要网络有以下几个：

（1）中国公用计算机互联网（ChinaNET）

中国公用计算机互联网于 1994 年 2 月，由原邮电部与美国 Sprint 公司签约，通过其开通两条 64K 专线（一条在北京，另一条在上海），为全社会提供 Internet 的各种服务，1995 年 5 月正式对外服务。目前，全国大多数用户是通过该网进入 Internet 的。

（2）中国科技网（CSTNet）

中国科技网（China Science and Technology Network），也称中关村地区教育与科研示范网络（NCFC），于 1989 年立项，由中国科学院主持，联合北京大学、清华大学共同实施，采用高速光缆和路由器连接。直到 1994 年 4 月 20 日，NCFC 工程连入 Internet 的 64K 国际专线开通，实现了与 Internet 的全功能连接，整个网络正式运营。

（3）中国教育和科研计算机网（CERNet）

中国教育科研网（China Education and Research Network）是为了配合我国各院校更好地进行教育与科研工作，由国家教育部主持兴建的一个全国范围的教育科研互联网，于 1994 年开始兴建，同年 10 月，CERNET 开始启动。该项目的目标是建设一个全国性的教育科研基础设施，利用先进实用的计算机技术和网络通信技术，把全国大部分高等学校和中学连接起来，推动这些学校校园网的建设和资源的交流共享。该网络并非商业网，以公益性经营为主，所以采用免费服务或低收费方式经营。

（4）中国金桥信息网（China GBN）

中国金桥信息网（China Golden Bridge Network），也称作国家公用经济信息通信网，它是中国国民经济信息化的基础设施,由原电子部吉通通信有限公司承建;是建立"金桥工程"的业务网,支持"金关""金税""金卡"等"金"字头工程的应用;以卫星综合数字网为基础,以光纤、微波、无线移动等方式,形成空地一体的网络结构;是一个连接国务院、各部委专用网及各省市、大中型企业和国家重点工程的国家公用经济信息通信网。1994年6月8日,"金桥"前期工程建设全面展开。1994年底,"金桥网"全面开通,是在全国范围内进行Internet商业服务的两大互联网络之一。

随着国民经济信息化建设的迅速发展,又陆续建成了如下几个拥有连接国际出口的互联网络:中国联合通信网(http://www.cnuninet.com)、中国网络通信网(http://www.cnc.net.cn)、中国移动通信网(http://www.chinamobile.com.cn)、长城宽带网(http://www.gwbn.net.cn)和中国国际经济贸易网(http://cietu.net)。

6.4.2 Internet 接入技术

连接到Internet通常分两种情况,一种是单机接入互联网,另一种是局域网接入互联网。

1. 单个计算机以主机方式接入 Internet

采用主机方式入网的计算机直接与Internet连接,这时,它是正式的Internet主机,有一个NIC(Network Information Center)统一分配的IP地址。在这种情况下,用户计算机可以通过自己的软件工具实现Internet上的各种服务。当用户以拨号方式上网时,可分配到一个临时IP地址。将单个计算机以主机方式接入Internet通常包含以下操作:

(1)选择ISP

ISP是Internet服务提供商,即能够为用户提供Internet接入服务的公司,是用户与Internet之间的桥梁。上网的时候,计算机首先是与ISP连接,再通过ISP连接到Internet。现在国内有各种类型的ISP公司,最常见的ISP是各地的电信局或其下属的数据局。选择一家合适的ISP主要考虑的因素是该ISP跟Internet的接入带宽越高越好;为终端用户提供的带宽越高越好;ISP的收费标准最合理。

(2)申请上网账号。

当选定一家ISP之后,就可以向其提出上网的申请,得到一个上网账号后才能够上网。用户从ISP申请上网首先要确定上网的账号和密码,上网账号一般由几个字符组成,它由用户自己确定,而不是由ISP分配的,主要是便于用户记忆;密码也是由用户自己确定的,它可以是字符和数字的组合。在拨号的时候,必须同时输入上网的账号和密码,ISP确认无误后,计算机才能连上Internet。

(3)购买和安装上网设备。

Modem(调制解调器)是拨号上网时用来连接用户的计算机与Internet的工具,它一端连接到计算机上,另一端连接到电话线上。在电话线上传输的信号称为模拟信号,计算机不能识别;计算机能识别的信号称为数字信号。Modem的作用就是将电话线传来的模拟信号转换成计算机能识别的数字信号,然后将计算机传来的数字信号转换成能在电话线上传输的模拟信号,使得计算机能通过电话线与ISP的计算机连接,这是拨号上网所必须做的工作。

如果用户是通过局域网访问Internet的,那么不用专门为上网而安装电话,也不用安装 Modem，只需购买一块网卡，然后通过网卡将计算机连接到局域网上就可以了。

如果采用的是 ISDN、ADSL、Cable Modem 等上网方式，那么也不用购买普通的 Modem，而是需要购买相应的上网设备，一般由提供这种服务的 ISP 提供这些设备并上门安装。

(4)安装网络协议及配置上网参数。

现在用于上网的计算机一般都安装了 Windows 等操作系统，Windows 等操作系统本身自带这些网络协议(例如 TCP/IP 协议)，只要将它们正常安装就可以了。此外，用户还必须根据 ISP 提供的信息设置计算机上的一些参数，当这些参数都设置正确后，就可以与 Internet 连接了。

(5)拨号网络连接的配置。

在上网之前的最后一个准备工作是配置拨号网络连接，只有配置好拨号网络，才能与 ISP 联系，连接 Internet。

以下叙述是基于 Windows 7 操作系统的，而且 Modem 已经正常安装完成的情况。

①执行“控制面板”的“网络和 Internet 连接”中的“网络和共享中心”命令，如图 6－9 所示。

②单击“更改网络设置”列表中的“设置新的连接或网络”选项，打开“设置连接或网络”对话框，如图 6－10 所示。

③在“设置连接或网络”对话框中选中“连接到 Internet”选项，单击“下一步”按钮。

④按照向导的提示，创建一个新的连接，设置“用户名”“密码”“连接名称”等信息，如图 6－11 所示。

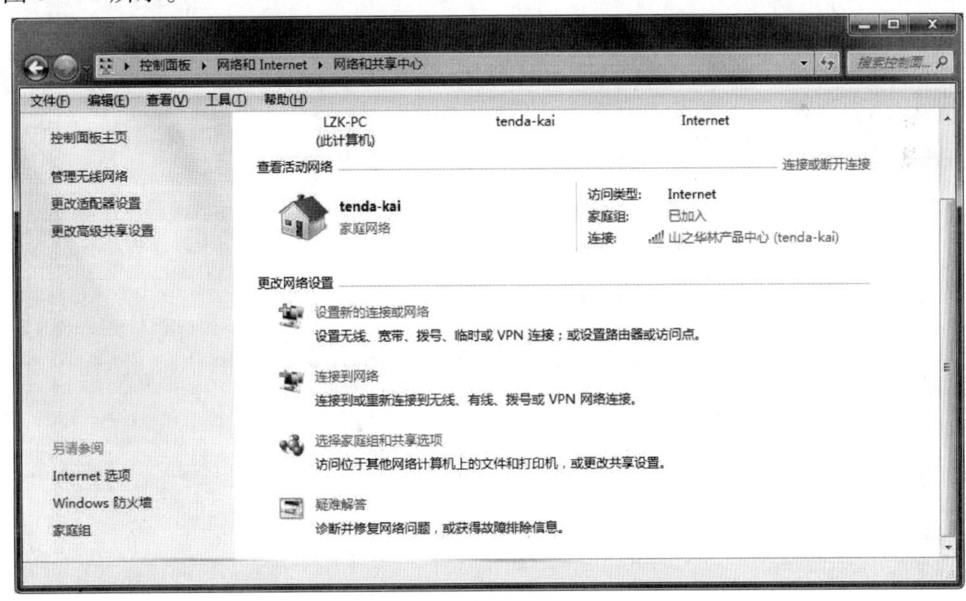

图 6－9　网络和共享中心

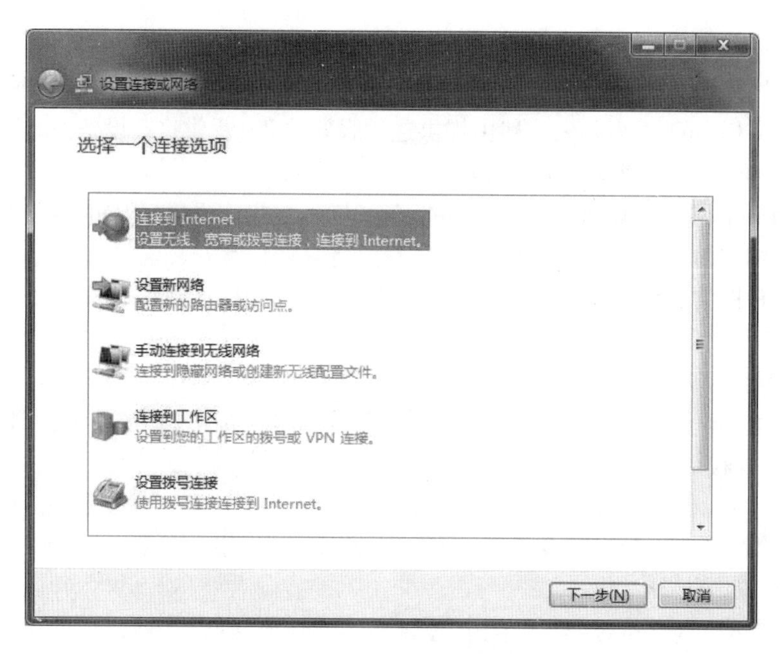

图 6－10　设置连接或网络

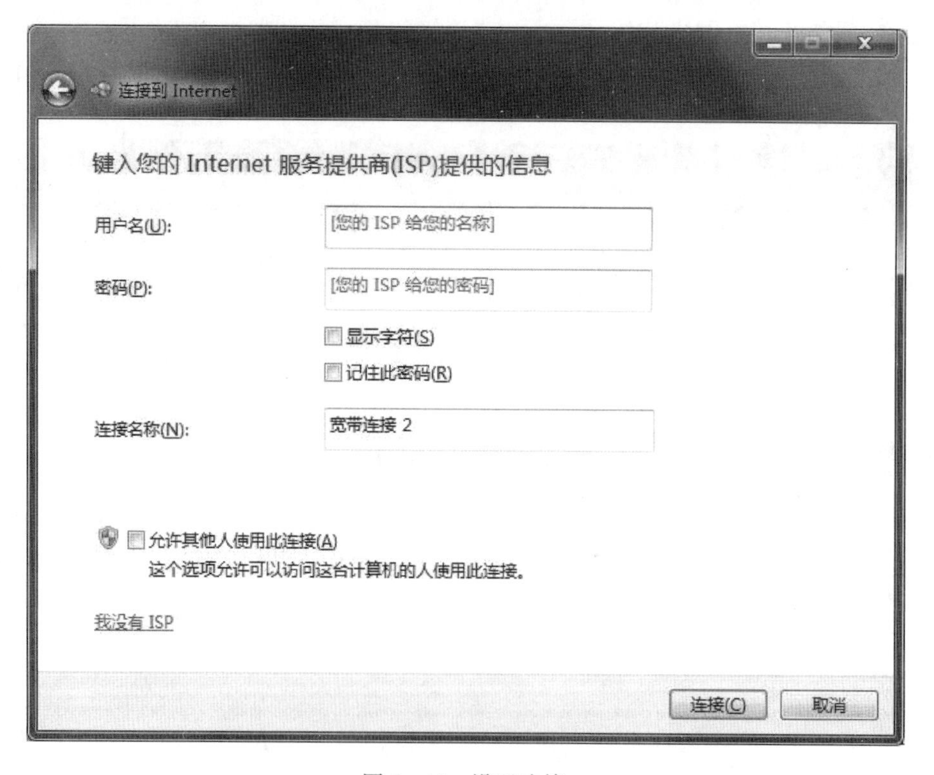

图 6－11　设置连接

⑤最后，双击打开桌面上刚才建立的连接，输入“用户名”“密码”，单击“连接”按钮进行网络连接，如图 6－12 所示。连接上网络后就尽情享受宽带“冲浪”的乐趣了！

图 6－12　网络连接

2．局域网方式接入 Internet

如果计算机所处的环境中已经存在一个与 Internet 互联的局域网(如校园网)，则可以将计算机连上局域网并由此进入 Internet。要使计算机连上局域网，必须在计算机机箱的扩展插槽内插入一块网卡，通过双绞线连到一个共享的集线器或交换机上，并由该设备以一定的方式连到一个更大范围的网络中，由此进入 Internet。这时网卡上拥有一个固定的网络地址，计算机上安装有网卡的驱动程序，使计算机能高效地发送和接收数据。由于局域网传输速率较高，通常可以达到 100 Mbps，因此通过局域网接入 Internet 后，上网速率通常较快。

6.4.3　WWW 浏览器

随着 Internet 技术的普及和发展，特别是 Web 应用的出现，改变了很多人的生活方式，利用网络快捷便利和信息容量大的特点，很多传统的事务也被转移到计算机网络中，人们开始尝试使用网络进行学习、工作和娱乐，还出现了一批使用网络进行工作的“SOHO(Small Office Home Office)一族”，这些推动了 Internet 的进一步发展。

1．WWW 基础

WWW 是由欧洲粒子物理实验室(CERN)研制的，将位于全世界 Internet 网上不同地点的相关数据信息有机地编织在一起。WWW 提供了友好的信息查询接口，用户仅需要提出查询要求，而到什么地方查询及如何查询则由 WWW 自动完成。因此，WWW 为用户带来的是世界范围的超级文本服务。用户只要操纵计算机的鼠标，就可以通过 Internet 从全世界任何地方调来用户所希望得到的文本、图像、视频和声音等信息。

WWW 的成功在于它制定了一套标准的、易为人们掌握的超文本标记语言 HTML、信息资源的统一定位格式 URL 和超文本传输通信协议 HTTP。

2．超文本标记语言

HTML(Hyper Text Mark－up Language)，即超文本标记语言，是 WWW 的描述语言。

设计 HTML 语言的目的是为了能把存放在一台计算机中的文本或图形与另一台计算机中的文本或图形方便地联系在一起,形成有机的整体,人们不用考虑具体信息是在当前计算机上还是在网络上的其他计算机上,这样只要使用鼠标在某一文档中点取一个图标,Internet 就会马上转到与此图标相关的内容上去,而这些信息可能存放在网络的另一台计算机中。

HTML 文本是由 HTML 命令组成的描述性文本,HTML 命令可以说明文字、图形、动画、声音、表格、链接等。HTML 的结构包括头部(Head)、主体(Body)两大部分。头部描述浏览器所需的信息,主体包含所要说明的具体内容。

3. 统一资源定位器

URL(Uniform Resource Locator),即统一资源定位器,是 WWW 网页的地址,从左到右由下述部分组成:

(1) Internet 资源类型(scheme):指出 WWW 客户程序用来操作的工具。例如,"http://"表示 WWW 服务器,"ftp://"表示 FTP 服务器,"gopher://"表示 Gopher 服务器。

(2)服务器地址(Host):指出 WWW 页所在的服务器域名。

(3)端口(Port):有时对某些资源的访问,需给出相应服务器提供的端口号。

(4)路径(Path):指明服务器上某资源的位置(其格式与 DOS 系统中的格式一样,通常由"目录/子目录/文件名"这样结构组成)。与端口一样,路径并非总是需要的。

URL 地址格式排列为"scheme://host:port/path"。

注意:WWW 上的服务器都是区分大小写字母的,所以,千万要注意正确的 URL 中字母大小写表达形式。

4. Homepage

Homepage 直译为主页,确切地说,Homepage 是一种用超文本标记语言将信息组织好,再经过相应的解释器或浏览器翻译出的文字、图像、声音、动画等多种信息的组织方式,用户可以把它同报纸、杂志、电视、广播等等同对待。Homepage 的传播方式是将原代码和与 Homepage 有关的图形文件、声音文件放在一台 WWW 服务器中以供查询。比如,若想了解 IBM 公司的情况,可以浏览 IBM 公司的 Homepage,它应该放在 IBM 的 WWW 服务器上,那么可在浏览器 URL 地址栏输入"http://www. ibm. com"并运行,进入相关 Homepage。

5. IE 浏览器

浏览器是一种接受用户请求信息后,到相应网站中获取网页内容的专用软件。常用的浏览器有 IE、Safari、Firefox、Opera、Chrome、世界之窗(TheWord)、傲游(Maxthon)、360 安全浏览器、搜狗浏览器等。

Windows Internet Explorer,原称为 Microsoft Internet Explorer(简称为 MSIE),一般称为 Internet Explorer,简称为 IE,是微软公司推出的一款网页浏览器。在地址栏中输入要浏览的网页地址,按 Enter 键进入浏览页后,可以对 IE 进行一些基本操作。

(1)保存网页。

在 IE 中,可以将当前页面内容保存到硬盘上,页面存盘格式可以是". HTML"或

“. HTM”文档,也可以是文本文件“. TXT”。

保存网页的具体操作步骤为单击“文件”菜单下的“另存为”命令,打开“保存网页”对话框。在“文件名”位置输入要保存的网页名称,在“保存类型”下拉列表中如果选择“Web 网页,全部(* . htm; * . html)”选项,IE 自动将文件全部保存在“ * _files”目录下(* 为刚输入的网页名称),单击“保存”按钮,即可完成网页的保存;在“保存类型”下拉列表中如果选择“网页,仅 HTML(* . htm, * . html)”选项,保存的是当前 Web 页面中的图像、框架和样式表,Internet Explorer 将自动修改 Web 页中的链接,便于离线浏览。

(2)收藏夹的使用。

添加收藏夹:打开要收藏的网页,执行“收藏”菜单下的“添加到收藏夹”命令。

打开收藏夹:如果要打开收藏夹里的内容,在打开浏览器后,单击“收藏夹”按钮后会弹出收藏夹中所收藏的网页,单击要浏览的网页即可;也可以直接在“收藏夹”菜单下选择相应的网页链接浏览收藏的网页。

脱机浏览网页:打开“添加到收藏夹”对话框,选择“允许脱机使用”复选框,单击“自定义”按钮,然后按“脱机收藏夹”向导操作即可。要在脱机状态下浏览刚收藏的网页时,单击收藏夹中的相应网页,选择脱机工作即可。建议在设置中一般选用不使用密码。

(3)快速搜索。

IE 支持直接从地址栏中进行快速高效地搜索,而不需要通常的先进入网站后再利用关键词搜索的方式,同时 IE 也支持通过“查看→转到”或“编辑→在此页上查找”菜单进行搜索,也可以提高搜索速度。

(4)新建选项卡页。

使用“新建选项卡”页,管理常用网站,能将常用网站置于表面,通过一次单击即可访问。打开浏览器后,新建选项卡页可以开始快速浏览,提供有用的建议和信息便于浏览。

(5)复制不能选中的网页文字。

很多网页文字是无法选中的,通常情况可以采用两种方法解决此问题:一是按 Ctrl + A 键将网页全部选中,复制粘贴到其他文件中,然后从中选取需要的文字即可;二是单击 IE“工具”菜单下的“Internet 选项”命令,在“安全”选项卡中单击“自定义级别”按钮,将所有脚本全部禁用,然后按 F5 键刷新网页即可进行复制了(注意:操作结束后,需给脚本解禁,否则会影响到浏览网页)。

(6)IE 无痕迹浏览。

单击“工具”菜单中的“InPrivate 浏览”命令,在打开的新窗口中浏览网页就可以实现无痕迹浏览,关闭该窗口后,浏览痕迹会自动消失。

(7)文件管理。

IE 可以如同资源管理器一样快速地完成文件管理的功能,只需在地址栏中输入驱动器号或具体文件地址,然后按回车键,接下来的一切操作与在资源管理器中完全一样了。

6.4.4　搜索引擎

搜索引擎是指根据一定的策略、运用特定的计算机程序从互联网上搜集信息,在对信息进行组织和处理后,为用户提供检索服务,并将用户检索的相关信息展示给用户的系统。

1. 分类

(1)全文索引。

全文搜索引擎是名副其实的搜索引擎,国外具有代表性的是 Google,国内最著名的是百度搜索,它们从互联网提取各个网站的信息(以网页文字为主),建立起数据库,并能检索与用户查询条件相匹配的记录,按一定的排列顺序返回结果。

根据搜索结果来源的不同,全文搜索引擎可分为两类,一类拥有自己的检索程序(Indexer),俗称"蜘蛛(Spider)"程序或"机器人(Robot)"程序,能自建网页数据库,搜索结果直接从自身的数据库中调用,其中 Google 和百度就属于此类;另一类则是租用其他搜索引擎的数据库,并按自定的格式排列搜索结果,如 Lycos 搜索引擎。

(2)目录索引。

目录索引虽然有搜索功能,但严格意义上不能称为真正的搜索引擎,只是按目录分类的网站链接列表而已,用户可以按照分类目录找到所需要的信息,不依靠关键词(Keywords)进行查询。目录索引中最具代表性的是 Yahoo、新浪分类目录搜索。

(3)元搜索引擎。

元搜索引擎(META Search Engine)接受用户查询请求后,同时在多个搜索引擎上搜索,并将结果返回给用户。著名的元搜索引擎有 InfoSpace、Dogpile、Vivisimo 等,中文元搜索引擎中具代表性的是搜星搜索引擎。在搜索结果排列方面,有的直接按来源排列搜索结果,如 Dogpile;有的则按自定的规则将结果重新排列组合,如 Vivisimo。

其他非主流搜索引擎形式还有集合式搜索引擎、门户搜索引擎和免费链接列表(Free For All Links,FFA)等。

2. 百度搜索

(1)简介。

百度图标为Bai度百度,百度搜索使用了高性能的"网络蜘蛛"程序自动地在互联网中搜索信息,可定制、高扩展性的调度算法使得搜索器能在极短的时间内收集到最大数量的互联网信息。百度搜索在中国和美国均设有服务器,搜索范围涵盖了中国、新加坡等使用中文的地区及北美、欧洲的部分站点。百度搜索引擎目前已经拥有世界上最大的中文信息库,总量达到 6 000 万页以上,并且还在以每天超过 30 万页的速度不断增长。

用百度搜索引擎查找相关资料十分便捷,具体方法如下:

①在搜索框中输入查询内容并按 Enter 键,即可得到相关资料。

②在搜索框中输入查询内容,用鼠标单击"百度一下"按钮,也可得到相关资料。

注意:输入的查询内容可以是一个词语、多个词语或一句话。例如,可以输入"王维""李白 窗前明月光""问君能有几多愁,恰似一江春水向东流"等。百度搜索引擎在搜索时要求输入内容准确,例如,分别搜索"李建"和"李健"会得到不同的结果。

(2)百度搜索方式。

百度的搜索方式可分为单个词语搜索、多个词语搜索、减除无关资料、并行搜索、相关检索和百度快照等。

①单个词语搜索。

输入单个词语搜索,可以直接获得搜索结果。例如,想了解哈尔滨相关信息,在搜索框中输入关键词“哈尔滨”后按 Enter 键,便可搜索到相关信息。

②多个词语搜索。

输入多个词语搜索(不同字词之间用一个空格隔开),可以获得更精确的搜索结果。例如,想了解哈尔滨身份证相关信息,在搜索框中输入关键词“哈尔滨 身份证”后按 Enter 键,获得的搜索效果会比输入“哈尔滨身份证”得到的结果更好。

注意:在百度查询时不需要使用“AND”或“ + ”,百度会在多个以空格隔开的词语之间自动添加“ + ”,并在搜索后提供符合用户全部查询条件的资料,并把最相关的网页排在前列。

③减除无关资料。

排除含有某些词语的资料有利于缩小查询范围。百度支持“ - ”功能,用于有目的地地删除某些无关网页,但减号之前必须留一个空格。例如,要搜寻关于“武侠小说”,但不含“金庸”的资料,可在搜索框中输入关键词“武侠小说 - 金庸”进行搜索。

④并行搜索。

使用格式“A|B”来搜索“或者包含词语 A,或者包含词语 B”的网页。例如,要查询“金庸”或“古龙”的相关资料,无须分两次查询,只要在搜索框中输入关键词“金庸|古龙”搜索即可。百度会提供跟“|”前后任何字词相关的资料,并把最相关的网页排在前列。

⑤相关检索。

当无法确定输入什么词语才能找到满意的资料时,可选择百度相关检索。先输入一个简单词语进行搜索,然后,百度搜索引擎会提供“其他用户搜索过的相关搜索词语”作为参考;单击其中任何一个相关搜索词,都能得到其搜索结果。

⑥百度快照。

百度搜索引擎事先已预览各网站并拍下网页的快照,为用户贮存大量的应急网页。用户单击每条搜索结果后的“百度快照”,可查看该网页的快照内容。百度快照不仅下载速度极快,而且搜索用的词语均已用不同颜色在网页中标明。

注意:原网页随时可能更新,因此或许跟百度快照内容有所不同,请注意查看新版;此外百度和网页作者无关,不对网页的内容负责。

(3)搜索结果页指南。

①搜索框:输入查询内容并按一下 Enter 键即可得到相关资料;或者输入待查询内容后,用鼠标单击“百度一下”按钮,也可得到相关资料。

②“百度一下”按钮:单击此按钮或按 Enter 键,百度搜索引擎便开始搜索。

③在结果中查询:选中该项后,重新输入查询内容,可在当前搜索结果中进行精确搜索。

④搜索结果统计:是对有关搜索结果数量、输入的词语及搜索时间的统计。

⑤相关检索:百度搜索引擎提供了“其他用户搜索过的相关搜索词语”作为参考,单击其中一个相关搜索词,都能得到其搜索结果。

⑥竞价排名服务链接:介绍百度搜索引擎竞价排名服务的链接。

⑦网页标题:搜索结果中该网页的标题,单击该网页标题可直达该网页。

⑧网页网址(URL):搜索结果中该网页的网址。

⑨网页大小:这是一个数字,它是该网页文本部分的大小。

⑩网页时间:该网页生成的时间。

⑪网页语言:说明该网页主要文字是哪一种语言。

⑫网页简介:通常是网页开始部分的摘要。其中输入搜索的词语都已高亮显示,以便阅读。

⑬百度快照:单击每条搜索结果后的“百度快照”,可查看该网页的快照内容。

⑭网站类聚更多结果:为了便于阅读更多网站的内容,百度搜索引擎已经自动做了类聚,每个网站(或频道)只显示一个最相关网页的信息。单击此链接,可查看该网站(或频道)内更多的相关网页。

6.4.5 电子邮件

电子邮件(简称 E-mail,标志为“@”,也被大家昵称为“伊妹儿”),是一种用电子手段提供信息交换的通信方式,是互联网应用最广的服务。通过网络的电子邮件系统,用户可以以非常低廉的价格(不管发送到哪里,都只需负担网费)、非常快速的方式(几秒钟之内可以发送到世界上任何指定的目的地),与世界上任何一个角落的网络用户联系。电子邮件可以是文字、图像、声音等多种形式。同时,用户可以得到大量免费的新闻、专题邮件,并实现轻松的信息搜索。

使用电子邮件最基本的前提就是用户必须拥有一个电子邮箱,其实质是邮件服务器上对应某一用户的一个文件夹,用户对该文件夹中的内容有完全的控制权限。该邮箱表示为一个电子邮件地址,地址格式为“用户标识符@域名”,其中,“@”是“at”的符号,表示“在”的意思。

1. 收、发电子邮件

一封电子邮件从发送到接收,一般需要经过以下几个过程:

①从邮件客户机上使用客户端软件(如 Outlook、Foxmail 等)创建新邮件,输入收件人的电子邮件地址、邮件主题和正文,需要时可添加邮件附件,编辑完毕后即可进行发送。

②当电子邮件开始发送时,计算机根据 SMTP 协议的要求将邮件打包,并添加邮件头,然后传送给用户指定的发送邮件服务器(SMTP 或 IMAP Server)。

③SMTP 服务器根据自身邮件中继服务器(Relay SMTP Server)的设置和收件人的邮件地址(域名地址)来寻找接收邮件服务器。

④电子邮件最终被传送到收件人邮箱所在的接收邮件服务器(POP3 或 IMAP4)上对应的文件夹中。

⑤收件人使用邮件客户端软件连接到邮件服务器上,将邮件下载到本地硬盘(也可在服务器上直接阅读)。

2. 使用 Web Mail

目前,许多网站提供免费的电子邮件服务,下面以网易的 E-mail 服务为例,简要介绍 Web Mail 的注册和使用过程。

(1)注册免费邮箱

启动 IE 浏览器,登录网易网站(http://www.163.com),注册邮箱的操作步骤为:

①单击网易主页上方的“注册免费邮箱”按钮，进入注册免费邮箱页面。

②填写个人信息后，单击“立即注册”按钮，打开验证手机页面进行验证（也可以跳过此步）。

③屏幕显示注册成功信息，此时就拥有了一个由“网易”网站提供的免费电子邮箱了。

（2）收、发电子邮件。

利用注册的账号和密码成功登录电子邮箱后，就可以收、发电子邮件了。

①发送邮件的具体过程为：

a. 单击邮件管理首页的“写信”按钮 写信，打开电子邮件编辑页面。

b. 填写收件人邮箱地址、抄送人邮箱地址、邮件的标题和正文，需要时可添加附件。

c. 填写完毕后，单击“发送”按钮，可将邮件送给邮件服务器进入邮件发送队列。

注意：页面中的“密送”是指将邮件的副本抄送给某人，但不在收件人收到的邮件中显示该信息。

②收取和阅读邮件的具体过程为：

a. 在邮件管理页面左侧窗格中，单击“收件箱”选项或单击“收信”按钮 收信，系统会自动检查是否有新邮件，在右侧窗格中会显示收件箱中的所有邮件。其中标记加粗的邮件表示还没有被阅读过的新邮件。

b. 单击想要阅读的邮件，收取并阅读邮件。其中显示内容有收到邮件的时间、发送人、收件人及抄送地址、邮件的主题及正文等。

c. 如果邮件带有附件，将被显示到附件列表中，单击附件名称可将其打开或下载。

d. 单击“回复”按钮，可将“发件人”改为“收件人”，对收到的邮件内容进行答复。

e. 单击“转发”按钮，可将该邮件发送给其他人。

f. 单击“删除”按钮，可将邮件删除。

3. 使用 Outlook Express

Outlook Express 是 Microsoft 自带的一种电子邮件处理程序，简称为 OE，既是Microsoft 公司出品的一款电子邮件客户端，也是一个基于 NNTP 协议的 Usenet 客户端。Microsoft 将这个软件与操作系统及 Internet Explorer 网页浏览器捆绑在一起。

Outlook Express 建立在开放的 Internet 标准基础之上，适用于任何 Internet 标准系统，例如，简单邮件传输协议（SMTP）、邮局协议 3（POP3）和 Internet 邮件访问协议（IMAP）。它提供对电子邮件、新闻和目录标准的完全支持，这些标准包括轻型目录访问协议（LDAP）、多用途网际邮件扩充协议超文本标记语言（MHTML）、超文本标记语言（HTML）、安全/多用途网际邮件扩充协议（S/MIME）和网络新闻传输协议（NNTP），这种完全支持可确保用户能够充分利用新技术，并能够无缝地发送和接收电子邮件。

（1）配置账户。

初次启动 Outlook Express 时，需要对用户账号进行配置，配置过程如下：

首先输入“用户名”，单击“下一步”按钮，配置“电子邮件服务器名”，如图 6 - 13 所示；然后单击“下一步”按钮，在打开的“Internet Mail 登录”对话框中设置“账户名”和“密码”，如图 6 - 14 所示；单击“下一步”按钮，完成配置。

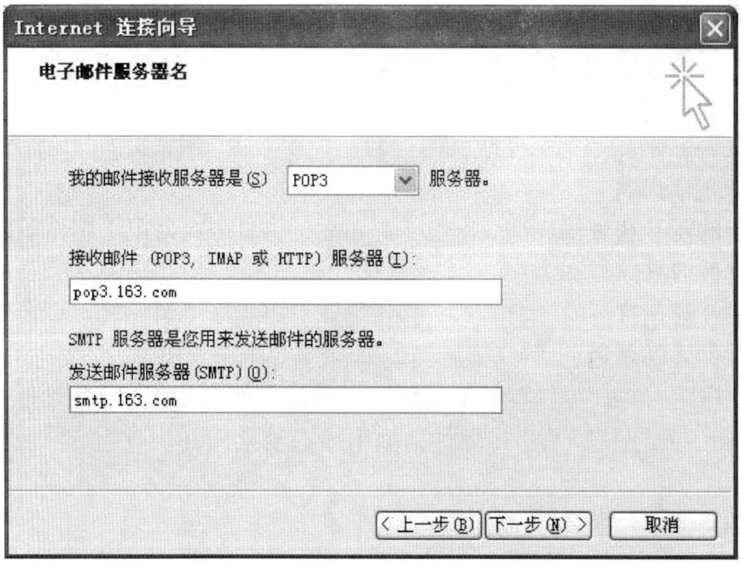

图 6－13　配置“电子邮件服务器名”

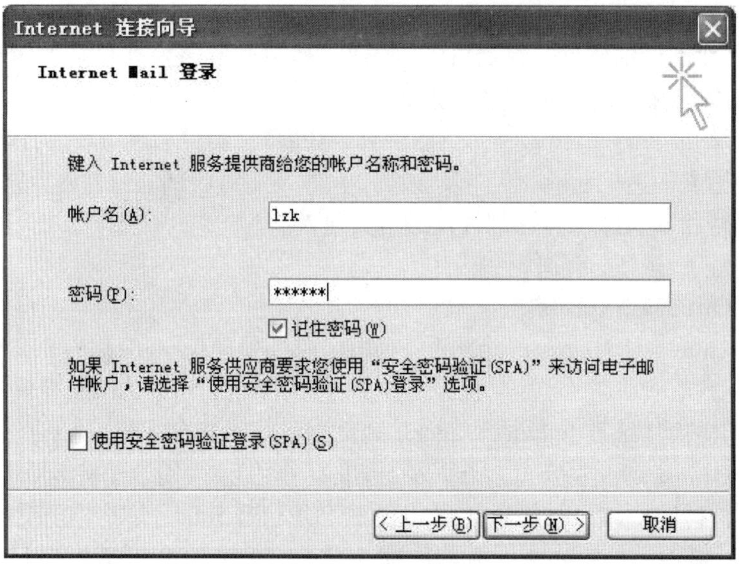

图 6－14　配置用户账号

(2)发送、接收服务器邮件。

打开 Outlook Express 软件，在工具栏上单击“发送/接收”按钮，如图 6－15 所示，可以将暂存在服务器内的邮件进行发送或接收。

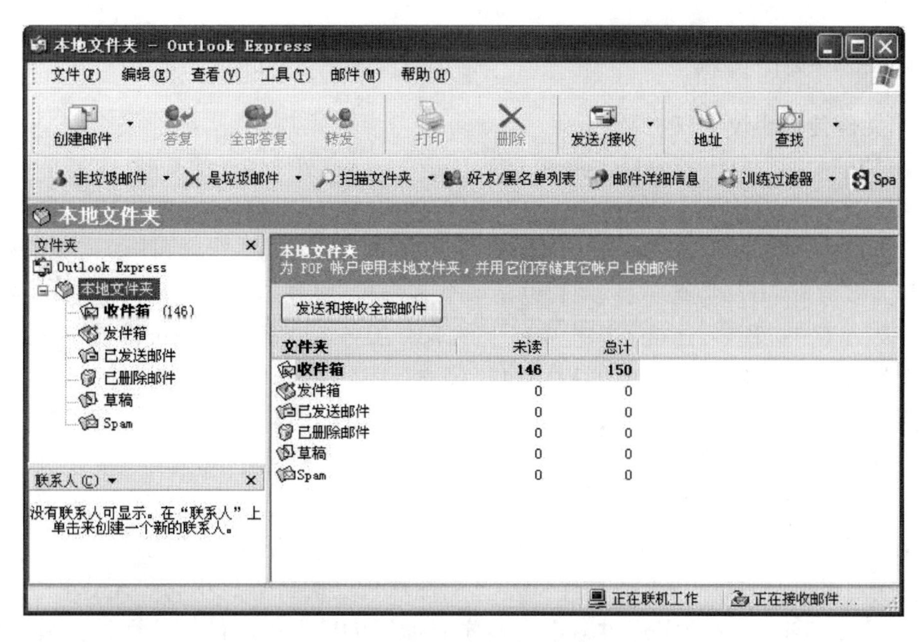

图6-15　发送、接收服务器邮件

(3)创建邮件。

在Outlook Express工具栏上单击“创建邮件”按钮，打开“新邮件”窗口，如图6-16所示；输入“收件人”地址、“抄送”地址、“主题”和“内容”的信息，如果需要附加其他文件，单击工具栏上的“附件”按钮，在弹出的“插入附件”对话框中选中需要附加的文件后确认，完成邮件的创建；在“新邮件”对话框中单击工具栏上的“发送”按钮，可以将创建的邮件发送出去。

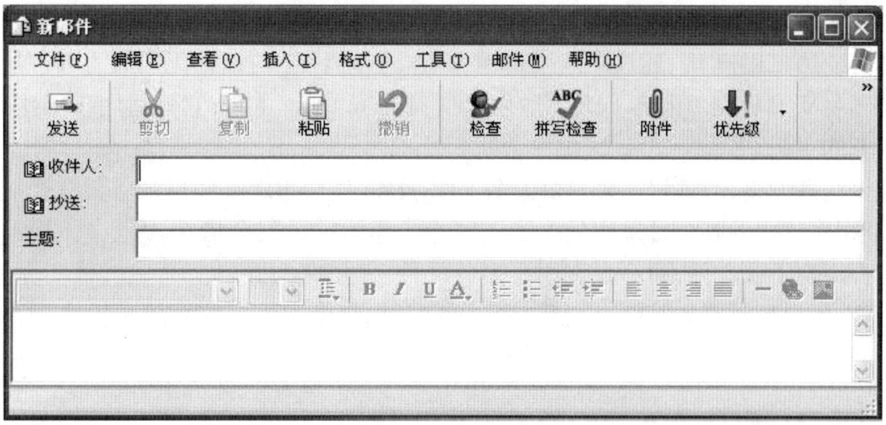

图6-16　创建新邮件

(4)阅读邮件。

打开Outlook Express软件左侧“文件夹”列表，选中“收件箱”选项，在右侧上方的窗口中单击需要阅读的邮件，在右侧下方的窗口中可以显示邮件的内容。

6.4.6 文件传输

1. 文件传输协议 FTP

文件传输协议 FTP(File Transfer Protocol)是 Internet 文件传送的基础,曾经是 Internet 中的一种重要的交流形式。通过该协议,用户可以从一个 Internet 主机向另一个 Internet 主机拷贝文件。

与大多数 Internet 服务一样,FTP 也是一个客户机/服务器系统。用户通过一个支持 FTP 协议的客户机程序,连接到远程主机上的 FTP 服务器程序。用户可以通过客户机程序向服务器程序发出命令,服务器程序执行用户所发出的命令,并将执行的结果返回到客户机。例如,用户发出一条命令,要求服务器向用户传送某一个文件的一份拷贝,服务器会响应这条命令,将指定文件送至用户的机器上;客户机程序代表用户接收到这个文件,将其存放在用户目录中。

在 FTP 的使用当中,经常遇到两个概念:下载和上载。下载文件就是从远程主机拷贝文件至自己的计算机上;上载文件就是将文件从自己的计算机中拷贝至远程主机上。用 Internet 语言来说,用户可通过客户机程序向远程主机上载文件或从远程主机下载文件到客户机。

2. 匿名 FTP

使用 FTP 时必须先登录,在远程主机上获得相应的权限以后,方可上载或下载文件。也就是说,要想同哪一台计算机传送文件,就必须具有哪一台计算机的适当授权,换言之,除非有用户 ID 和口令,否则无法传送文件,这违背了 Internet 的开放性。Internet 上的 FTP 主机何止千万,不可能要求每个用户在每一台主机上都拥有账号。匿名 FTP 就是为解决这个问题而产生的。

系统管理员建立了一个特殊的用户 ID,名为 anonymous,Internet 上的任何人在任何地方都可使用该用户 ID,通过它连接到远程主机上并下载文件,而无须成为其注册用户,这就是匿名 FTP 机制。匿名 FTP 不适用于所有的 Internet 主机,它只适用于那些提供了这项服务的主机。

值得注意的是,当远程主机提供匿名 FTP 服务时,会指定某些目录向公众开放,允许匿名存取,系统中的其余目录则处于隐匿状态。作为一种安全措施,大多数匿名 FTP 主机都允许用户下载文件,而不允许用户上载文件;即使有些匿名 FTP 主机确实允许用户上载文件,用户也只能将文件上载至某一指定上载目录中供系统管理员检查,避免有人上载有问题的文件。

6.4.7 远程登录

远程登录(Telnet)是指用户使用 telnet 命令,使自己的计算机暂时成为远程主机的一个仿真终端的过程。仿真终端等效于一个非智能的机器,它只负责把用户输入的每个字符传递给主机,再将主机输出的每个信息回显在屏幕上。telnet 是进行远程登录的标准协议和主要方式,它为用户提供了在本地计算机上完成远程主机工作的能力。通过使用 telnet,Internet 用户可以与全世界许多信息中心、图书馆及其他信息资源联系,可在远程计算机上启动一个交互式程序,可以检索远程计算机上的某个数据库,可以利用远程计算机强大的运算能力对某个方程式求解等。

当用 telnet 登录进入远程计算机系统时,事实上启动了两个程序,一个叫 telnet 客户程序,它运行在本地机上;另一个叫 telnet 服务器程序,它运行在要登录的远程计算机上。

(1)本地机上的客户程序要完成如下功能:

①建立与服务器的 TCP 联接。

②从键盘上接收输入的字符。

③把输入的字符串变成标准格式并送给远程服务器。

④从远程服务器接收输出的信息。

⑤把该信息显示在屏幕上。

(2)远程计算机的“服务”程序通常被称为“精灵”,它平时不声不响地等候在远程计算机上,一接到用户的请求,它马上活跃起来并完成如下功能:

①通知用户计算机,远程计算机已经准备好了。

②等候用户输入命令。

③对用户的命令做出反应(如显示目录内容或执行某个程序等)。

④把执行命令的结果送回给用户的计算机。

⑤重新等候用户的命令。

6.4.8　电子商务

1. 电子商务基本知识

电子商务是指通过计算机和网络进行商务活动,它代表着未来贸易方式的发展方向。电子商务旨在通过网络完成核心业务,改善售后服务,缩短周转时间,从有限的资源中获取更大的收益,从而达到销售商品的目的。真正的电子商务的实质其实是企业经营各个环节的信息化过程,并且不是简单地将过去的工作流程和规范信息化,而是以新的手段和条件对旧有的流程进行变革的过程。

从通信的角度看,电子商务是通过电话线、计算机网络或其他方式实现信息、产品、服务或结算款项的传送。

从业务流程的角度看,电子商务是实现业务和工作流程自动化的技术应用。

从服务的角度看,电子商务是要满足企业、消费者和管理者的愿望,如降低服务成本,同时改进商品的质量并提高服务的速度。

(1)电子商务的优势。

①对企业来说,电子商务可以增加销售额并降低成本。

②企业在销售商品和处理订单时,用电子商务可以降低询价、提供报价和确定存货等活动的处理成本。

③电子商务可以增加卖主的销售机会,企业在采购时用电子商务可以找到新的供应商和贸易伙伴,而且议价过程和交易条款的传递都十分便捷。电子商务提高了企业间信息交换的速度和准确性,降低了交易双方的成本。

④电子商务也增加了买主的购买机会。买主24小时都可以与卖主接触,可以及时、

大量地获得所需要的信息。

⑤电子商务的应用范围广泛。除利用互联网可以安全、迅速、低成本地实现税收、退休金和社会福利金的电子支付外,电子商务还可以满足人们在家工作的需求,交通拥堵和环境污染等问题也可以得到缓解,而且电子商务还可以使产品或服务到达边远地区。

(2)电子商务的劣势。

①有些重要的业务流程还无法用电子商务取代。

②企业在采用任何新技术之前都要计算投资的收益情况。对电子商务进行投资时,其收益计算是很难的,这是因为实施电子商务的成本和收益很难定量计算。招募和留住那些精通技术和设计、熟悉业务流程的员工也是件难事。此外,完成传统业务的数据库和交易处理软件很难与支持电子商务的软件有效地兼容。

③在实施电子商务时还会遇到不少文化和法律上的障碍。

2. 电子商务分类与应用

(1)按照商业活动的运作方式分类。

①完全电子商务。

指完全通过计算机网络完成的商品或服务的整个交易过程。

②非完全电子商务。

指不能完全依靠电子方式实现整个交易过程。它还要依靠一些外部因素如配送系统等,才能完成的交易过程。

(2)按照开展电子交易的范围分类。

①本地电子商务。

指利用本地区或本城市内的计算机网络实现的电子商务活动。

②国内电子商务。

指在本国范围内进行的网上电子交易活动。

③全球电子商务。

指在全世界范围内进行的电子交易活动,交易各方通过网络进行交易。

(3)按照交易对象分类。

①企业对企业的电子商务。

企业与企业之间的电子商务(Business to Business,B2B)是企业之间通过专用网络或Internet,进行数据信息的交换、传递,开展贸易活动的商业模式。IDC(互联网数据中心)的调查数据显示,全球电子商务产业的收入主要来自B2B。例如,阿里巴巴电子商务模式。

②企业对消费者的电子商务。

企业对消费者的业务(Business to Consumer,B2C),也被称作直接市场销售,主要包括有形商品的电子订货和付款,无形商品和服务产品的销售。例如,卓越亚马逊电子商务模式。

③消费者对消费者的电子商务。

消费者与消费者之间的电子商务(Consumer to Consumer,C2C)是指消费者与消费者之间的互动交易行为,这种交易方式是多变的。例如,淘宝电子商务模式。

④企业对政府的电子商务。

企业与政府之间的电子商务(Business to Government,B2G),涵盖了政府与企业间的各项事务,包括政府采购、税收、商检、管理条例发布,以及法规政策颁布等。

电子商务作为现代服务业中的重要组成部分,具有交易连续化、市场全球化、资源集约化、成本低廉化等优势。电子商务服务已经全面覆盖了商业经济的各个方面,不管是制造业领域,还是服务业领域,无论是企业应用、个人应用,还是政府采购,都有电子商务的渗透。越来越多的大、小企业也都看到了电子商务带来的好处,不论是自主建立的官方电子商务平台,还是使用第三方电子商务平台,都让电子商务渗透率不断增长。

随着信息科技和互联网络不断深入人们的生活,电子商务在未来的消费和营销中将发挥非常重要的作用。随着网上支付、物流配送的逐渐成熟,未来的电子商务必将形成规模庞大的经济体,并通过与实体经济的切实结合,给社会、经济的发展注入动力,呈现出高普及化、常态化的趋势。

3. 网络购物基本流程

在网上购物,可以选择很多的购物平台,也可以到一些知名的独立网店中购买商品。

下面以淘宝网为例,介绍一下网购的基本要点。

(1)开通网上银行。

首先,要有一张储蓄卡或信用卡,但是很多银行卡默认没有开通网上银行,所以需要用户先到银行开通网上银行。

(2)到购物网站注册购物账号和支付账号。

打开淘宝网选择注册账号,在填写用户名、设置密码、邮箱以后,可以注册一个淘宝购物账号,在此过程中也会自动生成一个支付账号(支付宝账号)。

(3)购物。

注册成功后,就可以用自己的ID(注册的用户名)登录淘宝网并选购商品了。购物的一般流程如下:

①选购商品后,选择支付宝支付。

②支付宝会提示用户选择开通网上银行功能的银行卡。

③选择开通网上银行功能的银行卡。

④输入卡号、密码等。

⑤货款付给支付宝,完成购物过程。

(4)收货。

商家看到客户已付款到支付宝,就会给客户发货了。收到货后,客户最好在1~2天的时间内确认所购商品是否存在质量问题,如果没有问题就可以在淘宝网上点击“确认收货”,并评价卖家的服务质量;客户付到支付宝上的货款会自动转到商家的账户上;至此,交易成功。

实验 1:WWW 信息浏览和下载

一、实验目的

1. 掌握 IE 浏览器的使用方法。
2. 掌握收藏网页的过程。
3. 掌握保存网页和图片的过程。

二、实验内容

网络信息资源是指通过计算机网络可以利用的各种信息资源的总和,具体地说是指所有以电子数据形式把文字、图像、声音、动画等多种形式的信息存储在光、磁等非纸介质的载体中,并通过网络通信、计算机或终端等方式再现出来的资源。利用浏览器或搜索引擎可以查找网络资源并将其保存在本地计算机中供用户使用。

三、实验要求

从网上查找并下载任意一首 mp3 格式的音乐文件,将该音乐文件压缩并保存在“D:\第 6 章实验”文件夹中。

四、实验步骤

信息浏览和下载的操作步骤如下:

(1)打开浏览器,在地址栏中输入并执行“www. baidu. com”,打开“百度”主页。

(2)在“百度”的搜索栏输入关键字“mp3”,并选择类别“音乐”进行搜索。

(3)选择用户需要的某首 mp3 文件,单击“下载”按钮,在打开的“另存为”对话框中选择保存路径“D:\第 6 章实验”,单击“保存”按钮进行文件存盘。

(4)打开“D:\第 6 章实验”文件夹,右键单击要压缩的 mp3 文件,在打开的快捷菜单中执行“添加到压缩文件”命令,打开“压缩文件名和参数”对话框,如图 6 - 17 所示。

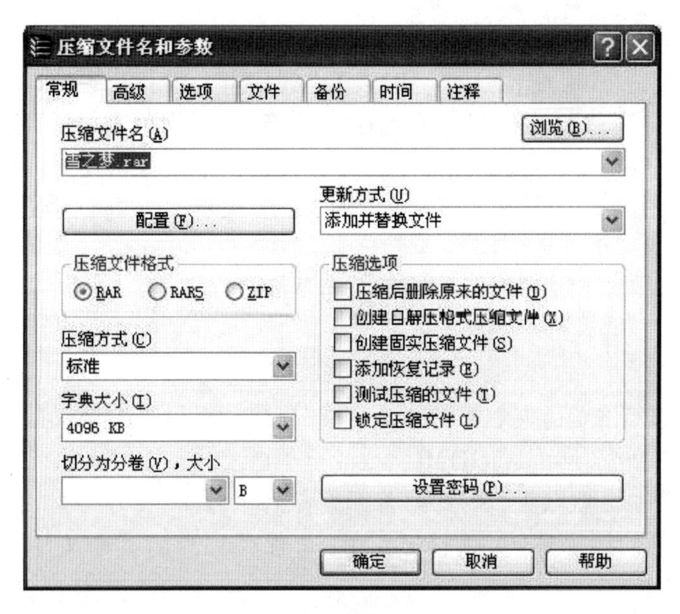

图 6－17　设置压缩文件名和参数

(5)在“压缩文件名和参数”对话框中按要求完成设置,单击“确定”按钮完成 mp3 文件的压缩。

实验 2:电子邮件的发送

一、实验目的

1. 掌握在 Outlook Express 中建立和发送普通电子邮件的过程。
2. 掌握在 Outlook Express 中建立和发送带附件的电子邮件的过程。

二、实验内容

网络交流平台是以互联网作为交流分享的平台,综合运用 BBS、E－mail、QQ(群)、Blog(博客)等网络交流载体,提高双方思想交流的广泛性,最大限度地实现社会化网络信息的可选择性、平等性。充分利用网络信息资源和交流平台日益成为现代网络应用必不可少的组成部分。

三、实验要求

将下载并压缩后的 mp3 文件作为电子邮件的附件进行发送,要求:收件人为任课教师的电子邮箱地址,邮件的主题为“学生班级＋学生姓名”,邮件的内容为 mp3 歌曲文件名。

四、实验步骤

(1)启动 Outlook Express 软件。

(2)在 Outlook Express 工具栏上单击“创建邮件”按钮,打开“新邮件”窗口。

(3)输入“收件人”地址、“主题”和“内容”的信息,然后单击工具栏上的“附件”按钮,在弹出的“插入附件”对话框中选中“D:\第 6 章实验”文件夹中需要附加的压缩 mp3 文件后确认,完成邮件的创建。

(4)在“新邮件”对话框中单击工具栏上的“发送”按钮,可以将创建的邮件发送出去。

测试练习 3

测试 6-1:

(1)进入首都经济贸易大学首页(index. htm),将首页另存为“wy1”,保存到当前试题文件夹中,保存类型为“网页,仅 HTML”。

(2)将首页添加到收藏夹,名称为“首都经贸”。

(3)将首页上的标志性图片(首经贸 Logo)保存到当前试题文件夹中,文件名为:wytp1。

测试 6-2:

(1)将主页(index. htm)另存为“科学技术”,保存到当前试题文件夹内。

(2)将主页添加到收藏夹,名称为“科学技术”。

(3)将“QQ 科技”另存为“新 QQ 科技”,保存到当前试题文件夹内。

测试 6-3:

(1)将主页(index. htm)另存为“分层列表”,保存到当前试题文件夹内。

(2)将主页添加到收藏夹,名称为“分层列表”。

测试 6-4:

将自己搜集的关于 VB 学习资料,通过 Outlook Express 发送邮件与好友分享(注:试题中如果要求添加附件,请自己建立相应文件并附加)。

(1)邮箱地址为:xiaohang@ foxmail. com。

(2)主题为:我搜集的关于 VB 的学习资料。

(3)邮件内容为:附件中,是我搜集的一些关于 VB 的学习资料,希望对你能有帮助。

(4)附件为:VB 学习资料. rar。

测试 6-5:

春节到了,请使用 Outlook Express 发送邮件给朋友王明,新年祝福(注:试题中如果要求添加附件,请自己建立相应文件并附加)。

(1)邮箱地址为:wangming@ sina. com。

(2)抄送地址为:xiaoming@ sina. com。

(3)主题为:新年快乐。

(4)邮件内容为:身体健康,一切顺利!

测试 6-6:

请使用 Outlook Express 发送邮件收集各部门的工作完成情况,了解各部门的工作进度(注:试题中如果要求添加附件,请自己建立相应文件并附加)。

(1)邮箱地址为:sung@ 163. com,weny@ 163. com. cn,yaozhj@ 163. com. cn,mengw@ 163. com. cn,zhaochy@ 163. com。

(2)主题为:年度工作计划。

(3)邮件内容为:请在本周五之前,将各部门的工作总结发送到公司邮箱中,便于我们掌握各部门工作的进度。

参 考 文 献

[1] 彭宣戈. 计算机应用基础[M]. 北京:北京航空航天大学出版社,2009.
[2] 姜丽荣,李厚刚. 大学计算机基础[M]. 北京:北京大学出版社,2010.
[3] 白秀轩. 多媒体技术基础与应用[M]. 北京:清华大学出版社,2008.
[4] 谢希仁. 计算机网络教程[M]. 2 版. 北京:人民邮电出版社,2010.
[5] 余江. 计算机网络技术与应用[M]. 天津:天津科技大学出版社,2011.